除草剤便覧

第2版

選び方と使い方

野口勝可・森田弘彦・竹下孝史

農文協

まえがき

　雑草は農耕地はもとより人間が生活する立地に幅広く生存している植物である。とくに，高温・多湿の梅雨のころは雑草の生育が旺盛で，少し油断すると手が着けられないくらいに繁茂してしまい，世界的にみてもわが国は雑草の発生量の多い国とされている。従来，農業は雑草との戦いといわれ，適切な雑草管理は快適な生活と安定した農業生産を図るうえで，きわめて重要な課題となっている。

　著者らが子供のころ，田の草取りは炎天下の水田にはいつくばり，肉体的にも精神的にも大変過酷な作業であった。1950年代にアメリカから導入された2,4-Dの除草剤としての利用が契機となり，1960年代以降活発な開発と研究が行なわれた除草剤の適用は，除草作業の著しい省力化と低コスト化をもたらしただけでなく，作業の快適性にも大きく貢献するものであった。現在，雑草防除といえば除草剤の利用といわれるくらいに普及し，作物生産にとって必要不可欠なものになっている。さらに，最近の除草剤は除草効果が著しく向上しただけでなく，剤型や散布法の改良も進み，水田の中に入らなくても畦畔から簡単に散布できるようになっている。

　このように便利な除草剤であるが，その選び方や使用法が適切でないと，除草効果が変動するだけでなく，作物に対し薬害を出すおそれがある。また，同じ除草剤の連用は抵抗性雑草の出現を招くことになる。さらに，除草剤の不適切な使用は，河川水系への流出など環境に及ぼす影響も懸念される。

　本書は，実際に作物を生産している人や雑草管理に関心のある人たちを対象

に，雑草の生態と防除の着眼点をふまえ，環境にも配慮した除草剤の選び方と適正な使い方について解説したものである。

本書の旧版「除草剤便覧―選び方と使い方―」が出た5年後，2002年に無登録農薬の使用が全国的に大問題となった。これを契機に農薬取締法が大きく改正され，使用者の意識の向上もきびしく求められるようになっている。本書はそうした状況も含め，雑草の生理生態および除草剤の開発等，最新の研究成果をもとに旧版に大幅な加筆修正を加えた。また，除草剤の使い方一覧表についても，最新（2006年2月現在）の薬剤データをもとに全面的に作成し直した。さらに畑作物や果菜類などでは，使い方一覧表のほかに除草剤別の適用作物一覧表をもうけるなど読者の便に供するよう努めた。

雑草管理に携わる多方面の方々が本書を幅広く活用され，実際の現場に役立てていただけることを期待する。一覧表の作成にあたっては日本植物調節剤研究協会研究所の研究員，また，出版にあたって農山漁村文化協会の編集部にお世話になった。各位に厚くお礼を申し上げる。

　平成18年2月

野口勝可
森田弘彦
竹下孝史

目　次

第1章　雑草防除の基礎知識

1　雑草の種類と生態 …………………………………………………16
　(1)　雑草とは何か…………………………………………………16
　(2)　雑草の発生と繁殖生態………………………………………17
　　1)　一年生雑草と多年生雑草…………………………………17
　　2)　水生雑草・湿生雑草・乾生雑草…………………………22
　　3)　イネ科雑草・広葉雑草・カヤツリグサ科雑草…………23
　　4)　地域によって違う雑草の種類……………………………24
　　5)　帰化雑草……………………………………………………25
　　6)　除草剤抵抗性雑草…………………………………………26
　(3)　雑草害の発生と防除適期……………………………………27
　　1)　雑草害の種類………………………………………………27
　　2)　作物や栽培法で変わる雑草害……………………………27
　　3)　雑草の種類や密度で違う雑草害…………………………28
　　4)　除草必要期間と限界除草時期……………………………29
　　5)　雑草の功罪…………………………………………………30
　(4)　耕種的防除法の着眼点………………………………………31
　　1)　発生源の埋土種子集団を減らす…………………………31
　　2)　多年生雑草の繁殖器官を死滅……………………………35
　　3)　耕種的防除法の実際………………………………………36
　　4)　機械的・物理的・生物的防除法…………………………38

2　除草剤の選び方・使い方 ………………………………………39
　(1)　除草剤の原理と特性…………………………………………39

1) 有効成分を知って特性を知る …………………………………………39
　　2) 特徴が似ている有効成分系統 …………………………………………40
　　3) 有効成分で異なる殺草作用 ……………………………………………42
　　4) 除草剤の薬害回避のしくみ ……………………………………………45
　　5) 土壌処理剤と茎葉処理剤 ………………………………………………47
　　6) 殺草効果発現の特性と選択 ……………………………………………48
　　7) 混合剤の目的と選択 ……………………………………………………53
　　8) 除草剤の剤型と特性 ……………………………………………………54
　(2) 作物と発生雑草に合わせて選択 …………………………………………56
　　1) 作物によって違う登録農薬と改正農薬取締法 ………………………56
　　2) 水田用除草剤と畑地用除草剤の違い …………………………………57
　　3) 発生雑草に応じた薬剤選択 ……………………………………………58
　(3) 生育ステージに合わせて選択 ……………………………………………59
　　1) 作付け前・畦畔へは茎葉処理剤 ………………………………………59
　　2) 播種・移植前後は土壌処理剤 …………………………………………61
　　3) 雑草生育期は茎葉処理剤 ………………………………………………63
　(4) 薬害を防ぐ安全散布 ………………………………………………………66
　　1) 除草剤の散布量と散布回数 ……………………………………………66
　　2) 薬害発生の原因と対策 …………………………………………………67
　　3) 薬害症状とその原因 ……………………………………………………71
　　4) 安全使用基準と環境汚染対策 …………………………………………72
　　5) 安全散布の留意事項 ……………………………………………………74
　　6) 農薬の有効期限と貯蔵法・廃棄法 ……………………………………75

第2章　水　田　編

1　水田雑草の種類と生態 ………………………………………………………78
　(1) 水田雑草の種類と区分 ……………………………………………………78

目　次

　　1) 一年生雑草と多年生雑草 ……………………………………………78
　　2) 水生雑草と湿生雑草 ……………………………………………………79
　　3) イネ科雑草・カヤツリグサ科雑草・広葉雑草 ………………80
　(2) 主要な雑草とその生態……………………………………………………80
　　1) 一年生雑草 ………………………………………………………………80
　　　ノビエ／アゼガヤ／タマガヤツリ／ヒデリコ／コナギ／ヒロハイヌノヒゲ／
　　　アゼナ／キカシグサ／ヒメミソハギ／ミゾハコベ／クサネム／タウコギ／タ
　　　カサブロウ
　　2) 多年生雑草 ………………………………………………………………84
　　　イヌホタルイ／ヘラオモダカ／マツバイ／ウリカワ／ミズガヤツリ／オモダ
　　　カ／クログワイ／コウキヤガラ／シズイ／エゾノサヤヌカグサ／セリ／ヒル
　　　ムシロ
　　3) 藻類・表土剥離 …………………………………………………………87
　(3) 地域・気象条件・作期と雑草の発生 …………………………………93
　　1) 北と南で異なる雑草の発生 ……………………………………………93
　　2) 栽培法で異なる雑草の発生 ……………………………………………94
　(4) 雑草害 ………………………………………………………………………96
　　1) 雑草害発生のしくみ ……………………………………………………96
　　2) 栽培法や雑草の種類で異なる雑草害 …………………………………97
　(5) 除草剤抵抗性を持つ雑草の生物型 ……………………………………97

2　水田用除草剤の選び方・使い方 ……………………………………………99
　(1) 水田用除草剤の原理と特性 ……………………………………………99
　　1) 有効成分，系統とその特性 ……………………………………………99
　　2) 混合剤の目的と特性 ……………………………………………………100
　(2) 効率的防除のための着眼点 ……………………………………………100
　　1) 雑草の種類を1筆ごとに把握 …………………………………………100
　　2) 雑草の葉齢で適期散布 …………………………………………………101

3）土壌条件と散布後の水管理 …………………………………103
　　　4）処理量と散布の均一性 ………………………………………104
　（3）使用時期別除草剤の特性と選択 ……………………………………106
　　　1）耕起前用茎葉処理剤 …………………………………………106
　　　2）初期除草剤 ……………………………………………………106
　　　　移植前土壌混和処理剤／移植前後〜移植後土壌処理剤 ………106
　　　3）一発処理剤 ……………………………………………………108
　　　　初期一発処理剤／初・中期一発処理剤 …………………………108
　　　4）茎葉兼土壌処理剤（中期剤） ………………………………108
　　　5）茎葉処理剤（後期剤） ………………………………………109
　　　6）刈跡用茎葉処理剤 ……………………………………………109
　（4）スルホニル尿素系成分抵抗性の雑草生物型の防除 ………………109

3　栽培様式と除草体系 …………………………………………………………111
　（1）移植栽培 ………………………………………………………………111
　　　1）初期剤型 ………………………………………………………111
　　　2）初期剤＋中期剤（＋後期剤）型 ……………………………111
　　　3）一発処理剤型 …………………………………………………111
　　　4）初期剤＋一発処理剤型 ………………………………………111
　　　5）初期剤＋一発処理剤＋後期剤型 ……………………………112
　（2）直播栽培 ………………………………………………………………113
　　　1）湛水直播栽培 …………………………………………………113
　　　2）乾田直播栽培 …………………………………………………115
　　　3）不耕起直播栽培 ………………………………………………116
　（3）稲発酵粗飼料用稲栽培 ………………………………………………116
　（4）新剤型と省力防除 ……………………………………………………118
　　　1）フロアブル剤 …………………………………………………118
　　　2）1キロ粒剤 ……………………………………………………119

3) 少量拡散型粒剤 ……………………………………………119
　　　4) ジャンボ剤 …………………………………………………119

4　畦畔・休耕田の雑草防除……………………………………………121
　(1) 畦　畔 ……………………………………………………………121
　　1) 除草剤と抑草剤 ………………………………………………121
　　2) 機械的防除 ……………………………………………………121
　　3) グランド・カバー・プラント ………………………………122
　(2) 休耕田 ……………………………………………………………122
　　1) 初期の休耕田 …………………………………………………122
　　2) 雑草の繁茂した休耕田 ………………………………………122

5　除草剤防除を補完する耕種的防除法………………………………123
　(1) 生態的・耕種的手法 ……………………………………………123
　　1) 田畑輪換 ………………………………………………………123
　　2) 作物の輪作 ……………………………………………………123
　　3) 競合力の強化 …………………………………………………124
　(2) 物理的・機械的手法 ……………………………………………124
　　1) 深水灌漑 ………………………………………………………124
　　2) 中耕・培土 ……………………………………………………124
　　3) ワラ、再生紙など易分解性資材のマルチ …………………124
　　4) 火炎や発酵熱による枯殺……………………………………125
　　5) 除草機 …………………………………………………………125
　(3) 生物的手法 ………………………………………………………125
　　1) 小動物の利用 …………………………………………………125
　　2) 病原微生物・天敵昆虫の利用 ………………………………125
　(4) 特定農薬（特定防除資材）……………………………………126

6　薬害・環境対策 …………………………………………127
　(1) 薬害の症状と程度 ……………………………………127
　(2) 薬害の原因と対策 ……………………………………128
　(3) 水系への流出防止 ……………………………………129

水田用除草剤一覧表
　　水田耕起前用除草剤 ……………………………………132
　　初期除草剤 ………………………………………………134
　　一発処理型除草剤 ………………………………………146
　　中期除草剤 ………………………………………………202
　　後期除草剤 ………………………………………………212
　　刈跡用除草剤 ……………………………………………218
　　直播栽培用除草剤〈一発処理型〉 ……………………220
　　直播栽培用除草剤〈中期〉 ……………………………228
　　直播栽培用除草剤〈後期〉 ……………………………230
　　水田畦畔用除草剤 ………………………………………232
　　休耕田用除草剤 …………………………………………234

第3章　畑　地　編

1　畑地雑草の生態と防除の着眼点 ………………………236
　(1) 畑地雑草の種類と生態 ………………………………236
　　1) 一年生雑草と多年生雑草 ……………………………236
　　2) 夏雑草と冬雑草 ………………………………………238
　　3) 普通作物畑，野菜畑，果樹園で違う雑草発生 ……240
　　4) プラウ耕とロータリ耕で違う雑草発生 ……………242
　　5) マルチ，トンネル，ハウスで違う雑草発生 ………243
　　6) 作付体系と雑草発生 …………………………………244
　　7) 転換畑の雑草 …………………………………………245

(2) 畑地雑草防除の着眼点 …………………………………………248
　　1) 作物によって違う除草必要期間 ………………………………248
　　2) 雑草発芽前の土壌処理剤が決め手 ……………………………249
　　3) 雑草発生期は茎葉処理剤 ………………………………………253
　　4) 後作への影響 ……………………………………………………257
　(3) 薬剤の効果を高める減農薬省力散布法 ………………………257
　　1) 中耕・培土による防除法 ………………………………………257
　　2) 減農薬省力散布法 ………………………………………………259
　(4) 畑地難防除雑草の総合的防除法 …………………………………259
　　1) メヒシバ …………………………………………………………259
　　2) スギナ ……………………………………………………………261
　　3) ハマスゲ …………………………………………………………262
　　4) エゾノギシギシ …………………………………………………263
　　5) ヒルガオ類 ………………………………………………………263

2　普通畑作物・工芸作物 ……………………………………………265
　(1) 雑草発生の特徴と防除ポイント …………………………………265
　(2) 除草剤の選択と使用法 ……………………………………………265
　(3) 作物別雑草の防除法 ………………………………………………266
　　1) リクトウ …………………………………………………………266
　　2) ムギ類 ……………………………………………………………268
　　3) トウモロコシ ……………………………………………………272
　　4) ダイズ ……………………………………………………………273
　　5) インゲンマメ ……………………………………………………276
　　6) アズキ ……………………………………………………………277
　　7) ラッカセイ ………………………………………………………277
　　8) バレイショ ………………………………………………………279
　　9) カンショ …………………………………………………………281

10）テンサイ……………………………………………283
　　11）ホップ………………………………………………284
　　12）ナタネ………………………………………………285
　　13）コンニャク…………………………………………285
　　14）サトウキビ…………………………………………287
　　15）ソ　バ………………………………………………288
　　16）タバコ………………………………………………288

3　野　菜 ………………………………………………………327
　（1）雑草発生の特徴と防除ポイント ………………………327
　（2）除草剤の選択と使用法 …………………………………329
　（3）野菜の作物別雑草の防除法 ……………………………331
　＜果菜類＞
　　1）イチゴ ………………………………………………331
　　2）トマト ………………………………………………332
　　3）ナス，ピーマン，トウガラシ ……………………332
　　4）スイカ，キュウリ，メロン ………………………333
　　5）サヤインゲン，サヤエンドウ，ソラマメ，エダマメ …334
　　6）トウモロコシ ………………………………………335
　＜葉根菜類＞
　　7）タマネギ ……………………………………………347
　　8）ネ　ギ ………………………………………………348
　　9）キャベツ ……………………………………………350
　　10）ハクサイ ……………………………………………351
　　11）レタス ………………………………………………351
　　12）ホウレンソウ ………………………………………353
　　13）ニンジン ……………………………………………353
　　14）ゴボウ ………………………………………………355

15）サトイモ……………………………………355

　　16）ヤマノイモ…………………………………356

　　17）ダイコン……………………………………357

　　18）ミツバ，パセリ，セルリー………………357

　　19）アスパラガス………………………………358

　　20）その他（ショウガ，ニンニク，ラッキョウ，ニラ，ハナヤサイ，
　　　　カボチャ）……………………………………359

4　花・花木………………………………………387
　(1)　雑草発生の特徴と防除ポイント……………387
　(2)　除草剤の選択と使用法………………………387
　(3)　花・花木の作目別雑草の防除法……………388
　　1）一年生草花…………………………………388
　　2）宿根性草花・球根類………………………388
　　3）花木類………………………………………388

5　果　樹…………………………………………394
　(1)　雑草発生の特徴と防除ポイント……………394
　(2)　雑草管理の種類………………………………395
　　1）清耕法………………………………………395
　　2）草生法………………………………………395
　　3）部分草生法…………………………………395
　(3)　除草剤の選択と使用法………………………396
　　1）土壌処理剤…………………………………396
　　2）茎葉兼土壌処理剤…………………………396
　　3）茎葉処理剤…………………………………397

6 茶 …………………………………………………………411
  (1) 雑草発生の特徴と防除ポイント …………………411
  (2) 除草剤の選択と使用法 ………………………………411

7 桑 …………………………………………………………414
  (1) 雑草発生の特徴と防除ポイント …………………414
  (2) 除草剤の選択と使用法 ………………………………415

8 飼料作物 …………………………………………………422
  (1) 雑草発生の特徴と防除ポイント …………………422
  (2) 除草剤の選択と使用法 ………………………………423
    1) 飼料用トウモロコシ …………………………………423
    2) ソルガム ………………………………………………424

9 牧野・草地 ………………………………………………429
  (1) 雑草発生の特徴 ……………………………………429
  (2) 雑草管理と除草剤の使用法 ………………………429
    1) 永年牧草の草地 ………………………………………429
    2) 新しく造成・更新する草地 ………………………430
    3) 経年草地 ………………………………………………430

10 林地 ………………………………………………………434
  (1) 雑草発生の特徴と防除ポイント …………………434
  (2) 除草剤の選択と使用法 ………………………………435
    1) 樹木苗畑 ………………………………………………435
    2) 林地 ……………………………………………………435

11　芝生地 ……………………………………………………………446
　(1)　雑草発生の特徴と防除ポイント ……………………………446
　(2)　雑草管理の方法 ………………………………………………446
　(3)　除草剤の選択と使用法 ………………………………………447
　　1)　土壌処理剤 …………………………………………………447
　　2)　茎葉処理剤 …………………………………………………448
　　3)　主な雑草の防除法 …………………………………………448

12　緑地管理 …………………………………………………………462
　(1)　雑草発生の特徴と防除ポイント ……………………………462
　(2)　雑草管理と除草剤の使用法 …………………………………463
　　1)　平坦地で裸地条件を維持する ……………………………463
　　2)　発生している雑草を防除し，一時的に裸地化する ……463
　　3)　発生している雑草を枯殺するとともに，長期間裸地化する …464
　　4)　のり面などで張り芝を維持し，雑草を防除する ………464

付　録 ………………………………………………………………477
　水田用除草剤の有効成分の特性 …………………………………478
　畑地用除草剤の有効成分の特性 …………………………………484
　主なメーカー一覧 …………………………………………………496

執　筆
　　第1章・第3章　野口　勝可
　　第2章　森田　弘彦
　　除草剤一覧表　竹下孝史

第1章
雑草防除の基礎知識

1 雑草の種類と生態

(1) 雑草とは何か

雑草という言葉は日常的に広く使われているが、これを一言で定義することは専門家でも難しい。それは、雑草と関わる人の立場によって意味が異なるからである。作物を生産するという観点からみると、作物に様々な被害をおよぼし、その生産にとって有害な植物といえば理解しやすい。

しかし、一方で雑草は家畜の飼料にしたり、敷草として利用するなど、害の観点だけでは理解しにくい面もみられる。山林原野を開墾して農耕地にした場合、最初に発生する植物は原植生の雑灌木や多年生雑草が多いが、熟畑化が進むにつれて、これらの植物は姿を消し、一年生植物が中心の群落に変遷する。このことからも明らかなように、雑草は耕起、除草剤の処理など、常に何らかの人為的操作が加えられるような条件に適応して生活する植物群であるといえる。

植物草本は図1-1に示すように、山野草、人里植物、耕地雑草、作物に区別できる。山野草は山や原野に自生する植物群で人為的操作のおよばない場所で生育する。作物は人間がその生活を維持するために選抜した栽培植物であり、人間の保護がなければ生育できない植物群である。この両者は植物群の両端に位置するが、これらの中間に位置するものが人里植物と耕地雑草である。人里植物は街路、道ばた、堤防、農道など人間の生活している場の近くで、たえず人間による撹乱のお

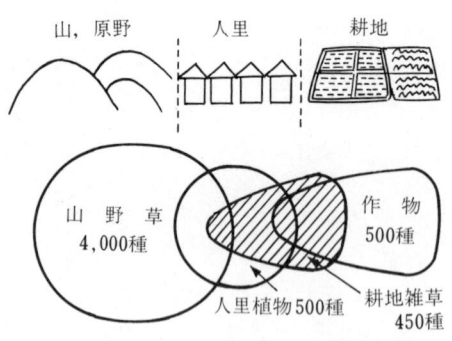

図1-1 日本での山野草、人里植物、耕地雑草および作物の生育地と種類数
（笠原、1971）

よぶところに生育している植物群である。耕地雑草は耕起，施肥，除草剤処理，中耕などのような耕種操作が頻繁に加えられる場に適応して生育する植物群である。人里植物と耕地雑草とでは人為的操作のおよぶ内容や程度が著しく異なるので，それぞれの条件に適応した植物群が形成されたのであるが，広義には両者を雑草と呼んでいる。日本におけるこれら植物の種類数は山野草4,000種，人里植物500種，耕地雑草450種，作物500種とされている。

(2) 雑草の発生と繁殖生態

雑草は，作物の栽培に伴う様々な耕種操作がたえず行なわれている条件下に適応して生育している植物群であり，一般の植物とは違った生育特性を持っている。これら雑草に特有の特性を理解することは合理的な防除戦略をたてるうえで重要である。

1） 一年生雑草と多年生雑草

一年生雑草

草本植物である雑草は，その生育時期や繁殖特性によって図1－2のように大きく一年生雑草と多年生雑草とに分けられる。

一年生雑草は，種子によって繁殖し一年以内にその生活環を全うする雑草である。一年生雑草は，作物の収穫期以前に自らの種子を生産することによって耕地に適応してきたために，一般に生活環の短いものが多い。たとえば代表的な畑雑草のスベリヒユ，イヌビユなどは夏期には出芽してから1か月前後で種子生産が可能であり，作物の収穫期までに多量の種子を圃場に散布する。

一年生雑草はその発生と生育の時期によって，夏雑草と冬雑草とに分けられる。ノビエ，メヒシバ，タマガヤツリ，カヤツリグサ，コナギ，スベリヒユなどは春先から夏にかけて発生し，秋までに成熟，枯死する代表的な一年生夏雑草である。一方，スズメノテッポウ，ハコベ，ナズナ，ヤエムグラなどは秋から春に発生し，夏期に成熟枯死する一年生冬雑草である。秋に発生し越冬して翌春，開花結実する草種を越年草ということもある。なお，これらの区別は必

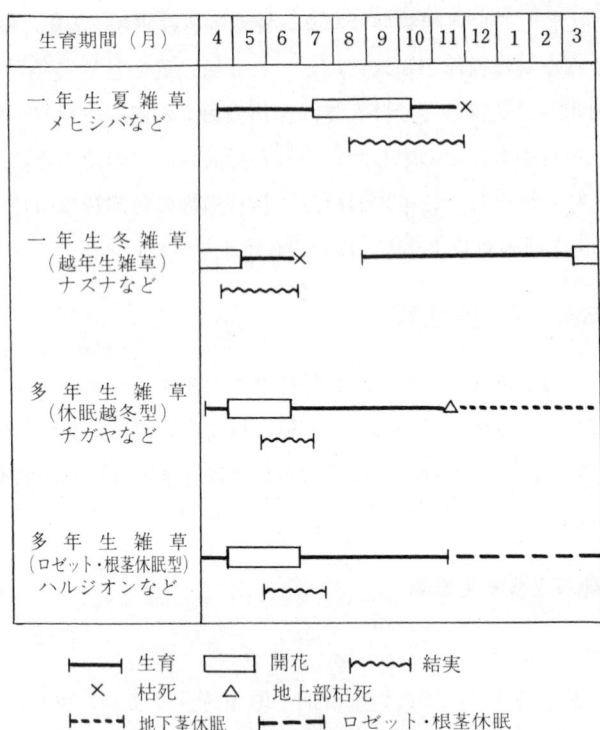

図1-2 雑草の生活環

ずしも固定的でなく，たとえば寒地，寒冷地ではハコベ，スズメノカタビラ，スカシタゴボウなどの冬雑草は夏期でも発生生育し，周年的な生育が認められる。このことは雑草が環境条件に幅広く適応していることを示すものである。

　一年生雑草の種子は概して非常に小さいため，土壌中から発芽できる発生深度は浅いものが大部分である。したがって，一年生雑草は除草剤の土壌処理によって比較的容易に防除することが期待できる。しかし，種子は休眠性を持つものが多いため，毎年の天候によって発生の仕方が異なったり同じ年でも圃場での発生が斉一でなく，ダラダラと発生する。このことが除草剤の効果に変動をおよぼす要因となっている。

　種子で繁殖する一年生雑草の防除戦略は種子の生産を抑え，増殖を防ぐことが基本であり，その作物の栽培期間中に雑草を繁茂させないことが重要である。

第1章　雑草防除の基礎知識

増殖型	雑草名	形　状	繁殖器官
親株型(1)	イヌホタルイ		種子，茎基部
分株型(2)	ウリカワ		塊茎
	ハマスゲ		種子，塊茎
匍匐型(3)	キシュウスズメノヒエ		種子，根茎

（1）：オモダカ，ヘラオモダカ，ヨウシュヤマゴボウ，ギシギシ類，タンポポ類など
（2）：ミズガヤツリ，コウキヤガラ，シズイ，クログワイ，マツバイ，ヒルムシロ，スギナ，チガヤ，ワルナスビ，ヨシ，マコモ，ガマなど
（3）：セリ，アゼムシロ，ジシバリなど

図1－3　多年生雑草の繁殖特性
（草薙ほか，1977）

　さらに，水田に発生する雑草と畑地に発生する雑草は種類が異なるので，田畑輪換は非常に有効な増殖防止技術である。作付体系において野菜作と普通作を組み合わせることも，両者の生育期間が異なるので夏雑草の種子生産を抑制する効果が期待できる。また，土壌管理において，まず深耕を行ない雑草種子を多く含む表面の土層を下層に入れ，以後不耕起栽培を継続すれば寿命の短い種子の減少対策に有効である。
　しかし，一般に雑草種子の寿命は長く，こうした方法でも根絶することは難しい。田畑輪換を含む耕種的方法により，長期的に雑草の増殖を生態的に抑制

することが重要である。

多年生雑草

多年生雑草は，冬の低温期や夏の高温時期に地上部は枯れるが，地下部の栄養繁殖器官が生存し，その後の好適な条件で萌芽，再生する。多年生雑草は繁殖特性から親株型，分株型，匍匐型に分けられる（図1-3）。

親株型のオモダカ，ヘラオモダカ，イヌホタルイ，タンポポ類などはイネのように地ぎわから分げつするか，根出葉（地中や地ぎわの茎基部から直接葉がでて，地面にはりついたように展開する）を出して株を作る。これらは概して種子の生産量が多く，イヌホタルイなどは多年生というよりむしろ，種子繁殖中心の一年生雑草としての生育特性を示す。

分株型のハマスゲ，スギナ，ウリカワ，ミズガヤツリ，コウキヤガラ，クログワイなどは，生育期間中に地下茎を伸長させ，その先端や途中の節から地上茎を出芽させて繁茂する。根茎や塊茎を形成し，これが主な繁殖源となるが，これらは多くの側芽をもっており，主芽が損傷を受けて欠落しても容易に再生する。分株型の多年生雑草は概して繁殖力が旺盛で，スギナのように地下茎が地表下20～30cmに分布するなど発生深度も深い。また，ロータリ耕などで地下茎が細断されても容易に再生し，一度圃場に侵入すると防除が困難である。

匍匐型のキシュウスズメノヒエ，セリなどは，匍匐茎が地表や地面の浅いところを這い，節から芽や根を出して繁殖する。

これら多年生雑草の繁殖様式の違いは防除戦略をたてるうえで重要である。

親株型は株は大きく肥大するが，横に広がらず，根茎や塊茎を形成しない草種が多いので比較的防除しやすい。移行性のある茎葉処理用除草剤を全面あるいはスポット処理すれば防除できる。また，根株ごと引き抜けば地中の地下茎ごと掘り出しやすい。

匍匐型は地中に地下茎を伸長させないで地上の匍匐茎で繁殖するため，移行性の茎葉処理用除草剤を散布し，地上部分を枯殺すれば地下部分まで含めて防除できる。ジシバリのように細い茎が地面に密着して繁茂し，ちぎれやすい草種もあるので手で引き抜くことは困難である。

第1章　雑草防除の基礎知識

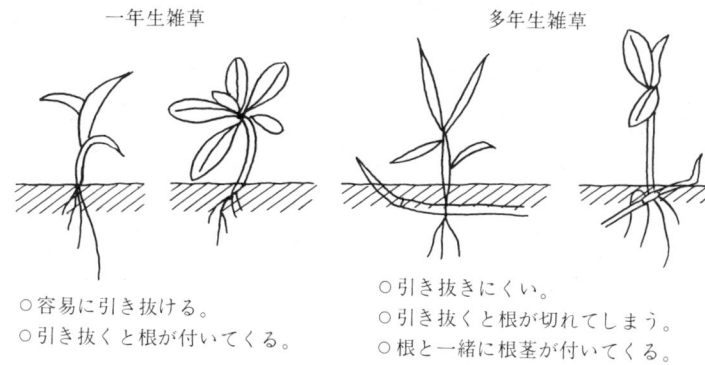

図1-4　一年生雑草と多年生雑草の見分け方

　分株型は最も防除しにくい。移行性のある除草剤を茎葉処理しても地下部の根茎や塊茎まで枯殺できず，再生してしまうことが多い。クログワイ，ハマスゲ，スギナなど代表的な分株型の雑草が繁茂してしまった場合は，1作を休耕し，非選択性で移行型の茎葉処理用除草剤を散布することを含めて，長期的に対策を立てていく必要がある。これら草種はいわゆる難防除雑草にランクされており，各論の項で具体的に防除法を記載したので参考にしてほしい。

　多年生雑草の栄養繁殖器官の根茎や塊茎，親株の基部には，一年生雑草の種子より萌芽や出芽に必要な養分が多く含まれるため，一年生雑草に比べて出芽後の初期生育がすみやかで，大きな植物体を形成し，雑草害も著しい。また，発生深度も深いため土壌処理用除草剤で防除しにくい。

　しかし，たとえばオモダカの塊茎の土壌中の寿命が1年といわれるように，種子に比べて多年生雑草の根茎や塊茎などの栄養繁殖器官は寿命が比較的短い。そのため，発生してもその後1～2年間徹底防除すれば絶やすことができる。たとえば田畑輪換のような耕種的防除法を組み合わせれば，水田多年生雑草や畑地多年生雑草が交互に死滅し，効果的防除が可能となる。

　なお，一年生雑草と多年生雑草の見分け方を図1-4に示した。

表1-1　耕地雑草の土壌水分適応性による区別

(荒井ほか，1955)

水生雑草	タマガヤツリ，マツバイ，アゼナ，アブノメ，ホシクサ，ミゾハコベ，コナギ，キカシグサなど
湿生雑草	タイヌビエ，スズメノテッポウ，スズメノカタビラ，カヤツリグサ，コゴメガヤツリ，ヒデリコ，トキンソウ，ノミノフスマ，タネツケバナ，コイヌガラシ，ツメクサ，スカシタゴボウ，ヒメジョオンなど
乾生雑草	メヒシバ，エノコログサ，オヒシバ，ナズナ，ハコベ，ザクロソウ，イヌビユ，スベリヒユ，シロザなど

2) 水生雑草・湿生雑草・乾生雑草

植物は水分条件に対する適応性から乾生植物，中生植物，湿生植物，水生植物に分けられる。雑草に関しては荒井らによる水生，湿生，乾生の区別が用いられる（表1-1）。

水生雑草はミゾハコベ，コナギ，タマガヤツリ，アゼナ，キカシグサなどで，水田雑草の大部分がここに属する。水生雑草はいずれも湛水条件で発芽し，生育することができる。

湿生雑草は，トキンソウ，ノミノフスマ，タネツケバナ，イボクサ，コイヌガラシ，ムラサキサギゴケ，ツメクサ，スカシタゴボウ，スズメノテッポウ，タイヌビエなどで，湿潤な土壌条件に発生生育する。これら雑草は，田畑共通種が多い。湿生雑草はタイヌビエ，タネツケバナ，イボクサのように浅い湛水条件でも発芽できるものもあるが，多くは飽水条件での発芽がすぐれる。

乾生雑草は，メヒシバ，エノコログサ，スベリヒユ，イヌタデ，シロザなど，乾燥した畑状態に発生する。畑雑草は乾生雑草が大部分である。乾生雑草は湛水条件では発芽しない。

以上のように雑草によって土壌水分に対する適応性が異なるので，水田と畑地では田畑共通種を除いて発生する雑草の種類が異なる。田畑輪換は前述した多年生雑草だけでなく，一年生雑草の防除にも有効である。

また，転換畑とか地下水位の高い畑地などでは湿生雑草が発生しやすく，普

第1章 雑草防除の基礎知識

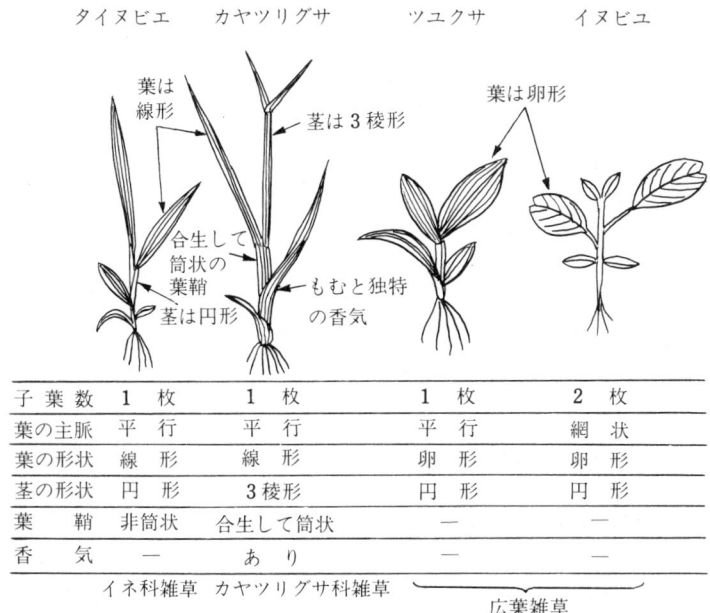

図1-5 簡単な雑草の見分け方

通の畑地とは異なる雑草群落を構成することが多いので、除草剤の選択等にあたってはこうした点を考慮しておく必要がある。

3) イネ科雑草・広葉雑草・カヤツリグサ科雑草

雑草は幅広い生理生態的特性をもち、それぞれの特性に応じた分類が可能であるが、防除の観点から除草剤を選択するうえでは、防除する雑草が、イネ科雑草なのか、カヤツリグサ科雑草なのか、広葉雑草なのかを見分けることが重要である。笠原がリストアップした我が国の雑草450種についてみると、イネ科雑草66種、カヤツリグサ科雑草43種、広葉雑草341種であり、広葉雑草の中ではキク科37種、タデ科26種となっている。

我が国で用いられる除草剤はそれぞれ多様な作用特性をもつが、サターン、ラッソー、ナブのようにイネ科雑草に効果の高いもの、バサグラン、アクチノール、ロロックスのように広葉雑草に卓効を示すものがある。効果的な雑草防

除を組み立てるためには防除対象の圃場に発生している雑草の種類を知り，それに対応した除草剤を選択する必要があるが，雑草は450種といわれるように非常に種類が多く，雑草名の判別はそれほど容易ではない。しかし，個々の種名はわからなくても，図1-5のように大まかにイネ科雑草か広葉雑草か，あるいはカヤツリグサ科雑草か，さらに一年生雑草か多年生雑草かがわかれば，雑草管理の方針が立てやすい。

　実際には水田除草剤でみられるようにイネ科，広葉，カヤツリグサ科の各雑草に幅広い殺草スペクトラムを得るために，各種成分を含む混合剤を用いることが一般的であるが，低コストでより効果的な雑草防除を組み立てるには，発生している雑草の種類と除草剤の作用特性などの知見に基づき，有効な薬剤を選定することが基本となる。

4) 地域によって違う雑草の種類

　我が国は南北に長いため気候的には亜寒帯から亜熱帯までであり，それに伴って雑草の分布にも地域性がみられる。

　水田雑草で全国に分布するのはタイヌビエ，イヌビエ，コナギ，タマガヤツリ，キカシグサ，イヌホタルイ，マツバイなどで，寒地・寒冷地にはヘラオモダカ，エゾノサヤヌカグサ，ヒルムシロ，オモダカ，ホタルイ，ミズアオイ，クサネムなど，温暖地・暖地にはヒメタイヌビエ，コゴメガヤツリ，アゼガヤ，キショウスズメノヒエ，ウリカワ，ミズガヤツリ，クログワイ，タカサブロウ，アメリカセンダングサなどが多い。

　畑地雑草で全国に分布するのはメヒシバ，ヒメイヌビエ，イヌタデ，ハルタデ，ナズナなどで，寒地・寒冷地にはアキメヒシバ，シバムギ，ハコベ，シロザ，ナギナタコウジュ，スカシタゴボウ，スギナ，ツユクサなど，温暖地・暖地にはオヒシバ，エノコログサ，チガヤ，スズメノテッポウ，カヤツリグサ，ハマスゲ，スベリヒユ，ヒルガオ，ムラサキカタバミなどが多い。畑地雑草についてみると，北海道では多くの作物の播種期が5月であり，この時期の温度が低いため，発生するのは低温発芽性のシロザやタデ類など広葉雑草が70％

程度を占め，イネ科雑草は少し遅れて発生してくる。これに対して関東以西では比較的温度の上昇した時期の播種となるので，メヒシバなどイネ科雑草が多くなり，広葉雑草で高温発芽性のヒユ類やスベリヒユなども多く発生する。

草種別に見ると，高温を好むホテイアオイ，キシュウスズメノヒエ，ムラサキカタバミ，ハマスゲなどの分布は関東以西に限られ，主に暖地で発生が多い。九州の畑地における強害雑草であるオヒシバは高温を好み発生時期も遅いため，関東地方の畑

表1－2 主な雑草の発芽温度
(伊藤・草薙・宮原・野口ほか)

区分	雑草名	発芽最低温度	発芽適温
		℃	℃
水田雑草	タイヌビエ	10～15	30～35
	イヌホタルイ	15	～30～
	スズメノテッポウ	5	～20～
	マツバイ*	～5～	30～35
	ウリカワ*	10	25～30
	ミズガヤツリ*	～10～	30～35
畑雑草	メヒシバ	～13～	30～35
	オヒシバ	15～20	30～35
	カヤツリグサ	～13～	30～35
	シロザ	～7～	～25～
	スベリヒユ	～13～	～30～
	ノボロギク	～7～	～25～
	ツユクサ	～5～	15～20
	ヤエムグラ	～0～	～10～
	ハマスゲ*	～15～	30～35

注)＊：根茎，塊茎

地では耕地内に侵入できず，畦畔や路傍，一部樹園地の雑草となっている。また，北海道の畑雑草であるナギナタコウジュは分布を九州まで広げているが，北海道以外では農耕地への侵入はみられない。以上のように，地域によって発生する雑草の種類に差異がみられるが，同じ地域内でも作物の播種期や作付け時期によって，発生する雑草が異なることを認識する必要がある。早春の低温の時期に植付けるバレイショ畑と，6月中旬に播種するムギ作後のダイズ畑では発生雑草に大きな違いがみられるのは当然である。なお，主な雑草の発芽温度を表1－2に示した。

5) 帰化雑草

最近，海外から大量に輸入される飼料穀類等に種子などが混入したとみられる外来帰化雑草が飼料畑や一部の普通畑，水田，河川敷等に蔓延し，問題とな

っている。一年生雑草のカラスムギ，コヒメビエ，イチビ，オオオナモミ，ハリビユ，アレチウリ，マルバルコウなど，多年生雑草のセイバンモロコシ，ショクヨウガヤツリ（キハマスゲ），ワルナスビ，コヒルガオなどである。自分の水田や畑地に今まで見たことのない雑草が発生していたら，これら帰化雑草を疑う必要がある。帰化雑草の中には，一度蔓延すると根絶の困難な種類もあるので，もし，疑いがあったら，近くの指導機関等に問い合わせ，対応方針を早急に立てることが求められる。

6）除草剤抵抗性雑草

病害虫の分野では殺虫剤や殺菌剤に対する抵抗性の発現が古くから認められているが，最近，雑草の分野でも除草剤に対する抵抗性雑草が発生して問題となっている。その最初の報告はアメリカのワシントン州の果樹園に発生するノボロギクに対するアトラジン（ゲザプリム）抵抗性（1970）である。10年間にわたってアトラジンを連用した圃場の抵抗性ノボロギクは通常の10倍の薬量でも効果がなかった。その後，多くの除草剤に対する抵抗性の発現が認められ，現在，250種以上の雑草に抵抗性が報告されている。

わが国における抵抗性雑草の発見はパラコート（グラモキソン）抵抗性ハルジオン（1982）が最初である。埼玉県の荒川河川敷の桑園では，10年間，年に2～3回もパラコートを散布していた。その後，パラコート抵抗性ヒメムカシヨモギ，オオアレチノギクやシマジン抵抗性スズメノカタビラなどの発生が認められている。

最近の水稲栽培ではいわゆる一発処理剤の使用が一般的であるが，その成分にスルホニルウレア系除草剤（SU剤）を含むものが多い。そのSU剤に抵抗性のミズアオイが北海道で1996年に発見されたが，以後，アゼナ，ミゾハコベ，イヌホタルイ，コナギ，オモダカなどにも抵抗性が発現している。

このような除草剤抵抗性雑草が発生するのは，同一除草剤の連用に原因があるので，連用をさけ，作用性の異なる除草剤のローテーション使用などに留意するとともに，除草剤だけに頼らない総合防除，輪作などを行なうことが必要

である。

(3) 雑草害の発生と防除適期

1) 雑草害の種類

　作物と雑草は圃場という共通の場で生育し，相互に直接的あるいは間接的に様々な要因をめぐって競合している。雑草は作物生産の場面で害をおよぼすだけでなく，農作業や交通の視界を妨げるなど人間の生活の面での害作用もある。
　雑草害として最も問題になるのは作物の収量や品質におよぼす影響である。雑草害は病虫害に比べると急激に発現しないので見逃されることもあるが，結果として被る害の程度は見かけより著しいので注意が必要である。雑草は直接的に作物と競合し，光合成能力や養水分の吸収力などの機能を低下させ，これが分げつや分枝の減少，穂数や莢数の減少など，形質の変化を引き起こし，減収や品質の低下をもたらす。
　品質の面では，ダイズの収穫期に残っている雑草は，コンバイン収穫時にダイズの汚粒を発生させる原因となる。また，水稲の収穫時期にクサネムが発生していると，その種子が籾や玄米中に混入し米の品質が著しく低下する。家畜飼料の中にイチビやカラクサガラシが混入したため，牛乳に異臭が残り，タンクごと廃棄せざるをえなくなったような例もみられる。
　雑草害は以上のような直接的なものの他に，有害な病害虫の宿主になるなど間接的な被害もみられる。また，農道に発生した雑草は農作業の妨げになり，公園，校庭，道路など，いわゆる非農耕地に発生する雑草も人間活動に様々な影響をおよぼしている。

2) 作物や栽培法で変わる雑草害

　作物におよぼす雑草害の程度は，作物の種類，栽植密度や作期などの栽培法，さらに雑草の種類，発生時期，発生量などによって異なる。
　一般に草丈が小さく，初期生育が遅く，葉が細く立っているような作物は雑

草害を受けやすい。また，ラッカセイ，バレイショ，カンショ，ニンジンなどのように収穫物が地下部にある作物は，地上部と同時に地下部にも雑草害を受ける。雑草の発生量が少なく地上部への影響は軽微でも，地下部が著しい雑草害を受け，ほとんど収穫できなくなるような例もみられる。

栽植密度についてみると，当然疎植では密植に比べて雑草が繁茂しやすい。ダイズの畦幅は一般に60cmであるが，これを30cmの狭畦にするとダイズの競合力が強まり早くに地上がダイズの茎葉に覆われるため，7～10日間も除草期間を短縮することができる。また，早期栽培では作物の生育速度が遅くなるので，より長期間の除草が必要となる。

施肥量や施肥法も，作物と雑草の競合関係に影響をおよぼす。雑草は肥料に対する反応が非常に敏感である。全面全層施肥を行なうと畦間の雑草の生育が旺盛となり，放任すると雑草の繁茂を許すことになる。一方，側条施肥は作物にとって有利であるが，雑草が畦内に発生した場合は早期に除去する必要がある。

3) 雑草の種類や密度で違う雑草害

発生する雑草の種類によっても雑草害の程度が異なる。大型の雑草であるタイヌビエ，シロザ，タデ類，コウキヤガラなどは被害が大きく，とくに大型の広葉雑草が繁茂し作物の上部まで伸長してしまうと，著しい雑草害が生ずる。

雑草の発生密度も雑草害に影響をおよぼす。当然発生密度が高くなれば雑草害も著しくなるが，どの程度の発生であれば被害の程度がどうなるかは，作物と雑草の種類によって異なる。小型の雑草は少数発生しても雑草害はほとんど無視できるが，密に発生すると養分や水分の競合が激化して減収を招く。

実際にどの程度の雑草害（減収率）があるかをみると，播種あるいは植付け後放任した場合，水稲の稚苗移植栽培では一年生雑草だけの発生で20～50％，多年生雑草で小型のマツバイやウリカワが発生すると5～25％，イヌホタルイ，ミズガヤツリ，ヒルムシロでは30～50％，クログワイ，コウキヤガラは50～70％程度とされている。水稲の直播栽培では雑草との競合期間も長くなるの

表1-3 雑草の発生量と雑草害との関係

(千坂・野田・野口)

作　物	競　争　草　種	収穫期雑草乾物重	減収率
		g/m²	%
移植水稲	タイヌビエ	100	10
		200	20
		400	40
		500	50
		800	60
		1000	70
陸稲	メヒシバ, タデ類など	730	70
		130	0
ダイズ	〃	417	60
		118	0
ラッカセイ	〃	721	98
		230	33
トウモロコシ	〃	332	8
		41	3

で雑草害はより著しくなり, ノビエなどとの競合で80％以上の減収もみられる。畑作物についてみるとメヒシバなどとの競合でラッカセイ95％以上, メヒシバ, シロザなどとの競合で陸稲・テンサイ・カンショ60～80％, メヒシバとの競合でダイズ50～60％, スズメノテッポウなどとの競合でムギ類40～50％, バレイショ40％, メヒシバなどとの競合でトウモロコシ20％程度の減収とされている。

次に雑草の発生量と雑草害との関係を表1-3に示す。雑草害の程度は作物と発生する雑草の種類によって異なる。トウモロコシのように雑草害を受けにくい作物もあるが, 畑作では収穫期に残存している雑草の乾物重が100g程度以下であれば, 雑草害は無視しうるとされている。

4) 除草必要期間と限界除草時期

雑草害を回避し, 合理的に雑草防除をするためには, 現時点における作物の生育状況, 発生している雑草の種数, 密度などから作物と雑草の生育を予測し,

雑草害を早期に診断する必要がある。その場合，播種あるいは植付け後，作物の生育ステージのどの時期まで除草すれば以後放任しても雑草害を回避できるか（除草必要期間），さらに，作付け後からどの生育ステージまで放任しても雑草害が生じないか（限界除草時期）を明らかにする必要がある。

この時期は，作物の種類や作付け時期などによって差異があるのは当然である。たとえば，ダイズについてみると，播種後からの除草必要期間は寒地〜寒冷地では45〜55日，温暖地で30〜35日，暖地の秋ダイズでは20日前後とされている。ダイズの播種後からこの期間内を除草しておけば，以後放任しても雑草は作物の茎葉に遮蔽され生育が抑えられるため，雑草害をおよぼすことはない。

各作物の除草体系はこの除草必要期間を念頭において組み立てられる。畑作物の除草必要期間の設定については，第3章の雑草防除の着眼点の項で述べたので参照してほしい。

限界除草時期に関するデータは少ないので設定しにくいが，限界除草時期まで雑草を繁茂させてしまうと，除草作業そのものが困難でコストも高くなってしまうので，雑草の小さいうちに早め早めに防除することが普通である。

5）雑草の功罪

雑草はどのような条件下でも必ず作物に害をおよぼすものではない。作物の生育初期に発生した雑草は，それが著しく多くなければその後の作物の生育や収量にほとんど影響しない。むしろ生育初期は一定期間雑草が存在していたほうが，収量に好結果をおよぼすというデータもある。作物の生育時期や除草期などによっても異なるが，作物に対して雑草が存在していても差し支えない雑草量があり，これを雑草許容限界量という。したがって，雑草は常に清潔に駆除する必要はなく，害の生じない程度に制御しておけばよいことになる。雑草防除のための作業は，雑草の種類を害の小さいものに変え，量を少なくし，または，作物の生育をより良好にして作物の競争力を高めるために実施する。

なお，雑草許容限界量に関して，作物と雑草の生育をシミュレーションによ

って推定するような試みも行なわれているがまだ一般的でない。現状では作物の生育状況と雑草の発生状況をみて、経験的に判断していくことになる。

　従来、雑草は作物栽培や人間活動にとって有害であり、駆除すべき対象であるという観点でとらえられてきた。しかし、最近、雑草をまだその価値が発見されていない植物としてとらえ、環境保全的な面も加えて、有効利用をはかろうという見方が提起されている。これまでも、畦畔や堤防・道路ののり面の土壌流出防止に雑草を利用してきたが、現在、より積極的に活用しようとする試みが進行している。水生雑草を利用した水系の水質浄化や、耐風蝕性、耐乾性、耐アルカリ性、耐寒性、耐貧栄養性、土壌流出防止などの特性をもった雑草を選抜し、世界的に問題化している砂漠化防止に役立てる研究が行なわれている。

　いずれにしても、雑草はそれをとらえる観点によって幅広い考え方が成り立つ。雑草はすべて悪であり、完全に駆除するということではなく、利活用の側面も含めて、柔軟に管理していくという立場が求められる。

(4) 耕種的防除法の着眼点

1) 発生源の埋土種子集団を減らす

　圃場での雑草の発生源は、土壌中に生存している埋土種子集団である。その動態については図1－6に示したように、雑草種子は土壌中では様々な段階の休眠状態にあるが、成熟し地面に落下してからの経過時期や環境条件などの影響で休眠状態が変化する。

　多くは成熟直後は一次休眠の状態にあり、たとえ発芽に好適な環境条件が与えられても発芽しない。たとえば夏雑草の場合、秋に落下した種子は一次休眠の状

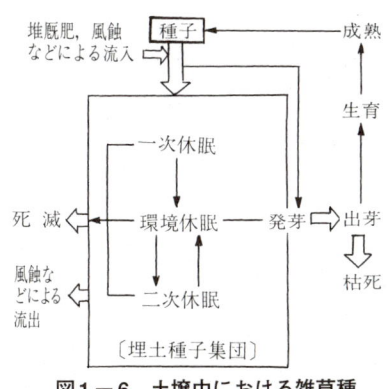

図1－6　土壌中における雑草種子の動態　（野口, 1989）

態だが，冬の間，土壌中において，低温湿潤条件で経過することにより一次休眠が破れて環境休眠の段階になる。そして，翌春，気温の上昇に伴い発芽可能な水分条件におかれれば発芽してくる。環境休眠の状態にあっても，発芽に不適な条件が続けば再び休眠状態に戻り，二次休眠に入る。

　二次休眠は雑草種子の生存にとって非常に重要な役割を持っている。二次休眠を発芽可能な状態にするには，一次休眠打破と同じ条件が必要になる。もし，雑草が二次休眠の特性を持たないとすれば，雑草種子は好適条件下で一斉に発芽し，埋土種子集団は速やかに枯渇してしまう。実際には二次休眠を持つため，圃場に落下してもすぐには発芽せず，数年間にわたり発生し続けることになる。

　このように埋土種子集団には，これまで数年間にわたり様々な環境条件に遭遇してきた古い種子と，前年に圃場で発生，生育後，成熟に達した雑草から落下した新しい種子が混在しており，一次休眠や二次休眠，環境休眠の状態にあるものが含まれている。これら種子は発芽に至るものもあれば，発芽せずに死滅するものもある。雑草防除の基本的課題は，これらの雑草の発生源となる埋土種子量の減少をはかることである。埋土種子量を減少させるには，新たな種子の増加を防止し，現に生存している種子を減らすことである。

　種子の流入を防止　新たに圃場外から流入してくる種子は，図1－6に示すように堆厩肥の施用や風蝕に伴うものが多い。堆厩肥については，その材料に雑草種子が混入していても，十分に発酵させ，切り返しを行なえば，ほとんどの雑草種子は発酵熱で死滅する。しかし，発酵が不十分な堆厩肥は新たな雑草の発生源となる。風蝕に伴う雑草種子の飛散は冬期間，とくに裸地の火山灰土壌で多く，その防止策としては，ムギ類など冬作物の作付け，防風林や防風ネットの設置などがある。

　しかし，圃場における埋土種子の供給源の最大のものは，その圃場内で発生・生育し成熟に達した雑草によるものからである。したがって，その作付けで雑草防除をきちんと行ない，種子を生産させないようにすることが大切である。

　北海道の畑作では取り残して大きく生長しているシロザなどの雑草を秋の結実

前に刈り取る種草刈りが行なわれている。また，水田でも取り残しのヒエ類を結実前に抜き取るヒエ抜きは大切な作業である。

長期間埋没させ種子を死滅　埋土種子集団から流出する種子には，図1-6に示すように風蝕によるものを除けば，発芽と発芽せ

表1-4　雑草種子の発生深度と土壌中の生存年限
（千坂・森田・高林・渡辺・山本ほか）

種類		発生限界深度	土壌中の生存年限	
			畑条件	湿田条件
		cm	年	年
畑雑草	メヒシバ	5～6	2～3	
	オヒシバ	5～6	4～5	
	ヒメイヌビエ	9～10	2～3	
	カヤツリグサ	0～1	5以上	
	スベリヒユ	1～2	4～5	
	ハルタデ	5	5以上	
	ツユクサ	10	5以上	
水田雑草	タイヌビエ	0～1＊	10以上	4～8
	コナギ	0～1＊	10以上	10以上
	アゼナ	0～1＊	10以上	2～4
	タマガヤツリ	0～1＊	10以上	10以上

注）＊：湛水条件

ずに死滅するものの2つがある。一年生雑草はその生育に不適な環境条件を種子で過ごす。種子は環境条件の変動に対して最も強い耐性を示す生育ステージである。雑草種子は一度圃場に落下すると土壌中で長期間生存する。

表1-4に雑草の発生深度と土壌中の生存年限（寿命）について示した。一般にイネ科雑草種子の寿命は短いとされ，畑雑草のメヒシバ，オヒシバ，ヒメイヌビエなどは5年以内で死滅する。カヤツリグサや広葉雑草は非常に長く，いずれも5～10年以上生存する。水田雑草は湿田条件では2～4年で死滅するアゼナのような草種もあるが，乾田条件ではそのアゼナやタイヌビエ，コナギなどは，いずれも10年以上生存する。

雑草種子の減少対策として最近検討が進められているものに不耕起栽培とプラウ耕とを組み合わせた土壌管理がある。土壌中における種子の最大出芽深度は，ツユクサとヒメイヌビエが10cm，メヒシバ，オヒシバなどが5cm，スベリヒユ，カヤツリグサなどが3cm以下であるとされている。したがって，秋にプラウ耕を行ない，雑草種子を地表面より10cm以下の層に埋没させ，下層の雑草種子の少ない土を表面に出し，3年程度，不耕起あるいは浅い層のロータリ耕を行なえば，その間に深層に埋め込まれたメヒシバやヒメイヌビエなど

は発芽できず死滅することが期待される。しかし，この方法は寿命の長いツユクサなどには効果が期待できない。

また，もともと土壌中の深い部分に地下茎が分布している多年生雑草にも適用できない。耕耘によって地下の深い部分に地下茎を埋め込むことが困難であるだけでなく，スギナ，ヨモギ，ハマスゲなどの根茎や塊茎は30cm程度の深さからも容易に出芽できるからである。

一方，秋の耕耘は地表面にでてきた多年生雑草の地下部栄養繁殖器官を冬期間の低温・乾燥にさらし，ほとんどの水田・畑地多年生雑草の地下茎等を枯死させる効果が期待できる。ただし，水田では冬期に湛水や湿潤条件であったり，根雪があると効果がなくなる。水田多年生雑草の地下茎等は$-5 \sim -7$℃以下で死滅するとされ，低温条件よりは乾燥による死滅効果が高く，根雪や湛水下ではこうした条件にならないからである。

中耕・培土で初期防除　雑草種子は休眠が覚醒して発芽可能な環境条件になれば発芽し，その一部は成熟して種子を生産するが，大部分は除草作業により防除され，種子を生産せずに枯死する。雑草にとって発芽から定着までの出芽時期は，環境の変動に対して最も弱い生育ステージであり，除草剤や除草機による防除効果も高く防除しやすいときである。したがって，積極的に休眠を覚醒させ，発芽あるいは出芽を促し，初期に防除することは埋土種子量の減少に有効である。

水田雑草のヒエ類は休眠が深く秋に地表面に落下した種子はその年は発芽しない。ところが石灰窒素を散布すれば，ヒエ類種子の休眠が覚醒し秋に発芽する。発芽したヒエ類は霜にあたりすべて枯死するので，翌春の雑草発生を減少させる効果が高い。同様に問題はあるが稲わらの焼却も地表面に分布している雑草種子の死滅に有効である。

また，水田では耕耘したあと，しばらく放置して雑草を発生させ，その後に代かきをていねいに行ない，発生している雑草を防除する方法も行なわれている。この方法は多年生雑草にも有効であるが，発生してきた多年生雑草を茎葉処理用除草剤の散布なども含め効果的に防除する手段と組み合わせていくこと

が必要である。

作物栽培で一般的に行なわれる中耕・培土は，現在発生生育している雑草を切断，埋没などの効果により防除すると同時に新たな雑草の発生を促す。したがって，中耕・培土は土壌中の雑草種子の減少に有効な反面，その後に発生する雑草の防除対策を怠ると逆効果になることもある。

2）多年生雑草の繁殖器官を死滅

田畑輪換　水田において水田状態と畑状態を交互に繰り返して行なう土地利用方式であり，数年を単位として，水稲と畑作物を交互に作付けする。湛水を伴う水田の環境は水分条件において畑状態とは全く異なり，これが土壌の理化学性や雑草発生に著しい影響をおよぼす。

水田を畑地化した場合，3～4年目に地力が低下しはじめ，雑草も一般の畑雑草群落に近くなる。一方，畑地を水田に還元した場合，1～2年目は雑草発生が少ないが，3年目には連作水田に近くなり，輪換の有利性が消失するとされている。したがって，多くの要因を考慮して，田畑輪換は水田3年，畑3年の6サイクルが適当とされている。この条件で水田，畑地の多年生雑草はほぼ根絶が期待できる。土壌中における水田多年生雑草の栄養繁殖器官の生存年限は表1－5のように，ミズガヤツリとオモダカ1～2年，ウリカワ2～3年，ヒルムシロ3年であり，クログワイは5～6年とされている。したがって，クログワイを除く多年生水田雑草は3年の畑条件でほぼ死滅する。また，スギナを除く多年生畑雑草のギシギシ，ヒメスイバ，ヨモギの地下茎は湛水土壌中では2～3週間で死滅する。

多年生雑草に対する田畑輪換の防除効

表1－5　多年生雑草地下茎の土壌中における生存年限
（草薙・神山・中谷）

種類	生存年限	
	畑状態	湛水状態
	年	週
ミズガヤツリ	1～2	—
オモダカ	1～2	—
ウリカワ	2～3	—
ヒルムシロ	～3～	—
クログワイ	5～6	—
ギシギシ	—	2～3
ヒメスイバ	—	2～3
ヨモギ	—	2～3
スギナ	—	7以上

果は顕著であるが，一年生雑草の種子は2～3年では死滅しないため，その根絶は期待できない。とはいえ，水田条件では畑雑草が，畑条件では水田雑草が発生生育できないので，田畑輪換を行なえば雑草の増殖が防止され，発生量は少なくなる。したがって，田畑輪換は耕種的雑草制御法として有効な技術といえる。

3）耕種的防除法の実際

これまで土壌中の種子の動態を中心に雑草防除の着眼点について述べてきたが，ここでは耕種的な防除法の実際についてふれる。

狭畦栽培　耕種的防除法とは作物栽培に伴う種々な手段により，雑草の発生生育を抑制するものである。その基本は適切な栽培管理を実施することにより，欠株などをなくし，作物の生育を良好にして，作物自身の競争力で雑草の生育を抑えることである。したがって，栽植密度を高くする狭畦栽培や初期生育のすぐれた品種の導入なども有効である。前述したように関東地方におけるダイズの播種後からの除草必要期間は30～35日であるが，これは60cmの畦幅の場合であり，30cmの狭畦栽培を行なえば，1週間は防除期間を短縮することができる。

制圧作物の導入　作付体系のなかに，もともと雑草との競合力の強い作物を組み入れることも有効である。こうした作物は制圧作物とよばれ，ライムギ，ソルガム，トウモロコシ，ソバ，ヒマワリ，青刈ダイズなどがこれにあたる。これらの作物は生育が旺盛で，速やかに畦間をカバーして雑草の生育を抑える。

移植栽培　栽培法として移植栽培は種子から発生する雑草との生育に差をつけるため競争に有利である。早期栽培は低温期の作付けになるため，作物の生育速度が遅くなり雑草害を受けやすい。さらに，水稲の早期栽培は収穫時期が早くなるため，刈跡に残ったオモダカ，クログワイなどの多年生雑草が再生して塊茎を形成してしまうため，その防除対策が必要となる。

普通作と野菜作の組み合わせ　作物の組み合わせも重要で，作期の異なる普通畑作物と野菜類を含む作付けではメヒシバ，ヒメイヌビエ，シロザなどの種

子形成を防ぐことができる。関東地方平坦部では，普通畑作物の夏作の作付期間は5～10月であるのに対して，野菜作は3～7月（春夏作），8～12月（秋冬作）となり，夏期が切換え時期となるためメヒシバなどは種子の形成ができない。

緑肥作物の作付け　水田では秋にレンゲなどの緑肥作物を作付けすれば冬雑草の発生を抑える効果がある。レンゲの生育盛期にすき込み，その分解生成物によって夏雑草の発生を防止する試みもされているが，すき込み時期等により効果の変動が見られる。一方，ヘアリーベッチ等のベッチ類はアレロパシー作用（植物が放出する化学物質が他の植物に何らかの影響をおよぼす作用）があり，その被覆力との相乗効果により雑草の発生を抑えることが確認されている（藤井ら，1993）。ベッチ類の雑草抑制作用は水田裏作，果樹園の草生栽培，休耕地等の雑草管理に利用が期待される。

ワラ，ポリエチレンフィルム，紙などのマルチ　稲わらやムギわらなどのマルチは古くから行なわれている方法であり，畑作では土壌水分の保持とあわせ雑草の発生生育を抑制する効果が高い。ポリエチレンフィルムのマルチ栽培では，地温の上昇効果は透明フィルムに劣るが黒色フィルムの防除効果が高い。透明フィルムでは，フィルムが地表面に密着していれば発生してきた雑草は地温の上昇で枯死するが，張り方が悪いと雑草の生育が旺盛になり，フィルムを持ち上げるだけでなく，雑草の根張りがよく除草作業も困難になる。その対策として，地温の上昇効果も高い緑色フィルムを利用するとよい。最近は水田土壌で容易に分解する再生紙マルチの利用も検討されている。紙マルチを設置しながら同時に田植えを行なう田植機や，種子を封入した直播水稲用の紙マルチも開発され，いずれも雑草防除効果が高い。

水田での深水栽培　水田では水管理によって雑草の発生が変化する。10～15cmの深水栽培はノビエ，カヤツリグサ，アゼナなどの発生生育を抑える効果が大きいが，コナギ，キカシグサには効果が劣り，ミゾハコベには逆効果となる。最近は稚苗移植の普及により，浅水化の傾向が強く，こうした対策はとりにくくなっている。

4) 機械的・物理的・生物的防除法

　以上，耕種的な雑草管理の他，除草剤に依存しないものには機械的方法，物理的方法，生物的方法などがある。

　機械的方法はロータリ耕，刈払機，鎌の利用などである。

　物理的方法として熱の利用がある。雑草種子は乾燥条件では耐熱性が強く，90℃で10時間程度処理しても死滅しないが，吸水条件では60℃180分，80℃60分程度で死滅する（野口，1994）。具体的には鉄板を用いた焼土，蒸気による土壌消毒が行なわれる。また，夏期にハウス内に透明マルチを張り，水を入れ，ハウスを密閉して地温を高めると，日中は65℃以上になり雑草防除効果が高い。

　生物的方法としては，水田におけるカブトエビ（20～60匹／m^2発生が必要），アイガモ（ふ化後2，3週のものを20～30羽／10a放飼），スクミリンゴガイ（ジャンボタニシ，中苗以上の移植水田で殻高1.5～2cm以上の貝が2～3個／m^2必要），水路や池における草魚などがある。また，草地における牛の放牧も適切に行なえば雑草管理に有効である。

　さらに，水田においては，米ぬかや屑大豆なども利用されている。

　雑草防除というと除草剤を利用する化学的方法が一般的で除草効果も高い。これに対して耕種的方法は効果発現が遅く，効果も不安定，労力がかかるなどの問題点がある。しかし耕種的方法は作物の耕種操作と連動しており作物栽培そのものであり，防除法の基本となるものである。雑草防除には各種の方法のあることを念頭において，その作付けだけでなく長期的に雑草の増殖を抑えることを目標に雑草防除体系を組み立ててほしい。

2 除草剤の選び方・使い方

(1) 除草剤の原理と特性

1) 有効成分を知って特性を知る

　わが国の農耕地において初めて使用された化学合成除草剤は，戦後アメリカから導入された2,4-PA（2,4-D）である。その後新しい除草剤の創製が活発に行なわれ，平成15年現在120成分以上の化合物が農薬として登録されている。現在使用されている除草剤はほとんどが有機化合物であり，その複雑な化学構造の基本構造によりいくつかの有効成分の系統に分類することができる。除草剤の作用機作は未だ不明な点が多く，複数の作用性の関与が考えられるなどの問題点はあるが，系統によって共通の作用特性があり，除草効果の発現や作物に対する薬害の発生などに共通性が認められる。したがって除草剤を商品名だけでなく，その商品の有効成分は何かということと，それがどのような系統に属するかを知ることは，適切な除草剤を選択するうえで大切である。

　たとえば，巻末の系統ごとの一覧表をみるとジウロン微粒剤，ダイロン微粒剤，カーメックスD，クサウロン水和剤などの有効成分はいずれもDCMUであり，尿素系に属している。その作用特性は光合成過程などを破壊して細胞攪乱を生じ枯死させるものである。尿素系の中にはリニュロン，カルブチレート，イソウロンなどがあり，同じような作用特性を持っている。こうした系統は適用作物や対象草種は必ずしも同じではないが，効果発現，薬害の発生などに共通性があり薬剤選定において有用な知見となる。

　除草剤の有効成分を知ることは混合剤の特性をつかむうえでも必要である。たとえばサターンバアロ乳剤はプロメトリン（トリアジン系）とベンチオカーブ（カーバメート系）の混合剤，クリアターン乳剤はベンチオカーブ（カーバメート系），ペンディメタリン（ジニトロアニリン系），リニュロン（尿素系）

表1-6 除草剤の名称

化学名	3-イソプロピル-1H-2,1,3-ベンゾチアジアジン-4(3H)-ワン2,2-デオクオイド	2-クロロ-2',6'-ジエチル-N-(メトキシメチル)アセトアニリド
一般名	ベンタゾン	アラクロール
商品名	バサグラン	ラッソー

の混合剤である。最近の水田用除草剤はこうした混合剤が一般的であり、除草剤を選ぶ場合その商品名だけで判断しないで、容器のラベルを読んで有効成分を調べ、その除草剤の中身を知ることが合理的に使用するうえで重要である。

なお、除草剤の名称についてふれておくと、農薬の名称には表1-6のように化学名、一般名、商品名、試験名などがある。有効成分である化学物質の化学構造を基にしてつけたものが化学名であるが、一般には複雑なので、簡略化したものが一般名である。これは除草剤に含まれる薬効成分を示し、農薬のラベルにはこの成分が何%含まれているかが表示されている。商品名は販売用の製剤につけられた名称で、商標登録されている場合はRをつける。ここには示していないが、試験名は開発中の薬剤につけられる名称でコードナンバーで表示される。

2) 特徴が似ている有効成分系統

代表的な有効成分系統ごとの大まかな特徴を表1-7にまとめた。

たとえば、フェノキシ系除草剤は植物ホルモン活性を示すことが特徴である。代表的なMCP（MCPソーダ塩）を茎葉に処理すると、速やかに吸収されて植物の体内を移行し、とくに生長の盛んな生長点や根の先端部分などに集積する。そしてオーキシンの正常な働きを攪乱し、異常分裂や異常伸長を引き起こし、種々の奇形を生じる。さらに呼吸作用が異常に増進し、光合成作用も低下するなど植物の生理的バランスがくずれ、次第に茎葉が黄化し枯死する。作用力は広葉雑草に強く、イネ科雑草に弱い選択性を持っている。2,4-PA（2,4-D）や

第1章 雑草防除の基礎知識

表1－7　主な有効成分系統とその特徴

有効成分系統名	主な除草剤名	作用特性
フェノキシ酸系	MCP（MCPソーダ塩液剤）、クロメプロップ（センテ粒剤の成分）など	植物ホルモン活性があり、広葉雑草の生長点や根の分裂組織に作用し、奇形を生じたり、呼吸作用を異常に増進させる
アリルオキシフェノキシプロピオン酸系	フルアジホップブチル（ワンサイド乳剤）など	脂質の合成を阻害し、イネ科雑草を選択的に枯殺する
ジフェニルエーテル系	クロメトキシフェン（エックスゴーニ粒剤）など	葉緑素合成系に関与する酵素の働きを阻害し、細胞を死滅させる
カーバメート系	アシュラム（アージラン液剤）、ベンチオカーブ（サターン乳剤など）など	作用性は多岐にわたるが、細胞分裂阻害、脂質合成阻害が一般的である
酸アミド系	アラクロール（ラッソー乳剤）、ブタクロール（マーシェット乳剤など）など	脂質の合成阻害が一般的であるが、細胞分裂阻害、酵素活性阻害など多方面にわたる
尿素系	ダイムロン（ラムジン粒剤の成分）、リニュロン（ロロックス水和剤）など	一般には光合成過程を破壊して細胞攪乱を生じ枯死させるが、ダイムロンのように光合成阻害作用のない薬剤もある
スルホニル尿素系	チフェンスルフロンメチル（ハーモニー75DF水和剤）、ピラゾスルフロンエチル（シリウス粒剤など）など	新しいタイプの薬剤で、極微量で効果を発揮し、分岐アミノ酸の合成酵素であるアセト乳酸合成酵素の活性を阻害する
トリアジン系	アトラジン（ゲザプリム水和剤など）、シメトリン（ギーボン粒剤）など	有名な光合成阻害剤であり、幅広い殺草性をもつ
ビピリジリウム系	ジクワット（レグロックス液剤）、パラコート（プリグロックス①液剤の成分）	光合成の電子伝達系に関して生じた過酸化物が細胞を急激に破壊する。効果発現に光が必要で、非常に速効性である
ジニトロアニリン系	トリフルラリン（トレファノサイド乳剤など）など	根部あるいは幼芽部から吸収され、細胞の分裂を阻害する
イミダゾリノン系	イマザキンアンモニウム塩（トーンナップ液剤）など	スルホニル尿素系と同様、アミノ酸合成酵素の活性を阻害する
脂肪酸系	ペラルゴン酸（グラントリコ乳剤）	細胞膜の破壊
有機リン系	ピペロホス（アビロサン粒剤の成分）、ブタミホス（クレマート乳剤など）など	生長点や根の伸長を阻害し、イネ科雑草に卓効を示す
グリシン系	グリホサート（ラウンドアップ液剤など）	アミノ酸の生合成を阻害する。非選択的に作用し、残効性は極めて短い
ホスフィン酸系	ビアラホス（ハービー液剤など）、グルホシネート（バスタ液剤など）	グルタミン合成酵素の活性を阻害して、過剰のアンモニアを植物体内に集積し、細胞を破壊し枯死させる

MCPPも同じ様な作用特性を示す。

この他、カーバメート系除草剤の脂質合成阻害、尿素系の光合成阻害、スルホニル尿素系のアミノ酸合成阻害、トリアジン系の光合成阻害、ジニトロアニリン系の細胞分裂阻害、グリシン系のアミノ酸生合成阻害などが有名である。

同じ系統でも個々の除草剤によって若干の差異があるので、表1-7とともにそれぞれの除草剤ごとに巻末の一覧表で確認してほしい。

3) 有効成分で異なる殺草作用

殺草機構の面からも除草剤の系統を整理できる。作用機作は大きく植物のエネルギー供給系に関与するものと成長・発達系に作用するものに分けられる（伊藤、1993）。前者は光合成阻害、過酸化物生成（光関与）、呼吸系阻害など、後者は細胞分裂阻害、アミノ酸合成阻害、植物ホルモン作用の攪乱などである。これらのなかで光合成阻害、アミノ酸合成阻害、植物ホルモン作用阻害など、植物だけが持っている働きに作用する薬剤は人畜に対して安全性が高いとされている。

①光合成阻害

太陽エネルギーを利用して炭酸ガスと水から炭水化物を合成する反応が光合成であり、この作用に関与する電子伝達系を阻害する。電子伝達系が阻害されると反応性の高い酸素が生成され、これが細胞膜を破壊したり、色素の生成が阻害され、植物体はゆっくりと黄白化し枯死する。植物に共通の生理作用を阻害するので効果は高いが、作物と雑草との間の選択性の幅がせまくなる傾向がある。

尿素系のリニュロン（ロロックス）、DCMU（ダイロンなど）、トリアジン系のアトラジン（ゲザプリム）、CAT（シマジン）など、ダイアジン系のブロマシル（ハイバーX）、ベンタゾン（バサグラン）など。

②光合成色素合成阻害

光合成作用を行なうクロロフィルの生合成に関係するプロトポルフィリノーゲン酸化酵素を阻害する。その結果、異常蓄積されたプロトポルフィリノーゲ

ンが光増感作用によりプロトポルフィリンに変換されるに伴い生成された活性酸素が細胞を破壊する。

ビフェノックス（リーダル粒剤の成分），ペントキサゾン（プレサップフロアブルの成分）など。

また，プラストキノン生合成系やカロチノイド生合成系の酵素を阻害する。雑草は白化して枯死する。

ピラゾレート（ナイスショットジャンボの成分），ベンゾビシクロン（プレサップフロアブルの成分）など。

③光要求型－過酸化物生成

光合成の電子伝達系において，光によって励起された電子によって還元された薬剤は非常に不安定で，それが自動的に酸化される過程でできた過酸化物が細胞を急激に破壊し枯死させる。効果の発現が極めて速効的で，散布後茎葉はすぐに褐変し2～3日で枯死する。植物の吸収も速やかなので，処理後の降雨の影響も少ない。

ビピリジリウム系のジクワット（レグロックス），ジクワット・パラコート（プリグロックス⑪）がその代表であるが，ジフェニルエーテル系のビフェノックス（ウィーラル）なども同様な作用性を示す。

④呼吸阻害

植物の生長にとって必須のエネルギー代謝であるATPの生成を阻害する。速効的で接触型のものが多いが毒性の強いものもある。

アイオキシニル（アクチノール），ACN（モゲトン）など。

⑤アミノ酸合成阻害

植物にとって必須の系であるアミノ酸の生合成を阻害する。最近開発されたスルホニル尿素系除草剤は分枝アミノ酸の合成に関与するアセト乳酸合成酵素を阻害し，極微量で効果を発現する画期的な薬剤として知られている。この系は植物に特有なものであり，光合成阻害剤と同様，新たな除草剤開発のターゲットとして注目されている。薬剤は茎葉から速やかに吸収されるが，効果の発現は遅い。処理後生育が停止し，褐変して枯死するが，一部の雑草は生育停止

の状態が長期間続くことがある。

　水田除草剤のいわゆる一発処理剤のなかには，ベンスルフロンメチルなどスルホニル尿素系除草剤を含むものが多く，広範囲な水田で毎年使用されている。この反復使用の条件下で，いわゆる除草剤抵抗性雑草の出現が懸念されている。スルホニル尿素系にはピラゾスルフロンエチル（シリウス），チフェンスルフロンメチル（ハーモニー）などがある。

　また，シキミ酸経路の酵素，5-エノール-4-ピリビルシキミ酸-3-リン酸合成酵素を阻害して植物の生育を停止させ，徐々にクロロシスを起こして枯死させるタイプと，グルタミン合成酵素の作用を阻害して，過剰のアンモニアを植物体内に集積し，細胞を破壊し，光合成も阻害して枯死させるタイプがある。前者はグリホサート（ラウンドアップなど）で効果発現に長期間を要する。後者はビアラホス（ハービー），グルホシネート（バスタなど）であるが，効果の発現の速さはグリホサートとビピリジリウム系との中間である。

⑥脂肪酸合成阻害

　脂肪酸合成に関与するアセチルCoAカルボキシラーゼや長鎖脂肪酸生合成を阻害する。生長点など細胞分裂の激しいところで効果を発揮し，幼植物が奇形化し枯死する。根部への作用は比較的小さい。

　カーバメート系のベンチオカーブ（サターン）など，酸アミド系のアラクロール（ラッソー）など。

⑦細胞分裂阻害

　細胞の有糸分裂を阻害し正常な細胞分裂を抑制して枯死させる。発芽抑制作用を示す薬剤が多く，発芽した芽部や根が膨化したり，発根が阻害される。

　ジニトロアニリン系のトリフルラリン（トレファノサイド）など。

⑧植物ホルモン作用の攪乱

　古くはホルモン型除草剤と称され，細胞の分裂と伸長に関与するホルモンであるオーキシンの作用を攪乱する。その結果，細胞分裂の抑制，葉緑素の形成阻害，呼吸作用の異常増進などが生じ，植物体内の生理的バランスがくずれて奇形などの症状を示し枯死に至る。

フェノキシ酸系の2,4-PA（2,4-D），MCP（MCPソーダ塩）など。

除草剤の作用特性はまだ完全に解明されたわけではなく，同じ薬剤でもいくつかの作用性をあわせ持つことが知られている。しかし，除草剤処理後に植物の示す症状は薬剤の殺草特性と密接に関連しているわけであるから，主な除草剤の作用特性を理解しておくことは，作物の薬害発生などの解明に有効である。

4）除草剤の薬害回避のしくみ

非農耕地における使用は別にして，作物の栽培されている農耕地で除草剤を使用する場合，作物に対して安全性が高く，雑草のみ効果的に防除する，いわゆる選択性をもつことが必要である。作物と雑草との間の選択性は様々な要因が関与して形成されるが，雑草の防除効果に有効な薬量と作物に薬害をおよぼす薬量との間の差異が大きいほど，選択性が高くなり安全性が増すことになる。選択性の模式図を図1－7に示す。

除草剤の選択性は，除草剤それ自体が選択性を示すものと，本来は非選択的であるが物理的な差異などを利用して選択的な使い方をするものとに分けられる。

①発芽深度差を利用した選択性

土壌処理用の除草剤の多くは，本来選択性がなくても，作物と雑草の種子位置の差を利用して物理的な選択性を生み出している。すなわち，土壌処理型の除草剤は散布後に土壌の表層0～1cmに，いわゆる処理層を形成する。一般に種子の小さい雑草はその大部分が土壌表面の浅い部分から出芽するため，幼芽

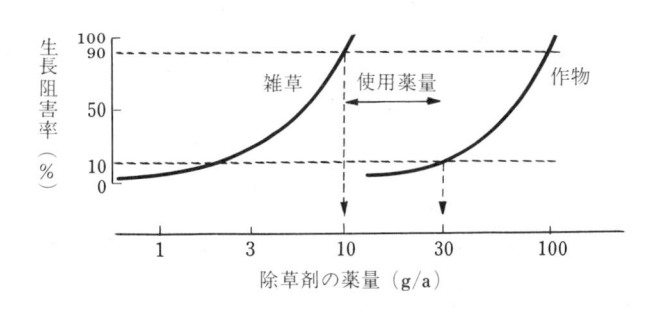

図1－7　除草剤の選択性（模式図）

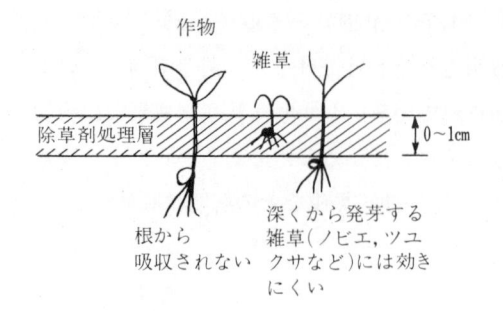

作物
雑草
除草剤処理層
0～1cm
根から吸収されない
深くから発芽する雑草(ノビエ,ツユクサなど)には効きにくい

図1－8 発芽深度差を利用した選択性

部や幼根が処理層に触れ，除草剤を吸収し枯死する。これに対して，作物の種子は播種後覆土されるため，根部は処理層の下部になり，除草剤の影響をほとんど受けない。

この場合，作物と雑草との間に生理的な選択性がないわけであるから，覆土が浅い場合，土壌が砂質で除草剤の移動性が大きい場合，処理直後に雨が降った場合などには薬害のおそれがあることは明らかである。また，ノビエやツユクサなどのように比較的種子が大きく，深いところからも出芽できる草種は除草効果が変動しやすい（図1－8）。CAT（シマジン），アトラジン（ゲザプリム），リニュロン（ロロックス），トリフルラリン（トレファノサイド）など，畑作における多くの除草剤がこのタイプである。

②作物と雑草の生育ステージ差を利用した選択性

わが国の水稲栽培は大部分が稚苗移植であり，田植え時に水稲は2.5葉程度に生育している。これに対し，雑草は出芽前，もしくは出芽直後である。土壌処理用除草剤の殺草効果は出芽前後に最も大きくなり，生育が進行すると急激に低下する。この両者の生育ステージの差異が作物と雑草との間に大きな選択性を生じ，田植え後の除草剤散布で雑草防除効果は十分で，水稲に薬害をおよぼすことはなく安全に使用できる。さらに，水稲用の除草剤は粒剤として利用しているものが多いが，これは全面に散布しても作物に対する薬剤の直接付着をさけ，より安全性を高めている。

③生理生化学的な差を利用した選択性

作物と雑草の表皮構造は同じ植物でありお互いに類似しているが，それでも表面のワックス層の有無，クチクラの厚さ・構造などの違いが，散布された除草剤の吸収量に差異を生じる。また，細胞膜の物質吸収特性が植物の種類によ

って異なるので，当然除草剤の吸収量にも植物間の差がみられる。さらに，植物体内に吸収された除草剤が作用点まで到達する過程の体内移行に植物間で差異がある。以上のように，除草剤の吸収と移行の生理的な差異が作物と雑草との間に選択性を生むことになる。

たとえばホルモン作用をもつ2,4-PA（2,4-D）は抵抗性のイネ科作物の体内は移動しにくく，感受性の広葉雑草の体内は移動しやすい。また，広葉作物畑のイネ科雑草を選択的に防除するナプは，広葉作物では吸収量とともに体内の移行量も少なく，このことが選択性の一因とされている。

次に，吸収された除草剤の解毒機構による差が知られている。イネとノビエの間に，いわゆる属間選択性を示すDCPA（スタム）はイネの体内では分解酵素の働きで分解され無毒化されるのに対し，ノビエの体内では分解されないので，両者間に選択性が発現する。また，トウモロコシやソルガムはアトラジン（ゲザプリム）を無毒化できるが，メヒシバなどのイネ科雑草は無毒化できず枯死する。

以上のように生理生化学的な要因で作物と雑草との間に選択性がある場合，これを選択性除草剤と称するが，選択性の機構は単純ではなく，いくつかの要因が組み合わされて発現していることが多い。

5）土壌処理剤と茎葉処理剤

除草剤は，土壌処理剤と茎葉処理剤に大別できる。

土壌処理剤は雑草の発生前から発生直後の土壌表面に散布し，表層に除草剤の処理層を形成し，そこから出芽してくる雑草の幼芽や幼根から除草剤を吸収させて枯殺させる。処理時期は作物の播種または移植前，播種または移植後に分けられるが，水稲では移植前後のいずれにも処理されるのに対し，畑作ではアラクロール（ラッソー）などのように，作物播種後出芽前処理が一般的である。土壌処理剤は処理が比較的容易，広範な作物に適用できる，長期間効果が持続するなどの利点があるが，土質によっては薬害がでやすい，土壌水分や降雨により効果の変動がみられるなどの問題点がある。

茎葉処理剤は作物および雑草の出芽後生育中の茎葉に散布し，茎葉から吸収させて枯殺する。作物と雑草との間に選択性がある茎葉処理剤は，作物生育中にも全面散布できる。イネに用いるDCPA（スタム），ベンタゾン（バサグラン），広葉作物用のセトキシジム（ナブ），フルアジホップ（ワンサイド）などである。選択性がない場合は作物の作付け前，あるいは出芽前に用いるか畦間処理とし，作物に薬剤が付着しないようにカバーなどを付けて散布する。ジクワット・パラコート（プリグロックスⓁ），グルホシネート（バスタ），ビアラホス（ハービー），グリホサート（ラウンドアップ）などがこのタイプである。茎葉処理剤は発生している雑草の種類や生育状況を確認してから処理できる，土壌の種類・乾湿などに影響されないなどの利点があるが，ドリフトによる隣接作物への飛散，作物の生育条件による薬害の発生，散布直後の降雨による効果の低下などの問題点がある。

　なお，土壌処理と茎葉処理効果を合わせもち，雑草の生育初期に処理するものを茎葉兼土壌処理剤という。畑地用のアトラジン（ゲザプリム），メトリブジン（センコル）など，混合剤のビアラホス・DCMU（サポート）などがその例である。また，マメットSM（シメトリン・モリネート・MCPB）のように水田用の中期処理除草剤は移植後10〜25日，ノビエの1.5〜3.5葉期に散布されるが，いずれも茎葉兼土壌処理剤である。

6）殺草効果発現の特性と選択

①接触型か移行型か

　接触型の除草剤は接触した部位に留まり，その部分にのみ効果をおよぼし，植物体内を移動しないような薬剤である。このタイプの除草剤は薬剤と雑草とがよく接触することが重要で，土壌処理剤の場合は出芽時の雑草の幼芽が除草剤処理層に十分に触れる必要がある。トリフルラリン（トレファノサイド）などがこのタイプで，処理層の形成を促進するために土壌混和されることがある。茎葉処理剤では，雑草の茎葉に薬液のかけむらがあると効果の低下をまねく。そのため，散布しやすい若い生育ステージが処理適期となる。さらに移行性が

ないため多年生雑草の地下部栄養繁殖器官に対する防除効果は劣るか，ほとんど期待できない。アイオキシニル（アクチノール），ジクワット・パラコート（プリグロックスⓁ），シアン酸塩（シアンサンソーダ）などがあり，後2者は畦畔の土壌保全のため，多年生雑草の地上部のみを枯殺し，地下部を残すような刈払いの代替剤として利用される。

移行型の除草剤は茎葉や根部から吸収されて，植物体内を移行する薬剤である。体内の移行は蒸散作用による水の移動と光合成産物の転流に連動している。土壌処理剤としてはCAT（シマジン），ベンチオカーブ（サターン），モリネート（オードラム）などがあげられる。茎葉処理剤としては2,4-PA（2,4-D），MCP（MCPソーダ塩），ベンタゾン（バサグラン），グリホサート（ラウンドアップ）などがあり，散布後植物体全体に移行するため，多少のかけむらは許容される。とくに，グリホサート（ラウンドアップ）は移行性が大きく，地上部に処理すると多年生雑草の根部まで枯殺する効果があり，多年生雑草を含む発生雑草を根絶するために用いられる。

②速効的か遅効的か

茎葉処理型の除草剤は反応速度に違いがあるため，効果発現の早さに差異がみられる。

速効型は散布直後から速やかに効果の発現がみられ，数日後には効果が完成する。ジクワット・パラコート（プリグロックスⓁ），DCPA（スタム）などがあげられる。

中間型は効果の発現に4～6日，完成に7～10日間を要するもので，2,4-PA（2,4-D），MCP（MCPソーダ塩），ビアラホス（ハービー），グルホシネート（バスタ）などがある。

遅効型は効果発現が遅く，完成までに10日以上を要し，アシュラム（アージラン），グリホサート（ラウンドアップ），ブロマシル（ハイバーX）などがこれにあたる。

速効型の除草剤は移行性の小さい接触型の薬剤が多く，かけむらがあると効果の低下を招きやすいのでていねいに散布する必要があるが，処理後の降雨の

影響は比較的受けにくい。処理後すぐに効果の判定ができる利点があるので，作物の作付け前に発生している雑草を速やかに枯殺し，すぐに作付けしたいような場合に適する。また，多年生雑草の地上部は枯殺しても地下部は残り，根絶できず再生しやすいが，刈払いの代替えとして，畦畔の土壌の流亡を防止した雑草管理に利用できる。

遅効型は移行性の大きい除草剤が多いので，散布にあたり多少のかけむらは許されるが，処理後の降雨の影響は受けやすい。多年生雑草の地下部まで枯殺できるので，雑草の根絶が期待できるが，地面が裸地化しやすく，土壌の流亡を招きやすい。作物の作付け前に発生している雑草に多年生雑草が混在しているような場合に適するが，作付けまでに時間的余裕が必要である。効果が発現するまでに時間がかかるので，除草効果の判定が遅くなり，時には再度除草剤を散布してしまうようなことがある。

中間型の除草剤は両者の中間的特性を示す。

これら薬剤を処理する場合，たとえば速効型のジクワット・パラコート（プリグロックス⑪）と遅効型のグリホサート（ラウンドアップ）を混用したりすると，前者により地上部の組織が速やかに破壊され，後者の移行性が不十分となり，とくに多年生雑草に対する効果が低下するので，注意が必要である。

③**移動性があるか，ないか**

土壌中の除草剤の移動性は除草剤そのものの特性とともに，土壌の種類，有機物含量，降雨や土壌水分条件などが関与している。一般に，水溶解度の高い薬剤や土壌に吸着されにくい薬剤は移動性が大きく，作物の根に触れて薬害を出しやすい。また，砂質土壌は移動しやすく，火山灰土は移動しにくい。

移動性は一定条件で試験を行ない，移動の大きさから極小（0～1cm），小（1～2cm），中（2～4cm），大（4～6cm），極大（6cm以上）の五つに分けている。移動性の大きい除草剤としては2,4-PA（2,4-D），DPA（ダラポン），ベンタゾン（バサグラン），ブロマシル（ハイバーX）などがある。

土壌処理用除草剤は一般に土壌中の移動性の小さいものが使用されるが，畑地で処理直後に大雨があったり，土壌水分が高い場合や水田で減水深の大きい

場合など，薬剤によっては薬害が生じたり，効果が低下するので注意が必要である。すなわち除草剤のいわゆる処理層は地表面の0～1cmに形成され，そこから発生する雑草を枯死させるが，移動性が大きくこれより下方に薬剤が移動してしまうと，この処理層が形成できず大切な表面の除草剤濃度がうすくなってしまうので，除草効果は低下してしまう。一方，除草剤は作物の根の位置に移動するので薬害がでやすくなる。

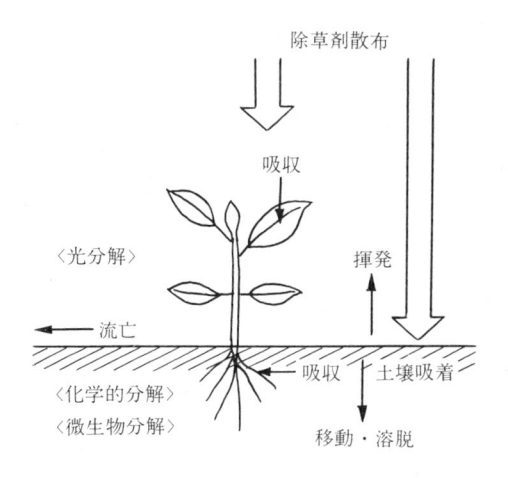

図1-9 散布された除草剤の動態

④残留性と残効性

散布された除草剤は図1-9に示すように，処理直後は植物による吸収，揮発，降雨による流亡，風による飛散，太陽による光分解などにより急激に減少する。その後地下へ一部移動や溶脱するものもあるが，大部分は土壌粒子に吸着され細菌などの土壌微生物により分解され，一部は化学的に分解される。処理された除草剤の有効成分が土壌中に留まっていることを残留という。これは活性を化学的に測定したものであり，土壌粒子に強く吸着されていれば効果を発現しないため，残効性と必ずしも一致しない。どのような経路によって分解されるかは除草剤の種類によって大きく異なる。

残留性は土壌の種類や温度，水分条件などによって変動するが，一応の目安として除草剤の半減期（濃度が半分になるのに要する期間）により，極小（14日以内），小（15～42日），中（43～180日），大（180日以上）（金沢）に区分する。

土壌に落下した後の除草効果の持続期間を残効性という。残効性は除草剤の活性を生物的に測定したものである。一般に茎葉処理用除草剤の土壌中での残効期間は短い。土壌処理剤は処理後，土壌表面に除草剤の処理層を形成し，安

定した残効性を示す。残効期間は処理した除草剤の残留性と関連があり，残留性の大きい除草剤は残効性も長いが，ジクワット・パラコート（プリグロックスⓛ）のように薬剤が土壌粒子に強く吸着されて，残留していても効果を発揮しない除草剤もあるので，必ずしも対応はしていない。

　残効性は土壌条件や温度条件等で変動するが，目安として極短（1日以内），短（2～10日），中（11～20日），長（21～30日），極長（31日以上）に区分する。

　残効性の短い除草剤は一般には茎葉処理剤が多く，現在発生生育している雑草を枯殺できるが，後から発生する雑草には効果がないか劣るので，すぐに再発生しやすい。したがって雑草の発生が揃った時期をみはからって処理する必要がある。残効性の短い除草剤は後作に対する影響を考慮せずに散布できる利点がある。

　残効性の長い除草剤は土壌処理剤が多く，一般には10～30日間は効果が持続する。残効性の短い土壌処理剤は効果が不安定になりやすいが，長すぎると後作に対する影響を考えなくてはならない。効果の持続期間が作物の播種あるいは植付け後からの除草必要期間をカバーできれば，一回だけの処理で十分であるが，ラッカセイなど除草期間の長い作物では一回だけでは不十分で体系処理が必要となる。

　除草剤の残効性は土壌条件や気温などの影響を受ける。水持ちがよく，処理後湛水状態が長く保たれるような水田では除草効果が高く，効果も持続する。しかし水持ちが不良で1日に20～30mmを超えるような減水深があり，土壌面が露出するような水田では効果の持続期間が短くなり，効果も安定しない。高温条件では一般に除草剤の分解が早くなり，持続期間そのものは短くなる傾向があるが，一方雑草の発生が斉一で，除草剤の作用力も高くなるので十分な効果を示すことが多い。これに対して寒地・寒冷地や早期栽培の水稲では除草剤の持続期間は長くなっても，それ以上に雑草の発生期間が長くなり，また，作物の生育も遅いため，一回だけの散布では不十分で体系処理を必要とすることが多い。

除草剤の土壌処理剤は効果の持続期間の比較的短いものから長いものまである。持続期間は様々な環境条件などによって変動するが，一応の目安として巻末の有効成分の特性一覧表に示したので除草剤選択の参考にしてほしい。

7) 混合剤の目的と選択

圃場における雑草発生は一般にイネ科雑草と広葉雑草，一年生雑草と多年生雑草など，多くの種類が混在している。これを1成分の除草剤（単剤）だけで防除するには不十分なことが多い。こうした場合，いくつかの有効成分を混合して用いるか，すでに各種成分を混合して製剤化している混合剤を用いる。混合する目的には，除草対象雑草の幅（殺草スペクトラム）を広げる，抑草期間を長くする，効果そのものの向上や混用による薬害軽減効果などがある。畑地ではまだ単剤が多く使用されているが，水田では2成分の混合だけでなく，3～4成分の混合剤なども多く，多年生雑草を含んだ非常に幅の広いスペクトラムをもつものが開発されている。

除草剤の使用にあたっては，圃場に発生している雑草の状況をよく観察して，単剤を用いるか，混合剤を用いるか，コストなども考慮にいれて最も適する薬剤を選択する。使用予定の圃場に発生していないか，発生してもごくわずかで，防除の対象にならないような雑草に有効な成分を含んだ混合剤を用いたりすることは，合理的な使い方とはいえない。

いくつかの混合剤の例を表1-8に示す。なお，市販されている製品にどんな成分が何％含まれているかは必ずラベルに記載してある。たとえば畑作用の除草剤クリアターン乳剤にはベンチオカーブ50％，ペンディメタリン5％，リニュロン7.5％が含まれている。これは商品名をみただけでは分からないので，ラベルの成分名のところを調べることによって判断できる。各成分の特性については巻末の一覧表に示してあるので，参照してほしい。

ところで殺虫剤や殺菌剤では庭先で混用することが行なわれており，混用適否表も作成されているが，除草剤では一般的でない。したがって混合剤として製品化されている薬剤を使用することが原則であるが，製品がない場合などは

表1-8 除草剤の混合剤について

混合目的	混合剤の例	混合効果
除草対象雑草幅の拡大	ゲザノンフロアブル（アトラジン15％，メトラクロール25％）	一年生イネ科雑草＋一年生広葉雑草
	グラスジンD水和剤（ベンタゾン30％，2,4-PA4.5％）	一年生広葉雑草＋多年生広葉雑草
	イノーバフロアブル（ベンスルフロンメチル1.4％，フェントラザミド3.9％）	一年生イネ科雑草＋一年生広葉雑草＋多年生広葉雑草
	ポミカルDM水和剤（DCMU15％，DPA45％，MCP15％）	一年生イネ科雑草＋多年生イネ科雑草＋一年生広葉雑草＋多年生広葉雑草
処理適期幅の拡大および効果の向上	ウルフエース1キロ粒剤51（ベンスルフロンメチル0.51％，ベンチオカーブ15％，メフェナセット3％）	一年生イネ科雑草＋一年生広葉雑草＋多年生広葉雑草，ノビエ2.5葉期（水稲移植後5～20日）
抑草期間の延長	サポート水和剤（ビアラホス12％，DCMU18％）	土壌処理剤＋茎葉処理剤
殺草効果の向上	コンボラル（粒剤）（トリフルラリン1.2％，ペンディメタリン1.2％）	一年生イネ科雑草と一年生広葉雑草に対する効果の向上

お互いに登録されている薬剤をその使用基準の範囲内で混用する。その場合水に溶かす薬剤である乳剤と乳剤あるいは水和剤を混用し，乳剤と粒剤，粒剤同士の混用はさける。混用にあたっては必ずしも効果が向上するとは限らない。たとえば速効性のジクワット・パラコート（プリグロックス①）と遅効性のグリホサート（ラウンドアップ）の混用は前者が後者の吸収移行を妨げるので効果が低下する。除草剤の庭先混合を検討する場合は，事前に農業改良普及センターなどに相談するとよい。

8）除草剤の剤型と特性

①粒　　　剤

粘土鉱物やケイ藻土などの増量剤に有効成分を保持させた粒状の製剤である。粒剤は水に溶かすなど調剤する必要がなく，そのまま散粒機などで散布する。水田用除草剤はほとんどが粒剤であるが，畑作用でも最近多くの粒剤が開発されている。10aあたりの散布量は水田用で1～3kg，畑作用で3～6kgであ

る。とくに畑作では近くに水のないような条件でも容易に省力的な散布ができるが，水に溶かす場合に比べて散布量が少ないので，風などの影響でまきむらが生じやすい。そのため朝夕の風のない時期を選び，均一に散布するようにする。

②水 和 剤

すべての有効成分に対応できる剤型であるが，一般には水溶解度の低い成分を微粉の増量剤と混合粉砕した固体の製剤である。成分含量は50～80％のものが多い。最近開発された顆粒水和剤は，調剤するときの粉だちを防ぐために顆粒化したものである。

水田，畑地とも10aあたり70～100lの水に溶かし，液剤用の散布機で散布する。この場合，薬剤をまず少量の水に溶かしてから，水をためたタンク内に注入する。また，噴霧粒子が微細になるとドリフトして隣接した別の作物に薬害などを生ずることがあるので注意する。

薬剤の秤量のときには粉末を吸引しないように注意する。使い残しがある場合は，袋の口を2～3回折り曲げて，ガムテープなどで封をし保管する。他の袋や容器などへの移し替えは誤使用のおそれがあるので絶対にやめる。

③乳　　剤

水溶解度が低い有効成分を有機溶媒に溶かし，乳化剤を加えて製剤化したものである。一般には，10aあたり70～100lの水に希釈して乳濁液として散布する。薬剤の秤量のときに原液が手についたり，目に入ったりしないように十分に注意する。また，秤量のとき，ビンのラベル面が上になるように傾け，薬液がラベルに付かないようにする。使い残しは中栓やキャップを確実にしめて保管する。他のビンへの移し替えはしない。

④フロアブル剤

固形の主剤を微粉化して液体に分散・懸濁させた製剤である。一般には水に希釈して散布するが，調剤時の粉だちがないこと，原体の粒子が細かいので効果発現が早くなるなどの特徴がある。水田ではアワードフロアブルのように原液のまま散布するものや水口に滴化する方法も行なわれている。また，最近は

フロアブルの水を蒸散させ微粒にしたドライフロアブルの剤型も開発されている。ゲザノン，ゲザプリム，タルガなどがあるが，まだ種類は少ない。

⑤水溶剤・液剤

水溶剤は水溶性の有効成分を水溶性の増量剤と混合した固体製剤で，水和剤などと同様，水に希釈して散布する。2,4-Dソーダ塩，草当番，クサトールFPなどがある。有効成分が水に溶けやすく，吸湿性をもつ場合は，水に溶かした剤型でラウンドアップ，バスタ，ザイトロンなどの液剤とする。

⑥くん蒸剤

常温で気化する薬剤がくん蒸剤で，倉庫や温室のくん蒸に使われる。臭化メチルは土壌くん蒸剤としても使用され，雑草の殺種子効果が認められる。

以上のように除草剤には各種の剤型があるが，決められた使用基準に基づいて使用すれば効果，薬害に差異はない。

茎葉処理用除草剤の場合は水に溶かして散布するのが一般的であり，どの剤型を選んでも大きな差異はない。

土壌処理剤については，畑地において土壌が乾燥している場合は水和剤や乳剤を処理したほうがよい。水分が適度の場合はどの剤型でもよいが，一般に粒剤は薬剤のコストが高くなる。粒剤は傾斜畑などで近くに水のないような圃場でも手軽に散布でき，さらに作物に付着しにくいので薬害が出にくいなどの利点があるが，風があるとまきむらを生じるので注意する。

水田の水口で滴下処理したりする場合はフロアブル剤を選択する。

いずれにしても所有している散布機の種類，散布方法，圃場条件，作物と雑草の発生生育状況，土壌水分条件，コストなどを考慮して適切な剤型を選択する。

(2) 作物と発生雑草に合わせて選択

1) 作物によって違う登録農薬と改正農薬取締法

わが国の農薬は農薬取締法によって規制されており，いわゆる登録を受けた薬剤でなければ使用できない。登録を受けるためには農薬の種類，性状，成分，

対象作物，適用雑草，効果・薬害，毒性，土壌残留性等についてのデータを揃えて申請する必要がある。さらにその農薬の使用される農作物の摂取量によって各作物ごとの残留基準が設定され，この基準を超えないように適正使用基準（散布濃度，回数，時期など）が決定される。このように各作物ごとに使用基準が決められているので，基準のない，すなわち登録のない除草剤や登録はあっても基準以外の条件での使用はできないことになる。

たとえばバスタは多くの果樹に適用があるが，スモモ，アンズなどには登録がなく使用できない。また同じ薬剤でもトレファノサイドのように，ムギ類は乳剤と粒剤に登録があり両方とも使用できるが，リクトウやバレイショは粒剤だけしか登録がなく乳剤は使用できないような例もある。登録のない除草剤を使用して生産した作物は厳密にはその販売ができない。

平成14年夏に，山形県のサクランボをはじめ，全国的にも無登録農薬が流通，使用されている実態が明らかになり，大きな問題になった。これを契機として平成14年末に農薬取締法が改正され，①無登録農薬の製造，輸入，使用の禁止，②農薬使用基準に違反する農薬の使用禁止，③罰則の強化などが定められ，平成15年3月10日から施行された。すなわち，旧農薬取締法では，無登録農薬の販売が禁止されていたが，使用に対する罰則はなかったのに対し，現在は使用者に対しても罰則が適用されることになった。

2）水田用除草剤と畑地用除草剤の違い

わが国において使用されている除草剤の種類は多いが，大きくは水田用と畑地用，緑地管理用などに分かれる。水田用の除草剤は水稲という作物を湛水条件で移植するという条件において，水稲に安全で十分な除草効果を発揮するような薬剤が開発され適用されてきた。安全性の面からみると，移植栽培では水稲の茎葉に直接薬剤がかかり，さらに稚苗移植では根が地表面に露出し薬剤にふれることがあるが，そうした条件でも薬害のでないことが必要である。除草効果の面では多年生雑草を含む数多くの水田雑草に効果を発揮すること，とくに2〜3葉期と葉数のある程度進んだノビエに有効であることなども求められ

る。また湛水してあるので畑地に比べて多少のまきむらは許容され，多くの薬剤が10aあたり1〜3kgの粒剤となっており，水田のなかに入らず畦畔から散布されることが多い。なかには原液を直接散布したり，水口から滴下処理するような例もある。さらに処理時期も初期剤，中期剤，後期剤，一発剤のように多様である。農薬会社が新しい除草剤を合成していろいろなスクリーニングにかけていく場合，当初は水田・畑地を区別しないで試験を実施する。しかし以上のような水田用除草剤に対する条件を前提に開発された除草剤は水田独特のものが多く，畑地と共通性のない薬剤が一般的となる。

畑地では作物の種類が多く，栽培法も多様である。普通畑作物は種子を播種する直播栽培が一般的であるが，作物と雑草との間に生理的選択性はなくても覆土の差異を利用して播種後土壌処理という方法が適用できる。畑地において発生する雑草の種類は水田と大きな差異があり，こうした条件を前提に多種類の作物に適用できるような除草剤が開発されてきた。そのため畑地用の除草剤も水田用の除草剤と共通性のないものが多い。

一方，生育期茎葉処理剤の中にはバサグランやMCPソーダ塩のように，水稲と畑地のムギ類やトウモロコシなどイネ科作物畑の広葉雑草防除に共通して使用する薬剤もある。これは生育中の雑草の茎葉に直接散布するため，水の影響を受けにくいためである。また，乾田直播栽培の水稲では播種後約1か月間の乾田期間の雑草防除は，トレファノサイドやサターンバアロのように畑地用除草剤と共通している。

3）発生雑草に応じた薬剤選択

除草剤を使用する場合，雑草管理の方針を明確にして，圃場に発生している雑草の種類，量，生育状況などに応じて，適切な薬剤を選定する。わが国の農耕地に発生する雑草の種類は水田・畑あわせて450種以上と多く，これら個々の雑草を判別するのは難しいが，種類が特定できなくても，前述したように一年生雑草か多年生雑草か，さらにそれらがイネ科雑草かカヤツリグサ科雑草か，あるいは広葉雑草かがわかれば適切な除草剤を選定しやすい。

表1-9 選択的除草剤の例(茎葉処理剤)

除草剤	一年生雑草			多年生雑草		
	イネ科	カヤツリ	広葉	イネ科	カヤツリ	広葉
2,4-PA (2,4-D)		○	○		○	○
MCP (MCPソーダ塩)		○	○		○	○
ベンタゾン (バサグラン)		○	○		○	○
アイオキシニル (アクチノール)			○			○
キザロホップエチル (タルガフロアブル)	○					
フェノキサプロップエチル (フローレ)	○					
フルアジホップ (ワンサイド)	○			○		
セトキシジム (ナブ)	○			○		
DPA (ダラポン)	○			○		
シハロホップブチル (クリンチャー)	○					

注)イネ科:イネ科雑草,カヤツリ:カヤツリグサ科雑草,広葉:広葉雑草

除草剤は各薬剤によって防除対象となる雑草が決まっており,不適切な除草剤の使用は除草効果の低下をまねく。対象外の雑草に対しては除草剤の使用量を増しても効果の向上は期待できず,逆に作物に対する薬害の懸念があるので注意する。選択性からみた代表的な例は表1-9のとおりである。

(3) 生育ステージに合わせて選択

1) 作付け前・畦畔へは茎葉処理剤

水田や畑地の耕起前に雑草が発生した場合,その防除が必要になることがあ

〈雑草生育期処理（耕起あるいは播種前）〉

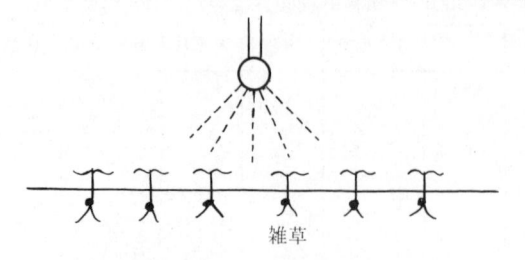

雑草

非選択性で残効の短い茎葉処理剤を用いる。

〈土壌処理〉

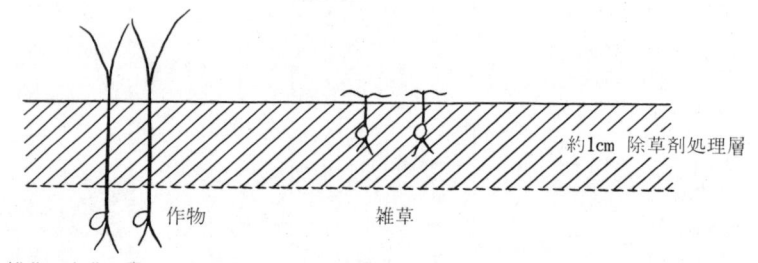

約1cm 除草剤処理層

作物　　　　　雑草

雑草は出芽の際、幼芽や幼根から除草剤を吸収するので枯れるが、作物は根部が処理層下部にあるので影響を受けない。

〈生育期茎葉処理〉

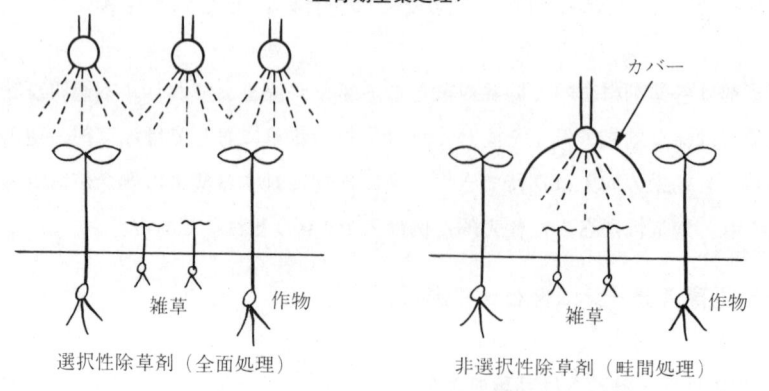

カバー

雑草　作物　　　　　　　雑草　　作物

選択性除草剤（全面処理）　　　非選択性除草剤（畦間処理）

図1－10　生育ステージに合わせた除草剤の処理方法

る。水田では冬から春にかけて発生したスズメノテッポウ，タネツケバナなどの一年生冬雑草と，低温でも萌芽するので発生時期が早いセリ，コウキヤガラ，ミズガヤツリなどの多年生雑草が防除の対象となる。畑地の夏作では水田と同様ハコベ，ナズナ，スズメノカタビラなど一年生冬雑草，チガヤ，スギナ，ヨモギ，ギシギシ類など多年生雑草，冬作（ムギ作）ではメヒシバ，スベリヒユ，ヒユ類，シロザなど一年生夏雑草や夏作と同じ多年生雑草が問題となる。このような雑草の発生は耕起作業の妨げになるだけでなく，多年生雑草は土壌処理用除草剤では防除できず，作物に雑草害を生ずるおそれがある。

　これら雑草の防除にはラウンドアップ，バスタ，ハービー，プリグロックス①などの非選択性で残効の短い茎葉処理剤を散布する。その場合，一年生雑草が防除の対象であればどの除草剤でも適用できるが，多年生雑草が混在している場合は移行性の大きいラウンドアップなどを用いる。ただしラウンドアップなど遅効性の除草剤は，処理後10日前後の期間をおいてから耕起作業を行なう時間的余裕が必要である。除草効果の発現する前に作業を早めに行なうと，除草効果の低下することがある。なお，水田の湛水条件では除草効果がないか劣ることが多いので水を落としてから散布する。

　水田や畑地の畦畔，農道なども雑草管理の必要性がある。大型の雑草が繁茂すると農作業に支障をきたすだけでなく，そこが病害虫のすみかとなるおそれがある。畦畔の雑草制御は根まで含めて雑草を枯殺するのか，土壌の保全のため地上部だけを枯らして地下部を残すのかによって適用除草剤や散布法を変える必要がある。根まで枯殺して裸地化する場合は，ラウンドアップなど移行性の大きい茎葉処理剤を散布する。根を残す場合は移行性の小さいバスタ，ハービー，プリグロックス①などを用いる。ラウンドアップも散布法を工夫しラウンドスワイプといった専用の塗布器具を用いれば，大型の雑草のみに薬剤を塗布して，ジシバリのような多年生雑草を含む小型の雑草を残すことができる。

2）播種・移植前後は土壌処理剤

　作物の播種・移植前後は土壌処理剤を散布する。土壌処理剤はまだ雑草が発

生していない状態で散布するため，各圃場においてこれまでどんな雑草がどの程度発生していたのかなどを考慮して，発生を事前に予測して行なうことになる。水田，畑地を問わず除草剤の土壌処理は最も重要な方法であり，雑草防除システムの基本をなすものである。

　土壌処理剤は今後の雑草発生の動向予測をもとに，土壌条件，水分条件，処理後の降雨の予測，さらに薬剤のコストなどを考慮して適切な薬剤を選択する。たとえば畑地ではイネ科雑草の優先圃場ではラッソー，トレファノサイド，ゴーゴーサン，クレマートなど，カヤツリグサ科雑草，広葉雑草の発生の多い圃場ではロロックス，ゲザプリム，ゲザガードなどを使用する。両者が混在している場合はコダール（プロメトリン＋メトラクロール），コワーク（プロメトリン＋トルフルラリン），サターンバアロ（プロメトリン＋ベンチオカーブ）などの混合剤を用いる。

　土壌条件としては，火山灰土や腐食含量の多い土壌では安全に使用できるが，砂質土壌などでは多湿条件や処理直後に降雨のおそれのある場合は薬害の心配があるので，使用をやめるか覆土をていねいに行なうなどの対策が必要である。土壌が乾いている条件では，粒剤の使用は処理層の形成が妨げられるため効果の変動することがあるので，水に溶かして散布する乳剤や水和剤を用いるほうがよい。砕土の荒い条件では雑草の発生が不斉一になり，とくに土塊の下から発生する雑草は防除しにくい。土塊の下には粒剤のほうが入りやすく効果が高いというデータもあるが，一般には砕土の荒い場合は水和剤や乳剤のほうが効果を発現しやすい。

　水田の場合も同様である。たとえばベンチオカーブは同じイネ科の水稲には安全でノビエに卓効を示す土壌処理剤であり，多年生雑草には効果がない。これに対してウルフ粒剤などの成分であるベンスルフロンメチルはノビエには効果が不安定であるが，一年生および多年生のカヤツリグサ科雑草，一年生広葉雑草，ヘラオモダカ，ウリカワ，クログワイなどの多年生雑草に卓効を示す。水田ではこれら除草剤を単剤で使用することは少なく，イネ科雑草とカヤツリグサ科雑草，広葉雑草，多年生雑草に幅広く適用できる各種の混合剤が用いら

れ，対象雑草は非常にきめ細かに規定されている。たとえばパワーウルフエース1キロ粒剤（ブロモブチド＋ベンスルフロンメチル＋ベンチオカーブ＋メフェナセット）の対象雑草は水田一年生雑草およびマツバイ，ホタルイ，ウリカワ，ヘラオモダカ，ミズガヤツリ，ヒルムシロ，セリ，アオミドロ，表層剥離，ノビエ2.5葉期までとなっている。

　以上のように除草剤は種類によって防除可能な雑草が細かく限定されており，それ以外の雑草に対しては効果を期待することはできない。またオモダカが発生していないのにオモダカを防除対象にした除草剤を選定するなど，対象の水田に発生していない草種が防除の対象になっているような除草剤を使用することはコストの上昇を招く。最近多くの水田で使用されているいわゆる一発剤は2～4成分が含まれる混合剤で，一年生雑草全般に加えて，いくつかの多年生雑草に有効で効果の持続期間も長い。安定した効果を発揮するために幅広い雑草が防除の対象になっているが，その分コストも高い。そのような薬剤を毎年使用する必要のないような水田もあり，いずれにしても雑草の発生状況をみて適切な薬剤を使用することが大切である。

　さらに畑地と同様，水田用除草剤も砂壌土～埴土，減水深20mm以下のように土壌条件が規定されている。たとえばブタクロール乳剤（マーシェット）などは砂質の土壌や漏水の大きい水田，浅植えなど根部吸収しやすい条件では水稲の発根阻害，生育抑制が生じやすい。また田植え後の大雨により深水になったりすると，ビフェノックス粒剤（モーダウン）などは葉鞘褐変や流れ葉などの薬害を出しやすい。したがって水田の土壌条件や田植え時期の気象条件などを考慮して，適切な除草剤を選択して使用する。具体的な水田用除草剤の使用法は第2章水田編を参照してほしい。

3）雑草生育期は茎葉処理剤

　作物の生育期に発生した雑草は生育期茎葉処理剤で防除する。茎葉処理剤は土壌処理剤と異なり雑草の発生を確認してから処理できる利点があるが，適用できる除草剤と使用時期が限定される。また残効性のほとんどないものが多い

ので，不適切な時期に散布すると雑草が再発生しやすい。雑草は出芽直後が最も弱く防除しやすい時期であり，生育が進行するとともに除草剤などに対する抵抗性が増し防除しにくくなる。水田では依然としてノビエが重要雑草であるが，6葉期以上に生育の進んだものに対しては現在有効な除草剤がない。作物の生育期に雑草が繁茂してしまうと，除草剤だけを用いて防除することは困難になる。前述したように雑草防除体系は土壌処理剤の散布が基本であり，初期に雑草を発生させないような管理が大切である。

選択型と非選択型

茎葉処理剤には，作物と雑草との間に選択性があり生育期の全面に散布できる除草剤（選択型）と，選択性がなくカバーなどをつけて畦間に散布する除草剤（非選択型）がある。前者はナブ乳剤のように広葉の作物畑に発生したイネ科雑草を防除するタイプと，MCPソーダ塩のようにイネ科の作物中に発生した広葉雑草を防除するタイプに分けられる。広葉の作物中に発生した広葉雑草，イネ科の作物中に発生したイネ科雑草の防除は一般には難しい。

選択性除草剤の選び方・使い方

作物の生育期に発生した雑草を除草剤の全面散布によって防除する場合，作物と雑草との間に選択性がなければ使用できない。

畑作の広葉の作物の間に発生したイネ科雑草に対してはナブ，ワンサイド，セレクト，ホーネスト，タルガなどが使用できる。広葉作物中に広葉雑草が発生した場合は特殊な例を除いて適用する除草剤はないが，最近，ダイズ用にバサグランが適用された。北海道ではマメ類作物の播種後出芽までに時間がかかるので，出芽前に広葉雑草が発生した場合はアクチノールを散布して防除する。作物が出芽してからでは薬害があり使用できない。

イネ科作物中に広葉雑草やカヤツリグサ科雑草が発生した場合は2,4-D，MCPソーダ塩，ベンタゾン，アクチノールなどを使用する。イネ科作物中にイネ科雑草が発生した場合は防除が難しい。最近水稲の直播栽培で3～4葉期のノビエを防除できるクリンチャーが開発され使用されている。

作物中にイネ科雑草と広葉雑草が混在している場合も選択性除草剤の使用は

非常に限定される。ムギ類対象では5葉期のスズメノテッポウと生育期の広葉雑草を同時に防除できるハーモニー，飼料用トウモロコシ対象では生育期のイネ科雑草と広葉雑草を同時に防除できるワンホープが開発され使用されている。またテンサイ畑で生育初期に使用するベタナールはイネ科雑草と広葉雑草に有効である。水稲では前述したノビエ対象のクリンチャーと，カヤツリグサ科雑草および広葉雑草対象のバサグランを混合したクリンチャー・バスを用いる。さらにイネとイネ科雑草との間に属間選択性のある除草剤としてDCPAが古くから有名であり，広葉雑草にも効果がある。

　一般に選択性除草剤は吸収移行性のものが多いが，DCPA，ベタナール，アクチノールなどは接触型で移行性が小さいので，かけむらがないようていねいに散布する必要がある。またほとんどの茎葉処理剤は残効性が期待できないので，処理後の雑草発生を防止する効果はない。そのため水稲の乾田直播栽培で使用されるクリンチャー・バスは，乾田期間に発生したノビエを含む雑草を防除した後，入水後は通常の移植栽培で使用される除草剤との体系処理が必要になる。

非選択性除草剤の選び方・使い方

　作物中にイネ科雑草と広葉雑草が同時に発生した場合は選択性除草剤の使用は限定される。その場合バスタ，ハービー，プリグロックスⓁなど非選択性で移行性の小さい除草剤を，作物に飛散しないようにカバーを付けて畦間に散布する。この方法は畦間が比較的広い畑作物や野菜作に適用できるほか，マルチ栽培の通路部分に発生した雑草の防除に用いられることが多い。十分注意して散布しても，風などの影響で若干の薬剤が作物に飛散するのはさけられないことが普通である。そのためラウンドアップなど移行性の大きい除草剤は少しの飛散で薬害を出しやすいので使用はさけたほうが安全である。また雑草が大きくなるとノズルの位置が高くなり作物に飛散しやすくなるので，雑草の小さいうちに処理する。

(4) 薬害を防ぐ安全散布

1) 除草剤の散布量と散布回数

　除草剤は薬剤や適用作物によって散布量が決められている。土壌処理剤の場合水田では粒剤が一般的であるが，散布量は10aあたり1kgないし3kgと規定されている。畑地や樹園地などでは粒剤は3～6kg，乳剤や水和剤はたとえばリニュロン水和剤（ロロックス）ではニンジン100～150g，ダイズ・ラッカセイ100～200gとなっている。粒剤はそのまま直接散布されるが，乳剤や水和剤は普通70～100lの水に溶かして散布する。殺虫剤や殺菌剤は害虫や病気に対する薬剤の効果が散布濃度に規制されるため，500倍，3000倍などに希釈して散布される。これに対して除草剤は通常散布にあたり薬剤の濃度は問題にならず，面積あたりに一定の薬量が投下されればよい。たとえばリニュロン粒剤（成分含量1.5％）を水で希釈せず，10aあたり5～6kg（成分75～90g）で散布しても，リニュロン水和剤（50％）の100～200g（成分50～100g）を70～100lの水に溶かして散布しても効果は同じである。70～100lは目安であって散布が可能であれば水量はこれより多くても少なくてもよい。

　生育期処理剤の場合は散布水量が問題になる。面積あたりに一定の薬量を投下することは土壌処理剤と同じであるが，生育中の雑草に十分にかかるように処理するため10aあたり100～200lと土壌処理剤よりは幾分多めに散布する。ただし移行性の大きいラウンドアップなどは雑草茎葉の一部にかかればよいので専用ノズルを用いて25l程度の少量散布が可能である。

　除草剤の薬量は規定された使用基準の範囲内で使用すれば，作物に安全で十分に効果を発揮するようになっている。雑草の発生量や生育量の多少などによって上限を使うか下限を使うかを判断する。たとえば砂質の土壌や処理後に降雨のおそれがあるような場合の土壌処理剤の散布，雑草の発生量が少なく生育も小さいような場合の茎葉処理剤の散布では薬量を少なくする。効果の向上を期待して規定量より多く散布すると，作物に対する薬害や土壌への残留が問題

第1章　雑草防除の基礎知識

になる。逆に雑草の発生量が少ないので規定量より少ない薬量を散布すると効果が期待できない。

　散布回数も問題になる。除草剤はその安全使用基準により散布回数が規定されている。たとえばソルネット粒剤の使用回数は1回で，成分のプレチラクロールを含む農薬の総使用回数は2回以内である。反復使用されることの多い生育期処理剤のバスタは果樹園などでは3回，キャベツ・ハクサイ畑などでは2回，ニンジン・イチゴ・ジャガイモ畑などでは1回となっている。散布回数を含む安全使用基準はラベルに記載されている。混合剤を使用する場合，その成分をよく調べ，うっかり同じ成分の入っている薬剤を規定回数以上に散布しないように注意する。

2）薬害発生の原因と対策

　除草剤は作物に対する安全性が確認されており，雑草の防除効果に十分な通常の薬量や処理法で使用されれば薬害が発生することはない。しかし作物と雑草とのあいだの選択性は相対的なものであり，実際にはいろんな場面で，効果が低下したり薬害が発生したりする。薬害の発生には，大きく次の6つの要因が関与している。

①作物の感受性の変化

　除草剤に対する感受性は作物の生育ステージによって異なり，一般に生育の若いものや，軟弱な個体は感受性が高い。たとえば，軟弱苗ではアクト，アワード，ウルフエース，エリジャンなど多くの水田用除草剤が，初期生育抑制などを生じやすい。軟弱苗に対しては水稲に安全性の高いサンバードでも薬害を出すおそれがある。水稲が活着してから除草剤を散布するように留意する。

②散布時期の温度変化

　散布時期の気象条件，とくに温度や天候は除草剤の効果や薬害発生に影響をおよぼす。一般に気温が低い場合は作物の生育速度が遅くなったり，雑草の発生が不斉一で長期間にわたるため，除草必要期間が長くなる。したがって，一回だけの除草剤散布では不十分で，体系処理が必要になる。逆に高温条件では

67

表1-10 温度条件による除草剤の薬害発生例

(行本・浜田ほか, 1985)

温度条件	薬　剤	作　物	薬害症状など
高温	アシュラム（アージラン液剤）	芝	葉の黄化
	アイオキシニル（アクチノール乳剤）	タマネギ	葉の白斑，黄化
	DCPA（スタム乳剤）	サツマイモ	葉枯れ
	シアナジン（グラメックス水和剤）	バレイショ	下葉の葉脈部の黄化
		マメ類	下葉のクロロシス，ネクロシス
	プロメトリン（ゲザガード水和剤，コダール水和剤など）	野菜類	葉に褐斑
	PAC（バスファミン水和剤）	タマネギ	生育抑制
	ブタクロール（クサカリン粒剤，オーザ粒剤など）	水稲	わい化，分げつ抑制
	プレチラクロール（ソルネット粒剤，クサホープ粒剤，ワンオール粒剤など）	水稲	同上
	シメトリン（サターンS粒剤，マメット粒剤，クミリードSM粒剤，グラキール粒剤，マメットSM粒剤など）	水稲	下葉の葉先枯れ，流れ葉，分げつ抑制
	プロメトリン（ゲザガード粒剤，ゲザエム粒剤）	水稲	同上
	ジメタメトリン（アビロサン粒剤，ワイダー粒剤など）	水稲	同上
	ピラゾレート（サンバード粒剤，クサカリン粒剤，クサホープ粒剤など）	水稲	クロロシス（白化）
	ピラゾキシフェン（パイサー粒剤，ワンオール粒剤）	水稲	同上
	ベンタゾン（バサグラン水和剤，ワイダー粒剤，グラスジンD水和剤など）	水稲	葉の黄化，褐点
低温	フルアジホップ（ワンサイド乳剤）	マメ類など	褐斑，クロロシス
	MCPB（マメットSM粒剤，クミリードSM粒剤，クサノック粒剤など）	水稲	ロール葉（筒状葉）の発生と生育抑制，分げつ抑制，株の開張
	MCP（グラスジンM水和剤，粒状水中MCP）	水稲	同上
	フェノチオール（グラキール粒剤）	水稲	同上
	2,4-PA（2,4-D，グラスジンD水和剤）	水稲	同上
	ダイムロン（ショウロンM粒剤）	水稲	生育抑制

作物の生育が旺盛になり雑草の発生も速くなるので，除草期間が短くなるとともに，除草剤の効力も向上する。

ただし，高温条件ではアクチノールがタマネギの葉に黄化症状，グラメックスがダイズに，コダールが野菜類に，スタムがカンショに薬害を与える。水田でも異常高温が連続したような場合にカルショット，クサノック，クサホープ，クミリードSM，グラキール，グラスジンD，ザーク，ザーベックスSM，サターンS，ソルネット，バサグランなど多くの除草剤が水稲に様々な薬害を生ずる。たとえば29℃以上の高温が続いたり，低温から高温への急激な温度変化によりトリアジン系のシメトリンを含むサターンS，クミリードSMなどは水稲の下葉の葉先から枯れ上がり，流れ葉となる薬害が生じる。またピラゾレートのサンバード，クサカリンなども34℃以上の高温が続くとき，水稲の葉にクロロシスが発生する。

一方，低温条件では，その原因は解明されていないが，たとえば15～16℃が数日続くような場合，ホルモン作用を示す除草剤である2,4-DやMCPを含むグラスジンD，グラスジンM，クミリードSMなどの処理はロール葉（筒状葉）を伴う生育抑制が見られる。広葉作物畑で使用するワンサイドも低温寡照が続いた場合，作物の葉に褐斑やクロロシス（白化）を起こすことがある。

いずれにしても，異常な低温や高温条件が続くような場合の除草剤使用は細心の注意が必要である。しかし，薬害が出るからといって定められている散布量を減らすことはできない。また，減らしたからといって薬害が出ないということでもない。

③除草剤処理前後の降雨

土壌処理剤の散布直後に大雨があると，移動しやすい除草剤や砂質土壌では作物の根部に除草剤が移動し吸収されて薬害を出しやすい。これは水溶解度の大きい除草剤を砂質土壌や有機物含量の少ない土壌などで使用したり，覆土が浅いときや浅植えの場合に起こりやすい。また傾斜した畑地や，果樹園で使用した除草剤が降雨により下方に移動し集積したような例も見られる。

畑地における土壌処理剤の場合，除草剤の残効性との関係があるが，作物が

出芽してある程度生育が進む時期までは，こうした降雨による影響を受けるおそれがある。水田では一般には除草剤散布時の水深は3～4cmで処理後5～6日間はその水深を保ち，田面が露出したり，かけ流しや灌漑は行なわないようにする。また減水深は1日あたり20mm以下とする。

茎葉処理剤の散布直後の降雨は効果が低下する原因となるが，その影響は除草剤の種類によって異なる。接触型のプリグロックス①などは散布後極めて速やかに植物体に吸収されるので，処理後30分ほどたてば降雨の影響を受けない。同じ接触型の除草剤でもスタムは朝つゆや降雨の影響を受けやすく，葉がぬれている時や処理後6時間以内の雨で効果が低下しやすい。吸収移行型のバスタ，ハービー，ラウンドアップなども同様で，6時間以内の降雨は効果の低下するおそれがある。薬剤によって一概にはいえないが，処理後数時間は降雨のないことが望ましい。梅雨時や夕立のおそれのある時期にこれら除草剤を処理する場合には留意する必要がある。

④薬剤の近接散布

近接した時期に別の農薬を散布すると，組み合わせによっては薬害の生ずることがある。有名なものとしてスタムと殺虫剤の例がある。水稲やリクトウの生育期に使用するスタムを有機リン系およびカーバメート系殺虫剤と混用したり，10日以内に近接散布すると，葉先のしおれや黄化症状が現われ，ひどい時は枯死する。除草剤どうしの混用でも薬害の生ずることがあるので注意が必要である。

⑤除草剤の不適切な使用

農薬は適正に使用すれば一般に安全であるが，往々にして登録外の作物への使用，処理時期のあやまり，過剰散布，不均一散布などの不適切な使用により薬害を生ずることがある。

水稲では初期剤と中期剤をあやまって散布するようなケースや最近の1kg剤を従来の3kg剤と間違うようなことがある。また，水に溶かす薬剤を調剤するときにタンク内をよく攪拌しなかったため，最初は薄い薬液，後に濃い薬液を散布し，結果としてまきむらとなるようなことがある。最近，スルホニル尿素

系除草剤など非常に低薬量で効果を発揮する薬剤が開発されているが，散布後の器具の洗浄が不十分だったため，微量に残っていた薬剤が別の作物に薬害を起こした例もある。

以上については，いずれもラベルをよく読んで適正使用を心がければ防げるものである。

⑥除草剤のドリフト

作物や対象雑草に処理した除草剤が様々な要因により移動し，対象作物そのものや，隣接した他の植物に薬害を与えることがある。最も一般的なものはドリフト（漂流飛散）による薬害である。畦畔や，作物播種前あるいは植付け前に発生している雑草にプリグロックス⓲，バスタ，ラウンドアップなどの非選択性の茎葉処理剤を散布した場合，風などによりドリフトして隣接の作物に薬害を与える。転換畑のダイズ作で生育期のイネ科雑草防除にナブやタルガフロアブルなどを処理すると隣接の水稲に，イネ科作物に使用する2,4-DやMCPソーダ塩の単剤，およびこれら成分を含む混合剤のグラスジンD，あるいはバサグラン，アクチノールなどは広葉作物に影響する。土壌処理用除草剤でも茎葉処理効果のあるシマジン，ゲザガード，ゲザプリムなども生育中の隣接作物に薬害をおよぼす。

ドリフトによる薬害を防ぐためには，朝夕の風のない時期に処理する，低圧で散布する，粒子の大きい液滴になるようなノズルを使用することなどに留意する。

3）薬害症状とその原因

①白　　化

葉の全体，葉縁，葉脈およびその付近などが白くなる症状で，クロロシスという。シマジンなどトリアジン系，ロロックスなど尿素系などの光合成阻害型の除草剤に発現しやすい。暖地の砂壌土で高温が続いたときに水稲用のサンバードやパイサーを使用すると発生することがあるが，この薬害は一過性で回復は早い。

②葉鞘褐変・褐斑

葉全体，葉縁，葉脈やその付近の一部が死んで褐変症状が現われるもので，ネクロシスという。水稲用のジフェニルエーテル系除草剤を軟弱苗や小苗の移植，深水にしたときに使用すると，葉鞘部に褐変症状が発現し，ひどいときには水面上に垂れ下がる流れ葉となることがある。

③奇　形　葉

2,4-DやMCPソーダ塩など植物ホルモン活性を示す除草剤やそれを含む混合剤を使用するとロール葉（筒状葉），株の開張などの症状が現われる。これは15～16℃の低温が数日続くような場合に，砂土や砂壌土の水田で5葉期以下の，とくに軟弱徒長苗に発生しやすい。

水稲に対するサターン，オードラム，ソルネットなど，トウモロコシやダイズに対するラッソー，デュアールなどのように脂質の合成阻害をする型の除草剤は葉色が濃くなり，葉が短縮化し，出すくみや萎縮症状などが見られる。

④根の奇形

トレファノサイドやゴーゴーサンなどジニトロアニリン系の除草剤は発根阻害，棒状の奇形根など根部に薬害を生ずる。ムギ類などに発生した場合は地上部は比較的正常なのに，根の発達が阻害されるため倒伏しやすくなる。

⑤穂の奇形

水稲の生育後期にホルモン作用を示す除草剤を時期が遅れて使用すると，奇形もみや間のびなどの症状が生ずる。

4）安全使用基準と環境汚染対策

現在の農薬は登録制度がとられており，除草剤の販売，使用にあたっては農林水産省，厚生労働省，環境省が農業生産の安定，国民の健康，環境の面から，その安全性を厳しく評価して審査を行なっている。また，食品に残留する農薬については残留農薬基準が設定されている。除草剤の使用については，この基準に適合するように農林水産省が使用時期，回数，使用法などを設定しており，これを安全使用基準という。

表1－11　除草剤の魚毒性

区分	使用上の注意	該当する主な除草剤
A類	通常の使用方法ではその該当がない。	アージラン，プリグロックス①，2,4-Dソーダ塩，ゲザプリムなど
B類	通常の使用方法では影響は少ないが，養魚田での使用はさけ，十分注意して散布する。	ウリベスト，フローレ，シング，サターン，オードラム，アワードなど
B－s類	B類のうちとくに注意するもの。	タルガ，モゲトン，トレファノサイドなど
C類	(1) 魚介類に強い影響をおよぼすので，河川，湖沼，海域および養魚池等に飛散・流入するおそれのある場所では使用しない。 (2) 散布器具，容器の洗浄水および残りの薬液は河川に流さず，容器，空き袋などは焼却などにより魚介類に影響を与えないように安全に処理する。	アクチノール

魚毒性の分類基準
　A類：コイ；>10ppm（LC50，48H），ミジンコ；>0.5ppm（LC50，3H）
　B類：コイ；≦10ppm～>0.5ppm，ミジンコ；≦0.5ppm
　B-s類：B類の中でも特に注意するもの
　C類：コイ；≦0.5ppm

　また，我が国の水田は水系と連結しているため，そこでの除草剤使用は魚介類などへの影響を考慮する必要がある。農薬の魚毒性基準が表1－11のように決められている。除草剤のラベルには魚毒性が表示されているので基準にしたがって使用する。

　蚕毒性については，殺虫剤や殺菌剤と異なり除草剤は直接桑の茎葉に散布することはないので，通常，問題とならない。しかし水稲用除草剤のクサホープ，ソルネット，セスロンの各粒剤が桑葉に付着した場合は，前2者で3日，後者で8～9日程度経過してから採桑するほうが安全である。また，除草剤は殺虫作用が目的でなく，さらに一部を除いて毒性の低い普通物が多いので昆虫や天敵生物への影響は極めて小さい。

　耕地で散布された除草剤は作物体や土壌に吸着され，大部分は光や微生物によって分解されるが，一部は土壌に残留したり，雨水などによって河川や湖沼に流出する。除草剤の使用にあたっては環境への影響を最小限にするような配

慮が必要である。最近開発された除草剤には残効性の非常に長いものはみられないが，古くから果樹園や非農耕地などで使用されているハイバーX，デゾレート，ケイピンなどは1年以上も残効性を示すことがあるとされているので注意が必要である。

　魚毒性C類の除草剤を除いて一般に魚介類に影響することはないが，薬剤の圃場外の河川などへの流出は極力避けるようにする。なお，新しい水道水の水質基準が1993年12月に施行され，基準項目にシマジン（CAT），ベンチオカーブ（サターン），監視項目にプロピザミド（カーブ），CNP（MO）が入っている。

5）安全散布の留意事項

　散布する薬剤の容器などについているラベルは，よく読むことが大切である。ラベルには適用作物・雑草，使用量，使用上の注意事項など必要な薬剤の特性が記載されてあり，そのとおりに使用すれば問題が生じないようになっている。

　散布面積に応じて薬剤を調量するときは，原液や水和剤に直接触れたり，吸入したりしないように注意する。調剤にあたっては水を入れた大きなタンクに直接，原液や水和剤などを入れたりせず，まず，小さいバケツなどの水に溶かしてからタンクに入れ，よく攪拌するようにする。

　散布にあたっては使用する薬剤の種類，剤型などに応じて適切な作業衣，マスクやメガネなどの保護具を選択して着装する。散布作業はできるだけ朝夕の涼しく風のない時刻に行ない，ドリフトなどに注意する。残った薬液は作物のない土壌にしみこませて処理する。散布器具の洗浄液も同様に処理し，河川や池などに流入しないように注意する。空の容器は水でよく洗浄して破砕処分する。粉剤などの袋は焼却する。

　なお，薬剤の散布作業は想像以上に重労働であり，当日の体調などに留意し長時間連続して行なうなど，無理な作業をしないことが大切である。

6）農薬の有効期限と貯蔵法・廃棄法

　農薬は直射日光のあたらない涼しく乾燥した場所で，鍵のかかる倉庫などに保管する。火気にも注意し，直接土間や床に置いたりしない。また，食品と明確に区別し間違いのおこらないように注意する。

　農薬には，たとえばトレファノサイド乳剤4年，プッシュ粒剤3年のように有効期限があり，ラベルには最終有効年月日が記載してある。年月日の早いものから順次使用し，使い残しをしないようにする。もし，購入した農薬の有効期限が切れてしまったような場合は次のように対処する。

○そのあたりに勝手に棄てたりしない。大雨などにより，河川に流出したり，地下水を汚染したりするおそれがある。

○ラベルに書いてあるメーカーに相談する。各メーカーには相談窓口があり，個別に対応してくれる。たとえば有効期限は安全性をとって設定してあり，1～2年前に切れたものでも，保管方法などを考慮すれば，十分使用可能なものもあり，こうした相談にのってくれる。

第2章
水田編

1 水田雑草の種類と生態

(1) 水田雑草の種類と区分

　水田雑草は本田に生育する雑草に畦畔や水路に発生する雑草を加えたもので，1954年にはその種類数が43科191種と算定されていた。その後，農業資材の海外からの輸入などを要因とする帰化雑草の増加や，畦畔をつぶしての基盤整備などでこれまで水田で見られなかった草種が新たに水田雑草となってきたため，現在では210種前後になっている。雑草の種類や性質に関する知識は手取り除草の時代にはあまり重要ではなかったが，除草剤を有効に活用する現在の雑草防除においては欠くことのできないものとなっている。

　水田雑草は主に次の3つの基準で区分される。これらの区分は，雑草の生態や繁殖器官の特性に基づいて定められており，対象とする雑草がどの区分に属するかを知ることは除草剤による防除の戦略を立てるうえで重要である（表2－1）。

1）一年生雑草と多年生雑草

　冬の休眠期間を種子で過ごす一年生雑草と，塊茎や根茎などの栄養繁殖器官で過ごす多年生雑草とに分ける。一般的には種子の生産量は栄養繁殖器官の形成量よりはるかに多い。一方，栄養繁殖器官から発生した苗では，種子から発生した苗と比べて大きな幼植物が土中深い位置からも発生する。このため，種子から発生する雑草に比べて除草剤の効果が低下しやすい。多年生雑草でも種子を着け，時には種子から発生した個体が問題になる。株で越冬する多年生雑草のイヌホタルイ，ヘラオモダカなどは水田ではほとんど種子から発生する。

　水田土壌中での雑草種子の寿命は，タイヌビエの6～10年からタマガヤツリの15年以上と一般に長い。一方，栄養繁殖器官の寿命は1～数年，クログワイでも5年ほどで，種子に比べると格段に短い。

第2章 水田編

表2-1 主要な水田雑草の区分

		一年生雑草	多年生雑草
イネ科		タイヌビエ, イヌビエ, ヒメタイヌビエ, ヒメイヌビエ, アゼガヤ	アシカキ, エゾノサヤヌカグサ, サヤヌカグサ, キシュウスズメノヒエ, チクゴスズメノヒエ, ハイコヌカグサ, ヨシ, マコモ
カヤツリグサ科		タマガヤツリ, コゴメガヤツリ, ヒナガヤツリ, ヒデリコ	マツバイ, ミズガヤツリ, クログワイ※, コウキヤガラ※, シズイ※, ハリイ, <u>イヌホタルイ</u>, タイワンヤマイ
広葉	単子葉	コナギ※, ミズアオイ※, ヒロハイヌノヒゲ※, ホシクサ※, イボクサ, ミズオオバコ※	オモダカ※, アギナシ, ウリカワ※, ヒルムシロ※, ウキクサ, アオウキクサ※, クロモ※, <u>ヘラオモダカ</u>※, <u>サジオモダカ</u>※, ガマ
	双子葉	キカシグサ※, アゼナ, アメリカアゼナ, アブノメ, オオアブノメ, アゼトウガラシ, スズメノトウガラシ, ミゾハコベ, チョウジタデ, ヒメミソハギ, タカサブロウ, タウコギ, アメリカセンダングサ, キクモ※, ヤナギタデ, クサネム	セリ, アゼムシロ, ミズハコベ※
シダ, コケ植物		デンジソウ, ミズワラビ, アカウキクサ※, オオアカウキクサ※, サンショウモ※, イチョウウキゴケ	
藻類他		シャジクモ, アオミドロ, アミミドロ, フシマダラ, (表層剥離)	

下線は水田内では主に種子から発生する草種。　※は水生雑草

2) 水生雑草と湿生雑草

　雑草は生育に必要な土壌水分条件により，水生・湿生・乾生雑草に区分される。水田に発生する雑草はおおむね湿生，水生雑草であり，湛水条件下で旺盛に生育する。発芽や萌芽時の土壌水分や酸素の必要な程度はこれらの区分や種類によって異なる。湿生雑草に属するタカサブロウ，タウコギ，コゴメガヤツリ，ミズガヤツリ，アゼガヤなどは湿潤または湿った畑条件下で，また，水生雑草に属するコナギ，イヌホタルイ，オモダカなどは湛水条件下で良好に発生する。しかし，湛水条件下で発生の抑制される湿生雑草の種類であっても，一度田面に定着した後には湛水されても十分に生育できる。すなわち，通常湛水

を維持されるべき水田に湿生雑草が繁茂した場合には，田面の露出，浅水管理など水管理に問題のあったことが考えられる。

3）イネ科雑草・カヤツリグサ科雑草・広葉雑草

この区分は植物の系統分類学的な縁の近さでまとめた群で，除草剤の選択性を考える上で便利である。水稲用除草剤ではノビエを中心としたイネ科雑草に効果の高い剤と広葉雑草に効果を示す剤があり，それぞれ「ヒエ剤」，「広葉剤」と呼ばれる。また，カヤツリグサ科雑草に卓効を示す剤もある。後述するように，多くの雑草の種類に効果を発揮するように，これらの剤が混合して用いられている。

イネ科雑草とカヤツリグサ科雑草は特定の「科」にまとまった分類群であるが，広葉雑草は多様な分類群（科）を含んでおり，アゼナやチョウジタデなど双子葉植物のみでなく，コナギやオモダカなど単子葉植物の雑草をも含む。除草剤を使用するために雑草の区分を示す場合には，たとえば「イネ科多年生雑草のキシュウスズメノヒエ」，「カヤツリグサ科一年生雑草のタマガヤツリ」のように系統分類群に一年生か多年生かを組み合わせて表現する。

(2) 主要な雑草とその生態

1）一年生雑草

ノビエ

水田で最も重要なイネ科一年生雑草。全国的に発生するタイヌビエとイヌビエ，温暖地以西に発生するヒメタイヌビエと，全国の畑や乾田直播栽培の乾田期間の水田に発生するヒメイヌビエがあり，これらを一括して「ノビエ」と呼ぶ。

ノビエの幼苗はイネに酷似するが，第1葉が完全葉となることや葉耳・葉舌を欠くことでイネと区別できる。タイヌビエを例にとると，種子の発芽の最低温度は10℃前後で，最適温度は30〜35℃である。成熟後の種子は休眠状態で

発芽せず，晩秋から早春にかけての低温，春季の変温や湛水によって一次休眠から醒めて発芽するようになり，土中で発芽できない場合には夏季の高温と湛水により二次休眠に入る。土中の種子は6～8年間生存し，乾田の耕土下層では10年以上生存する。

ノビエは生育量が大きいため多発するとイネに対して雑草害をおよぼす。雑草害の程度は条件によって異なり，m^{2}あたり20本のノビエが移植と同時に発生するとイネの減収は19％と見込まれ，移植4日後の発生では11％，8日後では3％となる。

アゼガヤ

寒冷地南部以南に発生するイネ科一年生雑草。稈は直立または匍匐して高さ80～100cmに達する。湛水条件ではあまり発生せず，畑条件や湿潤土壌でよく発生するので，芽干し時に落水を行なう直播栽培ではしばしば問題になる。ノビエとは葉に軟毛を密生する点で区別できる。

タマガヤツリ

全国的に発生するカヤツリグサ科一年生雑草。高さ50cmほどになり，球状の花穂を多数着ける。種子は微細で水温18℃で出芽を始め，湛水下では地表下0.5cm以内の浅い層から発生する。種子は湿田の土中では10年程度で死滅するが，乾田条件では15年以上生存する。

カヤツリグサ科一年生雑草としては他にコゴメガヤツリ，ヒナガヤツリなどがある。

ヒデリコ

寒地には少ないが全国に発生するカヤツリグサ科一年生雑草。株の基部は扁平で細い葉を多数叢生し，高さ50cmほどの花茎を出す。湛水条件下ではあまり発生しないが，田面の露出や落水などの条件下では旺盛に発生するので，直播栽培では問題になる。

コナギ

北海道南部以南の水田に発生する単子葉の広葉一年生雑草。幼時は線形葉を出すが，生長するとハート型の葉を着ける。15～16℃の気温条件で地表下

1cm以内の層から出芽し，発芽は湛水下の低酸素条件下で良好になる。コナギの窒素吸収は旺盛で，少肥条件などではイネへの雑草害が大きい。種子は湿田条件では10年程度で死滅するが乾田条件ではより長期間生存する。

北海道中央部にはコナギより大型のミズアオイが，岡山県には帰化種のアメリカコナギが発生する。

ヒロハイヌノヒゲ

全国的に発生するが寒地・寒冷地に多い単子葉の広葉一年生雑草。広線形の葉をロゼット状に広げる。種子は11～12℃の気温で出芽を始める。

近縁の種にはホシクサ，イヌノヒゲなどがある。

アゼナ

全国的に普通に発生する双子葉の広葉一年生雑草。高さ30cmほどになり，葉は全縁で対生する。発芽には5～10％の酸素と明条件を要し，気温が11～12℃になると出芽を始める。田面の露出などで除草剤の残効が不十分になるとアゼナが発生しやすくなることがある。種子は湿田条件では5年程度で死滅するが，乾田では15年以上生存する。

葉縁に低い鋸歯のある帰化種アメリカアゼナ（葉の基部がくさび形となるものをアメリカアゼナ，円形に近いものをタケトアゼナと呼ぶ）が増加しており，暖地には茎に剛毛のあるウキアゼナが帰化している。

キカシグサ

全国的に普通に発生する双子葉の広葉一年生雑草。通常茎は赤みを帯び，草丈は15cmほどで密生する。種子は5～10％の酸素と光のある条件でよく発芽し，湛水下では地表5mm以内の浅い層から出芽する。土中の種子は湿田条件では6年程度で死滅するが，乾田ではさらに長く生存する。

ヒメミソハギ

温暖地以西に多く発生する双子葉の広葉一年生雑草。葉は対生し，茎は硬く，よく分枝して高さ50cmほどになる。種子は微細で光やエチレンの存在で発芽しやすくなる。湿田条件では種子は6～7年で死滅するが，乾田条件ではさらに長期間生存する。暖地・温暖地には同属の帰化種ホソバヒメミソハギ，ナン

ゴクヒメミソハギ（アメリカミソハギ）が発生する。

ミゾハコベ

全国的に広く発生する双子葉の広葉一年生雑草。茎は二又に分枝して田面に張り付く。気温が11～12℃になると出芽を始める。種子は湿田条件では7，8年で死滅するが，乾田条件では15年以上生存する。名前のよく似たミズハコベは多年生雑草で，茎は細く水中で伸長して葉を水面上に展開する。全国に発生するが，ミゾハコベより少ない。

クサネム

全国に発生する双子葉の広葉一年生雑草。葉は羽状複葉で互生し，茎は高さ1mに達する。種子の発芽は不斉一で，土中での寿命も長い。湛水条件下では発生が悪いが，湿潤条件では地中8cmからでも発生する。浅水管理の場合や中干し期間に発生しやすい。

タウコギ

全国に発生する双子葉の広葉一年生雑草。葉は羽状に不規則に深裂してやや鈍い鋸葉を持ち対生する。茎は高さ1mに達し，秋にはイネより大きくなる。種子は湿潤な条件下でよく発芽し，発芽後は湛水されてもよく生育する。

アメリカセンダングサはタウコギに類似するが，羽状複葉となり葉縁に鋭鋸歯を有する。両種ともに，発生後には一発処理除草剤の効果が十分ではなく，残草した場合にはベンタゾン，シメトリン・MCPなどの中・後期剤を処理して防除する。

タカサブロウ

全国に発生する双子葉の広葉一年生雑草。よく育つと高さ1mに達する。葉は広線形で鋸歯を持ち対生する。幼植物の時から茎葉に毛があり，触れるとざらつく。湛水条件下ではほとんど発生せず，浅水や落水に伴って発生することが多い。

2) 多年生雑草

エゾノサヤヌカグサ

寒地・寒冷地および比較的標高の高い水田に発生するイネ科の多年生雑草。種子，越冬株，根茎から出芽し，根茎を伸ばして多数の分株を形成する。茎葉はイネに類似するが，著しくざらつく。種子から発生するものは通常の除草剤で防除される。根茎から出る個体には，本葉2葉以内にスルホニル尿素系など効果的な剤を処理する。

マツバイ

全国に広く発生するカヤツリグサ科多年生雑草。越冬芽から発生して根茎を伸ばし，細い線状の茎を密生する。越冬芽は5℃でも萌芽し，適温は30℃程度である。かつては，密生したマツバイで刈ったイネが汚れないなどの利点があったが，バインダーなど機械のスリップを招くなどの問題を起こすようになった。

ミズガヤツリ

北海道を除く全国に普通に発生するカヤツリグサ科多年生雑草。塊茎は休眠性を持たず，10℃くらいから萌芽するが，湛水土中の低酸素条件では萌芽できず，土壌水分30～60％の畑水分条件で良好に萌芽する。このため，代かき時に塊茎を深く埋め込むことにより発生を抑制できる。萌芽後は湛水条件でも旺盛に生育し，長い根茎を引いて分株を出し，夏から秋にかけて塊茎を形成する。

クログワイ

北海道を除く全国に発生するカヤツリグサ科多年生雑草。通常塊茎から発生する。塊茎の休眠は深く，出芽は極めて不斉一で長期間におよぶ。塊茎からの出芽は30cmの土中からも見られる。塊茎には数個の芽があり，萌芽した芽が除草剤で枯死しても，残った芽でさらに生存・発生できる。発生後，根茎で多数の分株を形成し，秋期に塊茎を形成する。塊茎は水田土中で5～7年生存で

きる。現在では除草剤による制御が最も困難な水田多年生雑草となっている。クログワイの発生初期の生育を強く抑制するスルホニル尿素系，ベンフレセート，ダイムロンなどの成分を含む除草剤と生育中期のベンタゾンなどの茎葉処理剤とを効果的に組み合わせ，かつ数年間連用することが有効である。

コウキヤガラ

全国に分布するカヤツリグサ科多年生雑草で，干拓地など海岸に近い水田にしばしば発生する。塊茎は非常に硬く，クログワイに匹敵する寿命を持つ。ミズガヤツリと同様早春から出芽するので，寒冷地や暖地の早期栽培では問題になる。防除の基本はクログワイと同様である。

シズイ

寒冷地を中心に発生するカヤツリグサ科多年生雑草。塊茎から出芽して分株により増殖する。発生始期の形はイヌホタルイに似るが後にはミズガヤツリに類似してくるので，偏球状の塊茎を持つことを確認する。スルホニル尿素系など発生初期の処理で効果の高い剤を使用し，さらに生育中期の茎葉処理剤を組み合わせると有効である。

イヌホタルイ

全国的に広く発生するカヤツリグサ科多年生雑草。水田ではほとんど種子から発生し，4～5枚の線形葉を出した後に花茎を伸ばし，高さ30～80cmに達する。種子の発芽は湛水条件下で良好で，気温15℃になると始まり，適温は30℃である。地表下1～2cmからの出芽が多いが，地中3cm程度の深い位置からでも発生し，発生位置の深い個体には除草剤の効果の劣ることがある。寒冷地から温暖地にかけては形態の酷似するタイワンヤマイが発生する。土中での種子の寿命は10～20年に達すると見られている。

オモダカ

全国に広く分布する単子葉の広葉多年生雑草。種子からも発生するが，塊茎からの発生が問題となる。塊茎の休眠は深く，塊茎は5～25cmの土中からも出芽し，発生はばらつき，かつ長期間にわたる。他の多年生雑草と異なり，通常は分株を作らず，短日条件下で根茎を生じ，多数の塊茎を形成する。発生初

期の生育を強く抑制するスルホニル尿素系の成分を含む除草剤と，生育中期のベンタゾンなどの茎葉処理剤とを効果的に組み合わせて制御する。

ウリカワ

全国的に広く発生する単子葉の広葉多年生雑草。幅広い線形葉を出し，根茎で多数の分株を作って密生する。塊茎は休眠性を持たない。畑水分条件では萌芽せず，湛水下では5cm以内の土中から出芽するが，大きな塊茎ではさらに深くからも出芽する。3～5葉期から地中に根茎を伸ばし盛んに分株を生じ，密生する。発生後50～60日経つと，日長に関係なく塊茎形成を始める。1970年ころから発生面積が増加したが，ウリカワに卓効を示すピラゾレートやピラゾキシフェンなどの除草剤の普及で，現在では減少傾向にある。

ヒルムシロ

全国に広く分布する単子葉の広葉多年生雑草。土中深くに形成される鱗片から出芽し，水面に多数の葉を浮かべる。かつては強害雑草であったが，水田の基盤整備の進行により減少しており，また，一発処理剤のほとんどの成分が効果を示す。

ヘラオモダカ

全国に広く分布する単子葉の広葉多年生雑草。寒地・寒冷地に多く発生し，温暖地以西では早期栽培や標高の高い水田にしばしば発生する。オモダカやクログワイのような分株や塊茎を作らず，株基部が肥大して越冬する。イヌホタルイと同様に水田では種子から発生する個体が問題になる。

セ　リ

全国に広く分布する双子葉の広葉多年生雑草。畦畔からやや多肉質の根茎を伸ばして水田に侵入し，耕起で切断された根茎の節から発生する。スルホニル尿素系除草剤では葉が枯死しても生き残った根茎から再生することがあるので，発生時の幼葉が展開する前に処理する。

ミズハコベ

全国に発生する双子葉の広葉多年生雑草。土中の茎から線形の葉の対生する糸状の茎を伸ばし，茎の頂部には数対の葉が集まって水面に浮く。微細な花を

葉腋に一つずつ着け，果実は長さ約1mm。水路のほか，寒地・寒冷地の水田，暖地のイグサ田に発生する。

3）藻類・表土剥離

　藻類は胞子で繁殖するので顕花植物の雑草のように一年生・多年生に区分しない。アオミドロ，アミミドロ，フシマダラなどは緑藻植物，シャジクモなどは車軸藻植物，ミドリムシなどはミドリムシ植物，表土剥離の原因となる主な藻類は藍藻植物であるが，通常はこれらを一括して藻類と呼ぶ。土中の有機物，リンやチッソ成分が多い場合に多く発生する傾向がある。アオミドロやアミミドロは比較的低温条件で発生し，活着期のイネにからみつき，分げつ発生や生育を阻害する。フシマダラやシャジクモはイネの生育中期以降に発生し，多発すると水温上昇や追肥の効果発現を妨げるとされるが，詳細はよく分かっていない。表土剥離は土壌表面から数mm下で藍藻植物などの活動により酸素などの気体が発生し，日射で膨張して土壌表面が浮上する現象で，イネ苗をなぎ倒して被害を与える。藻類・表土剥離には，ACNや，シメトリン，ジメタメトリンなどトリアジン系除草剤などが卓効を示す。これらを含む混合剤では成分含有率が高ければ発生後でも効果を示すものの，含有率の低い剤では発生前でないと効果がないので，剤ごとの処理適期を逸しないように注意する。

イネの主要な雑草

1）1年生雑草

○イネ科

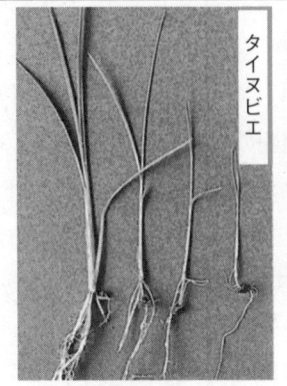

タイヌビエ（右より1.0, 1.5, 3.0, 4.8葉期） イネと異なり葉耳, 葉舌がない。除草剤処理時期の指標となる

アゼガヤ ノビエに似るが幼苗の葉鞘, 葉身に軟らかい毛がある

○カヤツリグサ科

タマガヤツリ 葉は3方向に出る。根は紅色に染まる

ヒデリコ 葉は2方向に出て茎部は偏平になる

○広葉（単子葉）

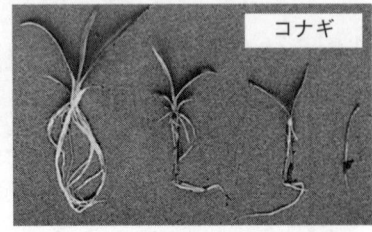

コナギ 種子の殻が子葉の先に残る。根は白で後に紫色のものが混じる

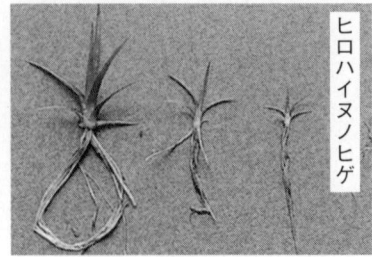

ヒロハイヌノヒゲ 葉の先は尖る。根は白で横に隔線が入る

第2章 水田編

○広葉（双子葉）

アゼナ 葉は対生，裏面に3本の葉脈が目立つ

キカシグサ 葉は対生，光沢があり，茎は紅く染まる

ヒメミソハギ 子葉が大きく，第3節から伸長する

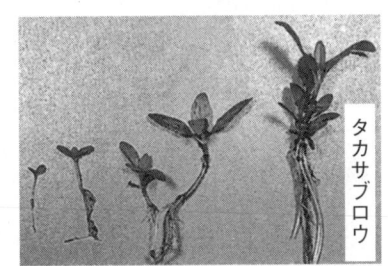

タカサブロウ 葉は対生，茎とともにざらつく

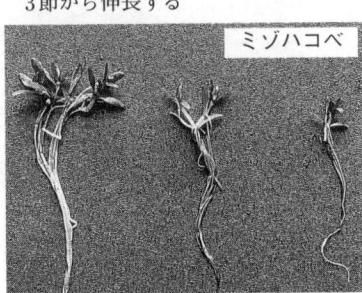

ミゾハコベ 茎は二又状に分枝し，地表に伏して拡がる

タウコギ 葉は対生し，粗い鋸歯がある

クサネム 本葉は複葉になる

89

2) 多年生雑草

○カヤツリグサ科

コウキヤガラ

マツバイ 細い根茎でマット状に広がる

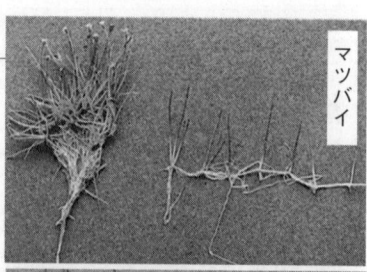

コウキヤガラ 固い突起のある黒い塊茎から発生，茎の断面は三角形

マツバイ

イヌホタルイ

イヌホタルイ 茎部に黒い種子が残存，線形の葉を3～4枚出す

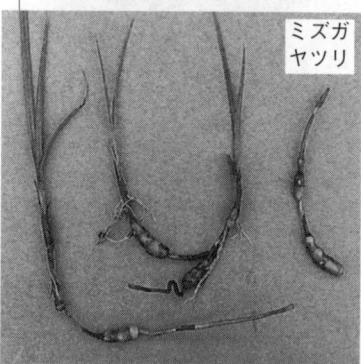

ミズガヤツリ

ミズガヤツリ 細長い塊茎から発生，葉は3方向に展開する

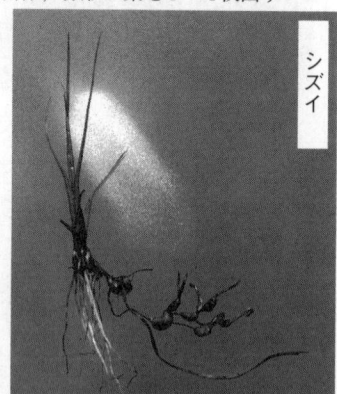

シズイ

シズイ 茶褐色の塊茎から3方向に広がる葉を出す

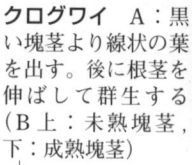

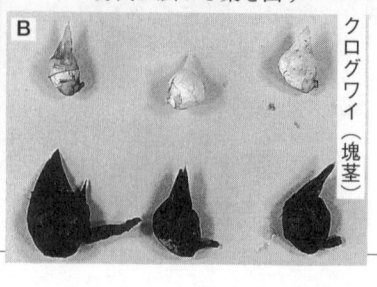

クログワイ A：黒い塊茎より線状の葉を出す。後に根茎を伸ばして群生する（B上：未熟塊茎，下：成熟塊茎）

クログワイ

クログワイ（塊茎）

第2章 水田編

○広葉（単子葉）

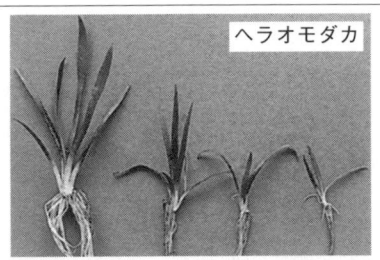

ヘラオモダカ 多年生雑草であるが水田では種子から発生。イヌホタルイに似るが基部に種子が残らない

ウリカワ 小型の塊茎から多数の葉を出し，後に地中に根茎を伸ばして増殖する

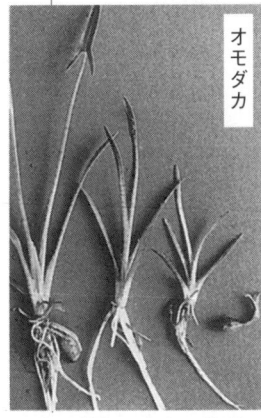

オモダカ 大小の塊茎から発生，リボン葉の次に矢じり葉を出す

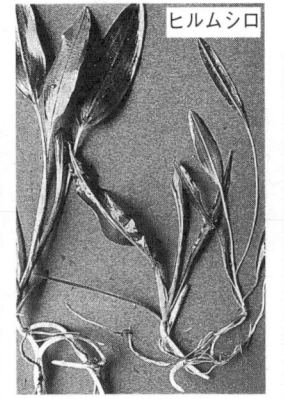

ヒルムシロ 地中のりん茎より長い茎を伸ばす。葉はややぬめりがある

○広葉（双子葉）

下2枚の（上）**セリ**：やや太い根茎から発生し，香りの強い複葉を着ける　（下）**ミズハコベ**：葉は対生し，茎は伸長して頂部は水面に浮く

○イネ科

エゾノサヤヌカグサ 葉身と葉鞘は著しくざらつく。
左は根茎からの，右は種子からの出芽

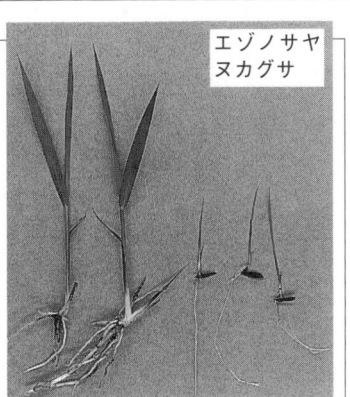

3) 藻類・表土剥離

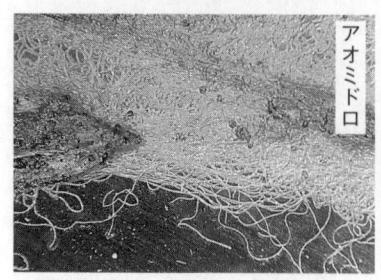

アオミドロ 細い糸状の液体がからみ合う

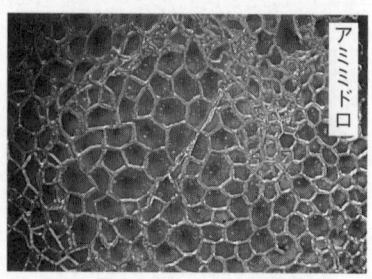

アミミドロ 拡大すると網目状

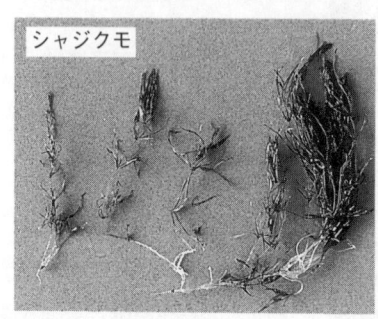

シャジクモ 細い棒状の小枝が1節に車軸状に着く

(3) 地域・気象条件・作期と雑草の発生

1) 北と南で異なる雑草の発生

　日本は南北に長く，地形も複雑なので，水田雑草の分布にも地域差がある。すなわち，ヘラオモダカ，ヒロハイヌノヒゲ，ミズアオイ，エゾノサヤヌカグサ，シズイなどは寒地・寒冷地や標高の高い水田に多く，ヒメタイヌビエ，アゼガヤ，キシュウスズメノヒエ，アブノメなどは温暖地や暖地に多く発生する。ただし，タイヌビエ，タマガヤツリ，コナギ，キカシグサ，アゼナ，セリ，イヌホタルイ，マツバイ，オモダカなど全国的に広く分布する雑草も多い。

　本州以南の強害雑草であるクログワイ，ミズガヤツリは北海道では確認されていない。ただし，元来暖地の雑草であったウリカワや寒地・寒冷地に多かったイヌホタルイは，現在では全国に発生するようになったので，他の草種でも分布の拡大には不断の注意が必要である。また，コウキヤガラは北海道から沖縄まで広く分布するが，海岸に比較的近い水田に多く，内陸部にはあまり発生しないという地域性を示す。

　雑草の発生時期や発生消長にも地域差がある。寒地，寒冷地では雑草の発生・生育が遅く，かつ発生が長期にわたり，温暖地や暖地ではその逆に発生が早く，短期間に生え揃う（表2-2）。しかし，暖地・温暖地でも移植時期の早い早期栽培では雑草の発生相は寒冷地での様相に近くなる。

　多くの除草剤は表2-3に示す地域・作期ごとに定める使用基準の中で適正な使用時期を設定され，こうした地域差をカバーしている。しかし，細かく見れば，寒地，寒冷地では低温条件下で十分な

表2-2　移植後日数とノビエの葉齢の関係の地域差

代かき後日数	寒　地	寒冷地	温暖地	暖　地
5				
7	0.5～1.0	1.0～1.2	1.0～1.5	1.2～1.8
10	1.0～1.5	1.2～1.4	1.5～2.0	2.0～2.1
12	1.5前後	1.2～1.7	1.5～2.5	2.7～2.8
15	1.5～2.0	1.8～2.0	2.0～3.0	3.3～3.5
20	2.0～2.5	2.0～3.4	2.5～4.0	4.0～4.3

植調協会：除草剤解説(1974)による。(芝山：1993)

表2-3 水田用除草剤の地帯・作期区分

地帯区分		地域	作期
寒地		北海道	普通期
寒冷地	北部	東北	普通期
	南部	北陸	普通期
温暖地	東部	関東・東山・東海	早期・普通期
	西部	近畿・中国・四国	早期・普通期
暖地		九州	早期・普通期

除草効果とイネに対する安全性を示し，かつ比較的長くて適正な残効性を備えた剤が適しており，温暖地や暖地では生長の早い雑草に十分な除草効果を示し，高温条件下でもイネに薬害のない剤が適しているといえる。

2）栽培法で異なる雑草の発生

直播栽培

　移植栽培では雑草の発生時に少なくともイネは完全葉で2～3葉の生育に達しており，この生育の差が除草剤の雑草に対する効果とイネへの安全に重要な意味を持っている。ところが，直播栽培ではイネと雑草の生育の差が極めて小さいか，または逆転する。湛水直播栽培でのノビエとイネの葉齢は，通常ノビエのほうが早く進み，北に行くほどその程度は大きくなり，温暖地西部でやっと同じ程度になる（図2-1）。乾田直播では，入水前の乾田期間には畑雑草のヒメイヌビエが発生することがあるが，雑草とイネの生育の差は湛水直播と同様である。若いイネの苗を雑草から守り，雑草との生育の差を逆転させるために，直播栽培では播種後の除草剤が重要な役割を持っている。

　直播栽培に特有な雑草の種類はないが，連年直播を続けるとクログワイ，キシュウスズメノヒエなどの多年生雑草や，イボクサ，タウコギなどの一年生雑草の増加する場合がある。直播栽培に使える除草剤の種類が限られたり，雑な水管理で十分な除草効果の得られない状態が続いた結果である。また，乾田直播の入水前にはメヒシバやタデ類などの畑雑草が発生し，入水時期が遅れると湛水だけでは枯死しなくなる。

　湛水直播栽培では播種後落水によりイネの出芽を促進する管理法が普及している。落水条件下では雑草の発生も助長されるので，イネの苗立ちが確保され

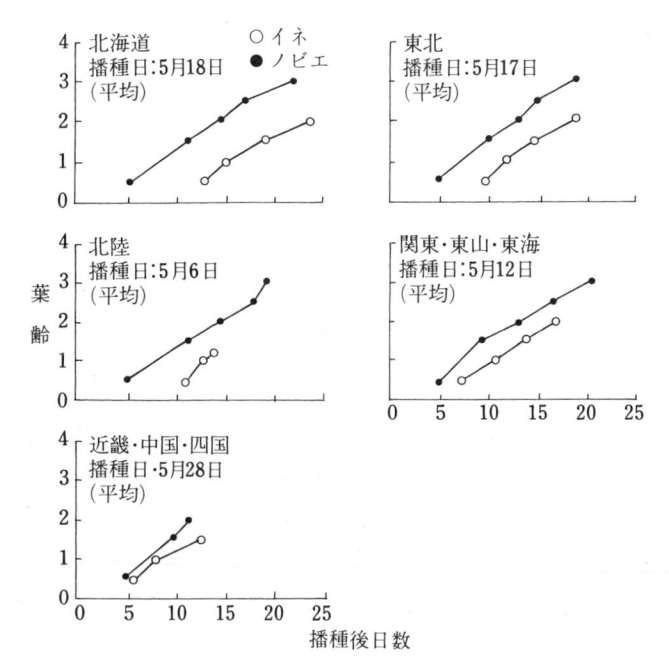

図2-1 湛水直播栽培におけるイネとノビエの葉齢進展の地域差
(1993年の日本植物調節剤研究協会の試験成績により作成,イネの葉齢は完全葉)

次第再入水して,除草剤の処理適期を逸しないことが重要である。

不耕起,無代かき栽培

不耕起や無代かき栽培では耕起・代かきによる雑草の防除ができなくなるので,作付け前に防除を行なわなければ直播栽培よりさらに大きな雑草害を受ける。不耕起栽培で茎葉処理剤により作付け前の雑草を防除した後の雑草の発生,生育は,耕起した場合より数日早くなる。不耕起栽培で毎年確実な除草効果が得られれば,地表と土壌表層の種子や塊茎が年々減少して雑草の発生量は減少する。防除が不適切で雑草の種子などが多量に形成されると,逆の場合も起きる。不耕起や無代かき栽培では多年生雑草が増えやすいので,増加の初期の段階で防除に努める。なお,不耕起,無代かき栽培で1日の減水深が2cm以内に収まらない場合には湛水土壌処理除草剤の使用に適さない。

深水・浅水栽培

　発芽に酸素を多く要する湿生雑草や水生雑草の一部は田面水を深くすることによって発生しなくなる。タイヌビエの発生を抑えるには15cmの湛水が必要である。深水は，タイヌビエの他にタマガヤツリ，アゼナ，クサネム，タウコギなどに効果的であるが，コナギ，キカシグサ，オモダカ，クログワイなどには有効ではない。3cm以下の浅水栽培では，田面の均平が悪いと露出部分ができ，そこを中心にイヌビエ，アゼガヤ，クサネム，タウコギなど湿生雑草が発生しやすい。

　水田用除草剤の効果・薬害に関しては，深水で除草効果の高まる剤がある一方で深水で薬害の強まる剤もあり，一概に言えない。使用時に個々の剤の注意事項をよく確認する。

(4) 雑草害

1）雑草害発生のしくみ

　雑草はイネと光，養分，水をめぐって競争し，イネの生育や収量を低下させる。雑草害（収量の低下）に関しては，最高分げつ期前後と出穂から登熟前期までの2時期に雑草との競合に置かれるととくに影響が大きい。最高分げつ期前後はイネの穂数が決まる時期に相当し，穂数減につながる。出穂から登熟前期までは稔実の初期で，1穂重の低下，完全粒数の減少・不完全粒数の増加などの登熟障害につながる。

　作物が生育して茎葉で畦・株間を被い，地表への太陽光の到達が10％以下になると雑草の発生と生育が強く抑制される。したがって，イネの場合でも前記の最高分げつ期前後の期間と畦間の閉じる時期を併せた期間に雑草の発生を抑えれば，雑草による減収を避けることができ，この期間を必要除草期間と呼んでいる。稚苗移植の場合，寒地や寒冷地では移植後50日程度，温暖地や暖地では35〜40日が必要除草期間である。直播栽培では移植栽培に比べて播種後の必要除草期間が長くなり，湛水直播では15〜20日余計に必要である。乾

田直播栽培でも,移植栽培より必要除草期間が長くなるが,入水前の乾田期間の長短で必要除草期間の長さが変動する。

イネの収量減以外にも,病害虫の寄主,収穫作業の障害,収穫物への混入,水路での灌漑効率の低下,田面水温の上昇阻害などの間接的な雑草害も無視できない。

2) 栽培法や雑草の種類で異なる雑草害

雑草によるイネの減収率は栽培条件で異なる。たとえば,m^2あたり20本のノビエが発生した場合,早生品種12％に対して中生品種7％と,栄養生長期間の短い早生品種で高く,また発生時期では移植当日発生19％,4日後発生11％,8日後発生3％と発生の早いほど被害が大きい。多年生雑草が多発した場合の減収率は,ミズガヤツリで30〜50％,クログワイで20〜60％,ウリカワで15〜25％,イヌホタルイで25〜50％,ヒルムシロで20〜50％,マツバイで5〜20％となる。一般的には,雑草の発生量が同じでも普通期栽培より早期栽培で,成苗移植栽培より稚苗移植栽培,さらに直播栽培で雑草害が大きくなる。

(5) 除草剤抵抗性を持つ雑草の生物型

水稲用一発処理型除草剤の主要成分であるスルホニル尿素（ウレア）系成分（SU剤）に抵抗性を持つ雑草の変異型が問題となっている。「除草剤が効かない」という以外,形態は同じで,こうした変異型を「生物型」という。日本では,ミズアオイ,アゼナ,アメリカアゼナ（タケトアゼナを含む）,アゼトウガラシ,

イネの畦間を埋め尽くしたミズアオイのSU剤抵抗性生物型

イヌホタルイ，コナギ，ミゾハコベ，キクモ，キカシグサおよびオモダカでSU剤抵抗性生物型が確認されている。

　スルホニル尿素系成分を含む除草剤の使用で，処理時期や処理前後の水管理などが適切であっても，上記の雑草が特異的に残る場合にはSU剤抵抗性生物型が発生している可能性がある。残存した雑草について，SU剤の単剤の溶液中での根の伸長の程度を測定する検定法も開発されているが，都道府県の普及指導機関などに確認を依頼することができる。

2 水田用除草剤の選び方・使い方

(1) 水田用除草剤の原理と特性

除草剤の本体は有効成分であって，水田除草剤にはそれを単独で製剤した「単剤」と，他の有効成分と組み合わせた「混合剤」がある。混合剤では2種から5種の有効成分が使われる。

1) 有効成分，系統とその特性

雑草に作用して枯死させる化学物質が有効成分である。有効成分は化学構造の特徴から約20の系統に分類され，それぞれに特有の作用機構を有する。表2-4に水田用除草剤の主な有効成分の系統と特性を示した。

有効成分の特性は，液剤や粒剤など形態，含有率や溶出速度を変えたり，薬害軽減剤（セイフナー）を加える等の製剤技術によって非常に大きく変化する。

表2-4 有効成分の主な系統と特性

有効成分の系統	作用機構	反応の特徴
トリアジン系 酸アミド系 ダイアジン系 尿素系	光合成阻害	クロロシス（白化），頂芽優勢の消失
ビピリジウム系	光関与の活性酸素生成	褐変枯死
ジフェニルエーテル系 ダイアゾール系	クロロフィル生合成阻害	白化
フェノキシ系 芳香族カルボン酸系	植物ホルモンの撹乱	生育異常，捻転
カーバメート系 有機リン系	蛋白質生成阻害	伸長抑制，萌芽抑制
スルホニル尿素系 アミノ酸系	アミノ酸生合成阻害	伸長抑制

2）混合剤の目的と特性

　雑草の種類によって効果の異なる別々の有効成分を同時に使って，多くの種類の雑草を一度に制御できるようにすることが混合剤の最大の狙いである。畑に比べて雑草の種類が限られ，約30種ほどの一定の範囲の種類の雑草が発生する水田では，発生する雑草の種類を想定してそれに対応した有効成分をあらかじめ配合した混合剤がよく適合している。このことは，除草剤の散布回数の削減や，個別に単剤を混合する際の事故の防止など，省力化と安全使用に役だっている。混合剤はこの他，①作用する雑草の種類が同じでも，残効性や効果発現の遅速の異なる剤を組み合わせて，長い期間安定した効果を持たせる，②特定の剤の組み合わせにより，1＋1＝2以上の除草効果を得る（相乗効果），③特定の剤の組み合わせにより薬害の軽減をはかる，などいろいろな狙いで作られる。とくに，ノビエなどイネ科雑草に効果の高い剤と，広葉雑草や多年生雑草に効果の高い有効成分の混合剤は，ほとんどの種類の雑草を一度で制御できるので「一発処理剤」と呼ばれている。

(2) 効率的防除のための着眼点

1）雑草の種類を1筆ごとに把握

　たくさんある雑草の区分の中で，「一年生雑草と多年生雑草」，「イネ科雑草，カヤツリグサ科雑草と広葉雑草」の区分は除草剤の選択に直接係わる。個々の水田に発生する雑草の状況を「一年生のイネ科雑草主体」，「一年生の広葉雑草主体」，「一年生のイネ科雑草主体にカヤツリグサ科多年生雑草を交える」といった具合に把握する。状況の把握には以下のポイントが役立つ。
　①1筆ごとに種類が異なる
　雑草の種類は，長年にわたる管理の違いを反映して隣接する水田でも異なることが多い。このため，発生する雑草の種類は1筆ごとに把握しておく。
　②完全に除草された水田では種類がわからない

除草剤の効果が十分に発揮されてその年の雑草が全部防除されてしまえば，後になってもどんな種類の雑草が発生したのかわからなくなる。この場合には，水口や畦畔沿いや刈取り跡に発生する雑草を調べる。また，除草剤の散布前に1筆の数カ所から土を採り，イチゴのパックなどの容器の中で混合，湛水し，暖かい場所に置けば簡便な「無除草区」ができる。この方法で発生する雑草の種類の概略を知ることができる。作業委託などで防除の経歴の明らかでない水田を担当する場合などにも応用できる。

③幼植物で種類を決める

雑草の小さなうちに種類（名前）を判定する必要がある。ていねいに全体を抜いて水に浮かべ，葉と根に見られる数少ない情報を活用して雑草の幼植物の種類を決める。たとえば，根が淡紅色であればタマガヤツリかコゴメガヤツリ，白い根に紫色の根が混じればコナギ，白い根に横隔線があればヒロハイヌノヒゲとなる。幼植物で種類のはっきりしない場合には，鉢に植えて開花・結実後に種類を調べる。塊茎や根茎などの栄養繁殖器官が着いていれば，越冬した多年生雑草である。

④小さな変化を見逃さない

害虫や病気の種類や発生程度は1作の間に激変することがあるが，それに比べると雑草での変化はゆっくりと起こる。小さな変化に気付かずにいると，数年間で雑草の種類が大きく変わり，それまでの除草剤では対応できなくなることがある。多年生雑草やクサネムなど大型の一年生雑草では侵入初期には個体数も少ないため，防除も容易である。日常の観察で雑草の種類と発生状態の小さな変化を把握し，早めの防除を心がける。

2）雑草の葉齢で適期散布

除草剤の散布適期を判断するには，イネの生育ステージ（移植前・後日数など）のほか，発生する雑草の種類，雑草の発生消長（発生の遅速・斉一の程度など）と雑草の発育段階（葉齢・草丈）が指標となる。

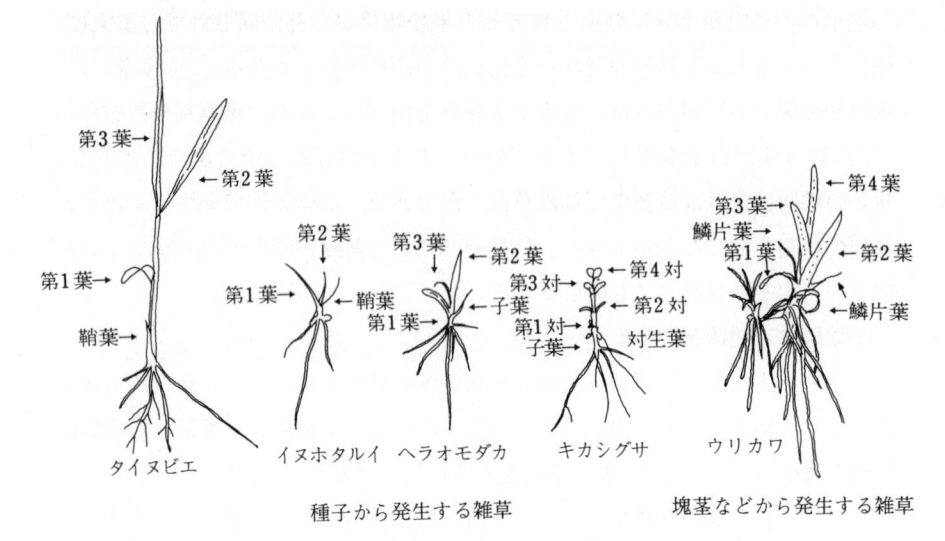

図2-2　水田雑草幼植物の葉齢の数え方

葉齢と発生消長

　発生消長は温度の影響を強く受け，地域や栽培条件で変動するので，個々の水田での特徴を把握しておくことが大切である。

　枯殺できる雑草の大きさは除草剤の種類によって異なる。そこで，個々の水田での雑草の葉齢をきちんと把握する。とくに，最も広範囲に発生するノビエの葉齢は除草剤の使用適期の物差しとして使われている。

　ノビエはイネと違って葉身を備えた完全葉の第1葉を出し，これを第1葉と数える。第2，3葉と長くなるので，それらが完全に展開した時期を2，3葉期，半分抽出した時を1.5，2.5葉期とする。コナギでは細い緑色の子葉の次に出る本葉を第1葉と数え，以降，2，3葉期とする。イヌホタルイでは白い糸のような子葉（鞘葉）を除き，次の緑色の葉から数える。多年生雑草が塊茎などから発生した場合には，2，3枚の鱗片状の葉をとばして，正常な葉身を備えた葉から数える（図2-2）。

　除草剤の包装には「移植後○日～ノビエ○葉まで」のように表示してある。

ノビエ以外の雑草についても制御可能な葉齢が剤ごとに定められており，包装のラベルに表示されている。ただし，省略されることもあり，これは，それぞれの地域でノビエとそれ以外の雑草の葉齢の進み方が把握されているからである。たとえば，ノビエが2.5葉のとき，イヌホタルイ，ミズガヤツリ，ウリカワなどは2葉程度で，これは初・中期一発処理剤の効果をいちばんよく発揮できる状態である。

　直播水稲用除草剤の場合には「イネ○葉期～ノビエ○葉期まで」と表示される。この場合のイネの葉齢は不完全葉を除いて完全葉から数える。

ノビエの葉齢推定式

　ノビエの葉齢を正しく知ることが除草剤の適期散布に欠かせないが，ノビエの発育速度は地域の気象条件やその年の天候などによって変動する。そこで，代かき日からの気温を積算して作成した方程式からノビエの葉齢を推定する。ノビエ葉齢を（L），日平均気温を（T），その積算値を（ΣT）とする。また，日平均気温から6℃や10℃を引いて積算した有効積算気温（Σ（T－6），Σ（T－10））も使われる。

$$L = -0.65 + 0.0090 \Sigma T \quad :全国を対象にした例$$
$$L = 0.2582 + 0.02097 \Sigma (T-10) \quad :北海道を対象にした例$$
$$L = -0.815 + 0.016 \Sigma (T-6) \quad :兵庫県を対象にした例$$

　これらの方程式の係数は地域で若干異なるので，それぞれの地点でノビエの数年間の観察と気象値を基に算定すると，推定精度が向上する。

3）土壌条件と散布後の水管理

　水田用の土壌処理，茎葉兼土壌処理除草剤では，田面水に溶け出た有効成分が土の表層に再び吸着されて除草剤の均一な処理層を形成し，その層に接触する雑草の幼植物に吸収されることで除草効果を発揮する。処理層は通常，散布後24時間ほどで完成し3～4日で安定するので，とくにこの期間には田面を露出させたり，水を動かしたりして，一度形成された処理層を攪乱しないことが大切である。そこで，処理前後の水管理と土壌の状態が除草剤の適正使用に大

きく影響する。

　処理層形成前の落水や漏水，畦越灌漑などは処理層を攪乱して除草効果を低下させるだけでなく，イネの薬害を助長し，有効成分の系外流出をもたらすので厳に避ける。粘土成分の少ない壌土・砂壌土や田面水の地下浸透（減水深）の大きい（たとえば1日2cm以上）場合には，有効成分の土壌への吸着が劣り，その結果イネの薬害が助長されたり除草効果の低下が起こる。

　処理後の降雨では，土壌処理剤ではオーバーフローなどによる有効成分の流出，茎葉処理剤では雑草に吸収途上での有効成分の流失で除草効果が低下する。粒剤などでは降雨時の散布がしにくいこともあり，前記の条件と重なって，処理適期を逸することが多い。気象情報に注意して早めの処理に心がける。

　梅雨の集中豪雨に遭遇しやすい西南暖地では，一発処理剤の処理後にしばしば強い降雨にあう。散布6時間後にオーバーフローすると有効成分が流出して除草効果が低下するので，降雨が予想される場合には散布を延期する。24時間経過すればおおむね有効成分が土壌に吸着されるので，その後に多雨となった場合には3〜5cmの水深を保って雨滴による処理層の攪乱を防ぎ，余剰の水を流すように水尻の高さを調節する。

4）処理量と散布の均一性

　単位面積あたりで設定されている処理量を守る。粒剤では10aあたり3kgが通常の処理量であったが，軽量化を図って10aあたり1kgにした1キロ剤が普及し，「少量拡散型粒剤」として10aあたり0.5kgや0.25kgの剤も開発されている。フロアブル剤では10aあたり1,000mlの剤と500mlの剤がある。散布の手間を省略して軽量化を図るために全体としては今後も処理量が減少すると見込まれる。しかし，当面は多様な処理量の剤が混じって流通する。剤が3kgから1kgに軽量化されても有効成分の絶対量は変わらないので，剤ごとの表示をよく確かめ，処理量を間違えないようにする。

　茎葉処理剤や畦畔用除草剤では処理量に幅があり，上限と下限が決められている。雑草の発生量の多少・発育段階や一年生雑草と多年生雑草の割合の差な

表2-5 除草剤の有効成分の総使用回数表示の例

除草剤商品名	除草剤としての使用回数	有効成分	左の成分を含む農薬の総使用回数
ソルネット・1キロ粒剤	1回	プレチラクロール	2回以内
ショキニー・250グラム	1回	ブロモブチド ペントキサゾン	2回以内 2回以内
クリンチャーバス・ME液剤	2回	シハロホップブチル ベンタゾン	3回以内 2回以内
ザーベックスDX・1キロ粒剤	1回	シハロホップブチル シメトリン ベンフレセート MCPB	3回以内 2回以内 2回以内 2回以内
サラブレッド・フロアブル剤	1回	イマゾスルフロン アキサジクロメホン ダイムロン	2回以内 2回以内 3回以内（本田期は2回以内）
ミスターホームラン・1キロ粒剤	1回	オキサジクロメホン クロメプロップ ベンスルフロンメチル	2回以内 2回以内 2回以内
ダブルスター・ジャンボ剤	1回	フェントラザミド ピラゾスルフロンエチル	1回 1回

どで設定の幅の中で処理量を調節する。

　除草剤には有効成分ごとに1回の稲作期間に使用できる回数（総使用回数）が定められ，容器や袋に明記されている。農薬登録の際に，これを遵守すれば，イネへの残留を生じないことが確かめられている重要な規定である。稲作期間に1回しか使用を認められていない成分を，体系処理で重複して使うことはできない。体系処理などでの使用にあたっては，有効成分とその総使用回数を必ず確認し，安全使用に努める（表2-5）。

　粒剤では散布の均一性に留意する。1筆全体では規定量であっても，粗密な部分ができると，粗い部分では除草効果が低下し，密な部分ではイネへの薬害が助長される。1キロ粒剤では散布する粒数が従来の3kg製剤より少ないが，有効成分の拡散性が改良されているので，従来剤よりは均一散布にこだわらな

くてもよい。少量拡散型粒剤は粒大が大きく，水中拡散性が優れているため，均一散布の必要はない。

　フロアブル剤では，水田に入って均一に散布する他に，水口に一括処理したり畦畔に沿った周縁部に処理することができる。均一に散布しなくてもイネに安全で除草効果の得られる場合があり，剤ごとにラベルに記載されている。

(3) 使用時期別除草剤の特性と選択

　水田用除草剤はイネの生育ステージや雑草（主にノビエ）の葉齢で以下のような使用時期に区分されている。

1）耕起前用茎葉処理剤

　水稲の作付け前に雑草の繁茂が著しく，代かき後も生存して初期除草剤の制御可能範囲を超えそうな場合や耕起など作業の障害になる場合には，非選択性の茎葉処理剤を散布して防除する。温暖地以西では，多年生のミズガヤツリ，コウキヤガラ，キシュウスズメノヒエなどが耕起前の低温条件下でも発生・生育するので，耕起前に移行性の茎葉処理剤を処理すると有効である。一年生雑草主体で生育程度が小さい場合には春耕でも十分防除できる。

　不耕起移植の場合には耕起・代かきによる雑草の抑制が期待できないので，雑草が完全に枯死して処理後の雑草の発生前に移植できるように除草剤の処理日を決める。

2）初期除草剤

　移植前土壌混和処理剤　移植4日以上前の植代時，雑草の発生前から始期にかけて散布して土壌に混入し，発芽や萌芽を抑制する。経営規模の拡大で代かきから移植までの日数が延びて雑草の発生が見られる場合や，低温で雑草の発生が長期にわたる場合に有効である。使用時期を厳守するとともに，移植時の落水で成分が流出しないように，浅水で代かきして移植時までに自然に適正な水深となるようにするなど，水管理に注意する。

第2章 水田編

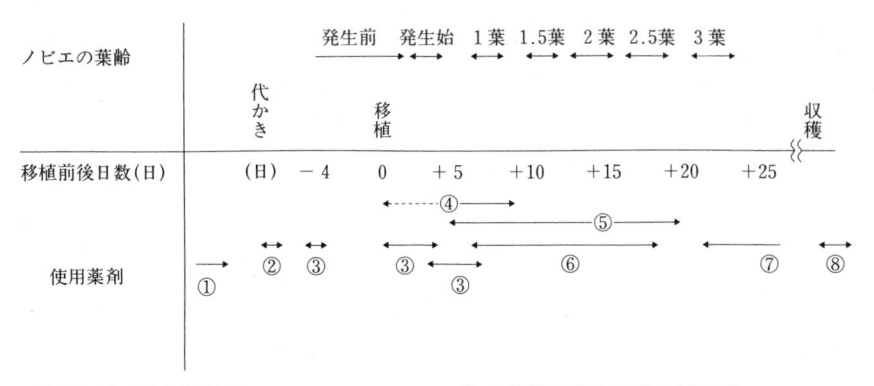

ノビエの葉齢		発生前	発生始	1葉	1.5葉	2葉	2.5葉	3葉	
	代かき		移植						収穫
移植前後日数(日)	(日) －4	0	＋5	＋10	＋15	＋20	＋25		
使用薬剤	→ ② ③ ①	③ ③	④	⑤ ⑥			⑦	⑧	

①耕起前用茎葉処理剤
　ハービー液剤
　バスタ液剤
　プリグロックスL液剤
　ラウンドアップハイロード液剤など
②移植前土壌混和処理剤
　エリジャン乳剤
　サキドリEW剤
　シング乳剤など
③移植前後土壌処理剤（初期剤）
　サキドリEW剤
　ソルネット1キロ粒剤
　ユニハーブフロアブル剤など
④初期一発処理剤
　イノーバ1キロ51，75粒剤
　クサトリエースH，Lジャンボ剤
　ザ・ワンフロアブル剤
　スラッシャ1キロ粒剤
　ネビロスラジカルジャンボ剤など
⑤初・中期一発処理剤
　サラブレットフロアブル剤
　スパークスター1キロ粒剤
　トップガン，Lフロアブル剤
　パッツフル，Lジャンボ剤
　パワーウルフ1キロ51，75粒剤
　ミスターホームラン，Lフロアブル剤など

⑥茎葉兼土壌処理剤（中期剤）
　クミリードSM粒剤
　クリンチャー1キロ粒剤
　ザーベックスDX1キロ粒剤
　クリンチャー1キロ粒剤
　ヒエクリーン1キロ粒剤
　マメットSM1キロ粒剤
　モゲトン粒剤など
⑦茎葉処理剤（後期剤）
　2,4-D剤
　MCP剤
　グラスジンMナトリウム粒または液剤
　クリンチャーEW剤
　クリンチャーバスME液剤
　バサグラン粒または液剤など
⑧刈後用茎葉処理剤
　ハービー液剤
　バスタ液剤
　プリグロックスL液剤
　ラウンドアップハイロード液剤など

図2－3　主要除草剤の処理時期

移植前後〜移植後土壌処理剤　植代直後から移植4日前まで，および移植直後からノビエ1.5葉期程度までの期間に処理し，発生前から始期の雑草に有効である。ノビエなど一年生雑草を対象とする剤から，ミズガヤツリやウリカワなど多年生雑草にも有効な剤まで多くの種類があるので，雑草の発生状況に応じた剤を選定する。

ほとんどの剤では残効性が2週間程度であるため，雑草の種類や発生量が多く，発生消長の長い水田ではこの処理だけでは不十分な場合が多く，中期剤や一発処理剤との体系処理を必要とする。

3）一発処理剤

一発処理剤は，イネ科雑草に有効な剤と広葉雑草に有効な剤を組み合わせ，一年生雑草から多年生雑草までの幅広い殺草スペクトラムと30〜45日程度の残効性を持たせ，1回の散布で中・後期の体系処理を省略する目的で開発された。低成分で高活性を示すスルホニル尿素系成分の実用化と相まって現在の除草剤の主流となっている。

初期一発処理剤　移植直後または数日後からノビエの1.5〜2葉期までに処理する。

初・中期一発処理剤　移植数日後からノビエの2.5〜3葉期までに処理する。

現状では一発処理剤の1回処理だけでは除草を完結できないことが多いので，剤の特徴を最大限に発揮する適正使用に努める必要がある。

一発処理剤の主要な有効成分であるスルホニル尿素系除草剤は10aあたり2.1〜7.5gとごく微量なので，処理直後の多量の降雨でオーバーフローすると有効成分の流失による除草効果の低下をきたすことがある。このため，スルホニル尿素系有効成分を含む一発処理剤には「降雨の予想される場合に使用を避ける」という注意事項が加えられている。

4）茎葉兼土壌処理剤（中期剤）

初期防除を実施しない場合には移植後10〜20日程度，残効性の短い初期除

草剤を処理して雑草が後発生する場合には移植後20〜25日程度の時期に茎葉兼土壌処理剤を処理する。これらの時期にノビエをはじめとする雑草の葉齢が，剤の制御可能な範囲にあることが必要である。トリアジン系成分を含む剤などでは，有機物を多投入するなどした異常還元田，イネの生育不良，低温・高温などの要因によって薬害を発生することがあるので，使用条件を遵守する。

5）茎葉処理剤（後期剤）

初期，中期の防除が不十分で著しい残草のある場合には，イネの有効分げつ終止期から幼穂形成期にかけて茎葉処理剤を処理する。イネも既に大きく育っているので，その間にある雑草の茎葉に十分付着するよう散布する。後期剤の主力剤であるベンタゾンは高い水溶解性を示すため，ベンタゾンを含む剤では，雑草に十分付着・吸収されるように処理時には落水する必要がある。

後期剤の処理は雑草の結実を阻害して，次年度以降の発生を少なくする効果がある。クログワイやコウキヤガラなどの多年生雑草が繁茂したときのスポット処理としても有効である。

6）刈跡用茎葉処理剤

早期栽培や温暖地以西でのようにイネの収穫後も気温が高く，雑草が再生育して種子や塊茎などの繁殖体を形成する場合に実施する。非選択性の茎葉処理剤の散布が主体であるが，刈取りや秋耕などの耕種的防除を組み合わせるとさらに効果がある。

（4）スルホニル尿素系成分抵抗性の雑草生物型の防除

スルホニル尿素系成分（SU剤）など特定の除草剤成分に抵抗性を持つ雑草生物型に対しては，その成分と作用機構を異にする成分の除草剤を用いることで防除できる。しかし，実際の水田では抵抗性生物型とSU剤を含む一発処理剤などで容易に防除できる雑草種が混在するため，一発処理剤などに抵抗性生物型に有効な成分を加えた剤が使用される。雑草の除草剤抵抗性生物型の発生

表2−6　スルホニル尿素系成分（SU剤）抵抗性生物型の雑草に有効とされる除草剤成分

SU剤抵抗性生物型	効果のある除草剤成分
アゼナ，アメリカアゼナ（タケトアゼナを含む）	カフェンストロール，クロメプロップ，ナプロアニリド，ビフェノックス，プレチラクロール，ベンゾフェナップ，ベンタゾン，ベンチオカーブ，ペントキサゾン，MCPBとシメトリンの混合剤，フェノチオールとシメトリンの混合剤
イヌホタルイ	クロメプロップ，ブロモブチド，プレチラクロールとピラゾレートの混合剤，ベンタゾン，ベンゾビシクロン，MCPBとシメトリンの混合剤
コナギ	クロメプロップ，ナプロアニリド，ビフェノックス，ピラゾレート，プレチラクロール，ブロモブチド，ベンゾフェナップ，ベンタゾン，ペントキサゾン，メフェナセット，MCPBとシメトリンの混合剤

を避けるには，特定の剤を連続的に使用することなく，雑草の種類や量の変化を把握して使用する剤を選択することが重要である。

3 栽培様式と除草体系

(1) 移植栽培

　一発処理除草剤がほとんどの水田に散布されているが，「一発処理」といっても通常は除草剤の1回の処理だけで完全な除草効果を得られることは少ない。そこで，いくつかの剤を時期を追って組み合わせた体系処理を行なう。剤を適正に組み合わせれば，①除草効果を確実にする，②種子や塊茎の形成を阻害して翌年の発生を減少させる，③不必要な成分・剤を削減して経費を節減し，環境への負荷を軽減する，などのメリットが得られる。組み合わせは次の要因を考慮して行なうべきで，同じ種類の除草剤や同一使用時期に属する除草剤を重複して散布することは厳に避ける。

　①初期剤型

　一年生雑草が主体な場合には移植前後〜移植後土壌処理剤だけで十分な除草効果が得られる。代かきから移植まで日数があく場合や雑草の発生の長引く場合には移植前土壌混和処理剤と移植前後〜移植後土壌処理剤を組み合わせる。

　②初期剤＋中期剤（＋後期剤）型

　雑草の発生が長引き，初期剤だけでは十分な効果の得られない場合，水管理の不備などで初期剤の効果が落ちた場合，一年生雑草でもクサネムやアメリカセンダングサなどの後発生の著しい場合などに適用する。

　③一発処理剤型

　一年生雑草と多年生雑草，イネ科雑草と広葉雑草が混在して，それらの発生時期が比較的斉一になる場合に適用する。処理時期，水管理などの処理条件を遵守して1回の処理で十分な効果を得られるようにする。

　④初期剤＋一発処理剤型

　上と同様の草種構成で，雑草の発生が長引く場合，代かきから移植までの日数があいて一発処理剤の適期処理が困難な場合などに移植前土壌混和処理剤や

体系処理の型	雑草の発生状況	処理時期
		代かき 移植 5 10 15 20 25 30 35（日後）
初期剤型	多年生雑草やノビエが少なく，広葉一年生雑草主体	土壌混和処理剤 移植前後土壌処理剤
初期剤＋中期剤（＋後期剤）型	ノビエと広葉一年生雑草	移植前後土壌処理剤 中期茎葉兼土壌処理剤 後期茎葉処理剤
一発処理剤型	ノビエと広葉一年生雑草およびイヌホタルイ	初・中期一発処理剤
初期剤＋一発処理剤型	ウリカワ等の多年生雑草とノビエ，広葉一年生雑草	初・中期一発処理剤 移植前後土壌処理剤
初期剤＋一発処理剤＋後期剤型	クログワイ，コウキヤガラ等特殊雑草	土壌混和処理剤 移植前後土壌処理剤 初・中期一発処理剤 後期茎葉処理剤

……は，前の処理の効果が十分な場合にあとの処理を省略できることを示す。

図2－4　移植栽培の除草体系

移植前後〜移植後土壌処理剤と組み合わせて処理する。特定の一発処理剤を想定して初期剤の処理量を減じる少量散布の方法があり，初期剤のラベルに記してあるので確認して使用する。

⑤初期剤＋一発処理剤＋後期剤型

上の条件でもなお多雨や用水の不足などの要因で残草の著しい場合，クログワイ，オモダカ，コウキヤガラなどの難防除雑草が繁茂する場合などのときには，後期剤を組み合わせて処理する。

雑草の発生状況に応じた体系処理の例を図2－4に示す。

(2) 直播栽培

　直播栽培は，湛水条件で播種する湛水直播と，播種時に湛水を伴わない乾田直播に分けられるが，いずれの場合も地域で多様な方式が試みられており，除草剤の使用時期もそれに応じて若干異なる。直播栽培では，イネと雑草の発生がほぼ同時か，または雑草の発生が先行する。すなわち雑草が除草剤の処理時期の晩限となる生育段階に達しても，イネが除草剤に安全な生育段階に達していないことがしばしば起きる。このため，直播用除草剤としては，イネに対する安全性が高く，かつ生育の進んだ雑草にも効果の高いものが適している。

　直播栽培で湛水期間に使用する除草剤では，湛水直播と乾田直播に共通した使用基準の設定が可能となる。しかし，一定の生育段階に達した苗を用いる移植栽培では除草剤の使用時期を「移植後〇〜〇日（ノビエ〇葉期まで）」と日数で表記できるのに対して，直播栽培では播種からイネのある生育段階までの日数は栽培様式や地域で大きく変動する。このため，主要な直播水稲用除草剤の使用時期は「イネ〇葉期からノビエ〇葉期まで（但し，収穫〇日前まで）」と表記される。

1）湛水直播栽培

　播種時または播種前に湛水を伴う湛水直播栽培には，地域の条件に合わせた多様な方式がある。通常は代かきを行なうので，減水深も安定し，移植栽培での一発処理剤を含めた初期剤の使用に適した条件を備えている。しかし，処理時のイネが移植栽培の苗に比べてごく若いため，除草剤のイネに対する安全性が強く求められる。この安全性は，表面播種の場合にはとくに重要で，土中播種の場合には若干緩和される。体系処理や芽干し後の処理で間に合う剤を選択して，それぞれの方式に合った合理的な除草を行なう。

　代かき　代かきから播種までの日数があく場合，雑草の発生が長引く場合には土壌混和処理剤を使用する（図2－5①）。

　播種直後〜雑草発生始期　移植栽培の初期剤に相当する。イネに対する安全

①→　←②→　←③→　←④→　←⑤→　←⑥　→

耕起　播種　雑草　ノ　ビ　エ　ノ　ビ　エ　播種30～35　有効分げつ終期
代かき　　　発生始　1～2また　2～4葉期　　日後　　～幼穂形成期前
　　　　　　　　　　は2.5葉期

①現在該当除草剤なし
②サンバード粒剤
　オードラム粒剤など
③スタム乳
　ウルフエース1キロ51，75粒剤
　サンウエル1キロ粒剤
　キックバイ1キロ粒剤
　アグロスター1キロ粒剤
　スマートフロアブル
　リボルバー1キロ粒剤
　トップガン，Lフロアブル剤など

④クリンチャー1キロ粒剤
　ヒエクリーン1キロ粒剤など
⑤サターンS粒剤
　ザーベックスDX1キロ粒剤
　マメットSM1キロ粒剤など
⑥グラスジンMナトリウム粒または液剤
　2,4-D剤
　MCP剤
　クリンチャーEW剤
　クリンチャーバスME液剤
　バサグラン液剤など

図2-5　湛水直播栽培における除草体系

性の高い剤を使用する。播種後の落水期間に発生する雑草は再入水後の剤で防除する。芽干しのための落水は，それ以前に処理した剤の残効性を損なう（同図②）。

ノビエ1～2または2.5葉期　イネの出芽後に使用する初期剤および移植栽培での一発処理剤のうちイネに対する安全性の高い剤を使用する。水管理に留意して十分な除草効果を引き出す（同図③）。

ノビエ2～4葉期，中期　上記までの処理で効果が十分でなく，残草を生じた場合に処理する（同図④⑤）。

後期　広葉雑草の後発生の著しい場合，クログワイ，オモダカなど難防除雑草が繁茂した場合に茎葉処理剤で防除する（同図⑥）。

直播栽培での後期処理剤には湛水直播と乾田直播の両方に共通して使える剤が多い。

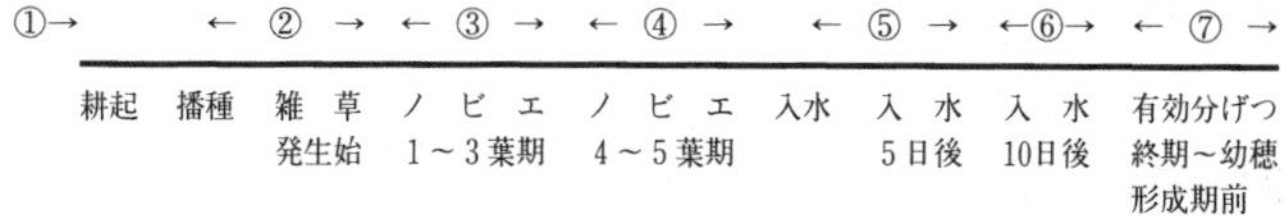

第2章 水田編

①→　　　←②→←③→←④→　　←⑤→←⑥→←⑦→

| 耕起 | 播種 | 雑草発生始 | ノビエ1～3葉期 | ノビエ4～5葉期 | 入水 | 入水5日後 | 入水10日後 | 有効分げつ終期～幼穂形成期前 |

①プリグロックスL液剤
　ラウンドアップハイロード液剤など
②トレファノサイド粒または乳剤
　サターンバァロ粒または乳剤
　マーシェット乳剤など
③サターン乳剤
　スタム乳剤
　ノミニー液剤など
④クリンチャーEW剤
　クリンチャーバスME液剤など
⑤ウルフエース1キロ粒剤などの一発処理剤
⑥マメットSM1キロ粒剤
　ザーベックスDX1キロ粒剤
　ヒエクリーン1キロ粒剤など
⑦グラスジンMナトリウム粒または液剤
　2,4-D剤
　MCP剤
　バサグラン液剤など

図2－6　乾田直播栽培における除草体系

2）乾田直播栽培

湛水を伴わずに播種される乾田直播栽培では，播種後入水までの乾田期間に発生する畑雑草を主体にした雑草と，入水後に発生する水田雑草という異なるグループの雑草を防除する必要がある。乾田期間には播種後土壌処理剤と茎葉処理剤が，入水後には移植栽培と同様の一発処理剤を含む初期剤と中・後期剤が用いられる。

乾田期間は，播種直後に入水する場合（従来「折衷直播」と呼んでいた方式）には0であるが，温暖地などでは1カ月以上におよび，場所や方式によって多様である。

乾田直播では代かきを行なわないため，入水後の減水深が大きくなりやすく，除草剤の安全使用の上での障害になっている。水管理にとくに留意して，登録のある剤を使用する。

耕起前　耕起で機械的に防除するのが困難な程度に雑草が繁茂した場合に，移植栽培の耕起前雑草防除に準じて非選択性の茎葉処理剤を処理する（図2－6①）。

播種直後～雑草発生始期　畑状態で土壌処理剤を散布する。降雨の影響を避け，播種と同日に終了する（同図②）。

　乾田期間　乾田期間の長短，上記処理の効果の程度によって雑草の生育程度が異なるが，イネ科雑草と広葉雑草に効果のある茎葉処理剤を散布する。これらの剤には土壌処理効果を期待できないため，後発生のない内（処理後1週間以内）に入水できるように処理日を設定する（同図③④）。

　入水後　減水深が1日2cm以下になる条件で移植栽培の一発処理剤，初期・中期剤から乾田直播用の剤を選んで処理する（同図⑤⑥）。

　後期　広葉雑草の後発生の著しい場合，クログワイ，オモダカなど難防除雑草が繁茂した場合に茎葉処理剤で防除する（同図⑦）。

3）不耕起直播栽培

　湛水，乾田直播ともに，不耕起栽培の場合には播種前の雑草防除がとくに必要になる。播種前雑草の存在は播種作業の障害になり，イネの初期生育の妨げとなる。刈取り跡の秋期の雑草管理の励行により，播種前雑草の量や生育程度を抑えることができる。また，播種後，速やかにイネの苗立ちが得られるよう，適正な播種時期を選定する。

　播種前雑草は非選択性の茎葉処理剤を用いて防除する。播種後に除草剤を使用する場合には，漏水を止め，それぞれの剤に定められた「減水深」以内の条件で散布する。

　不耕起栽培で効率的な雑草防除を行ない，土壌の表面と表層の雑草種子や塊茎の密度を低くすれば，雑草の発生は年々少なくなる。逆に防除に失敗して，大量の雑草種子や塊茎が土壌の表面と表層に形成された場合には，翌年の防除に多くの労力や経費を要することになる。

(3) 稲発酵粗飼料用稲栽培

　発酵粗飼料（ホールクロップサイレージ：WCS）用イネの栽培における除草剤の使用に関しては農林水産省生産局畜産部の事務連絡（平成16年5月）に

基づく「稲発酵粗飼料生産・給与技術マニュアル（稲発酵粗飼料推進協議会・飼料増産戦略会議・社団法人　日本草地畜産種子協会）」により，以下の内容で行なう。

『稲発酵粗飼料にノビエ等の雑草が混入した場合，水分含量の違いなどから品質が低下するため，雑草防除を的確に行う必要がある。特に，直播栽培を導入する場合には，雑草が繁茂しやすいので，初期の雑草防除が重要になる。

稲用に登録されている農薬のうち，直播水稲への適用があり，稲わらについても残留性が十分低いことが認められる農薬は以下のとおり（表2-7）であるので，除草剤を使用する場合にはこれらの中から，都道府県の稲作指導指針等に記載されている農薬を，地域の農業改良普及センターの指導に従って作型や雑草の発生動向等を踏まえて選

表2-7　除草剤（直播栽培に適用できるもの）

農薬の種類
イマゾスルフロン・エトベンザニド・ダイムロン粒剤
エスプロカルブ・ピラゾスルフロンエチル粒剤
エトベンザニド・ピラゾスルフロンエチル粒剤
エトベンザニド粒剤
グリホサートアンモニウム塩液剤
グリホサートイソプロピルアミン塩液剤
ダイムロン・ベンスルフロンメチル・メフェナセット粒剤
トリフルラリン乳剤
トリフルラリン粒剤
ビスピリバックナトリウム塩液剤
ピラゾキシフェン粒剤
ピラゾレート粒剤
ピリミノバックメチル・ベンスルフロンメチル・メフェナセット粒剤
DCPA乳剤
シハロホップブチル粒剤
シハロホップブチル乳剤
シハロホップブチル・ベンタゾン液剤

「稲発酵粗飼料マニュアル」より

表2-8　除草剤（移殖栽培に適用できるもの）

農薬の種類
シハロホップブチル粒剤
シハロホップブチル乳剤
シハロホップブチル・ベンタゾン液剤
ベンタゾン粒剤
ベンスルフロンメチル・ベンチオカーブ・メフェナセット粒剤

「稲発酵粗飼料マニュアル」より

定する。除草剤の使用にあたっては，病害虫防除と同様に，農薬のラベルに記載されている「収穫〇日前まで」という使用時期の「収穫」をWCS用イネの収穫（黄熟期）にそのまま適用するため，防除可能な期間が食用水稲より1週

間〜10日程度早まることに留意する。

　稲用に登録されている農薬のうち，移植水稲への適用があり，残留性が十分に低いことが認められる農薬は以下の通り（前頁の表2-8）であるので，除草剤を使用する場合にはこれらの中から，都道府県の稲作指導指針等に記載されている農薬を，地域の農業改良普及センターの指導に従って作型や雑草の発生動向等を踏まえて選定する。』

(4) 新剤型と省力防除

　水田の除草剤は，これまで10aあたり3kgを散布する粒剤が基本であったが，近年処理の省力性を目的に多様な剤型が実用化に移されている。

1) フロアブル剤

　水稲用フロアブル剤は，有効成分を液体に懸濁させて拡散性を持たせた製剤で，10aあたり500，または1,000mlをボトルから直接散布して使用する。顆粒水和剤は自分で10aあたり500mlの水に溶かして使用する。フロアブル剤の処理法は極めて簡便で，①水田内を歩行してボトルを振りながら散布する，②畦畔を歩行して5m程度の範囲に散布する，③水口に一括処理し，灌漑水により水田内に拡散させる（水口処理），④田植機に装着した器具により田植作業と同時に散布する（田植同時処理）などの方法がある。ラジコン・ヘリコプターによる処理も一部の剤で認められている。各処理法は剤によって若干異なることもあるので，使用基準を十分に確認する。

　フロアブル剤の省力的散布の特性は十分な田面水があって初めて生かされる。したがって，散布後3〜5日間湛水条件を維持し，落水や掛け流しをしない，という水田除草剤の適正使用条件に加えて，3〜5cmの十分な水深があること，田面が露出していないことにとくに留意する。また，散布直後から数日間は田面水中濃度が高い状態で推移するので，この期間に漏水しないように水管理にとくに注意する。水口処理では，止水後に田面水でボトルを濯ぎ，その

水を水口付近に散布して，効果のむらを防ぐ。

　砂質土壌や減水深の大きな水田，浅植えで稲苗の根が露出するような条件ではイネに薬害を生じる。また，大区画水田などで風による吹き寄せで水深が大きくなる場合にも薬害を助長することがある。

2）1キロ粒剤

　水稲用1キロ粒剤は，従来の10aあたり3kgを基準とした剤型から拡散性を向上させ，粒径を大きくし，軽量化を図ったものである。1キロ粒剤の散布は，基本的に従来の3kg剤と同様に散粒機による。目盛りを従来剤より1，2段階小さくして，剤の吐出状況を調節する。また，専用の短管噴頭を使って，30m幅の水田の畦畔からだけ散布する，など機械作業による省力散布が可能である。1キロ粒剤の散布に際しては，フロアブル剤に比べると水深の確保などに気を使わなくてすむが，その場合でも除草剤の適正使用に徹する必要がある。極端な散布の不均一を避け，5m／秒以上の強風下や処理後に多雨の予想される場合には散布を避ける。

3）少量拡散型粒剤

　少量拡散型粒剤は，1キロ粒剤からさらに軽量化を図り，10aあたり250〜500gとし，一粒の粒径を大きくし，水面での浮遊や水中での有効成分の拡散性を高めた製剤である。これらの特性により，畦畔から動力散布器などで畦畔から田に入らずに散布する湛水周縁部散布が可能（一部の1キロ粒剤でも可能）で，一部の剤ではRCヘリによる散布も可能となっている。水中拡散性を発揮させるために，処理時期の水深の確保，藻類・浮遊物など拡散阻害要因の除去に努める必要がある。

4）ジャンボ剤

　ジャンボ剤は，大型の錠剤をそのまま，または粒や小型の錠剤をパックにしたもので，10aあたり10〜20個を畦畔から投げ込んで処理するものである。

散布器具を必要とせず，水田に入らずに簡便に処理できる利点がある。
　ジャンボ剤は水中での有効成分の拡散を飛躍的に改良してあるが，使用にあたっては通常より深い5cmほどの水深を保ち，藻類の繁茂など拡散を阻害する要因を除いておく。

4 畦畔・休耕田の雑草防除

(1) 畦　畔

　日本植物調節剤研究協会の調査によると，畦畔は全国の水田面積の6％にあたる約17万haを占め，全国平均で年間3.8回の除草管理を必要とし，10aあたり2時間45分を要している。畦畔は水田の水管理の要となる部分で，崩壊を防ぐ上で十分に植生に被われていることが望ましいが，放置すると日射や風通しを妨げ，病害虫の増殖源となる。畦畔雑草の省力的管理は極めて重要な課題になっている。

1) 除草剤と抑草剤

　畦畔用除草剤は非選択性の茎葉処理剤で草刈りと組み合わせて1～2回使用されている。処理時の雑草が小さくても大きすぎても十分に効果が得られないので，刈り取り後の再生初期など剤ごとに設定された処理適期を守る。また，散布にあたっては，イネはもちろん他の作物に飛散しないよう十分に注意する。
　特定の剤を長期間連続して使用すると畦畔雑草の種類が偏ってくることがある。この場合，シバ，チガヤ，シロツメクサなど管理に都合のよい草種が優占するようになるとは限らないので，雑草相の変化を見ながら剤の種類をローテーションする。
　畦畔雑草の根まで枯らす必要はないので，障害にならない程度に生育を長期間抑える「抑草剤」の開発が進められている。

2) 機械的防除

　鎌や草刈機による防除は広く実施されており，最も確実な方法であるが，多大な労力を要する。畦畔を被う防草シートや畦畔カバー，畦畔の土壌に固化剤を混入する方法などもある。

3) グランド・カバー・プラント

草丈の低い特定の植物で畦畔を被覆する試みが行なわれている。シバ，シバザクラ，ツルジュウニヒトエ（アジュガ），マツバギク，ワタゲハナグルマ（アークトセカ），コテングクワガタ，ヒメイワダレソウ，センチピードグラス（チャボウシノシッペイ），リュウノヒゲなどの園芸植物が使われている。既存の雑草のある畦畔にこれらの植物を導入するには，定着するまでに除草・施肥などの集約的な管理を必要とする。これらの植物によって畦畔が滑りやすくなり，作業に支障が出たり，中山間地では伝統的景観にそぐわないなどの問題もある。

(2) 休耕田

休耕田ではこれを管理する経済的，労力的余裕の不足から雑草が繁茂して大きな問題となる。休耕が数年間にわたると，①多年生雑草をはじめとして塊茎や種子などの一大供給源となる，②病害虫の増殖や越冬の巣となる，③土壌の物理・化学性を損ない，水田としての復元が困難となる，④景観を損ない，野火等の原因となる，などの障害をもたらす。休耕田の雑草管理の要点は，休耕の初期の段階と，すでに多年生の大型雑草や雑木の繁茂した段階とで異なる。

1) 初期の休耕田

耕起と湛水を組み合わせて雑草の定着を防止する。可能であれば，イネを作付けた時期に発生した雑草に対応した除草剤を使用する。

2) 雑草の繁茂した休耕田

雑草，雑木を刈払い，プラウ耕を行なう。生育の初期や刈払い後の再生期には，非選択性の茎葉処理剤の処理が有効である。非農耕地用除草剤を用いる場合には，周辺農地への流出を防ぎ，次期の作物への土壌残留に十分注意する。

5 除草剤防除を補完する耕種的防除法

　除草剤を適正に使用すれば，環境への負荷も小さく，イネへの残留も起きない。しかし，同じ剤を連続して使用すれば除草剤に耐性を持った雑草の変異が出現するなどの問題も起きるので，除草剤だけに依存せず，なるべく多様な防除手段を組み合わせて"総合防除"の方向を目指すことが課題である。現状では，除草剤以外の雑草防除法は除草剤の使用に比べて多くの時間，手間，コストを要する。

(1) 生態的・耕種的手法

1) 田畑輪換

　田畑輪換では湛水と畑条件が繰り返されるため，畑雑草は水田条件で，水田雑草は畑条件で不利な環境となり，種子や栄養繁殖器官の死滅・減少が促進される。この効果は土中での寿命の長い種子で繁殖する一年生雑草より，寿命の短い栄養器官による多年生雑草で大きい。畑土中での水田多年生雑草の塊茎はミズガヤツリで1～2年，ウリカワで2～3年，ヒルムシロで3～3.5年で死滅するが，クログワイでは3年以上生存する。ウリカワの多発田を2，3年間畑地にすると，復元後はウリカワを対象にした除草剤を使用する必要のない程度まで塊茎数が減少する。

2) 作物の輪作

　裏作を行なうと，耕起により多年生雑草の塊茎や根茎が土壌表面に出て乾燥や凍結にあうことが多くなり，死滅しやすくなる。冬期間の作付けによる土壌の乾燥化も雑草繁殖体の死滅を促進する。また，早期栽培の収穫後に効果的な作付け体系を維持して休閑期を短くすることは，雑草の繁茂と繁殖体の形成を防止するうえで効果的である。早期栽培では収穫後に適当な作物がないために

しばしば放置されるが，刈り跡に1回耕起するだけで翌春の雑草発生量が半分以下に減少する。

3）競合力の強化

イネの茎葉の繁茂で畦間の相対照度が低下すると，雑草の発生や生育が抑制される。作付け時からその時期まで雑草の発生を防ぐ必要があるわけで，前述したようにこの期間を「必要除草期間」と呼ぶ。普通期の移植栽培の場合，暖地では35日，寒冷地，寒地では45～50日程度と見られる。この期間はイネの生育速度や栽植密度などによって変動する。また，稚苗移植栽培では成苗移植栽培より長く，直播栽培では更に長くなり，直播栽培での雑草制御を難しくしている主な要因である。近年，水稲でも，生長が早く葉の遮光の早い，雑草との競合性の大きい品種の特性が調べられている。

(2) 物理的・機械的手法

1）深水灌漑

雑草の発生前から10～15cmの水深にすると，ノビエやカヤツリグサ科雑草の発生や生育を抑制できる。ただし，コナギやクログワイなど深水でも十分に発生する草種には抑制効果は小さい。

2）中耕・培土

畑作物の栽培で除草を兼ねて実施される中耕・培土は水田では作業性からあまり行なわれない。作溝培土乾田直播栽培では，イネの倒伏防止を目的にイネの最高分げつ期に乗用管理機で培土を行なうが，この作業で雑草防除を兼ねている。

3）ワラ，再生紙など易分解性資材のマルチ

雑草防除を目的としたマルチは畑作で行なわれるが，水田には向かない。イナワラやムギワラによる被覆は雑草の発生と生育を抑制し，不耕起栽培ではと

くに有効である。再生紙でマルチしながら移植機で田植えする方式もある。

4) 火炎や発酵熱による枯殺

耕起前や畦畔では火炎除草機による雑草の焼き払いが有効である。土中の種子は60℃程度の熱処理で死滅する。また，堆肥を作る際には発酵時に高温を維持することにより雑草種子の死滅が促進される。

5) 除草機

「田打ち車」と呼ばれる手押し式の回転除草器は現在でも使用されている。近年，ロター，レーキや回転型爪を備えた歩行型や乗用型の除草機が市販されている。従来の除草機で困難であった株間除草の機能も向上しつつあり，除草剤を併用する機能などを含め，除草効果の向上とコストの低減が検討されている。

(3) 生物的手法

1) 小動物の利用

カブトエビは水田でm^2あたり20～60匹いると，地表を攪拌して一年生雑草の幼植物を浮き上がらせて防除するが，多年生雑草には効果が劣る。また，水田でコイやアイガモを飼育する農法（アイガモ水稲同時作）では雑草を摂食させる効果もある。アイガモの場合には10aあたり20～30羽を放飼する。

温暖地を中心にジャンボタニシと呼ばれて水稲に被害を与えているスクミリンゴガイは，田植え直後に殻高2cm程度の個体がm^2あたり2～3匹いる場合，ごく浅水にしてイネの葉に届かないように管理すると雑草を十分に摂食する。この方法は既に侵入・増殖して貝の防除に手を焼いている水田に限定される。

2) 病原微生物・天敵昆虫の利用

海外では実用化された微生物除草剤もあるが，わが国ではノビエ類やクログワイを対象にした病原菌や昆虫について検討され，ノビエ用微生物剤が農薬登

録されたが，市販には至っていない。

　これら生物的手法は，直播栽培では逆にイネに甚大な被害を与えたり，殺虫・殺菌剤の使用が制限されたり，管理に相当な経費を要するなどの問題点もあるので，十分考慮して実施する。

（4）特定農薬（特定防除資材）

　特定農薬とは，「その原材料に照らし農作物等，人畜および水産動植物に害を及ぼすおそれがないことが明らかなものとして農林水産大臣及び環境大臣が指定する農薬（改正農薬取締法第2条1項）」で，「食酢，重曹および地場で生息する天敵」が指定されている。雑草防除関係では，次のような取り扱いが示されている。

表2-9　特定農薬として保留された雑草防除手段の扱い（農水省HPより）

1. 薬剤でないもの（物理的防除等）

（1）情報提供のあったもの

資材名・防除法名	手段の区分	対象病害虫等	提供された情報の中に記入されていた効果
紙（紙マルチ）	発芽・生長の阻止	雑草	発芽・生長を妨げるもの

（2）その他考え得るもの

資材名・防除法名	手段の区分	対象病害虫等	提供された情報の中に記入されていた効果
水田の水（深水栽培）	発芽・生長の阻止	水田の雑草	発芽・生長を妨げる

2. 農薬取締法上の天敵に該当しないもの

（1）情報提供のあったもの

動物

動物の種類	対象病害虫等	提供された情報の中に記入されていた効果
アイガモ，アヒル	雑草，害虫	雑草の摂食・除去，害虫の捕食
牛，ヤギ，羊	雑草	雑草の摂食
コイ，フナ，ドジョウ	雑草	雑草の摂食・除去
ホウネンエビ	雑草	雑草の摂食・除去

（2）その他考え得るもの
　　・病害虫等や雑草を食べることがある脊椎動物全般
　　・雑草を食べる水棲の貝や甲殻類全般
　　・土壌病害虫を減らす効果のある植物，他感作用により他の植物の生育を防ぐ植物，害虫を忌避したり天敵を呼び寄せる効果を有する植物等

第2章 水田編

6　薬害・環境対策

(1) 薬害の症状と程度

　現在では，イネと雑草の間の選択性の高い除草剤が普及しているが，基準から外れた使用や環境条件の変化によってはイネにも薬害をおよぼし，薬害の甚だしい場合にはイネの減収につながる。薬害の症状は散布直後から数週間後の期間に発現するが，中には可視症状を欠き，収穫後の収量調査ではじめてわかるような場合もある。

　近年は水田の全面にわたる薬害の発生はあまり見られなくなった。薬害症状が部分的に発生する場合には，田植機で浅植えになった列に沿って現われたり，深水の部分にスポット的に発生するので，よくイネを観察して薬害の程度を判定する。薬害の症状が軽い場合には，新葉の展開とともに回復してその後の生育には影響しない。薬害の中でも，奇形葉や分げつ抑制は茎・穂数の減少につながり，症状が重い場合には減収につながるが，軽い場合にはイネの補償力で回復する。

　初期に同じ程度の薬害を受けても，収量への影響の程度はいろいろな条件によって変動する。たとえば，夏期の天候がよい場合には冷夏の場合より回復が

表2－10　薬害の症状と程度

葉の変色	いろいろな色の斑点，かすり模様。濃緑色化または淡緑色化。
葉の白化	新葉が白化し，展開が阻害される。
葉鞘褐変	田面水中にある葉鞘が黒褐色に変化。
葉のはっ水性の喪失	葉の水をはじく性質が阻害され，葉身が水面に張り付く（流れ葉）。
奇形葉	葉縁が癒着した筒状葉。葉身の細化または短小化。
草丈抑制	茎葉の伸長が抑制される。
分げつ抑制	分げつの発生が阻害される。
枯死	上記の症状が進行して，結果として株が枯死する。

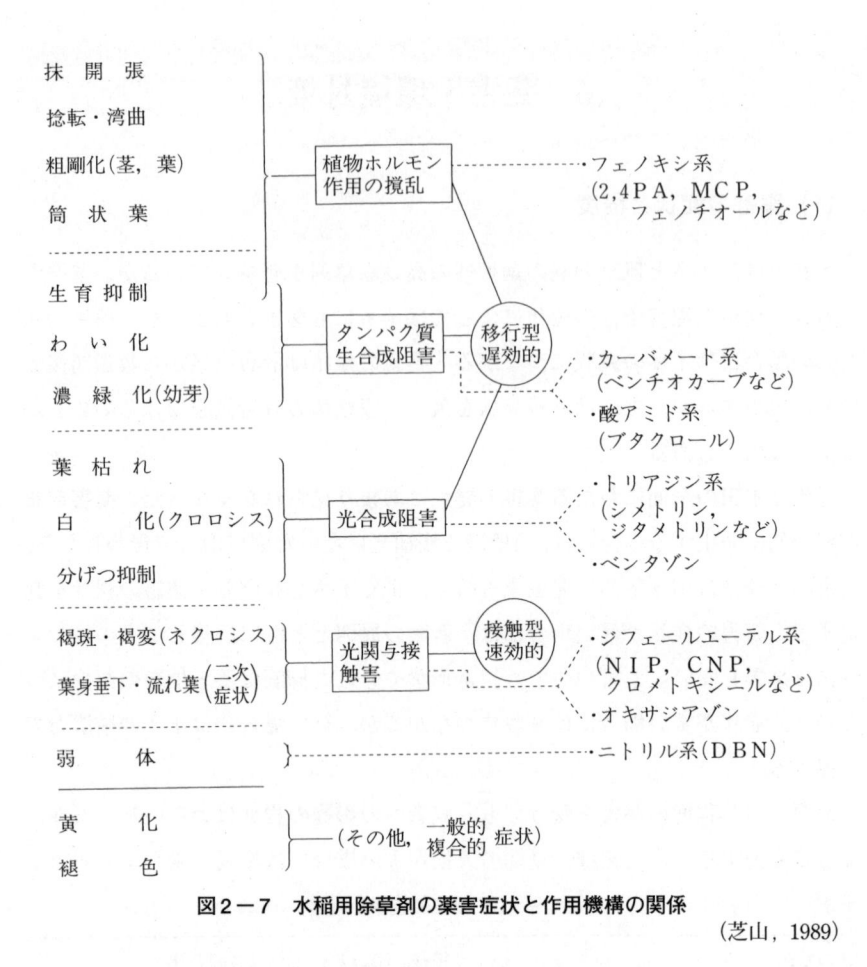

```
抹　開　張 ┐
捻転・湾曲  │
粗剛化(茎,葉)│──┐植物ホルモン ─── ・フェノキシ系
筒　状　葉 ┘  │作用の撹乱          (2,4PA, MCP,
                                    フェノチオールなど)
― ― ― ― ― ― ― ― ― ― ― ― ― ― ―
生育抑制　 ┐                                          ┐
わ　い　化　├──┐タンパク質 ─┐移行型 ・カーバメート系 │
濃緑化(幼芽)┘  │生合成阻害  │遅効的   (ベンチオカーブなど)
                                    ・酸アミド系
                                      (ブタクロール)
― ― ― ― ― ― ― ― ― ― ― ― ― ― ―
葉　枯　れ ┐                         ・トリアジン系
白　化(クロロシス)├─┐光合成阻害 ──   (シメトリン,
分げつ抑制　┘                          ジメトリンなど)
                                    ・ベンタゾン
― ― ― ― ― ― ― ― ― ― ― ― ― ― ―
褐斑・褐変(ネクロシス)┐          ┐接触型 ・ジフェニルエーテル系
葉身垂下・流れ葉(二次症状)├─┐光関与接触害 速効的 (NIP, CNP,
                                    クロメトキシニルなど)
                                    ・オキサジアゾン
― ― ― ― ― ― ― ― ― ― ― ― ― ― ―
弱　　体 }────────────── ・ニトリル系(DBN)
― ― ― ― ― ― ― ― ― ― ― ― ― ― ―
黄　　化 }─(その他,一般的複合的症状)
褪　　色
```

図2-7　水稲用除草剤の薬害症状と作用機構の関係

(芝山,1989)

早く，生育期間の短い早生品種では晩生品種より減収が大きくなり，生育期間の短い寒地・寒冷地では暖地より減収が大きくなる。

(2) 薬害の原因と対策

ほとんどの場合，薬害は除草剤の適正使用を守らないことによって起きているので，ビンや袋に記入された「使用上の注意」をよく読んで以下のような適正使用に関する項目を徹底する。

①低気温および低水温は薬害の危険性があるので使用は避ける。
②ごく浅植えの場合，薬害のおそれがあるので注意する。
③移植後の深水は避ける。
④散布は水稲になるべくかからないようにする。
⑤著しい高温条件の時には砂壌土ではクロロシス（白化）の発生が著しいので注意する。
⑥トリアジン系除草剤の注意事項を守る。
⑦MCP混合剤の注意事項を守る。
⑧植付精度不良で根が露出する水田では使用しない。
⑨短小苗，深水条件での使用は避ける。

育苗箱に箱施用の殺虫・殺菌剤と間違えて除草剤を散布してしまう事故がしばしば起きている。移植前に気づいた場合には播き直す。移植後に気づいた場合には，イネに安全性の高い除草剤の場合には掛け流しに努め，イネに作用する剤であれば代かきをやり直して植え替える。

(3) 水系への流出防止

公共水域での水質保全の必要性から，水系への除草剤の流出が「水質環境基準」や「農薬取締法の登録保留基準」などの各種基準によって規制されている。水田用除草剤はとくに一般水系と関連しているので，水田水中での150日間の平均濃度としての「登録保留基準」が順次設定されている。この値は，年間平均値としての公共用水域等での「水質環境基準」や水道水での「水道水質基準」など健康項目の10倍に設定されている。

現在使用されている除草剤では，使用基準を遵守すれば水系への影響を最少限にできるが，条件によっては流出が問題になることがある。水田に散布された除草剤の成分は次のような場合に系外に流出する。
①代かき時の散布で，成分が土壌に十分吸着される前の田植え時の落水。
②田植え直後に浅水管理とするための落水による散布した剤の流出。
③畦畔管理の不備や代かきの不徹底による漏水。

④処理後の降雨や掛け流し灌漑によるオーバーフロー。
⑤容器や袋の不始末。

　「土壌混和剤の処理」では，処理から田植え時の落水まで4日以上を確保する必要がある。代かき時の水を浅くして自然に減水させ，田植え時に落水しないで済むようにする場合でも，使用時期を厳守する。

　「初期剤の処理」では，田植え直後は田面水も移動しやすく，漏水などで成分が流出するため，処理後3日間は田面水を維持する。

　「一発処理除草剤」では，散布後に大雨の予想される場合には，オーバーフローによる有効成分流出のおそれがあるので，散布を避ける。

　現在，水田での雑草防除の基幹技術となっている除草剤であるが，初期の効果が得られなければ散布回数の増加が必要になり，環境への負荷も増加する。限られた場面で，除草剤の効果を確実に発揮させることが効率的で安全な使用の基本である。

水田用除草剤一覧表

(1) 掲載薬剤は，原則として登録薬剤のうち，本書出版時に流通しているものに限定した。
(2) 一覧表は水稲移植栽培での使用時期に従って「水田耕起前用除草剤」(132ページ)「初期除草剤」(134ページ)「一発処理型除草剤」(146ページ)「中期除草剤」(202ページ)「後期除草剤」(212ページ)「刈跡用除草剤」(218ページ)の順に掲載した。また，「直播栽培用除草剤〈一発処理型・中期・後期〉」(220〜231ページ)および使用時期を特定しない「水田畦畔用除草剤」(232ページ)「休耕田用除草剤」(234ページ)については別にまとめた。
(3) 薬剤の掲載順は原則として区分内で薬剤名の五十音順としたが，「水田耕起前用除草剤」「刈跡用除草剤」「水田畦畔用除草剤」「休耕田用除草剤」では有効成分の同一な薬剤をまとめたため，この限りではない。
(4) 使用基準はすべて登録内容に従ったが，一部，表現を変えて記載した部分がある。適用草種は主要なものは表中の該当欄に○を，その他の草種は雑草名で記した。地域に限定のある草種は備考欄に但し書きを加えた。ただしミズガヤツリはすべて北海道を除く。登録票で「アオミドロ・藻類による表層剥離」となっているものは「藻類・表層剥離」とした。適用土壌および減水深についての記載は省略した。
(5) 適用地帯は現在「北海道」「東北」「北陸」「関東・東海」「近畿・中国・四国」「九州」の6地域に区分されている。このうち「関東・東海」「近畿・中国・四国」「九州」の3地域では早期栽培，普通期栽培の区別があり，その他の地域はすべて普通期栽培となっている。古くから登録のある一部の薬剤については，適用地帯がこの原則に従っていないものがある。
(6) 本書で記載した使用基準は，最新の登録情報に基づいて作成したが，一部省略した部分もあり，また，登録内容は随時更新されるため，使用にあたってはラベルの内容をよく読み，それに従っていただきたい。

水田耕起前用除草剤

薬剤名 有効成分含有率	使用時期	使用量	散布水量	適用草種		備考
				一年生雑草	多年生雑草	
三共の草枯らし グリホサートイソプロピルアミン塩41% (他に同じ登録内容でカルナクスあり)	雑草生育期(耕起20～10日前)	250～500ml/10a	100l/10a	○		
ラウンドアップ グリホサートイソプロピルアミン塩41% (他に同じ登録内容でグリホス液あり)	雑草生育期(耕起10日以前)	250～500ml/10a	通常散布50～100l/10a	○		少量散布は専用ノズルを使用する
		500～1000ml/10a	少量散布25～50l/10a		○	
サンフーロン液剤 グリホサートイソプロピルアミン塩41% (他に同じ登録内容でエイトアップ液剤, クサクリーン液剤, グリホエキス液剤, コンパカレール液剤, ハーブ・ニート液剤, ハイーフウノン液剤あり)	雑草生育期(耕起20～10日前)	250～500ml/10a	50～100l/10a	○		
ポラリス液剤 グリホサートイソプロピルアミン塩20%	雑草生育期(草丈30cm以下)耕起10日以前	300～500ml/10a	25～50l/10a	○	＊	＊ヨモギ, タンポポ, チガヤ, ギシギシ
ランドマスター グリホサートイソプロピルアミン塩6%	雑草生育期(草丈30cm以下)ただし耕起10日前まで	3～5l/10a		○	○	
ラウンドアップハイロード グリホサートアンモニウム塩41%	耕起20～10日前(雑草生育期)	250～500ml/10a	通常散布50～100l/10a 少量散布25～50l/10a	○		少量散布は専用ノズルを使用する
ブロンコ グリホサートアンモニウム塩33%	雑草生育期(草丈30cm以下)耕起10日以前	250～500ml/10a	通常散布50～100l/10a 少量散布25～50l/10a	○		少量散布は専用ノズルを使用する
タッチダウン グリホサートトリメシウム塩38%	雑草生育期(春期耕起10日以前)	400～750ml/10a	通常散布100l/10a 少量散布25l/10a	○		少量散布は専用ノズルを使用する
サンダーボルト007 グリホサートイソプロピルアミン塩30% ピラフルフェンエチル0.16%	雑草生育期(耕起前20～10日)	400～600ml/10a	100l/10a	○		
ハービー液剤 ビアラホス18%	雑草生育期耕起10日以前	250～500ml/10a	100～150l/10a	○		
		500～750ml/10a			○	

第2章 水田編

薬剤名 有効成分含有率	使用時期	使用量	散布水量	適用草種		備考
				一年生雑草	多年生雑草	
バスタ液剤 グルホシネート18.5%	雑草生育期(春期耕起前30〜15日)	300〜500ml/10a	100〜150ℓ/10a	○		
ハヤブサ グルホシネート8.5%	雑草生育期(春期耕起前30〜15日)	500〜750ml/10a	100〜150ℓ/10a	○		
プリグロックスL ジクワット7% パラコート5%	秋期稲刈取後又は春期水田耕起1ヶ月前から直前まで	800〜1000ml/10a	100〜150ℓ/10a	○		

初期除草剤

薬剤名 有効成分含有率	使用時期	使用量	適用地帯
アークエース粒剤 ブタクロール2.5% ACN4.5%	移植後3～10日ただし北海道は移植後3～12日（ノビエ1.5葉期まで）	3kg/10a	全域
	移植後3～5日（ノビエ1葉期まで）	2kg/10a [移植後に使用する除草剤との体系で使用]	北海道，東北，北陸
オードラム粒剤 モリネート8%	植代後～移植前4日または移植後ノビエ2葉期まで	3～4kg/10a	全域（北海道を除く）の普通期
エリジャンジャンボ プレチラクロール15%	移植直後～移植後5日（ノビエ1葉期まで）	小包装（パック）10個（300g）/10a	北海道
	植代後～移植前4日または移植直後～移植後5日（ノビエ1葉期まで）		全域（北海道，九州を除く）
	植代後～移植前4日または移植直後～移植後5日ただし，砂壌土は植代後～移植前4日または移植後1～5日（ノビエ1葉期まで）		九州
エリジャン乳剤 プレチラクロール12%	植代時～移植前4日	300～500ml/10a，ただし砂壌土は300ml/10a	全域
	移植直後～移植後5日（ノビエの1葉期まで）	300ml/10a	全域（近畿・中国・四国の早期を除く）
エリジャンEW乳剤 プレチラクロール37%	植代時～移植前4日または移植直後～移植後5日，ただし北海道は移植直後～移植後5日のみ（ノビエの1葉期まで）	100ml/10a 湛水散布または水口施用	全域
クサパンチ1キロ粒剤 ダイムロン15% ペントキサゾン2%	植代後～移植前4日または移植直後～移植後5日，ただし北海道，九州は移植直後～移植後5日のみ（ノビエ1葉期まで）	1kg/10a	全域
草笛ジャンボ クミルロン15% ペントキサゾン4.5%	植代後～移植前4日または移植直後～移植後5日（ノビエ1葉期まで）	20個（1kg）/10a	全域
	植代後～移植前4日または移植直後～移植後5日，ただし北海道は移植直後～移植後5日のみ（ノビエ1葉期まで）	10個（500g）/10a [移植後に使用する除草剤との体系で使用]	

第2章 水田編

適用草種										その他の雑草	備考
水田一年生雑草	マツバイ	ホタルイ	ウリカワ	ミズガヤツリ	ヘラオモダカ	ヒルムシロ	セリ	クログワイ	オモダカ	藻類・表層剥離	
○	○	○			○					○	ヘラオモダカは北海道, 東北, 北陸のみ
											ヘラオモダカは北海道のみ
○	○	○									
○	○	○		○	○						ヘラオモダカは北海道, 東北のみ
○	○	○			○						
○	○	○		○	○						ヘラオモダカは北海道のみ
○	○	○		○	○						ミズガヤツリは東北, 関東・東山・東海, 近畿・中国・四国のみ。ヘラオモダカは北海道, 東北, 北陸のみ
○	○	○		○	○						ヘラオモダカは北海道のみ
○	○	○		○	○			○			ヘラオモダカは北海道, 東北のみ。クログワイは北海道, 北陸を除く

薬剤名 有効成分含有率	使用時期	使用量	適用地帯
草笛フロアブル クミルロン27.4% ペントキサゾン8.2%	植代時〜移植前4日または移植直後〜移植後5日（ノビエ1葉期まで、ただし、近畿・中国・四国、九州はノビエ発生始期まで）	500ml/10a	全域
	植代後〜移植前4日または移植直後〜移植後5日、ただし北海道は移植直後〜移植後5日のみ（ノビエ1葉期まで）	300ml/10a（少量散布） [移植後に使用する除草剤との体系で使用]	
サキドリ1キロ粒剤 ブタクロール5% ペントキサゾン1.5%	植代後〜移植前4日または移植直後〜移植後5日、ただし北海道は移植直後〜移植後5日のみ（ノビエ1葉期まで）	1kg/10a	全域
サキドリEW ブタクロール12% ペントキサゾン4%	植代時〜移植前4日または移植直後〜移植後5日、ただし北海道は移植直後〜移植後5日のみ（ノビエ1葉期まで）	500ml/10a	全域
サンバード粒剤 ピラゾレート10%	移植直後〜移植後7日（ノビエ1葉期まで、ただし近畿以西ではノビエ1.5葉期まで）	3〜4kg/10a	全域
ショキニーフロアブル ブロモブチド18% ペントキサゾン4%	移植直後〜移植後5日、ただし北海道、東北、北陸、九州の早期は移植直後〜移植後7日（ノビエ1葉期まで）	500ml/10a	全域
	移植直後〜移植後5日（ノビエ1葉期まで）	300ml/10a （少量散布）	
ショキニー250グラム ブロモブチド24% ペントキサゾン6%	移植後1〜5日（ノビエ1葉期まで）	250g/10a	全域
ショッカーフロアブル ダイムロン28% テニルクロール4%	植代後〜移植前4日または移植直後〜移植後5日（ノビエ1葉期まで）	500ml/10a	全域
シング乳剤 ピリブチカルブ12% プレチラクロール8%	植代時〜移植前4日	500ml/10a	全域
	植代時〜移植前4日または移植直後〜移植後5日、ただし関東・東山・東海の早期、近畿・中国・四国の早期は移植直後〜移植後5日のみ（ノビエ1葉期まで）	300ml/10a（少量散布） [移植後に使用する除草剤との体系で使用]	

第 2 章 水 田 編

水田一年生雑草	マツバイ	ホタルイ	ウリカワ	ミズガヤツリ	ヘラオモダカ	ヒルムシロ	セリ	クログワイ	オモダカ	藻類・表層剥離	その他の雑草	備考
										適用草種		
○	○	○		○	○							ヘラオモダカは北海道,東北のみ
○	○	○		○	○			○			コウキヤガラ(九州)	ヘラオモダカは北海道,東北のみ。クログワイは北海道,北陸を除く
○	○	○		○	○							ヘラオモダカは北海道,東北のみ
○	○	○		○	○			○				ヘラオモダカは北海道のみ。クログワイは北海道を除く
○	○	○	○	○	○	○						ヘラオモダカは東北,北陸のみ
○	○	○		○	○			○				ヘラオモダカは東北のみ。クログワイは北海道を除く
○	○	○		○								
○	○	○		○	○							ヘラオモダカは北海道,東北のみ
○	○	○		○	○							ヘラオモダカは北海道のみ
○	○	○		○	○							ヘラオモダカは北海道のみ
○	○	○		○								

薬剤名 有効成分含有率	使用時期	使用量	適用地帯
スピンフロアブル テニルクロール2.9% ペントキサゾン2.9%	植代後～移植前4日または移植直後～移植後5日，ただし北海道は移植直後～移植後5日のみ(ノビエ1葉期まで)	500ml/10a	全域
スミクレート粒剤 ブタミホス3.5% ブロモブチド3%	移植後3～8日(ノビエ1.5葉期まで)	3kg/10a	全域
ソルネット1キロ粒剤 プレチラクロール4%	植代後～移植前4日または移植直後～移植後5日(ノビエ1葉期まで)	1kg/10a [移植後に使用する除草剤との体系で使用]	全域
ダッシュワンフロアブル ダイムロン22.9% ペントキサゾン3.8%	植代後～移植前4日または移植直後～移植後5日，ただし北海道は移植直後～移植後5日のみ(ノビエ1葉期まで)	500ml/10a	全域
チョップフロアブル プレチラクロール5% ベンゾフェナップ12%	植代時～移植前4日までまたは移植直後～移植後5日，ただし北海道は移植直後～移植後5日(ノビエ1葉期まで)	500ml/10a [移植後に使用する除草剤との体系で使用]	全域
テマカットフロアブル ダイムロン28% ペントキサゾン7.2%	植代時(移植4日前まで)	500ml/10a	全域(北海道，近畿・中国・四国の早期を除く)
	植代後～移植前4日または移植直後～移植後5日(ノビエ1葉期まで)		全域
デルカット乳剤 オキサジアゾン8% ブタクロール12%	植代時(移植4日前まで)	500ml/10a	全域
		250～350ml/10a(少量散布) [移植後に使用する除草剤との体系で使用]	全域(北海道，九州の早期を除く)

第 2 章 水 田 編

適用草種											その他の雑草	備考
水田一年生雑草	マツバイ	ホタルイ	ウリカワ	ミズガヤツリ	ヘラオモダカ	ヒルムシロ	セリ	クログワイ	オモダカ	藻類・表層剥離		
○	○	○		○	○							ヘラオモダカは北海道のみ
○	○	○		○								ヘラオモダカは北海道のみ
○	○	○		○	○							ミズガヤツリ，ヘラオモダカは近畿・中国・四国，九州を除く
○	○	○		○	○							ミズガヤツリは北海道，東北を除く。ヘラオモダカは北海道，東北，九州のみ
○	○	○										
○	○	○		○	○			○			コウキヤガラ(東北，九州)，シズイ(東北)	クログワイは北海道，北陸を除く
○	○	○		○	○							

薬剤名 有効成分含有率	使用時期	使用量	適用地帯
農将軍フロアブル ジメタメトリン0.5% ピリブチカルブ10% プレチラクロール5%	移植直後～移植後10日（ノビエ1葉期まで）	500ml/10a	北海道
	移植直後～移植後10日（ノビエ1.5葉期まで）		東北，北陸
	植代後～移植4日前まで，移植直後～移植後10日（ノビエ1.5葉期まで）		関東・東山・東海
	移植直後～移植後5日（ノビエ1葉期まで）		近畿・中国・四国，九州
	移植直後～移植後5日（ノビエ1葉期まで）	300ml/10a（少量散布） ［移植後に使用する除草剤との体系で使用］	北海道
	植代後～移植4日前まで，移植直後～移植後5日（水口施用は移植直後～移植後5日）（ノビエ1葉期まで）		東北，北陸，関東・東山・東海
パデホープ1キロ粒剤 ダイムロン15% プレチラクロール3%	植代後～移植前4日または移植直後～移植後7日（ノビエ1葉期まで）	1kg/10a	北海道，東北，北陸
	植代後～移植前4日または移植直後～移植後5日（ノビエ1葉期まで）		関東・東山・東海，近畿・中国・四国，九州
バレージ粒剤 ジメタメトリン0.1% プレチラクロール2%	移植後3～7日，ただし北海道東北，北陸は移植後3～10日（ノビエの1.5葉期まで）	3kg/10a	全域
ブローダックス乳剤 ビフェノックス20% プレチラクロール8%	植代時～移植4日前まで	500ml/10a	全域
ベクサーフロアブル ペントキサゾン2.9%	植代後～移植前4日または移植直後～移植後5日（ノビエ発生始期まで）	500ml/10a	全域
ベクサー1キロ粒剤 ペントキサゾン1.5%	植代後～移植前4日または移植直後～移植後5日（ノビエ発生始期まで）	1kg/10a	全域

第2章 水田編

適用草種											備考
水田一年生雑草	マツバイ	ホタルイ	ウリカワ	ミズガヤツリ	ヘラオモダカ	ヒルムシロ	セリ	クログワイ	オモダカ	藻類・表層剥離	その他の雑草	
○	○	○			○					○		ヘラオモダカは北海道，東北のみ。藻類・表層剥離は北海道，東北，北陸，関東・東山・東海のみ
○	○	○			○					○		ヘラオモダカは北海道，東北のみ。藻類・表層剥離は北海道，関東・東山・東海のみ
○	○	○		○	○							ヘラオモダカは北海道，東北，北陸のみ
○	○	○		○	○				○			
○	○	○		○								
○	○											
○	○											

141

薬剤名 有効成分含有率	使用時期	使用量	適用地帯
マーシェット乳剤 ブタクロール20%	植代直後(移植4日前まで)	450〜500ml/10a	北海道, 東北, 北陸
		300ml/10a	東北, 関東・東山・東海の早期
		300〜500ml/10a	関東・東山・東海の普通期
		350〜500ml/10a	近畿・中国・四国, 九州の普通期
マーシェット1キロ粒剤 ブタクロール10%	移植直後〜移植後5日(ノビエ1葉期まで)	1kg/10a	北海道
	植代後〜移植前4日または移植直後〜移植後5日(ノビエ1葉期まで)ただし砂壌土では移植後1〜5日(ノビエ1葉期まで)		東北
	植代後〜移植前4日または移植直後〜移植後5日(ノビエ1葉期まで)		北陸
	植代後〜移植前4日または移植1〜5日(ノビエ1葉期まで)		関東・東山・東海, 近畿・中国・四国, 九州
マーシェット粒剤5 ブタクロール5%	植代後〜移植4日前まで	2〜3kg/10a	全域(九州を除く)の普通期, 九州の早期
	移植後3〜10日(ノビエ1.5葉期まで)	3kg/10a	全域
マーシェットジャンボ ブタクロール20%	植代後〜移植前4日または移植後1〜5日, ただし北海道は移植後1〜5日のみ(ノビエ1葉期まで)	小包装(パック)10個(500g)/10a	全域
ユニハーブフロアブル プレチラクロール5% ベンゾフェナップ20%	植代時〜移植前4日前または移植直後〜移植後5日(ノビエ1葉期まで)	500ml/10a	全域

第2章 水田編

適用草種											備考
水田一年生雑草	マツバイ	ホタルイ	ウリカワ	ミズガヤツリ	ヘラオモダカ	ヒルムシロ	セリ	クログワイ	オモダカ	藻類・表層剥離	その他の雑草	
○	○	○		○	○							ホタルイは近畿・中国・四国，九州を除く。ヘラオモダカは北海道のみ。ミズガヤツリは東北，北陸，関東・東山・東海のみ
○	○	○		○	○							ヘラオモダカは北海道のみ
○	○	○		○	○							ヘラオモダカは北海道，東北のみ
○	○	○		○	○							ヘラオモダカは北海道のみ
○	○	○	○	○	○							ヘラオモダカは北海道，東北のみ

薬剤名 有効成分含有率	使用時期	使用量	適用地帯
ワンベストフロアブル テニルクロール2% ピラゾキシフェン15% プロモブチド10%	移植直後～移植後13日(ノビエ2葉期まで)、ただし北海道は移植直後～移植後10日(ノビエ1.5葉期まで)	1 l/10a	全域
	移植直後～移植後5日(ノビエ1葉期まで)	0.5 l/10a (少量散布) [移植後に使用する除草剤との体系で使用]	全域
	移植直後～移植後5日(ノビエ1葉期までただし北海道はノビエ発生前)	0.3～0.5 l/10a (少量散布) [移植後に使用する除草剤との体系で使用]	北海道，東北
	移植直後～移植後5日(ノビエ1葉期まで，ただし，関東・東山・東海の早期栽培地帯および近畿・中国・四国の砂壌土ではノビエの発生始期まで)		北陸，関東・東山・東海近畿・中国・四国

第2章 水田編

適用草種											その他の雑草	備考
水田一年生雑草	マツバイ	ホタルイ	ウリカワ	ミズガヤツリ	ヘラオモダカ	ヒルムシロ	セリ	クログワイ	オモダカ	藻類・表層剥離		
○	○	○	○	○	○	○						ヘラオモダカは北海道，東北，北陸のみ
○	○	○		○	○							ヘラオモダカは北海道，東北のみ
○	○	○										

145

一発処理型除草剤

薬剤名 有効成分含有率	使用時期	使用量	適用地帯
アクト粒剤 ピラゾスルフロンエチル0.07% メフェナセット3.5%	移植後5～15日 ただし北海道は移植後5～20日（ノビエ2.5葉期までただし近畿以西は3葉期まで）	3kg/10a	全域
アクト1キロ粒剤 ピラゾスルフロンエチル0.3% メフェナセット10%	移植後5～15日ただし北海道は移植後5～20日（ノビエ2.5葉期まで）	1kg/10a	全域
アグロスター1キロ粒剤 シハロホップブチル1.8% ピラゾスルフロンエチル0.3% ブタミホス9%	移植後5～20日（ノビエ3葉期まで）ただし北海道、関東・東山・東海の普通期の砂壌土は移植後5～15日（ノビエ2.5葉期まで）	1kg/10a	全域
アピロイーグルフロアブル イマゾスルフロン1.7% カフェンストロール2.8% ダイムロン18% ピリフタリド2.8%	移植後5～20日ただし北海道は移植後5～25日九州は移植後5～17日（ノビエ3葉期まで）	500ml/10a	全域
アピロスター1キロ粒剤 ピラゾスルフロンエチル0.3% ピリフタリド1.8% プレチラクロール1.8%	移植直後～移植後25日ただし砂壌土は移植後5～25日（ノビエ3葉期まで）	1kg/10a	北海道
	移植直後～移植後20日ただし砂壌土および九州の早期は移植後5～20日（ノビエ3葉期まで）		東北，北陸，関東・東山・東海，近畿・中国・四国，九州
	移植20～30日ただし北海道は移植後25～30日（ノビエ3葉期まで）（移植前後の初期除草剤による土壌処理との体系で使用）		全域

第2章 水田編

適用草種											その他の雑草	備考
水田一年生雑草	マツバイ	ホタルイ	ウリカワ	ミズガヤツリ	ヘラオモダカ	ヒルムシロ	セリ	クログワイ	オモダカ	藻類・表層剥離		
○	○	○	○	○	○	○	○	○	○	○	シズイ(東北)、エゾノサヤヌカグサ(北海道)、コウキヤガラ(北海道を除く)	クログワイは北海道を除く。藻類・表層剥離は東北、北陸を除く
○	○	○	○	○	○	○	○	○	○	○	シズイ(東北)、エゾノサヤヌカグサ(北海道)、コウキヤガラ(東北、北陸、関東以西の普通期)	クログワイは北海道、関東以西の早期栽培地帯を除く。オモダカは関東以西の早期栽培地帯を除く
○	○	○	○	○	○	○				○		ヘラオモダカは北海道、東北のみ。藻類・表層剥離は東北を除く
○	○	○	○	○	○	○	○			○		ヘラオモダカは北海道、東北、九州のみ。藻類・表層剥離は北海道、東北、近畿・中国・四国のみ。ヒルムシロは北陸を除く
○	○	○	○	○	○	○	○	○	○	○	シズイ(東北)	ヘラオモダカは北海道、東北のみ。オモダカは北海道、東北、関東・東山・東海のみ。クログワイは東北、関東・東山・東海、近畿・中国・四国のみ

薬剤名 有効成分含有率	使用時期	使用量	適用地帯
アピロトップA1キロ粒剤36 アジムスルフロン0.06% ピリフタリド1.8% プレチラクロール1.8% ベンスルフロンメチル0.3%	移植直後～移植後25日ただし砂壌土は移植後5～25日（ノビエ3葉期まで）	1kg/10a	北海道
	移植直後～移植後20日ただし砂壌土は移植後5～20日（ノビエ3葉期まで）		東北
	移植後20～30日ただし北海道は移植後25～30日（ノビエ3葉期まで）（移植前後の初期除草剤による土壌処理との体系で使用）		北海道，東北
アピロトップ1キロ粒剤51 ピリフタリド1.8% プレチラクロール1.8% ベンスルフロンメチル0.51%	移植直後～移植後20日ただし砂壌土は移植後5～20日（ノビエ3葉期まで）	1kg/10a	北陸・関東・東山・東海，近畿・中国・四国，九州
	移植後20～30日（ノビエ3葉期まで）（移植前後の初期除草剤による土壌処理との体系で使用）		
アワードフロアブル イマゾスルフロン1.7% ダイムロン27.5% ピリブチカルブ12%	移植直後～移植後10日（ノビエ1.5葉期まで）	500ml/10a	全域
イッテツフロアブル イマゾスルフロン1.7% カフェンストロール5.7% ベンゾビシクロン3.8%	移植後5～15日ただし北海道は移植後5～20日，又は移植後15～25日（移植前後の初期除草剤による土壌処理との体系で使用）（ノビエ2.5葉期まで）	500ml/10a	全域（北海道を除く）
イッテツ1キロ粒剤 イマゾスルフロン0.9% カフェンストロール3% ベンゾビシクロン2%	移植後5～15日ただし北海道は移植後5～20日（ノビエ2.5葉期まで）	1kg/10a	全域（近畿・中国・四国の早期栽培地帯を除く）
	移植後15～25日（ノビエ2.5葉期まで）（移植前後の初期除草剤による土壌処理との体系で使用）		東北，北陸

第 2 章　水　田　編

適用草種											その他の雑草	備考
水田一年生雑草	マツバイ	ホタルイ	ウリカワ	ミズガヤツリ	ヘラオモダカ	ヒルムシロ	セリ	クログワイ	オモダカ	藻類・表層剥離		
○	○	○	○	○	○	○	○	○	○	○	シズイ（東北）	クログワイは東北のみ
○	○	○	○	○	○	○	○	○	○	○		ヘラオモダカは九州のみ。オモダカは関東・東山・東海，九州のみ。クログワイは関東・東山・東海，近畿・中国・四国のみ
○	○	○	○	○	○	○	○	○	○	○	エゾノサヤヌカグサ（北海道），コウキヤガラ（東北，九州），シズイ（東北）	ヘラオモダカは九州のみ。オモダカは東北，関東・東山・東海，九州のみ。クログワイは東北，関東・東山・東海のみ。藻類・表層剥離は北海道，東北，関東・東山・東海の普通期および近畿・中国・四国のみ
○	○	○	○	○	○	○	○	○	○	○	エゾノサヤヌカグサ（北海道），シズイ（東北），コウキヤガラ（東北）	ヘラオモダカは北海道，東北，九州のみ。ヒルムシロは北陸を除く。オモダカは北海道，東北のみ。クログワイは東北，関東・東山・東海のみ。藻類・表層剥離は北陸を除く
○	○	○	○	○	○	○				○	シズイ（東北）	ヘラオモダカは北海道，東北のみ。藻類・表層剥離は北陸，関東・東山・東海を除く

薬剤名 有効成分含有率	使用時期	使用量	適用地帯
イネエース1キロ粒剤 カフェンストロール3% ダイムロン6% ピラゾレート12% ベンゾビシクロン2%	移植後5～15日(ノビエ2.5葉期まで)ただし北海道は移植後5～20日(ノビエ2.5葉期まで)、東北は移植後5～12日(ノビエ2葉期まで)	1kg/10a	全域
イネグリーンD1キロ粒剤51 シハロホッププチル1.5% ダイムロン4.5% ベンスルフロンメチル0.51% メフェナセット7.5%	移植後5～20日(ノビエ3葉期まで)	1kg/10a	北陸，関東・東山・東海，近畿・中国・四国，九州
イノーバフロアブル フェントラザミド3.9% ベンスルフロンメチル1.4%	移植直後～移植後15日(ノビエの2葉期まで)	500ml/10a	北海道，東北
イノーバLフロアブル ダイムロン8.8% フェントラザミド3.9% ベンスルフロンメチル1%	移植直後～移植後15日(ノビエの2葉期まで)	500ml/10a	北陸，関東・東山・東海，近畿・中国・四国，九州
イノーバ1キロ粒剤75 フェントラザミド2% ベンスルフロンメチル0.75%	移植直後～移植後15日(ノビエ2葉期まで)	1kg/10a	北海道，東北
イノーバ1キロ粒剤51 ダイムロン4.5% フェントラザミド2% ベンスルフロンメチル0.51%	移植直後～移植後15日(ノビエ2葉期まで)	1kg/10a	北陸，関東・東山・東海，近畿・中国・四国，九州
イノーバDX1キロ粒剤75 フェントラザミド2% ブロモブチド9% ベンスルフロンメチル0.75%	移植直後～移植後15日(ノビエ2葉期まで)	1kg/10a	北海道，東北
イノーバDX1キロ粒剤51 ダイムロン4.5% フェントラザミド2% ブロモブチド7.5% ベンスルフロンメチル0.51%	移植直後～移植後15日(ノビエ2葉期まで)	1kg/10a	北陸，関東・東山・東海，近畿・中国・四国，九州

第2章 水田編

適用草種										その他の雑草	備考
水田一年生雑草	マツバイ	ホタルイ	ウリカワ	ミズガヤツリ	ヘラオモダカ	ヒルムシロ	セリ	クログワイ	オモダカ	藻類・表層剥離		
○	○	○	○	○	○	○			○		ヘラオモダカは北海道,東北,九州のみ。ヒルムシロは北陸,近畿・中国・四国を除く。藻類・表層剥離は北海道,北陸,関東・東山・東海のみ
○	○	○	○	○	○	○	○	○	○		ヘラオモダカは北陸のみ
○	○	○	○	○	○	○	○	○	○	エゾノサヤヌカグサ(北海道)	ヘラオモダカ,クログワイは東北のみ
○	○	○	○	○	○	○	○	○	○		ヒルムシロは北陸を除く。オモダカは関東・東山・東海,九州のみ。クログワイは関東・東山・東海,九州のみ
○	○	○	○	○	○	○	○	○	○	シズイ(東北),エゾノサヤヌカグサ(北海道)	ヘラオモダカ,クログワイは東北のみ
○	○	○	○	○	○	○	○	○	○		オモダカは関東・東山・東海,九州の普通期のみ。ヒルムシロは北陸,関東・東山・東海の早期を除く。セリは近畿・中国・四国の早期を除く。クログワイは関東・東山・東海,九州の普通期の普通期のみ。藻類・表層剥離は北陸,関東・東山・東海および九州の早期を除く
○	○	○	○	○	○	○	○	○	○	エゾノサヤヌカグサ(北海道)	ヘラオモダカは北海道のみ。クログワイは東北のみ
○	○	○	○	○	○	○	○	○	○		ヘラオモダカは九州のみ。ヒルムシロ,セリは北陸を除く。オモダカ,クログワイは関東・東山・東海,九州のみ。藻類・表層剥離は北陸を除く

薬剤名 有効成分含有率	使用時期	使用量	適用地帯
ウィードレス粒剤17 カフェンストロール1% ダイムロン2% ベンスルフロンメチル0.17%	移植後5〜15日（ノビエ2.5葉期まで）	3kg/10a	北陸，関東・東山・東海，近畿・中国・四国，九州
ウィードレスA1キロ粒剤36 アジムスルフロン0.06% カフェンストロール3% ダイムロン6% ベンスルフロンメチル0.3%	移植後5〜15日ただし北海道は移植後5〜20日（ノビエ2.5葉期まで）	1kg/10a	全域
ウィードレス1キロ粒剤51 カフェンストロール3% ダイムロン6% ベンスルフロンメチル0.51%	移植後5〜15日（ノビエ2.5葉期まで）	1kg/10a	北陸，関東・東山・東海，近畿・中国・四国，九州
ウエスフロアブル ピラゾレート26.1% フェントラザミド3.5% ベンゾビシクロン3.5%	移植直後〜20日（ノビエ2.5葉期まで）	500ml/10a	北海道
ウリホスフロアブル ジメタメトリン0.6% ピラゾレート18% プレチラクロール3% ベンフレセート3%	移植直後〜移植後15日（ノビエ2葉期まで）	1l/10a	北海道
ウリホス粒剤15 ジメタメトリン0.2% ピラゾレート8% プレチラクロール1.5% ベンフレセート1.5%	移植後5〜15日（ノビエ2葉期まで）	3kg/10a	北海道
ウリホス1キロ粒剤 ジメタメトリン0.6% ピラゾレート18% プレチラクロール3% ベンフレセート3%	移植直後〜移植後15日（ノビエ2葉期まで）	1kg/10a	北海道
ウルフエース粒剤25 ベンスルフロンメチル0.25% ベンチオカーブ5% メフェナセット1.5%	移植直後〜15日（ノビエ2.5葉期までただし北海道はノビエ2葉期まで）	3kg/10a	北海道，東北
	移植後5〜20日（ノビエ2葉期まで）（移植前後の初期除草剤による土壌処理との体系で使用）		

第2章 水田編

水田一年生雑草	マツバイ	ホタルイ	ウリカワ	ミズガヤツリ	ヘラオモダカ	ヒルムシロ	セリ	クログワイ	オモダカ	藻類・表層剥離	その他の雑草	備考
○	○	○	○	○	○	○				○		ヘラオモダカは北陸のみ。ヒルムシロは関東・東山・東海の早期，北陸を除く。セリは九州の普通期を除く
○	○	○	○	○	○	○		○	○	○	エゾノサヤヌカグサ(北海道)，コウキヤガラ(東北)，シズイ(東北)	ヒルムシロは北陸を除く。クログワイは東北のみ。オモダカは北海道，東北のみ
○	○	○	○				○	○	○	○	コウキヤガラ(九州)	クログワイは関東・東山・東海，九州のみ
○	○	○		○	○						エゾノサヤヌカグサ	
○	○	○								○	エゾノサヤヌカグサ	
○	○	○	○	○						○	エゾノサヤヌカグサ	
○	○	○		○	○					○	エゾノサヤヌカグサ	
○	○	○	○	○	○	○	○	○	○	○	エゾノサヤヌカグサ(北海道)，シズイ(東北)	オモダカは東北のみ

薬剤名 有効成分含有率	使用時期	使用量	適用地帯
ウルフエース粒剤17 ベンスルフロンメチル0.17% ベンチオカーブ5% メフェナセット1%	移植直後～移植後15日(ノビエ2.5葉期まで)ただし早期は移植後～移植後13日(ノビエ2葉期まで)	3kg/10a	北陸, 関東・東山・東海, 近畿・中国・四国, 九州
	移植後5～20日(ノビエ2.5葉期まで)(移植前後の初期除草剤による土壌処理との体系で使用)		
ウルフエース1キロ粒剤75 ベンスルフロンメチル0.75% ベンチオカーブ15% メフェナセット4.5%	移植直後～移植後15日(ノビエ2.5葉期まで, ただし北海道はノビエ2葉期まで)	1kg/10a	北海道, 東北
	移植後5～20日(ノビエ2.5葉期まで)(移植前後の初期除草剤による土壌処理との体系で使用)		東北
ウルフエース1キロ粒剤51 ベンスルフロンメチル0.51% ベンチオカーブ15% メフェナセット3%	移植直後～移植後15日(ノビエ2.5葉期まで)	1kg/10a	北陸, 関東・東山・東海, 近畿・中国・四国, 九州
	移植後5～20日(ノビエ2.5葉期まで)(移植前後の初期除草剤による土壌処理との体系で使用)		
オークスフロアブル カフェンストロール5% ダイムロン10% ハロスルフロンメチル1.2% ベンゾビシクロン4%	移植後5～15日ただし北海道は移植後5～20日(ノビエ2.5葉期まで)	500ml/10a	全域
オーテLフロアブル エスプロカルブ30% ベンスルフロンメチル1%	移植後5～15日(ノビエ2.5葉期まで)	500ml/10a	北陸, 関東・東山・東海, 近畿・中国・四国, 九州
カルショットフロアブル ピリブチカルブ12% ベンスルフロンメチル1.4%	移植直後～移植後10日(ノビエ1.5葉期まで)	500ml/10a	北海道, 東北

第2章　水　田　編

水田一年生雑草	マツバイ	ホタルイ	ウリカワ	ミズガヤツリ	ヘラオモダカ	ヒルムシロ	セリ	クログワイ	オモダカ	藻類・表層剥離	その他の雑草	備考
○	○	○	○	○	○	○	○	○	○	○	コウキヤガラ(九州)	ヘラオモダカは北陸のみ
○	○	○	○	○	○	○	○	○	○	○	エゾノサヤヌカグサ(北海道), シズイ(東北)	オモダカは東北のみ
○	○	○	○	○		○	○	○	○	○	コウキヤガラ(九州)	オモダカは早期を除く
○	○	○	○	○	○	○	○			○		ヘラオモダカは北海道, 東北のみ。セリは北陸を除く。藻類・表層剥離は北陸を除く
○	○	○	○	○	○	○	○	○	○	○		ヘラオモダカは北陸のみ。クログワイ, オモダカは関東・東山・東海の普通期のみ。ヒルムシロは北陸, 近畿・中国・四国の普通期を除く。藻類・表層剥離は北陸を除く
○	○	○	○	○	○	○	○	○	○	○	エゾノサヤヌカグサ(北海道), シズイ, コウキヤガラ(東北)	クログワイ, オモダカは東北のみ

薬剤名 有効成分含有率	使用時期	使用量	適用地帯
カルショットLフロアブル ピリブチカルブ12% ベンスルフロンメチル1%	移植直後～移植後10日(ノビエ1.5葉期まで)	500mℓ/10a	北陸，関東・東山・東海，近畿・中国・四国，九州
ガンバルーチ1キロ粒剤 ジチオピル0.6% シハロホッププチル1.5% ピラゾスルフロンエチル0.3%	移植後5～15日(ノビエ2.5葉期まで)ただし北海道は移植後5～20日(ノビエ2.5葉期まで)，東北，関東・東山・東海の普通期は移植後5～20日(ノビエ3葉期まで)	1kg/10a	全域
キクベジャンボ カフェンストロール4.2% シクロスルファムロン0.9% ダイムロン9%	移植後3～12日ただし北海道，東北は移植後3～15日(ノビエ2葉期まで)	小包装(パック)10個(500g)/10a	全域
キックバイ1キロ粒剤 イマゾスルフロン0.9% エトベンザニド15% ダイムロン15%	移植直後～15日ただし北海道は移植後5～20日，東北，北陸の砂壌土は移植後5～15日(ノビエ2.5葉期まで)	1kg/10a	全域
キラ星1キロ粒剤 オキサジアゾン4.5% ピラゾスルフロンエチル0.3% ブロモブチド6%	移植後3～12日(ノビエ1.5葉期まで)	1kg/10a	北海道，東北，北陸，関東・東山・東海
キリフダ1キロ粒剤 インダノファン1.5% ピラゾスルフロンエチル0.3%	移植後5～15日ただし北海道は移植後5～20日(ノビエ2.5葉期まで)	1kg/10a	全域
キリフダエースジャンボ インダノファン4% ピラゾスルフロンエチル0.7% ブロモブチド20%	移植後5～15日(ノビエ2.5葉期まで，ただし北海道はノビエ2葉期まで)	小包装(パック)10個(300g)/10a	全域
キングダムLフロアブル テニルクロール4% ピリブチカルブ10% ベンスルフロンメチル1%	移植直後～20日(九州は15日)ただし関東・東海の早期の砂壌土および北陸では移植後5～20日(ノビエ2.5葉期まで)	500mℓ/10a	北陸，関東・東山・東海，近畿・中国・四国，九州
クサコントフロアブル プレチラクロール7.6% ベンゾビシクロン3.8%	移植直後～移植後10日(ノビエ1.5葉期まで)	500mℓ/10a	全域
クサコント5袋ジャンボ プレチラクロール26.8% ベンゾビシクロン13.4%	移植後1～10日(ノビエ1.5葉期まで)	小包装(パック)5個(150g)/10a	全域(近畿・中国・四国の早期を除く)

第 2 章 水 田 編

水田一年生雑草	マツバイ	ホタルイ	ウリカワ	ミズガヤツリ	ヘラオモダカ	ヒルムシロ	セリ	クログワイ	オモダカ	藻類・表層剥離	その他の雑草	備考
○	○	○	○	○	○	○	○	○	○	○	コウキヤガラ（九州の普通期）	オモダカは早期を除く。クログワイは北陸, 関東・東山・東海の早期を除く
○	○	○	○	○	○	○				○		ヘラオモダカは北海道, 東北のみ。ヒルムシロは北陸, 九州の普通期を除く
○	○	○	○	○	○	○	○			○		ヘラオモダカは北海道, 東北のみ。ヒルムシロは北陸を除く。セリは北海道のみ。藻類・表層剥離は東北, 北陸を除く
○	○	○	○	○	○	○				○	コウキヤガラ（東北, 九州の普通期）, エゾノサヤヌカグサ（北海道）	ヘラオモダカは北海道, 東北, 北陸のみ
○	○	○	○	○	○	○	○			○		ヘラオモダカは北海道のみ。ヒルムシロは北陸を除く。藻類・表層剥離は北陸を除く
○	○	○	○	○	○	○	○	○	○	○	シズイ（東北）	ヘラオモダカは北海道のみ。クログワイは北海道, 北陸を除く
○	○	○	○	○	○	○				○		ヘラオモダカは北海道, 東北のみ
○	○	○	○	○		○		○	○	○	コウキヤガラ（九州の普通期）	クログワイは九州のみ。オモダカは北陸, 関東・東山・東海, 九州の普通期のみ。ヒルムシロは北陸を除く
○	○	○			○	○					シズイ（東北）	ヘラオモダカは北海道, 九州のみ
○	○			○	○	○						ヘラオモダカは北海道のみ。ヒルムシロは北海道, 東北, 北陸のみ

薬剤名 有効成分含有率	使用時期	使用量	適用地帯
草仁ジャンボ オキサジクロメホン2% クロメプロップ14% シクロスルファムロン1.8%	移植後1～15日（ノビエ2葉期まで）	小包装（パック）10個(250g)/10a	関東・東山・東海
クサストップ1キロ粒剤75 インダノファン1.5% ベンスルフロンメチル0.75%	移植後5～15日ただし北海道は移植後5～20日（ノビエ2.5葉期まで）	1kg/10a	北海道，東北
クサストップLフロアブル インダノファン3% ベンスルフロンメチル1%	移植後5～15日（ノビエ2.5葉期まで）	500ml/10a	北陸，関東・東山・東海，近畿・中国・四国，九州
草闘力ふろあぶる ブロモブチド14.2% ベンゾフェナップ15.9% ペントキサゾン5.3%	移植直後～移植後10日（ノビエ1.5葉期まで）	500ml/10a	全域
クサトッタ粒剤 ジメタメトリン0.2% ピラゾレート4% プレチラクロール1.5% ブロモブチド2%	移植直後～移植後10日（ノビエ2葉期まで）	3kg/10a	全域（北海道を除く）
クサトッタ1キロ粒剤 ジメタメトリン0.6% ピラゾレート12% プレチラクロール4.5% ブロモブチド6%	移植直後～移植後10日（ノビエ2葉期まで）	1kg/10a	全域（北海道を除く）
クサトリーDX1キロ粒剤51 フェントラザミド3% ブロモブチド6% ベンスルフロンメチル0.51%	移植後3～15日ただし北陸は砂壌土を除き移植直後～15日（ノビエ2.5葉期まで）	1kg/10a	北陸，関東・東山・東海，近畿・中国・四国，九州
クサトリーDX1キロ粒剤75 フェントラザミド3% ブロモブチド6% ベンスルフロンメチル0.75%	移植直後～移植後15日ただし北海道は移植後3～20日，東北の砂壌土は移植後3～15日（ノビエ2.5葉期まで）	1kg/10a	北海道，東北
クサトリーDXジャンボH フェントラザミド7.5% ブロモブチド15% ベンスルフロンメチル1.87%	移植後3～15日（ノビエ2.5葉期まで）	小包装（パック）10個(400g)/10a	北海道，東北

第 2 章 水 田 編

適用草種											その他の雑草	備考
水田一年生雑草	マツバイ	ホタルイ	ウリカワ	ミズガヤツリ	ヘラオモダカ	ヒルムシロ	セリ	クログワイ	オモダカ	藻類・表層剥離		
○	○	○	○	○			○	○		○		
○	○	○	○	○	○	○	○	○	○	○		クログワイ, オモダカは東北のみ
○	○	○	○	○		○	○	○	○	○		クログワイは関東・東山・東海の普通期、九州の普通期のみ。オモダカは北陸, 近畿・中国・四国の普通期のみ。ヒルムシロは北陸を除く。藻類・表層剥離は北陸を除く
○	○	○	○	○	○							ヘラオモダカは東北, 北陸のみ
○	○	○	○	○	○	○				○		ヒルムシロは東北, 北陸および関東以西の普通期栽培地帯のみ
○	○	○	○	○	○		○			○		ヘラオモダカは東北のみ。セリは近畿・中国・四国のみ
○	○	○	○	○				○	○	○		藻類・表層剥離は九州のみ
○	○	○	○				○			○		
○	○	○	○	○			○			○		

薬剤名 有効成分含有率	使用時期	使用量	適用地帯
クサトリーDXジャンボL フェントラザミド7.5% ブロモブチド15% ベンスルフロンメチル1.27%	移植後3～15日（ノビエ2.5葉期まで）	小包装（パック）10個（400g）/10a	北陸，関東・東山・東海，近畿・中国・四国，九州
クサトリーEジャンボ ピリブチカルブ14% ベンスルフロンメチル1.5%	移植直後～10日ただし東北は移植後3～10日（ノビエ1.5葉期まで）	小包装（パック）10個（500g）/10a	北海道，東北
クサトリーEジャンボL ピリブチカルブ12% ベンスルフロンメチル1.02%	移植直後～10日ただし近畿・中国・四国は移植後3～10日（ノビエ1.5葉期まで）	小包装（パック）10個（500g）/10a	北陸，関東・東山・東海，近畿・中国・四国，九州
クサトリエース1キロ粒剤51 カフェンストロール3% ダイムロン6% ベンスルフロンメチル0.51%	移植後5～15日（ノビエ2.5葉期まで）	1kg/10a	北陸，関東・東山・東海，近畿・中国・四国，九州
クサトリエースHジャンボ カフェンストロール7% ダイムロン15% ベンスルフロンメチル2.5%	移植後3～15日（ノビエ2葉まで）	小包装（パック）10個（300g）/10a	北海道，東北
クサトリエースLジャンボ カフェンストロール7% ダイムロン15% ベンスルフロンメチル1.7%	移植後3～15日（ノビエ2葉までただし九州の普通期はノビエ2.5葉期まで）	小包装（パック）10個（300g）/10a	北陸，関東・東山・東海，近畿・中国・四国，九州
クサトリエースLフロアブル カフェンストロール5.5% ダイムロン10% ベンスルフロンメチル1%	移植後3～15日（ノビエ2.5葉期まで）	500ml/10a	北陸，関東・東山・東海，近畿・中国・四国，九州
クサナインLフロアブル ジメタメトリン1% ピリブチカルブ10% プレチラクロール7% ベンスルフロンメチル1%	移植直後～移植後15日（ノビエ2.5葉期まで）	500ml/10a	北陸，関東・東山・東海，近畿・中国・四国，九州

第2章 水田編

水田一年生雑草	マツバイ	ホタルイ	ウリカワ	ミズガヤツリ	ヘラオモダカ	ヒルムシロ	セリ	クログワイ	オモダカ	藻類・表層剥離	その他の雑草	備考
適用草種												
○	○	○	○	○		○	○			○		
○	○	○	○	○	○	○	○			○		ヒルムシロ, セリ, 藻類・表層剥離は北海道のみ
○	○	○	○	○	○	○	○			○		ヒルムシロは北陸, 九州を除く。セリは九州を除く。藻類・表層剥離は九州のみ
○	○	○	○	○	○	○	○	○	○	○	コウキヤガラ(九州)	クログワイは関東・東山・東海, 九州のみ
○	○	○	○	○	○	○	○	○	○	○	エゾノサヤヌカグサ(北海道),シズイ(東北),コウキヤガラ(東北)	クログワイは東北のみ。藻類・表層剥離は北海道のみ
○	○	○	○	○	○	○	○	○	○	○	コウキヤガラ(九州の普通期)	ヘラオモダカは北陸のみ。クログワイは関東以西の普通期のみ。オモダカは北陸, 関東以西の普通期のみ。藻類・表層剥離は近畿・中国・四国のみ
○	○	○	○	○	○	○	○	○	○	○	コウキヤガラ(九州の普通期)	クログワイは北陸を除く
○	○	○	○	○		○	○			○		ヒルムシロは北陸を除く

薬剤名 有効成分含有率	使用時期	使用量	適用地帯
クサホープD粒剤 ジメタメトリン0.2% ピラゾレート6% プレチラクロール1.5%	移植後3～10日（ノビエ2葉期まで）	3kg/10a	全域
	移植後10～15日（ノビエ1.5葉期まで）（移植前後の初期除草剤による土壌処理との体系で使用）		東北，北陸
			関東・東山・東海の普通期栽培地帯
クサメッツフロアブル テニルクロール5% ベンスルフロンメチル1.4%	移植直後～移植後15日（ノビエ2葉期まで）	500ml/10a	北海道，東北
クサメッツLフロアブル テニルクロール5% ベンスルフロンメチル1.4%	移植直後～移植後15日（ノビエ2葉期まで）	500ml/10a	北陸，関東・東山・東海，近畿・中国・四国，九州
クラッシュ1キロ粒剤 イマゾスルフロン0.9% カフェンストロール3% ダイムロン15%	移植後5～15日ただし北海道は移植後5～20日（ノビエ2.5葉期まで）	1kg/10a	全域
クラッシュEXジャンボ イマゾスルフロン1.8% カフェンストロール4.2% ダイムロン20%	移植後3～10日ただし北海道は移植後3～15日，東北，北陸は移植後3～12日（ノビエ2葉期まで）	小包装（パック）10個（500g）/10a	全域
ゴーサイン粒剤 イマゾスルフロン0.3% エスプロカルブ7% ダイムロン5%	移植後5～15日ただし北海道は移植後10～15日（ノビエ2.5葉期まで）	3kg/10a	全域
ゴヨウダジャンボ イマゾスルフロン1.8% プレチラクロール12%	移植後3～12日ただし北海道は移植後3～15日（ノビエ2葉期まで）	小包装（パック）10個（500g）/10a	全域

第2章　水　田　編

適用草種												備考
水田一年生雑草	マツバイ	ホタルイ	ウリカワ	ミズガヤツリ	ヘラオモダカ	ヒルムシロ	セリ	クログワイ	オモダカ	藻類・表層剥離	その他の雑草	
○	○	○	○	○	○	○			○	○	ウキクサ(近畿,中国,四国)	オモダカは東北,北陸,九州のみ
○	○	○	○	○	○	○			○	○		
○	○	○	○	○								
○	○	○	○	○	○	○	○	○	○	○	コウキヤガラ(東北),シズイ,エゾノサヤヌカグサ	クログワイ,オモダカは東北のみ
○	○	○	○	○	○	○						
○	○	○	○	○	○	○	○	○	○			ヘラオモダカは北海道,東北,北陸のみ。クログワイは北海道,関東・東山・東海の早期栽培地帯を除く。オモダカは近畿・中国・四国,九州の早期栽培地帯を除く
○	○	○	○	○	○	○			○			ヘラオモダカは北海道,北陸のみ。ヒルムシロは北陸を除く
○	○	○	○	○	○	○			○			ヘラオモダカは北海道,東北のみ
○	○	○	○	○	○	○				○	シズイ(東北)	ヘラオモダカは北海道,東北のみ。ヒルムシロは近畿・中国・四国を除く

薬剤名 有効成分含有率	使用時期	使用量	適用地帯
ゴルボ1キロ粒剤51 プレチラクロール6% ベンスルフロンメチル0.51%	移植後3〜13日(ノビエ2.0葉期まで)	1kg/10a	北陸、関東・東山・東海の早期、近畿・中国・四国の早期
	移植後3〜10日(ノビエ2.0葉期まで)		関東・東山・東海の普通期、近畿・中国・四国の普通期
	移植後5〜13日(ノビエ2.0葉期まで)		九州の早期
	移植後5〜10日(ノビエ2.0葉期まで)		九州の普通期
ザ・ワンフロアブル イマゾスルフロン1.7% ダイムロン28% ペントキサゾン7.3%	移植直後〜移植後10日(ノビエの1.5葉期まで)	500ml/10a	全域
ザ・ワン1キロ粒剤 イマゾスルフロン0.9% ダイムロン15% ペントキサゾン3.9%	移植直後〜移植後10日(ノビエ1.5葉期まで)	1kg/10a	全域
ザーク粒剤25 ベンスルフロンメチル0.25% メフェナセット4%	移植後5〜15日ただし北海道は移植後5〜20日(ノビエ2.5葉期まで)	3kg/10a	北海道、東北、北陸、関東・東山・東海
ザークD粒剤17 ダイムロン1.5% ベンスルフロンメチル0.17% メフェナセット3.5%	移植後5〜15日(ノビエ2.5葉期までただし近畿・中国・四国、九州はノビエ3葉期まで)	3kg/10a	北陸、関東・東山・東海、近畿・中国・四国、九州
ザーク1キロ粒剤75 ベンスルフロンメチル0.75% メフェナセット10%	移植後5〜15日ただし北海道は移植後5〜20日(ノビエ2.5葉期まで)	1kg/10a	北海道、東北
ザークD1キロ粒剤51 ダイムロン4.5% ベンスルフロンメチル0.51% メフェナセット10%	移植後5〜15日(ノビエ2.5葉期までただし近畿・中国・四国の普通期、九州はノビエ3葉期まで)	1kg/10a	北陸、関東・東山・東海、近畿・中国・四国、九州
サットフルLフロアブル オキサジクロメホン0.8% ダイムロン6% ピリミノバックメチル0.9% ベンスルフロンメチル1%	移植直後〜移植後20日(ノビエ3葉期まで)	500ml/10a	北陸、関東・東山・東海、近畿・中国・四国、九州

第2章 水田編

適用草種											その他の雑草	備考
水田一年生雑草	マツバイ	ホタルイ	ウリカワ	ミズガヤツリ	ヘラオモダカ	ヒルムシロ	セリ	クログワイ	オモダカ	藻類・表層剥離		
○	○	○	○	○		○	○	○	○	○		
○	○	○	○	○	○	○	○	○	○	○	シズイ(東北)	ヘラオモダカは北海道,東北,北陸のみ。クログワイ,オモダカは東北,関東・東山・東海の普通期のみ。藻類・表層剥離は九州の普通期を除く
○	○	○	○	○		○				○		ヘラオモダカは北海道,東北,北陸のみ
○	○	○	○	○	○	○	○	○	○	○	エゾノサヤヌカグサ(北海道),コウキヤガラ(東北),シズイ	
○	○	○	○	○	○	○	○	○	○	○	コウキヤガラ(九州)	
○	○	○	○	○	○	○	○	○	○	○	エゾノサヤヌカグサ(北海道),シズイ(東北),コウキヤガラ(東北)	
○	○	○	○	○	○	○	○	○	○	○	コウキヤガラ(九州)	
○	○	○	○	○		○	○	○	○	○		ヒルムシロは北陸を除く。クログワイ,オモダカは北陸,九州を除く。藻類・表層剥離は北陸を除く

薬剤名 有効成分含有率	使用時期	使用量	適用地帯
サムライジャンボ オキサジクロメホン1% ブロモブチド12% ベンゾフェナップ12%	移植後1~10日(ノビエ1.5葉期まで)	小包装(パック)10個(500g)/10a	全域
サムライフロアブル オキサジクロメホン1% ブロモブチド12% ベンゾフェナップ12%	移植直後~移植後10日(ノビエ1.5葉期まで)	500ml/10a	全域
	移植直後~移植後5日ただし近畿・中国・四国の砂壌土は移植後4~5日(ノビエ1葉期まで)	300ml/10a	全域(関東・東山・東海の早期を除く)
サラブレッドフロアブル イマゾスルフロン1.7% オキサジクロメホン1.2% ダイムロン18%	移植直後~移植後15日ただし北海道は移植直後~移植後20日(ノビエの2.5葉期まで)	500ml/10a	全域
	移植後5~20日(ノビエの2.5葉期まで)(移植前後の初期除草剤による土壌処理との体系で使用)		近畿・中国・四国
サラブレッドRXフロアブル イマゾスルフロン1.7% オキサジクロメホン1.2% クロメプロップ9.5% ダイムロン6.6%	移植直後~移植後15日ただし北海道は移植直後~移植後20日(ノビエ2.5葉期まで)	500ml/10a	全域
	移植後15~25日(ノビエ2.5葉期まで)(移植前後の初期除草剤による土壌処理との体系で使用)		全域(北海道を除く)
サンウエル1キロ粒剤 エトベンザニド15% ピラゾスルフロンエチル0.3%	移植後5~15日ただし北海道は移植後5~20日(ノビエ2.5葉期まで)	1kg/10a	北海道, 東北, 北陸
	移植直後~移植後15日(ノビエ2.5葉期まで)		関東・東山・東海, 近畿・中国・四国, 九州
シーゼットフロアブル ピリブチカルブ5.7% ブロモブチド10% ベンゾフェナップ12%	移植直後~移植後10日(ノビエ1.5葉期まで)	1l/10a	北海道, 東北, 北陸
		0.8~1l/10a	関東・東山・東海, 近畿・中国・四国, 九州
	移植直後~移植後5日(ノビエ1葉期まで)(移植後に使用する除草剤との体系で使用)	0.5l/10a	全域

第 2 章　水 田 編

水田一年生雑草	マツバイ	ホタルイ	ウリカワ	ミズガヤツリ	ヘラオモダカ	ヒルムシロ	セリ	クログワイ	オモダカ	藻類・表層剥離	その他の雑草	備考
○	○	○	○	○	○							ヘラオモダカは北海道のみ
○	○	○	○	○	○							ヘラオモダカは北海道，東北のみ
○	○	○	○	○	○							ヘラオモダカは北海道，東北のみ。ウリカワは九州を除く
○	○	○	○	○	○	○	○	○	○	○	シズイ(東北)	ヘラオモダカは北海道，東北，北陸のみ。オモダカ，クログワイは東北，関東・東山・東海の普通期のみ。ヒルムシロは北陸を除く
○	○	○	○	○	○	○				○		ヘラオモダカは北海道，東北のみ
○	○	○	○	○	○	○	○	○	○	○	エゾノサヤヌカグサ(北海道)	ヘラオモダカは北海道のみ。クログワイは北海道，北陸を除く。オモダカは北海道を除く。藻類・表層剥離は東北，北陸を除く
○	○	○	○	○	○							
○	○	○	○			○						
○	○	○										

薬剤名 有効成分含有率	使用時期	使用量	適用地帯
シェリフ1キロ粒剤 イマゾスルフロン0.9% シハロホッププチル1.8% ジメタメトリン0.6% プレチラクロール4.5%	移植後5〜20日ただし北海道は移植後5〜25日(ノビエ3葉期まで)	1kg/10a	全域
ジョイスターフロアブル カフェンストロール4.2% シハロホッププチル3% ダイムロン8% ベンスルフロンメチル1.4%	移植後5〜20日ただし北海道は移植後5〜25日(ノビエ3葉期まで)	500ml/10a	北海道, 東北
ジョイスターLフロアブル カフェンストロール4.2% シハロホッププチル3% ダイムロン8% ベンスルフロンメチル1%	移植後3〜20日(ノビエの3葉期まで)	500ml/10a	北陸, 関東・東山・東海, 近畿・中国・四国, 九州
ジョイスター A1キロ粒剤36 アジムスルフロン0.06% カフェンストロール2.1% シハロホッププチル1.5% ダイムロン4.5% ベンスルフロンメチル0.3%	移植後5〜20日ただし北海道は移植後5〜25日(ノビエ3葉期まで)	1kg/10a	北海道, 東北
ジョイスター 1キロ粒剤51 カフェンストロール2.1% シハロホッププチル1.5% ダイムロン4.5% ベンスルフロンメチル0.51%	移植後5〜20日(ノビエ3葉期まで)	1kg/10a	北陸, 関東・東山・東海, 近畿・中国・四国, 九州
ショウリョクジャンボ ベンスルタップ32% イマゾスルフロン1.8% カフェンストロール4.2% ダイムロン20%	移植後3〜12日(ノビエ2葉期まで)	小包装(パック)10個(500g)/10a	九州
シロノックLフロアブル カフェンストロール5.5% ダイムロン10% ベンスルフロンメチル1% ベンゾビシクロン4%	移植後3〜15日(ノビエ2.5葉期まで)	500ml/10a	北陸, 関東・東山・東海, 近畿・中国・四国, 九州
スターボ顆粒 ピラゾスルフロンエチル3.2% ペントキサゾン50%	移植直後〜移植後10日(ノビエ1.5葉期まで)	66g/10a (希釈水量250〜500ml/10a)	全域

第2章 水田編

水田一年生雑草	マツバイ	ホタルイ	ウリカワ	ミズガヤツリ	ヘラオモダカ	ヒルムシロ	セリ	クログワイ	オモダカ	藻類・表層剥離	その他の雑草	備考
○	○	○	○	○	○	○	○	○	○	○	エゾノサヤヌカグサ(北海道)	クログワイは北海道，北陸を除く。オモダカは北海道，関東・東山・東海，近畿・中国・四国の普通期のみ
○	○	○	○	○	○	○	○	○	○	○	エゾノサヤヌカグサ(北海道)，コウキヤガラ(東北)，シズイ(東北)	
○	○	○	○	○	○	○	○	○	○	○	コウキヤガラ(九州の普通期)	ヘラオモダカは北陸のみ。オモダカは北陸，九州のみ。クログワイは北陸を除く
○	○	○	○	○	○	○	○	○	○	○	エゾノサヤヌカグサ(北海道)，コウキヤガラ(東北)，シズイ(東北)	クログワイ，オモダカは東北のみ
○	○	○	○	○	○	○	○	○	○	○	コウキヤガラ(九州の普通期)	ヘラオモダカは北陸のみ。クログワイは近畿以西の普通期のみ。オモダカは関東・東山・東海，九州の普通期のみ
○	○	○	○			○	○			○		スクミリンゴガイ(食害防止)
○	○	○	○	○	○	○	○			○		セリ，藻類・表層剥離は北陸を除く
○	○	○	○	○	○	○	○	○	○	○	エゾノサヤヌカグサ(北海道)，シズイ(東北)	ヘラオモダカは北海道，東北，北陸のみ

薬剤名 有効成分含有率	使用時期	使用量	適用地帯
スターボ1キロ粒剤 ピラゾスルフロンエチル0.3% ペントキサゾン3.9%	移植直後～移植後10日（ノビエ1.5葉期まで）	1kg/10a	全域
ステップフロアブル テニルクロール5% ベンスルフロンメチル1.4% ベンゾフェナップ10%	移植直後～移植後15日（ノビエ2葉期まで）	500ml/10a	北海道，東北
ストライカー1キロ粒剤 カフェンストロール2.1% シハロホップブチル1.8% ピラゾスルフロンエチル0.3%	移植後5～20日ただし北海道は移植後5～25日（ノビエ3葉期まで）	1kg/10a	全域
スパークスター粒剤 エスプロカルブ5% ジメタメトリン0.2% ピラゾスルフロンエチル0.07% プレチラクロール1.5%	移植後5～15日ただし北海道は移植後5～20日（ノビエ2.5葉期まで）	3kg/10a	全域
スパークスター1キロ粒剤 エスプロカルブ15% ジメタメトリン0.6% ピラゾスルフロンエチル0.3% プレチラクロール4.5%	移植後5～15日ただし北海道は移植後5～20日（ノビエ2.5葉期まで）	1kg/10a	全域
	移植後15～25日（ノビエ2.5葉期まで）（移植前後の初期除草剤による土壌処理との体系で使用）		全域（北海道を除く）
スマートフロアブル フェントラザミド3.7% ベンゾビシクロン3.7% ベンゾフェナップ14.7%	移植直後～移植後15日ただし北海道は移植直後～移植後20日（ノビエ2.5葉期まで）	500ml/10a	全域
スラッシャ粒剤 ジメタメトリン0.2% ピラゾレート4% プレチラクロール1.5% ブロモブチド2%	移植直後～移植後10日（ノビエ2葉期まで）	3kg/10a	全域（北海道を除く）
スラッシャ1キロ粒剤 ジメタメトリン0.6% ピラゾレート12% プレチラクロール4.5% ブロモブチド6%	移植直後～移植後10日（ノビエ2葉期まで）	1kg/10a	全域（北海道を除く）

第2章 水田編

水田一年生雑草	マツバイ	ホタルイ	ウリカワ	ミズガヤツリ	ヘラオモダカ	ヒルムシロ	セリ	クログワイ	オモダカ	藻類・表層剥離	その他の雑草	備考
○	○	○	○	○	○	○	○	○	○	○	エゾノサヤヌカグサ(北海道), シズイ(東北)	ヘラオモダカは北海道, 東北, 北陸のみ
○	○	○	○	○			○	○		○		藻類・表層剥離は北海道のみ
○	○	○	○	○	○	○	○	○	○	○	エゾノサヤヌカグサ(北海道), シズイ(東北)	ヘラオモダカは北海道, 東北, 北陸のみ。オモダカは近畿・中国・四国の早期を除く。クログワイは北海道, 東北, 関東・東山・東海, 近畿・中国・四国の早期を除く
○	○	○	○	○	○	○	○	○	○	○	エゾノサヤヌカグサ(北海道), シズイ(東北)	クログワイ, オモダカは北海道を除く。セリは九州を除く
○	○	○	○	○	○	○	○	○	○	○	エゾノサヤヌカグサ(北海道), シズイ(東北)	クログワイ, オモダカは北海道を除く。コウキヤガラは北海道を除く。セリは九州を除く
○	○	○	○	○	○	○				○	エゾノサヤヌカグサ(北海道), シズイ(東北)	ヘラオモダカは北海道, 東北, 九州のみ。ヒルムシロは北海道, 東北, 北陸, 九州のみ
○	○	○	○	○		○				○		ヒルムシロは東北, 北陸および関東以西の普通期栽培地帯のみ
○	○	○	○	○	○		○			○		ヘラオモダカは東北のみ。セリは近畿・中国・四国のみ

薬剤名 有効成分含有率	使用時期	使用量	適用地帯
ダイナマンジャンボ インダノファン2.8% クロメプロップ7% ベンスルフロンメチル1.5%	移植後5〜15日ただし北海道は移植後5〜20日(ノビエ2.5葉期まで)	小包装(パック)10個(500g)/10a	北海道,東北
ダイナマンフロアブル インダノファン3% クロメプロップ7% ベンスルフロンメチル1.4%	移植直後〜移植後20日ただし東北は移植後5〜15日(ノビエ2.5葉期まで)	500ml/10a	北海道,東北
	移植後15〜25日(ノビエ2.5葉期まで)(移植前後の初期除草剤による土壌処理との体系で使用)		東北
ダイナマンLフロアブル インダノファン3% クロメプロップ7% ベンスルフロンメチル1%	移植後5〜15日(ノビエ2.5葉期まで)	500ml/10a	北陸,関東・東山・東海,近畿・中国・四国,九州
ダイナマン1キロ粒剤75 インダノファン1.4% クロメプロップ3.5% ベンスルフロンメチル0.75%	移植後5〜15日ただし北海道は移植後5〜20日(ノビエ2.5葉期まで)	1kg/10a	北海道,東北
	移植後15〜25日(ノビエ2.5葉期まで)(移植前後の初期除草剤による土壌処理との体系で使用)		東北
ダイナマンD1キロ粒剤51 インダノファン1.4% クロメプロップ3.5% ダイムロン4% ベンスルフロンメチル0.51%	移植直後〜移植後15日ただし関東・東山・東海の砂壌土,北陸,九州は移植後5〜15日(ノビエ2.5葉期まで)	1kg/10a	北陸,関東・東山・東海,近畿・中国・四国,九州
ダイナマンDフロアブル インダノファン2.8% クロメプロップ7% ダイムロン8% ベンスルフロンメチル1%	移植後5〜15日ただし関東・東山・東海,近畿・中国・四国では砂壌土を除き移植直後〜移植後15日(ノビエ2.5葉期まで)	500ml/10a	北陸,関東・東山・東海,近畿・中国・四国,九州
ダイハード顆粒 カフェンストロール50% ピラゾスルフロンエチル3.5%	移植後5〜15日ただし北海道は移植後5〜20日(ノビエ2.5葉期まで)	60g/10a (希釈水量250〜500ml/10a)	全域

第2章 水田編

適用草種									その他の雑草	備考
水田一年生雑草	マツバイ	ホタルイ	ウリカワ	ミズガヤツリ	ヘラオモダカ	ヒルムシロ	セリ	クログワイ	オモダカ	藻類・表層剥離		
○	○	○	○	○	○	○	○	○	○	○		クログワイは東北のみ
○	○	○	○	○	○	○	○	○	○	○	エゾノサヤヌカグサ(北海道),シズイ(東北)	クログワイは東北のみ
○	○	○	○	○		○	○	○	○	○		クログワイ, オモダカは関東・東山・東海のみ。ヒルムシロは北陸を除く
○	○	○	○	○	○	○	○	○	○	○	エゾノサヤヌカグサ(北海道),シズイ(東北)	ヘラオモダカは北海道のみ。クログワイは東北のみ
○	○	○	○	○		○				○		藻類・表層剥離は北陸を除く
○	○	○	○	○		○	○	○	○	○		
○	○	○	○	○	○	○	○	○	○	○	エゾノサヤヌカグサ(北海道),シズイ(東北)	ヒルムシロは北陸を除く。ヘラオモダカは北海道, 東北, 北陸のみ。オモダカは九州を除く。クログワイは北海道, 九州を除く。藻類・表層剥離は東北, 北陸を除く

薬剤名 有効成分含有率	使用時期	使用量	適用地帯
ダブルスタージャンボ ピラゾスルフロンエチル0.52% フェントラザミド7.5%	移植後5～15日(ノビエ2.5葉期までただし北海道はノビエ2葉期まで)	小包装(パック)10個(400g)/10a	全域
ダブルスター顆粒 ピラゾスルフロンエチル3.5% フェントラザミド50%	移植後5～20日(ノビエ2.5葉期まで)	60g/10a (希釈水量250～500ml/10a)または顆粒水口施用	北海道
	移植直後～移植後15日ただし砂壌土は移植後5～15日(ノビエ2.5葉期まで)		東北，関東・東山・東海
	移植後5～15日(ノビエ2.5葉期まで)		北陸，近畿・中国・四国，九州
ダブルスター1キロ粒剤 ピラゾスルフロンエチル0.3% フェントラザミド3%	移植後5～20日(ノビエ2.5葉期まで)	1kg/10a	北海道
	移植直後～移植後15日(ノビエ2.5葉期まで)ただし，砂壌土は移植後5～15日(ノビエ2.5葉期まで)		全域(北海道を除く)
	移植後15～25日(ノビエ2.5葉期まで)(移植前後の初期除草剤による土壌処理との体系で使用)		近畿・中国・四国
ダブルスターSBジャンボ ピラゾスルフロンエチル0.7% フェントラザミド6.7% ベンゾビシクロン6.7%	移植後1～15日ただし北海道は移植後1～20日(ノビエ2.5葉期まで)	小包装(パック)10個(300g)/10a	全域
ダブルスターSB顆粒 ピラゾスルフロンエチル2.6% フェントラザミド25% ベンゾビシクロン25%	移植直後～移植後15日ただし北海道は移植直後～移植後20日(ノビエ2.5葉期まで)	80g/10a (希釈水量500ml/10a)又は顆粒水口施用	全域
ダブルスターSB1キロ粒剤 ピラゾスルフロンエチル0.3% フェントラザミド3% ベンゾビシクロン2%	移植直後～移植後20日(ノビエ2.5葉期まで)	1kg/10a	北海道
	移植直後～移植後15日ただし，東北の砂壌土，九州は移植後5～15日(ノビエ2.5葉期まで)		東北，北陸，関東・東山・東海，近畿・中国・四国，九州
ダンシングパワーA500グラム粒剤 アジムスルフロン0.12% インダノファン2.8% クロメプロップ7% ベンスルフロンメチル0.6%	移植後5～15日(ノビエ2.5葉期までただし北海道はノビエ2葉期まで)	500g/10a	北海道，東北

第 2 章　水　田　編

水田一年生雑草	マツバイ	ホタルイ	ウリカワ	ミズガヤツリ	ヘラオモダカ	ヒルムシロ	セリ	クログワイ	オモダカ	藻類・表層剥離	その他の雑草	備考
○	○	○	○	○	○	○	○			○		ヒルムシロは北陸を除く。ヘラオモダカは北海道，東北のみ
○	○	○	○	○	○	○				○	エゾノサヤヌカグサ（北海道）	ヘラオモダカは北海道，東北，北陸のみ。藻類・表層剥離は北陸を除く
○	○	○	○	○	○	○	○	○		○	エゾノサヤヌカグサ（北海道）	ヘラオモダカは北海道，東北のみ。クログワイは近畿・中国・四国のみ
○	○	○	○	○	○	○	○			○		ヘラオモダカは北海道，東北のみ
○	○	○	○	○	○	○	○		○	○		ヘラオモダカは北海道，東北のみ。オモダカは北海道のみ。藻類・表層剥離は北陸を除く
○	○	○	○	○	○	○	○			○		ヘラオモダカは北海道，東北のみ。セリは北陸を除く。藻類・表層剥離は北陸，関東・東山・東海を除く
○	○	○	○	○	○	○				○		ヘラオモダカは北海道のみ

薬剤名 有効成分含有率	使用時期	使用量	適用地帯
ダンシングパワーL500グラム粒剤 インダノファン2.8% クロメプロップ7% ベンスルフロンメチル1%	移植後5～15日(ノビエ2.5葉期まで)ただし九州は移植後5～12日(ノビエ2葉期まで)	500g/10a	北陸，関東・東山・東海，近畿・中国・四国，九州
たんぼにポンジャンボ テニルクロール6.7% ピラゾスルフロンエチル0.7% ピリブチカルブ16.7%	移植後5～15日ただし北陸は移植後5～12日(ノビエ2.5葉期まで)ただし北海道，東北，北陸はノビエ2葉期まで)	小包装(パック)10個(300g)/10a	全域
テクノスタージャンボ カフェンストロール7% ピラゾスルフロンエチル0.7%	移植後5～12日ただし北海道，東北，北陸は移植後5～15日(ノビエ2葉期まで)	小包装(パック)10個(300g)/10a	全域
テクノスターワイドジャンボ カフェンストロール5.25% シハロホッププチル3.8% ピラゾスルフロンエチル0.525%	移植後5～20日(ノビエ3葉期まで)ただし北海道は移植後5～15日(ノビエ2葉期まで)	小包装(パック)10個(400g)/10a	全域
テラガードフロアブル カフェンストロール6% ベンスルフロンメチル1.5% ベンゾビシクロン4%	移植後5～15日ただし北海道は移植後5～20日(ノビエ2.5葉期まで)	500mℓ/10a	北海道，東北
テラガードLフロアブル カフェンストロール4.2% ベンスルフロンメチル1% ベンゾビシクロン4%	移植後3～15日(ノビエ2.5葉期まで)	500mℓ/10a	北陸，関東・東山・東海，近畿・中国・四国，九州
テラガード1キロ粒剤75 カフェンストロール3% ベンスルフロンメチル0.75% ベンゾビシクロン2%	移植後5～15日ただし北海道は移植後5～20日(ノビエ2.5葉期まで)	1kg/10a	北海道，東北
テラガード1キロ粒剤51 カフェンストロール2.1% ベンスルフロンメチル0.51% ベンゾビシクロン2%	移植後3～15日(ノビエ2.5葉期まで)	1kg/10a	北陸，関東・東山・東海，近畿・中国・四国，九州
テラガード250グラム カフェンストロール12% ベンスルフロンメチル3% ベンゾビシクロン8%	移植後5～15日ただし北海道は移植後5～20日(ノビエ2.5葉期まで)	250g/10a	北海道，東北

第2章 水田編

適用草種											その他の雑草	備考
水田一年生雑草	マツバイ	ホタルイ	ウリカワ	ミズガヤツリ	ヘラオモダカ	ヒルムシロ	セリ	クログワイ	オモダカ	藻類・表層剥離		
○	○	○	○	○		○	○			○		ヒルムシロは北陸を除く
○	○	○	○	○	○	○	○			○		ヘラオモダカは北海道,東北のみ。藻類・表層剥離は東北を除く
○	○	○	○	○	○	○	○	○		○		ヘラオモダカは北陸のみ。ヒルムシロは北陸を除く。藻類・表層剥離は東北を除く
○	○	○	○	○	○	○	○			○		ヘラオモダカは北海道,東北のみ。ヒルムシロ,藻類・表層剥離は北陸を除く
○	○	○	○	○	○	○	○			○		ヘラオモダカは北海道のみ
○	○	○	○	○		○				○		藻類・表層剥離は近畿・中国・四国,九州のみ
○	○	○	○	○		○	○		○			
○	○	○	○	○		○	○			○		藻類・表層剥離は北陸を除く
○	○	○	○	○	○	○	○			○		ヘラオモダカは北海道のみ

薬剤名 有効成分含有率	使用時期	使用量	適用地帯
テラガードL250グラム カフェンストロール8.4% ベンスルフロンメチル2% ベンゾビシクロン8%	移植後3〜15日(ノビエ2.5葉期まで)	250g/10a	北陸,関東・東山・東海,近畿・中国・四国,九州
テロスフロアブル カフェンストロール4.2% ベンゾビシクロン4%	移植後3〜12日ただし北海道,東北は移植後3〜15日(ノビエ2葉期まで)	500ml/10a	全域
テロス1キロ粒剤 カフェンストロール2.1% ベンゾビシクロン2%	移植後3〜12日ただし北海道,東北は移植後3〜15日(ノビエ2葉期まで)	1kg/10a	全域
トップガンジャンボ ピリミノバックメチル1.8% ブロモブチド36% ベンスルフロンメチル3% ペントキサゾン8%	移植後3〜15日ただし北海道は移植後3〜20日(ノビエ2.5葉期まで)	小包装(パック)10個(250g)/10a	北海道,東北
トップガンLジャンボ ピリミノバックメチル1.8% ブロモブチド36% ベンスルフロンメチル2% ペントキサゾン8%	移植後3〜15日(ノビエ2.5葉期まで)	小包装(パック)10個(250g)/10a	北陸,関東・東山・東海,近畿・中国・四国,九州
トップガンフロアブル ピリミノバックメチル0.83% ブロモブチド17% ベンスルフロンメチル1.3% ペントキサゾン2.8%	移植直後〜移植後20日ただし北海道は移植後5〜25日(ノビエ3葉期まで)	500ml/10a	北海道,東北
トップガンLフロアブル ピリミノバックメチル0.56% ブロモブチド17% ベンスルフロンメチル0.93% ペントキサゾン2.8%	移植直後〜移植後20日(ノビエ3葉期まで)	500ml/10a	北陸,関東・東山・東海,近畿・中国・四国,九州
トップガンA1キロ粒剤36 アジムスルフロン0.06% ピリミノバックメチル0.3% ブロモブチド9% ベンスルフロンメチル0.3% ペントキサゾン1.5%	移植後5〜20日ただし北海道は移植後5〜25日(ノビエ3葉期まで)	1kg/10a	北海道,東北
トップガン1キロ粒剤51 ピリミノバックメチル0.3% ブロモブチド9% ベンスルフロンメチル0.51% ペントキサゾン1.5%	移植後5〜20日(ノビエ3葉期まで)	1kg/10a	全域(近畿・中国・四国の早期を除く)

第2章 水田編

適用草種										その他の雑草	備考
水田一年生雑草	マツバイ	ホタルイ	ウリカワ	ミズガヤツリ	ヘラオモダカ	ヒルムシロ	セリ	クログワイ	オモダカ	藻類・表層剥離		
○	○	○	○	○		○	○			○		藻類・表層剥離は北陸, 近畿・中国・四国, 九州のみ
○	○	○		○	○	○						ヘラオモダカは北海道, 東北のみ
○	○	○		○	○	○						
○	○	○	○	○		○	○			○		ミズガヤツリは東北のみ
○	○	○	○		○	○				○		ヒルムシロは近畿・中国・四国を除く。藻類・表層剥離は近畿・中国・四国, 九州のみ
○	○	○	○	○	○	○	○	○	○		シズイ(東北)	クログワイ, オモダカは東北のみ
○	○	○	○	○	○	○		○	○			オモダカは北陸を除く
○	○	○	○	○	○	○	○			○		ヘラオモダカ, 藻類・表層剥離は北海道のみ
○	○	○	○	○	○	○	○			○		ヘラオモダカは北陸のみ。ヒルムシロ, セリは北陸を除く。藻類・表層剥離は北陸, 関東・東山・東海の普通期, 九州のみ

薬剤名 有効成分含有率	使用時期	使用量	適用地帯
トップガン250グラム ピリミノバックメチル1.8% ブロモブチド36% ベンスルフロンメチル3% ペントキサゾン8%	移植後3～20日（ノビエ2.5葉期まで）	250g/10a	北海道
	移植直後～移植後15日（ノビエ2.5葉期まで，ただし，砂壌土は移植後3～15日）	250g/10a	東北
トップガンL250グラム ピリミノバックメチル1.8% ブロモブチド36% ベンスルフロンメチル2% ペントキサゾン8%	移植直後～移植後15日（ノビエ2.5葉期まで）	250g/10a	北陸，関東・東山・東海，近畿・中国・四国，九州
トップガンGT1キロ粒剤51 ピリミノバックメチル0.45% ブロモブチド9% ベンスルフロンメチル0.51% ペントキサゾン2%	移植直後～移植後20日ただし砂壌土は移植後3～20日（ノビエ3葉期まで）	1kg/10a	北陸
	移植直後～移植後20日ただし九州は移植直後～移植後17日（ノビエ3葉期まで）		関東・東山・東海，近畿・中国・四国，九州
トップガンGT1キロ粒剤75 ピリミノバックメチル0.45% ブロモブチド9% ベンスルフロンメチル0.75% ペントキサゾン2%	移植後3～25日（ノビエ3葉期まで）	1kg/10a	北海道
	移植直後～移植後20日（ノビエ3葉期まで，ただし砂壌土は移植後3～20日）		東北
ドニチ1キロ粒剤 イマゾスルフロン0.9% ダイムロン10% フェントラザミド3%	移植直後～移植後15日ただし北海道は移植後5～20日，九州は移植後5～15日（ノビエの2.5葉期まで）	1kg/10a	全域
	移植後15～25日（ノビエの2.5葉期まで）（移植前後の初期除草剤による土壌処理との体系で使用）		近畿・中国・四国
トリプルスター1キロ粒剤 シハロホップブチル1.5% ピラゾスルフロンエチル0.3% フェントラザミド2%	移植後5～20日ただし北海道は移植後5～25日（ノビエ3葉期まで）	1kg/10a	全域
トレディ顆粒 オキサジクロメホン15% ピラゾスルフロンエチル5.25%	移植直後～移植後15日ただし，北海道は移植直後～移植後20日（ノビエ2.5葉期まで）	40g/10a (希釈水量250～500ml/10a)	全域

第2章 水田編

水田一年生雑草	マツバイ	ホタルイ	ウリカワ	ミズガヤツリ	ヘラオモダカ	ヒルムシロ	セリ	クログワイ	オモダカ	藻類・表層剥離	その他の雑草	備考
○	○	○	○	○	○	○	○	○	○	○	シズイ(東北)	オモダカ, クログワイは東北のみ
○	○	○	○	○		○	○			○		オモダカ, クログワイは北陸を除く
○	○	○	○	○		○	○			○		
○	○	○	○	○	○	○				○		
○	○	○	○	○	○	○				○		ヘラオモダカは北海道, 東北のみ
○	○	○	○	○	○	○	○			○		ヘラオモダカは北海道, 九州のみ。セリは北陸を除く。藻類・表層剥離は北陸, 関東・東山・東海を除く
○	○	○	○	○	○	○				○		ヘラオモダカは東北のみ。ヒルムシロは北陸を除く。藻類・表層剥離は北海道, 近畿・中国・四国, 九州のみ

薬剤名 有効成分含有率	使用時期	使用量	適用地帯
トレディプラスジャンボ オキサジクロメホン2% クロメプロップ12% ピラゾスルフロンエチル0.7%	移植後5〜12日ただし，北海道・東北は移植後5〜15日（ノビエ2葉期まで）	小包装（パック）10個（300g）/10a	全域
トレディプラス顆粒 オキサジクロメホン7.5% クロメプロップ44% ピラゾスルフロンエチル2.6%	移植直後〜移植後20日（ノビエ2.5葉期まで）	80g/10a （希釈水量500m*l*/10a）	北海道
	移植直後〜移植後15日ただし砂壌土は移植後5〜15日（ノビエ2.5葉期まで）		東北，関東・東山・東海
	移植後5〜15日（ノビエ2.5葉期まで）		北陸，近畿以西
トレディプラス1キロ粒剤 オキサジクロメホン0.8% クロメプロップ3.5% ピラゾスルフロンエチル0.3%	移植直後〜移植後20日ただし砂壌土は移植後5〜20日（ノビエ2.5葉期まで）	1kg/10a	北海道
	移植直後〜移植後15日ただし砂壌土は移植後5〜15日（ノビエ2.5葉期まで）		東北，北陸，関東・東山・東海
	移植後1〜15日ただし砂壌土は移植後5〜15日（ノビエ2.5葉期まで）		近畿・中国・四国
	移植後5〜15日（ノビエ2.5葉期まで）		九州
	移植後15〜25日（ノビエ2.5葉期まで）（移植前後の初期除草剤による土壌処理との体系で使用）		東北
トレディワイド1キロ粒剤 オキサジクロメホン0.6% クロメプロップ3.5% シハロホップブチル1.5% ピラゾスルフロンエチル0.3%	移植後5〜20日ただし北海道は移植後5〜25日（ノビエ3葉期まで）	1kg/10a	全域
	移植後20〜30日（ノビエ3葉期まで）（移植前後の初期除草剤による土壌処理との体系で使用）	1kg/10a	北陸
ナイスショットジャンボ カフェンストロール4.2% ピラゾレート18% ブロモブチド18%	移植後3〜10日ただし東北，北陸は移植後3〜12日，北海道は移植後3〜15日（ノビエ2葉期まで）	小包装（パック）10個（500g）/10a	全域

第2章 水田編

適用草種										その他の雑草	備考
水田一年生雑草	マツバイ	ホタルイ	ウリカワ	ミズガヤツリ	ヘラオモダカ	ヒルムシロ	セリ	クログワイ	オモダカ	藻類・表層剥離		
○	○	○	○	○	○	○	○			○		ヘラオモダカは北海道,東北のみ。ヒルムシロは北陸を除く。藻類・表層剥離は東北を除く
○	○	○	○	○	○	○			○			ヘラオモダカは北海道,東北,九州のみ。ヒルムシロは北陸を除く。オモダカは北海道のみ。藻類・表層剥離は九州を除く
○	○	○	○	○	○	○	○	○		○		ヘラオモダカは北海道,東北,九州のみ。ヒルムシロは北陸を除く。クログワイは関東・東山・東海のみ
○	○	○	○	○	○	○	○	○	○	○		ヘラオモダカは北海道,東北のみ。クログワイは関東・東山・東海,近畿・中国・四国のみ。藻類・表層剥離は九州を除く
○	○	○	○		○							ヘラオモダカは北海道,東北のみ

薬剤名 有効成分含有率	使用時期	使用量	適用地帯
ネビロスジャンボ カフェンストロール3% シクロスルファムロン0.6% ダイムロン6%	移植後5〜15日ただし近畿・中国・四国，九州は移植後5〜12日（ノビエ2葉期まで）	小包装（パック）20個(1kg)/10a	全域
ネビロス1キロ粒剤 カフェンストロール3% シクロスルファムロン0.6% ダイムロン6%	移植後5〜15日（ノビエ2葉期まで）	1kg/10a	全域
ネビロスーラジカルジャンボ カフェンストロール15% シクロスルファムロン3% ダイムロン30%	移植後3〜12日ただし北海道は移植後3〜15日（ノビエ2葉期まで）	小包装（パック）10個(200g)/10a	全域
バズーカ1キロ粒剤51 シハロホップブチル1.8% テニルクロール2.1% ベンスルフロンメチル0.51%	移植後5〜20日（ノビエ3葉期まで）	1kg/10a	北陸，関東・東山，東海，近畿・中国・四国，九州
ハチクフロアブル ブタクロール15% プロモブチド12% ベンゾフェナップ12%	移植直後〜移植後15日（ノビエ2葉期まで）	500ml/10a	北海道
パットフルLジャンボ オキサジクロメホン1.6% ピリミノバックメチル1.2% ベンスルフロンメチル2%	移植後1〜15日（ノビエ2.5葉期まで）	小包装（パック）10個(250g)/10a	北陸，関東・東山，東海，近畿・中国・四国，九州
パットフルエースジャンボ オキサジクロメホン1.6% クロメプロップ14% ピリミノバックメチル1.8% ベンスルフロンメチル3%	移植後3〜15日ただし北海道は移植後3〜20日（ノビエ2.5葉期まで）	小包装（パック）10個(250g)/10a	北海道，東北
パットフルエースLジャンボ オキサジクロメホン1.6% クロメプロップ14% ピリミノバックメチル1.8% ベンスルフロンメチル2%	移植後1〜15日ただし関東・東山・東海，九州は移植後3〜15日（ノビエ2.5葉期まで）	小包装（パック）10個(250g)/10a	北陸，関東・東山，東海，近畿・中国・四国，九州
	移植後15〜25日（ノビエ2.5葉期まで）（移植前後の初期除草剤との体系で使用）		近畿・中国・四国

適用草種											その他の雑草	備考
水田一年生雑草	マツバイ	ホタルイ	ウリカワ	ミズガヤツリ	ヘラオモダカ	ヒルムシロ	セリ	クログワイ	オモダカ	藻類・表層剥離		
○	○	○	○	○	○	○	○	○	○	○		ヘラオモダカは北海道，東北のみ。オモダカは北海道，近畿・中国・四国，九州のみ。セリは九州のみ
○	○	○	○	○	○	○	○	○		○		ヘラオモダカは北海道，東北，北陸のみ。セリは九州の早期を除く
○	○	○	○	○	○	○	○	○	○	○		ヘラオモダカは北海道，九州のみ。クログワイは北海道，北陸を除く。セリは北海道のみ。藻類・表層剥離は北陸を除く
○	○	○	○	○	○	○		○	○	○		ヘラオモダカは北陸のみ。オモダカは関東・東山・東海，九州の普通期のみ。クログワイは関東・東山・東海，九州の普通期のみ。ヒルムシロ藻類・表層剥離は北陸を除く
○	○	○	○		○				○			
○	○	○	○	○	○	○	○	○	○			ヒルムシロ，クログワイ，オモダカは北陸を除く
○	○	○	○	○	○	○				○		
○	○	○	○		○	○	○	○	○			オモダカ，クログワイは北陸を除く。藻類・表層剥離は関東・東山・東海を除く

薬剤名 有効成分含有率	使用時期	使用量	適用地帯
バットフルエース250グラム オキサジクロメホン1.6% クロメプロップ14% ピリミノバックメチル1.8% ベンスルフロンメチル3%	移植後3〜15日ただし北海道は移植後3〜20日(ノビエ2.5葉期まで)	250g/10a	北海道，東北
バットフルエースL250グラム オキサジクロメホン1.6% クロメプロップ14% ピリミノバックメチル1.8% ベンスルフロンメチル2%	移植後1〜15日(ノビエ2.5葉期まで)	250g/10a	北陸，関東・東山・東海，近畿・中国・四国，九州
バトル粒剤 イマゾスルフロン0.3% ダイムロン5% メフェナセット3.5%	移植後5〜15日ただし北海道は移植後10〜20日(ノビエ2.5葉期まで)	3kg/10a	全域
バトル1キロ粒剤 イマゾスルフロン0.9% ダイムロン15% メフェナセット10%	移植後5〜20日(ノビエの2.5葉期まで)	1kg/10a	北海道
	移植後5〜15日(ノビエの2.5葉期まで)		東北，北陸，関東・東山・東海の早期，近畿・中国・四国の早期
	移植後5〜17日(ノビエの3葉期まで)		近畿・中国・四国の普通期，九州
パピカフロアブル シハロホップブチル3.6% テニルクロール4.2% ベンスルフロンメチル1.4%	移植後5〜20日ただし北海道は移植後5〜25日(ノビエ3葉期まで)	500mℓ/10a	北海道，東北
パピカLフロアブル シハロホップブチル3.6% テニルクロール4.2% ベンスルフロンメチル1%	移植後5〜20日ただし九州は移植後5〜17日(ノビエ3葉期まで)	500mℓ/10a	北陸，関東・東山・東海，近畿・中国・四国，九州
パピカA1キロ粒剤36 アジムスルフロン0.06% シハロホップブチル1.8% テニルクロール2.1% ベンスルフロンメチル0.3%	移植後5〜20日ただし北海道は移植後5〜25日(ノビエ3葉期まで)	1kg/10a	全域

第2章 水田編

水田一年生雑草	マツバイ	ホタルイ	ウリカワ	ミズガヤツリ	ヘラオモダカ	ヒルムシロ	セリ	クログワイ	オモダカ	藻類・表層剥離	その他の雑草	備考
○	○	○	○	○	○	○	○	○	○	○	シズイ(東北)	クログワイ,オモダカは東北のみ
○	○	○	○	○	○	○	○	○	○	○		オモダカ,藻類・表層剥離は北陸を除く
○	○	○	○	○	○	○	○	○	○	○	コウキヤガラ	ヘラオモダカは北海道,東北のみ。オモダカ,クログワイは北海道を除く。藻類・表層剥離は北陸を除く。セリは九州を除く。藻類・表層剥離は北陸を除く
○	○	○	○	○	○	○	○	○	○	○	エゾノサヤヌカグサ,シズイ,コウキヤガラ	オモダカ,クログワイは北海道を除く。藻類・表層剥離は北陸を除く
○	○	○	○	○	○	○	○	○	○	○	エゾノサヤヌカグサ(北海道)	ヘラオモダカ,藻類・表層剥離は北海道のみ
○	○	○	○	○			○	○	○	○	コウキヤガラ(九州の普通期)	オモダカは北陸を除く。藻類・表層剥離は九州の早期を除く
○	○	○	○	○	○	○	○	○	○	○	シズイ(東北),エゾノサヤヌカグサ(北海道),コウキヤガラ(東北,九州の普通期)	ヘラオモダカは北海道,東北のみ。クログワイは東北,近畿・中国・四国の普通期のみ。オモダカは北海道,東北,近畿・中国・四国の普通期のみ

薬剤名 有効成分含有率	使用時期	使用量	適用地帯
ハヤテ粒剤 イマゾスルフロン0.3% ジメタメトリン0.2% ダイムロン5% プレチラクロール1.5%	移植後3～10日(ノビエ1.5葉期まで)	3kg/10a	全域
パワーウルフ1キロ粒剤75 ブロモブチド9% ベンスルフロンメチル0.75% ベンチオカーブ15% メフェナセット4.5%	移植直後～移植後15日ただし北海道は移植直後～移植後20日(ノビエ2.5葉期まで)	1kg/10a	北海道，東北
	移植後15～25日(ノビエ2.5葉期まで)(移植前後の初期除草剤との体系で使用)		東北
パワーウルフ1キロ粒剤51 ブロモブチド9% ベンスルフロンメチル0.51% ベンチオカーブ15% メフェナセット3%	移植直後～移植後15日(ノビエ2.5葉期まで)	1kg/10a	北陸，関東・東山・東海，近畿・中国・四国，九州
	移植後15～25日(ノビエ2.5葉期まで)(移植前後の初期除草剤との体系で使用)		
ビッグシュア1キロ粒剤 シクロスルファムロン0.6% ダイムロン4% フェントラザミド2%	移植直後～移植後15日(ノビエ2葉期まで)	1kg/10a	全域
ビンゴ1キロ粒剤 アニロホス4% エトキシスルフロン0.21% ダイムロン3% ベンフレセート3.5%	移植後5～15日ただし北海道，東北は移植後5～20日(ノビエ2.5葉期まで)	1kg/10a	全域
フォーカスショットジャンボ ベンゾビシクロン4% ペントキサゾン4%	移植直後～移植後10日(ノビエ1.5葉期まで)	小包装(パック)10個(500g)/10a	全域
	移植後10～20日(ノビエ1.5葉期まで)(移植前後の初期除草剤による土壌処理との体系で使用)		関東・東山・東海
フォーマット1キロ粒剤51 ダイムロン3% ピリミノバックメチル0.6% ベンスルフロンメチル0.51% ペントキサゾン2%	移植直後～移植後20日(ノビエ3葉期まで)	1kg/10a	北陸，関東・東山・東海，近畿・中国・四国，九州

第2章 水田編

水田一年生雑草	マツバイ	ホタルイ	ウリカワ	ミズガヤツリ	ヘラオモダカ	ヒルムシロ	セリ	クログワイ	オモダカ	藻類・表層剥離	その他の雑草	備考
○	○	○	○	○	○	○	○			○		ヘラオモダカは北海道, 東北, 北陸のみ
○	○	○	○									
○	○	○	○	○	○	○	○			○		ヘラオモダカは九州のみ
○	○	○	○	○	○	○	○	○	○		エゾノサヤヌカグサ(北海道)	ヘラオモダカは東北のみ。ヒルムシロは北陸を除く。セリは東北を除く。藻類・表層剥離は北海道, 近畿・中国・四国, 九州のみ
○	○	○	○	○	○	○	○	○				ヘラオモダカは北海道, 東北のみ。オモダカは北海道を除く。ヒルムシロは北陸を除く。クログワイは北海道, 北陸を除く。藻類・表層剥離は近畿・中国・四国の早期, 九州の普通期を除く
○	○	○	○	○	○	○		○			シズイ(東北)	ヘラオモダカは北海道, 九州のみ。ウリカワは近畿・中国・四国, 九州のみ。クログワイは東北, 関東・東山・東海のみ
○	○	○	○	○			○	○	○	○		ヒルムシロ, オモダカ, 藻類・表層剥離は北陸を除く

薬剤名 有効成分含有率	使用時期	使用量	適用地帯
フジグラス粒剤25 エスプロカルブ7% ベンスルフロンメチル0.25%	移植後5～15日ただし北海道は移植後5～20日(ノビエ2.5葉期まで)	3kg/10a	全域
フジグラス粒剤17 エスプロカルブ7% ベンスルフロンメチル0.17%	移植後5～15日(ノビエ2.5葉期まで)	3kg/10a	北陸，関東・東山・東海，近畿・中国・四国，九州
プレッサフロアブル ベンゾビシクロン3.9% ペントキサゾン3.9%	移植直後～移植後10日(ノビエ1.5葉期まで)	500ml/10a	全域
	移植後10～20日(ノビエ1.5葉期まで)(移植前後の初期除草剤との体系で使用)		東北，北陸，関東・東山・東海
プロスパーA1キロ粒剤36 アジムスルフロン0.06% ピリミノバックメチル0.3% ベンスルフロンメチル0.3% メフェナセット4.5%	移植後5～20日ただし北海道は移植後5～25日(ノビエ3葉期まで)	1kg/10a	全域
プロスパー1キロ粒剤51 ピリミノバックメチル0.3% ベンスルフロンメチル0.51% メフェナセット2.25%	移植後5～20日(ノビエ3葉期まで)	1kg/10a	北陸，関東・東山・東海，近畿・中国・四国，九州
ベルーフ粒剤 ピラゾスルフロンエチル0.07% モリネート7%	移植後5～15日(ノビエ2.5葉期まで)	3kg/10a	全域
	移植後7～25日(ノビエ2.5葉期まで)(移植前後の初期除草剤による土壌処理との体系で使用)		東北，北陸
ホームランフロアブル オキサジクロメホン1.2% ベンスルフロンメチル1.4%	移植直後～移植後15日(ノビエ2.5葉期まで)	500ml/10a	東北
ホームラン1キロ粒剤75 オキサジクロメホン0.8% ベンスルフロンメチル0.75%	移植後5～15日(ノビエの2.5葉期まで)	1kg/10a	東北

第 2 章 水 田 編

水田一年生雑草	マツバイ	ホタルイ	ウリカワ	ミズガヤツリ	ヘラオモダカ	ヒルムシロ	セリ	クログワイ	オモダカ	藻類・表層剥離	その他の雑草	備考
○	○	○	○	○	○	○	○	○	○	○	コウキヤガラ(東北), シズイ(東北), エゾノサヤヌカグサ(北海道)	セリは東北のみ
○	○	○	○			○		○	○	○	コウキヤガラ(九州の早期)	
○	○	○	○	○	○	○		○				ヘラオモダカは北海道, 九州のみ。ウリカワは近畿・中国・四国, 九州のみ
○	○	○	○	○	○	○		○	○	○	エゾノサヤヌカグサ(北海道), シズイ(東北), コウキヤガラ(東北)	ヘラオモダカは北海道, 東北, 北陸, 九州のみ。クログワイ, オモダカは東北のみ。ヒルムシロは北陸, 近畿・中国・四国を除く
○	○	○	○	○	○	○	○	○	○	○	コウキヤガラ(九州の普通期)	ヘラオモダカは北陸のみ。クログワイは関東・東山・東海, 近畿・中国・四国, 九州の普通期のみ。オモダカは近畿・中国・四国の早期, 九州を除く
○	○	○	○	○	○	○	○	○	○	○	エゾノサヤヌカグサ(北海道), シズイ(東北), コウキヤガラ(東北, 九州)	クログワイは北海道を除く普通期のみ。オモダカは東北, 北陸, 関東・東山・東海の普通期のみ
○	○	○	○	○	○			○	○	○		
○	○	○	○	○	○	○	○	○	○	○		
○	○	○	○	○	○	○	○	○	○	○		

薬剤名 有効成分含有率	使用時期	使用量	適用地帯
ホームラン1キロ粒剤51 オキサジクロメホン0.8% ベンスルフロンメチル0.51%	移植直後～移植後15日ただし、砂壌土は移植後5～15日(ノビエの2.5葉期まで)	1kg/10a	北陸，関東・東山・東海
	移植後5～15日(ノビエの2.5葉期まで)		近畿・中国・四国，九州
ホームランキングフロアブル オキサジクロメホン1.2% クロメプロップ6% ブロモブチド12% ベンスルフロンメチル1.4%	移植後5～15日ただし北海道は移植直後～移植後20日(ノビエ2.5葉期まで)	500ml/10a	北海道，東北
ホームランキングLフロアブル オキサジクロメホン1.2% クロメプロップ6% ブロモブチド12% ベンスルフロンメチル1%	移植直後～移植後15日(ノビエ2.5葉期まで)	500ml/10a	北陸，関東・東山・東海，近畿・中国・四国，九州
ホクト粒剤 シハロホップブチル0.6% ジメタメトリン0.2% ピラゾスルフロンエチル0.07% プレチラクロール1.5%	移植後5～20日ただし北海道は移植後5～25日(ノビエ3葉期まで)	3kg/10a	全域
ホクト1キロ粒剤 シハロホップブチル1.8% ジメタメトリン0.6% ピラゾスルフロンエチル0.3% プレチラクロール4.5%	移植後5～20日(ノビエ3葉期まで)	1kg/10a	全域
ボス1キロ粒剤 インダノファン1.2% ピラゾスルフロンエチル0.3% ベンゾビシクロン2%	移植後5～15日ただし，北海道は移植後5～20日(ノビエ2.5葉期まで)	1kg/10a	九州を除く全域
マサカリAジャンボ アジムスルフロン0.12% インダノファン2.8% クロメプロップ7% ベンスルフロンメチル0.6%	移植後5～15日(ノビエ2葉期まで)	小包装(パック)10個(500g)/10a	北海道，東北

第 2 章　水　田　編

水田一年生雑草	マツバイ	ホタルイ	ウリカワ	ミズガヤツリ	ヘラオモダカ	ヒルムシロ	セリ	クログワイ	オモダカ	藻類・表層剥離	その他の雑草	備考
					適用草種							
○	○	○	○	○		○	○			○		ヒルムシロは北陸を除く。藻類・表層剥離は関東・東山・東海，近畿・中国・四国のみ
○	○	○	○	○	○	○				○		
○	○	○	○	○		○	○			○		藻類・表層剥離は近畿・中国・四国の普通期栽培地帯のみ
○	○	○	○	○	○	○	○	○	○			ヘラオモダカは北海道，東北のみ。オモダカは東北のみ。クログワイは北海道を除く
○	○	○	○	○	○	○	○	○	○		エゾノサヤヌカグサ(北海道)，シズイ(東北)	ヘラオモダカは北海道，東北のみ。オモダカは近畿・中国・四国の早期，九州を除く。クログワイは北海道，近畿・中国・四国の早期，九州を除く
○	○	○	○	○	○	○	○	○	○			ヘラオモダカは北海道のみ。クログワイは東北，北陸，関東・東山・東海のみ。オモダカは近畿・中国・四国を除く。藻類・表層剥離は北陸を除く
○	○	○	○	○	○	○	○	○	○			

薬剤名 有効成分含有率	使用時期	使用量	適用地帯
マサカリLジャンボ インダノファン2.8% クロメプロップ7% ベンスルフロンメチル1%	移植後5～15日(ノビエ2.5葉期まで)ただし九州の早期は移植後5～12日(ノビエ2葉期まで)	小包装(パック)10個(500g)/10a	北陸，関東・東山・東海，近畿・中国・四国，九州
	移植後15～25日(ノビエ2.5葉期まで)(移植前後の初期除草剤による土壌処理との体系で使用)		関東・東山・東海
ミスターホームランジャンボ オキサジクロメホン1.6% クロメプロップ7% ベンスルフロンメチル1.5%	移植後3～10日(ノビエ2葉期まで)	小包装(パック)10個(500g)/10a	北海道，東北
ミスターホームランLジャンボ オキサジクロメホン1.6% クロメプロップ7% ベンスルフロンメチル1.02%	移植後3～10日ただし，九州早期は移植後5～10日(ノビエ2葉期まで)	小包装(パック)10個(500g)/10a	北陸，関東・東山・東海，近畿・中国・四国，九州
ミスターホームランフロアブル オキサジクロメホン1.2% クロメプロップ7% ベンスルフロンメチル1.4%	移植直後～移植後15日ただし，北海道は移植直後～移植後20日(ノビエ2.5葉期まで)	500m*l*/10a	北海道，東北
ミスターホームランLフロアブル オキサジクロメホン1.2% クロメプロップ7% ベンスルフロンメチル1.0%	移植直後～移植後15日ただし，北陸の砂壌土は移植後5～15日(ノビエ2.5葉期まで)	500m*l*/10a	北陸，関東・東山・東海，近畿・中国・四国，九州
ミスターホームラン1キロ粒剤75 オキサジクロメホン0.8% クロメプロップ3.5% ベンスルフロンメチル0.75%	移植直後～移植後20日ただし，砂壌土は移植後5～20日(ノビエ2.5葉期まで)	1kg/10a	北海道
	移植後5～15日(ノビエ2.5葉期まで)		東北
ミスターホームラン1キロ粒剤51 オキサジクロメホン0.8% クロメプロップ3.5% ベンスルフロンメチル0.51%	移植直後～移植後15日ただし砂壌土および九州は移植後5～15日(ノビエ2.5葉期まで)	1kg/10a	北陸，関東・東山・東海，近畿・中国・四国，九州
	移植後15～25日(ノビエ2.5葉期まで)(移植前後の初期除草剤による土壌処理との体系で使用)		近畿・中国・四国

第2章 水田編

適用草種											その他の雑草	備考
水田一年生雑草	マツバイ	ホタルイ	ウリカワ	ミズガヤツリ	ヘラオモダカ	ヒルムシロ	セリ	クログワイ	オモダカ	藻類・表層剥離		
○	○	○	○	○	○	○	○	○	○	○		クログワイ,オモダカは関東・東山・東海のみ
○	○	○	○	○	○		○	○		○		
○	○	○	○	○	○		○			○		
○	○	○	○	○	○	○	○	○		○		ヒルムシロ,セリは北陸を除く。藻類・表層剥離は北陸,九州を除く
○	○	○	○	○	○	○	○	○	○	○	シズイ(東北),エゾノサヤヌカグサ(北海道)	クログワイは東北のみ
○	○	○	○	○	○	○	○	○	○	○	コウキヤガラ(九州)	クログワイ,オモダカ,藻類・表層剥離は北陸を除く
○	○	○	○	○	○	○	○	○	○	○		クログワイは東北のみ
○	○	○	○	○	○	○	○	○	○	○		ヘラオモダカは九州のみ。クログワイ,オモダカ,ヒルムシロ,藻類・表層剥離は北陸を除く

薬剤名 有効成分含有率	使用時期	使用量	適用地帯
ミスターホームランDLジャンボ オキサジクロメホン1.2% クロメプロップ7% ダイムロン9% ベンスルフロンメチル1.02%	移植後3～10日(ノビエ2葉期まで)	小包装(パック)10個(500g)/10a	北陸，関東・東山・東海，近畿・中国・四国，九州
ユートピア粒剤15 シクロスルファムロン0.2% ペントキサゾン1.5%	移植直後～移植後10日(ノビエ1.5葉期まで)	3kg/10a	北海道，東北，北陸，関東・東山・東海
ユートピア粒剤13 シクロスルファムロン0.2% ペントキサゾン1.3%	移植直後～移植後10日(ノビエ1.5葉期まで)	3kg/10a	近畿・中国・四国の普通期栽培地帯
ユートピア1キロ粒剤 シクロスルファムロン0.6% ペントキサゾン4.5%	移植直後～移植後10日(ノビエ1.5葉期まで)	1kg/10a	全域
ラクダーLフロアブル カフェンストロール5.5% ダイムロン10% ベンスルフロンメチル1%	移植後3～15日(ノビエ2.5葉期まで)	500ml/10a	北陸，関東・東山・東海，近畿・中国・四国，九州
ラクダープロフロアブル カフェンストロール5.5% ダイムロン10% ブロモブチド12% ベンスルフロンメチル1.4%	移植後3～15日ただし北海道は移植後3～20日(ノビエ2.5葉期まで)	500ml/10a	北海道，東北
ラクダープロLフロアブル カフェンストロール5.5% ダイムロン10% ブロモブチド12% ベンスルフロンメチル1%	移植後3～15日(ノビエ2.5葉期まで)	500ml/10a	北陸，関東・東山・東海，近畿・中国・四国，九州
ラクダープロ1キロ粒剤75 カフェンストロール3% ダイムロン6% ブロモブチド6% ベンスルフロンメチル0.75%	移植後3～15日ただし北海道は移植後3～20日(ノビエ2.5葉期まで)	1kg/10a	北海道，東北

第 2 章 水 田 編

適用草種											その他の雑草	備考
水田一年生雑草	マツバイ	ホタルイ	ウリカワ	ミズガヤツリ	ヘラオモダカ	ヒルムシロ	セリ	クログワイ	オモダカ	藻類・表層剥離		
○	○	○	○	○		○	○			○		藻類・表層剥離は九州のみ
○	○	○	○	○	○	○	○		○	○		ヘラオモダカは北海道,東北,北陸のみ。オモダカは東北のみ
○	○	○	○	○		○	○	○	○			
○	○	○	○	○	○	○		○	○	○		ヘラオモダカは北海道のみ。クログワイは北海道,北陸を除く。ヒルムシロは北陸を除く
○	○	○	○	○		○	○	○	○	○	コウキヤガラ(九州の普通期)	クログワイは北陸を除く
○	○	○	○	○	○		○	○	○	○	エゾノサヤヌカグサ(北海道), シズイ(東北), コウキヤガラ(東北)	クログワイは東北のみ
○	○	○	○	○		○		○	○	○		ヒルムシロ,セリ,藻類・表層剥離は北陸を除く
○	○	○	○	○	○	○	○			○		

薬剤名 有効成分含有率	使用時期	使用量	適用地帯
ラクダープロ1キロ粒剤51 カフェンストロール3% ダイムロン6% ブロモブチド6% ベンスルフロンメチル0.51%	移植後3〜15日(ノビエ2.5葉期まで)	1kg/10a	北陸, 関東・東山・東海, 近畿・中国・四国, 九州
	移植後15〜25日(ノビエ2.5葉期まで) [移植前後の初期除草剤による土壌処理との体系で使用]		北陸, 関東・東山・東海, 近畿・中国・四国
リーディングSジャンボ イマゾスルフロン3% フェントラザミド7.5%	移植後5〜15日ただし北海道は移植後5〜20日(ノビエ2.5葉期まで)	小包装(パック)10個(400g)/10a	全域
リードゾン粒剤 ピラゾレート4% ブロモブチド4% メフェナセット3.5%	移植後5〜15日(ノビエ2.5葉期までただし北海道はノビエ2葉期まで, 九州, 南四国などの暖地はノビエ3葉期まで)	3kg/10a	全域
リボルバー1キロ粒剤 シハロホップブチル1.5% ピラゾスルフロンエチル0.3% メフェナセット7.5%	移植後5〜20日ただし北海道は移植後5〜25日(ノビエ3葉期まで)	1kg/10a	全域
リボルバーエース1キロ粒剤 シハロホップブチル1.5% ピラゾスルフロンエチル0.3% ブロモブチド6% メフェナセット7.5%	移植後5〜20日ただし北海道は移植後5〜25日, 九州は移植後5〜17日(ノビエ3葉期まで)	1kg/10a	全域
レッドスターフロアブル カフェンストロール4.2% シハロホップブチル3% ダイムロン15% ハロスルフロンメチル1.2%	移植後5〜20日ただし北海道は移植後5〜25日(ノビエ3葉期まで)	500ml/10a	全域
	移植後20〜30日(ノビエ3葉期まで)(移植前後の初期除草剤による土壌処理との体系で使用)		東北, 関東・東山・東海
ロングショット1キロ粒剤 エトキシスルフロン0.17% オキサジアゾン4.5% ベンフレセート4%	移植後3〜10日ただし北海道, 東北は移植後3〜12日(ノビエ1.5葉期まで)	1kg/10a	北海道, 東北, 東北, 北陸, 関東・東山・東海
ロンゲットフロアブル イマゾスルフロン1.5% ダイムロン18% ピリブチカルブ10% メフェナセット8%	移植直後〜移植後15日ただし北海道は移植直後〜移植後20日(ノビエ2.5葉期まで)	500ml/10a	全域

第2章 水田編

水田一年生雑草	マツバイ	ホタルイ	ウリカワ	ミズガヤツリ	ヘラオモダカ	ヒルムシロ	セリ	クログワイ	オモダカ	藻類・表層剥離	その他の雑草	備考
○	○	○	○	○		○	○			○		
○	○	○	○	○	○					○		ヘラオモダカ(北海道,東北)
○	○	○	○	○	○	○						ヘラオモダカは北海道,東北,北陸のみ
○	○	○	○	○	○	○		○	○		エゾノサヤヌカグサ(北海道),シズイ(東北)	ヘラオモダカは北海道,東北のみ。クログワイは北海道を除く
○	○	○	○	○		○				○		ヘラオモダカは北海道,東北のみ。ヒルムシロ,セリは北陸を除く。藻類・表層剥離は北海道,東北,九州のみ
○	○	○	○	○		○		○			シズイ(東北)	ヘラオモダカは東北のみ。ヒルムシロは北陸,九州を除く。クログワイは東北,関東・東山・東海のみ
○	○	○	○	○	○	○		○	○		エゾノサヤヌカグサ(北海道)	ヘラオモダカ,オモダカは北海道,東北のみ。クログワイは東北のみ
○	○	○	○	○		○				○		ヘラオモダカは東北のみ。ヒルムシロ,藻類・表層剥離は北陸を除く

薬剤名 有効成分含有率	使用時期	使用量	適用地帯
ワイドリーA1キロ粒剤36 アジムスルフロン0.06% ジメタメトリン0.6% プレチラクロール4.5% ベンスルフロンメチル0.3%	移植後3～10日(ノビエ1.5葉期まで)	1kg/10a	全域
ワンオール粒剤 ピラゾキシフェン6% プレチラクロール1.5%	移植直後～移植後10日(ノビエ2葉期まで)	3～4kg/10a	全域(北海道を除く)
ワンオールS1キロ粒剤 シメトリン1.5% ピラゾキシフェン18% プレチラクロール4.5%	移植直後～移植後13日(ノビエ2葉期まで)	1kg/10a	全域(北海道を除く)
ワンオールS1キロ粒剤24 シメトリン1.5% ピラゾキシフェン24% プレチラクロール4.5%	移植直後～移植後15日(ノビエ2葉期まで)	1kg/10a	北海道

第 2 章 水 田 編

適用草種											その他の雑草	備考
水田一年生雑草	マツバイ	ホタルイ	ウリカワ	ミズガヤツリ	ヘラオモダカ	ヒルムシロ	セリ	クログワイ	オモダカ	藻類・表層剥離		
○	○	○	○	○	○	○	○			○	コウキヤガラ(東北,九州), シズイ(東北)	ヘラオモダカは北海道,東北のみ
○	○	○	○	○	○	○						
○	○	○	○	○	○					○		ヘラオモダカは東北のみ。ヒルムシロは東北,近畿・中国・四国の早期のみ
○	○	○			○	○				○		

中期除草剤

薬剤名 有効成分含有率	使用時期	使用量	適用地帯
クミショットSM1キロ粒剤 シメトリン4.5% ベンチオカーブ15% メフェナセット4.5% MCPB2.4%	移植後20～30日(ノビエ3.5葉期まで、ただし北海道、東北、北陸はノビエ3葉期まで)	1kg/10a [田植え前後の初期除草剤による土壌処理との体系で使用]	全域(九州の早期を除く)
	移植後15～25日(ノビエ3.5葉期まで、ただし近畿・中国・四国の普通期はノビエ3葉期まで)	1kg/10a	北海道，近畿・中国・四国の普通期，九州の早期
クミリードSM粒剤 シメトリン1.5% ベンチオカーブ10% MCPB0.8%	田植後10～20日(ノビエ3葉期まで。ただし暖地は3.5葉期まで) [普通移植水稲]	3～4kg/10a	全域の普通期および関東・東山・東海の早期
	田植後15～20日(ノビエ3葉期まで。ただし寒地は2.5葉期まで) [稚苗移植水稲]		
	田植後20～30日(ノビエ3葉期まで，ただし寒地は2.5葉期まで)	3～4kg/10a [田植前後の初期除草剤による土壌処理との体系で使用]	東海，北陸以北の普通期および関東・東山・東海の早期
	田植後20～25日(ノビエ3葉期まで)		近畿以西の普通期
グラキール粒剤1.5 シメトリン1.5% MCPAチオエチル0.7%	移植後10～15日(ノビエ1～2葉期) [普通移植水稲]	3kg/10a	暖地の普通期
	移植後15～25日(ノビエ2葉期まで) [普通移植水稲]	3～4kg/10a [移植前後の初期除草剤による土壌処理との体系で使用]	全域の普通期(北海道を除く)および関東・東海の早期
	移植後20～25日ただし暖地の普通期は移植後16～25日(ノビエ2葉期まで) [稚苗移植水稲]		全域(北海道を除く)の普通期および九州・南四国など暖地の早期
クロアSM粒剤 シメトリン1.5% メフェナセット4% MCPB0.8%	移植後20～25日(ノビエ3葉期までただし北海道はノビエ2葉期まで)	3kg/10a [移植前後の初期除草剤による土壌処理との体系で使用]	全域

第2章 水田編

適用草種												藻類・表層剥離	その他の雑草	備考
一年生		多年生												
ノビエ	非イネ科	マツバイ	ホタルイ	ウリカワ	ミズガヤツリ	ヘラオモダカ	ヒルムシロ	セリ	クログワイ	オモダカ				
○	○	○	○	○	○	○					○		ヘラオモダカは北海道,東北のみ
○	○	○	○	○	○	○					○		ヘラオモダカは北海道のみ
○	○	○	○	○	○	○							ミズガヤツリは九州,南四国を除く。ヘラオモダカは関東,東海以北のみ
○	○	○	○	○	○	○			○	○			ミズガヤツリは九州,南四国を除く。ヘラオモダカは関東,東海以北のみ。オモダカは北海道および九州,南四国などの暖地を除く
○	○	○											
○	○	○	○	○				○					セリは関東,東海のみ
○	○	○	○			○		○					ヘラオモダカは東北,北陸,関東・東海のみ。セリは関東,東海のみ
○	○	○	○	○	○	○					○		藻類・表層剥離は東北,北陸以南の普通期および九州の早期のみ

薬剤名 有効成分含有率	使用時期	使用量	適用地帯
ザーベックスDX1キロ粒剤 シハロホッププチル1.5% シメトリン4.5% ベンフレセート6% MCPB2.4%	移植後20〜30日(ノビエ3.5葉期まで) [移植前後の初期除草剤による土壌処理との体系で使用]	1kg/10a	全域(九州の普通期を除く)
ザーベックスSM粒剤 シメトリン1.5% ベンフレセート2% MCPB0.8%	移植後20〜25日(ノビエ2葉期までただし北海道,東北,北陸はノビエ2.5葉期まで) [移植前後の初期除草剤による土壌処理との体系で使用]	3kg/10a	全域(九州を除く)
ザーベックスSM1キロ粒剤 シメトリン4.5% ベンフレセート6% MCPB2.4%	移植後20〜25日(ノビエ2.5葉期まで,ただし北陸,近畿・中国・四国は3葉期まで,関東・東山・東海の早期は2葉期まで) [移植前後の初期除草剤による土壌処理との体系で使用]	1kg/10a	全域(九州を除く)

第2章 水田編

適用草種												その他の雑草	備考
一年生		多年生									藻類・表層剥離		
ノビエ	非イネ科	マツバイ	ホタルイ	ウリカワ	ミズガヤツリ	ヘラオモダカ	ヒルムシロ	セリ	クログワイ	オモダカ			
○	○	○	○	○	○	○	○		○	○	○	エゾノサヤヌカグサ(北海道),シズイ(東北)	ウリカワは東北を除く。ヘラオモダカは北海道,東北,九州の早期のみ。オモダカは九州の早期を除く。クログワイは東北,関東・東山・東海,近畿・中国・四国のみ。ヒルムシロは東北,北陸を除く。藻類・表層剥離は東北,北陸を除く
○	○	○	○	○	○	○	○		○	○		エゾノサヤヌカグサ(北海道),シズイ(東北)	ヘラオモダカは北海道,東北,北陸のみ。オモダカは関東・東山・東海,近畿・中国・四国のみ。クログワイは関東・東山・東海,近畿・中国・四国の普通期のみ。ヒルムシロは北海道のみ
○	○	○	○	○	○	○			○	○	○	シズイ(東北),エゾノサヤヌカグサ(北海道)	ヘラオモダカは北海道,東北,関東・東山・東海の普通期のみ。ヒルムシロは北海道,東北,関東・東山・東海,近畿・中国・四国の普通期のみ。オモダカは北海道,東北,関東・東山・東海および近畿・中国・四国の普通期のみ。クログワイは東北,関東・東山・東海,近畿・中国・四国のみ。藻類・表層剥離は北海道,関東・東山・東海,近畿・中国・四国のみ

薬剤名 有効成分含有率	使用時期	使用量	適用地帯
サターンS粒剤 シメトリン1.5% ベンチオカーブ7%	移植後7～15日(ノビエ2.5葉期まで) [普通移植水稲]	3～4kg/10a	全域
	移植後15～25日(ノビエ2.5葉期まで)[移植前後の初期除草剤との体系で使用] [普通移植水稲]		九州・南四国の暖地を除く全域の普通期
	移植後8～15日(ノビエ2.5葉期ただし,寒地は2葉期まで) [稚苗移植水稲]	3kg/10a	全域
	移植後15～25日(ノビエ2葉期まで)[移植前後の初期除草剤との体系で使用] [稚苗移植水稲]		
テイクオフ粒剤 イマゾスルフロン0.3%	移植後10～25日ただし北海道,東北,北陸,九州は移植後10～15日 [移植前後の初期除草剤との体系で使用]	3kg/10a	全域の普通期
フラテックSM1キロ粒剤 シメトリン4.5% プレチラクロール6% MCPB2.4% SAP6%	移植後20～30日ただし関東・東山・東海の普通期は20～25日(イネ5葉期以降,ノビエ3葉期までただし近畿・中国・四国の早期はノビエ2.5葉期まで) [移植前後の初期除草剤による土壌処理との体系で使用]	1kg/10a	壌土～埴土(減水深2cm/日以下,ただし,埴土は1.5cm/日以下)
マイキーパー1キロ粒剤 シメトリン4.5% MCPAチオエチル2.1%	移植後15～25日ただし東北・北陸は20～25日(ノビエ2葉期までただし北海道はノビエ1.5葉期まで) [移植前後の初期除草剤による土壌処理との体系で使用]	1回	壌土～埴土(減水深2cm/日以下)

第2章 水田編

適用草種											藻類・表層剥離	その他の雑草	備考
一年生		多年生											
ノビエ	非イネ科	マツバイ	ホタルイ	ウリカワ	ミズガヤツリ	ヘラオモダカ	ヒルムシロ	セリ	クログワイ	オモダカ			
○	○	○											
		○	○	○	○	○	○	○	○	○	○		ヘラオモダカは北海道のみ。クログワイは北海道，北陸，九州を除く。ヒルムシロは東北，北陸，九州を除く。セリは東北，北陸，九州を除く。藻類・表層剥離は北海道，近畿・中国・四国のみ
○	○	○	○	○							○		藻類・表層剥離は東北を除く
○	○	○	○	○	○	○	○				○		ミズガヤツリは近畿・中国・四国の普通期のみ。ヒルムシロは北海道，九州のみ。ヘラオモダカは近畿・中国・四国，九州を除く

薬剤名 有効成分含有率	使用時期	使用量	適用地帯
マメット粒剤 シメトリン1.5% モリネート6%	移植後7～15日(ノビエ2.5葉期まで。寒地では2.0葉期まで) [普通移植水稲]	3～4kg/10a	全域
	移植後25日までノビエの2.5葉期まで [移植前後の初期除草剤による土壌処理との体系で使用] [普通移植水稲]		関東・東山以北(北海道を除く)の普通期
	移植後8～15日(ノビエ2.5葉期まで) [稚苗移植水稲]		東北以南(九州, 四国の暖地を除く)の普通期, 関東・東山の早期
	移植後20～25日ノビエの2葉期まで [移植前後の初期除草剤による土壌処理との体系で使用] [稚苗移植水稲]		
	移植後7～15日ホタルイの発生始～3葉期まで [普通移植水稲, 稚苗移植水稲]		東北, 北陸
マメットSM粒剤 シメトリン1.5% モリネート8% MCPB0.8%	移植後10～20日(ノビエ3.5葉期まで)ただし, 寒地では移植後15～20日(ノビエ2.5葉期まで)[普通移植水稲]	3～4kg/10a	全域
	移植後20～30日(ノビエ3.5葉期まで) [移植前後の初期除草剤による土壌処理との体系で使用] [普通移植水稲]		北海道
	移植後15～20日(ノビエ3.5葉期まで) [稚苗移植水稲]	3～4kg/10a	北海道, 東北, 北陸を除く全域
	移植後20～30日(ノビエ3.5葉期まで, ただし, 寒地はノビエ2.5葉期まで) [移植前後の初期除草剤による土壌処理との体系で使用] [稚苗移植水稲]		全域

第2章　水　田　編

適用草種												その他の雑草	備考
一年生		多年生									藻類・表層剥離		
ノビエ	非イネ科	マツバイ	ホタルイ	ウリカワ	ミズガヤツリ	ヘラオモダカ	ヒルムシロ	セリ	クログワイ	オモダカ			
○	○	○											
○	○	○											
○	○	○											
○	○	○											
			○										
○	○	○	○	○	○	○							
○	○	○				○					○		
○	○	○	○	○	○	○						ヒメホタルイ(関東・東海)	
○	○	○	○	○	○	○			○		○	ヒメホタルイ(関東・東海)	クログワイは東北, 北陸, 関東・東海の普通期のみ

薬剤名 有効成分含有率	使用時期	使用量	適用地帯
マメットSM1キロ粒剤 シメトリン4.5% モリネート24% MCPB2.4%	移植後15～20日(ノビエの3.5葉期,ただし北海道は2.5葉期まで)	1kg/10a	全域(近畿・中国・四国の早期,九州の普通期を除く)
	移植後20～30日(ノビエの3.5葉期,ただし北海道は2.5葉期まで) [移植前後の初期除草剤による土壌処理との体系で使用]		
モゲトンジャンボ ACN9%	ウキクサ類,アオミドロおよび表層剥離の発生時ただし収穫60日前まで	20個(1kg)/10a	全域
モゲトン粒剤 ACN9%	ウキクサ類,藻類の発生始～発生盛期(収穫60日前まで)	2～3kg/10a	全域
	発生時(収穫60日前まで)	1～2kg/10a	北海道, 東北,北陸
	ウリカワの増殖初期(2～4葉期)(収穫60日前まで)	3～4kg/10a	九州
	ヒルムシロの発生始～増殖始(収穫60日前まで)	3～4kg/10a	全域
モゲブロン粒剤 シメトリン1.5% ACN6% MCPB0.8%	移植後15～20日,ただし北海道は移植後20～30日,東北,北陸は移植後20～25日(イネ5葉期以降ノビエ1.5葉期まで) [移植前後の初期除草剤による土壌処理との体系で使用]	3～4kg/10a ただし北海道,九州は3kg/10a	全域

第 2 章 水 田 編

適用草種												その他の雑草	備考
一年生		多年生									藻類・表層剥離		
ノビエ	非イネ科	マツバイ	ホタルイ	ウリカワ	ミズガヤツリ	ヘラオモダカ	ヒルムシロ	セリ	クログワイ	オモダカ			
○	○	○	○	○	○	○					○		
○	○	○	○	○	○	○				○	○		ヘラオモダカは北海道，東北，北陸のみ。オモダカは東北，北陸のみ
											○	ウキクサ類	
											○	○ウキクサ類，藻類（アオミドロ，アミミドロ）	
											○	藻類による表層剥離	
			○										
							○						
○	○	○	○	○		○	○				○	ウキクサ類（北海道，九州を除く）	ホタルイは近畿・中国・四国の早期，九州の普通期を除く。ウリカワは北海道を除く。ヒルムシロは北海道，近畿以西の普通期のみ。藻類・表層剥離は東北，北陸のみ

後期除草剤

薬剤名 有効成分含有率	使用時期	使用量	適用地帯
2,4-Dアミン塩 2,4-PA49.5%	幼穂形成始期(ただし収穫60日前まで)	60g/10a (水量70～100l/10a)	北海道
	有効分けつ終止期～幼穂形成期前(ただし収穫60日前まで)	80g/10a (水量70～100l/10a)	北東北
		80～100g/10a (水量70～100l/10a)	南東北，北関東，東山，北陸，山陰
		100～120g/10a (水量70～100l/10a)	南関東以西(山陰を除く)
粒状水中2,4-D 2,4-PA1.4%	幼穂形成始期(ただし収穫60日前まで)	2.5～3kg/10a	北海道
	有効分けつ終止期～幼穂形成期前(ただし収穫60日前まで)	3.0～4.5kg/10a	北陸，東海以西
		3.0～3.5kg/10a	関東，東山，東北
MCPソーダ塩 MCP19.5%	幼穂形成始期(ただし収穫60日前まで)	125g/10a (水量70～100l/10a)	北海道
	有効分けつ終止期～幼穂形成期前(ただし収穫60日前まで)	160g/10a (水量70～100l/10a)	北東北
		160～200g/10a (水量70～100l/10a)	南東北，北関東，東山，北陸，山陰
		200～240g/10a (水量70～100l/10a)	南関東以西(山陰を除く)
粒状水中MCP MCP1.2%	幼穂形成始期(ただし収穫60日前まで)	3kg/10a	北海道
	有効分けつ終止期～幼穂形成期前(ただし収穫60日前まで)	3.0～4.5kg/10a	北陸，東海以西
		3.0～3.5kg/10a	関東，東山，東北
グラスジンMナトリウム粒剤 ベンタゾン11% MCPナトリウム塩1.2%	幼穂形成始期(ただし収穫60日前まで)	3～4kg/10aただし砂壌土は3kg/10a	北海道
	有効分けつ終止期～幼穂形成期前(ただし収穫60日前まで)	3～4kg/10aただし東北，北陸，近畿・中国・四国，九州の砂壌土は3kg/10a	北海道を除く全域

第2章 水田編

適用草種													その他の雑草	備考
一年生		多年生									藻類・表層剥離			
ノビエ	非イネ科	マツバイ	ホタルイ	ウリカワ	ミズガヤツリ	ヘラオモダカ	ヒルムシロ	セリ	クログワイ	オモダカ				
	○													落水散布
	○													
	○													落水散布
	○													
	○	○	○	○		○	○	○						[浅く湛水して散布]
	○	○	○	○	○	○	○						シズイ（東北）	[落水散布] ヘラオモダカ，ヒルムシロは北海道，東北，北陸のみ。セリは東北，近畿・中国・四国のみ

薬剤名 有効成分含有率	使用時期	使用量	適用地帯
グラスジンMナトリウム液剤 ベンタゾン33% MCPAナトリウム塩6%	幼穂形成始期(ただし収穫50日前まで)	300〜500ml/10a (水量70〜100l/10a)	北海道
	有効分けつ終止期〜幼穂形成期前(ただし収穫50日前まで)		北海道を除く全域
クリンチャージャンボ シハロホップブチル1.8%	移植後15〜25日(ノビエ3葉期まで)(ただし,収穫40日前まで)	小包装(パック)20個(1kg)/10a	全域
	移植後25〜35日(ノビエ3〜4葉期まで)(ただし,収穫40日前まで)	小包装(パック)30個(1.5kg)/10a	
クリンチャー1キロ粒剤 シハロホップブチル1.8%	移植後7日〜ノビエ3葉期までただし東北はノビエ4葉期まで(収穫40日前まで)	1kg/10a	全域
	移植後25日〜ノビエ4葉期までただし東北はノビエ5葉期まで(収穫40日前まで)	1.5kg/10a	
クリンチャーEW シハロホップブチル30%	移植後20日〜ノビエ5葉期まで(ただし収穫30日前まで)[移植前後の初期除草剤との体系で使用]	100ml/10a (水量25〜100l/10a)	全域
クリンチャーバスME液剤 シハロホップブチル3% ベンタゾン20%	移植後15〜40日(ノビエ5葉期まで)(ただし収穫50日前まで)	1000ml/10a (水量70〜100l/10a)	全域
	移植後25〜40日(ノビエ5葉期まで)(ただし収穫50日前まで)[移植前後の初期除草剤との体系で使用]		
スタム乳剤35,DCPA乳剤35 DCPA35%	移植後10〜15日(ノビエの1〜2葉期まで)	1000〜1100ml/10a (水量50〜80l/10a)	全域
ノミニー液剤 ビスピリバックナトリウム塩2%	移植後30日〜クサネムの草丈40cmまで(九州は30cm)ただし,収穫60日前まで	50〜100ml/10a (水量100l/10a)	全域
	移植後30日〜イボクサの茎長30cmまでただし,収穫60日前まで		関東以西

第2章 水田編

適用草種												その他の雑草	備考
一年生		多年生									藻類・表層剥離		
ノビエ	非イネ科	マツバイ	ホタルイ	ウリカワ	ミズガヤツリ	ヘラオモダカ	ヒルムシロ	セリ	クログワイ	オモダカ			
	○	○	○	○		○							[浅く湛水して散布]
	○	○	○	○	○	○		○	○			コウキヤガラ	[落水散布]
○													
○												キシュウスズメノヒエ(関東以西の普通期)	
○												キシュウスズメノヒエ(関東以西)	
○	○	○	○	○	○			○	○	○		コウキヤガラ(東北,九州),シズイ(東北),キシュウスズメノヒエ(関東以西の普通期)	ヘラオモダカは北海道,東北,北陸のみ。オモダカは北海道を除く。セリは近畿・中国・四国の普通期のみ。クログワイは北海道を除く[落水散布またはごく浅く湛水して散布]
○	○												完全落水して散布し,散布後1~2日に水を入れる
												クサネム	落水散布またはごく浅く湛水して散布
												イボクサ	

薬剤名 有効成分含有率	使用時期	使用量	適用地帯
バサグラン液剤(ナトリウム塩) ベンタゾン40%	移植後15～50日ただし九州は移植後15～45日(収穫50日前まで)	500～700ml/10a (水量70～100l/10a)	全域
	移植後15～50日(ただし収穫50日前まで)		
	移植後25～45日(ただし収穫50日前まで)		
	移植後15～55日(ただし収穫50日前まで)		北海道
	移植後25～55日(ただし収穫50日前まで)		東北
	移植後15～55日(ただし収穫50日前まで)		北陸,関東・東山・東海の普通期
バサグラン粒剤(ナトリウム塩) ベンタゾン10%	移植後15～50日ただし九州は15～40日(収穫60日前まで)	3～4kg/10a	全域
	移植後15～35日(ただし収穫60日前まで)		東北,北陸
	移植後15～55日(ただし収穫60日前まで)		北海道
	移植後25～55日(ただし収穫60日前まで)		東北
ヒエクリーン1キロ粒剤,ワンステージ1キロ粒剤 ピリミノバックメチル1.2%	移植後15～35日(ノビエ4葉期まで) [移植前後の初期除草剤との体系で使用]	1kg/10a	全域

第 2 章 水 田 編

適用草種												藻類・表層剥離	その他の雑草	備考
一年生		多年生												
ノビエ	非イネ科	マツバイ	ホタルイ	ウリカワ	ミズガヤツリ	ヘラオモダカ	ヒルムシロ	セリ	クログワイ	オモダカ				
	○	○	○	○	○	○				○			[落水散布またはごく浅く湛水して散布] [移植前後の初期除草剤による土壌処理との体系で使用]
									○				
												コウキヤガラ	
												エゾノサヤヌカグサ	
												シズイ	
												クサネム	
	○	○	○	○	○	○				○			[落水散布またはごく浅く湛水して散布] [移植前後の初期除草剤による土壌処理との体系で使用]
									○				
												エゾノサヤヌカグサ	
												シズイ	
○													

刈跡用除草剤

薬剤名 有効成分含有率	使用時期	使用量	散布水量	適用草種 一年生雑草	適用草種 多年生雑草	備考
三共の草枯らし グリホサートイソプロピルアミン塩41% (他に同じ登録内容でカルナクスあり)	雑草生育期(草丈50cm以下)	250〜500ml/10a	100l/10a	○		
		500〜1000ml/10a			○	
ラウンドアップ グリホサートイソプロピルアミン塩41% (他に同じ登録内容でグリホス液あり)	雑草生育期	250〜500ml/10a	通常散布50〜100l/10a 少量散布25〜50l/10a	○		少量散布は専用ノズルを使用する
		500〜1000ml/10a			○	
ラウンドアップハイロード グリホサートアンモニウム塩41%	雑草生育期	250〜500ml/10a	50〜100l/10a	○		
		500〜1000ml/10a			○	
タッチダウン グリホサートトリメシウム塩38%	秋期水稲刈取後10日からミズガヤツリの塊茎形成盛期まで	500〜750ml/10a	50〜100l/10a		ミズガヤツリ	
	秋期水稲刈取後,セリ生育期				セリ	
プリグロックスL ジクワット7% パラコート5%	秋期稲刈取後	800〜1000ml/10a	100〜150l/10a	○		
クロレートSL, デゾレートA 塩素酸塩60%	水稲刈取後10日以内	10〜13kg/10a	80〜100l/10a		マツバイ	全域(北海道を除く)
	水稲刈取後〜ミズガヤツリの塊茎形成前まで	13kg/10a			ミズガヤツリ	全域の早期栽培地帯
クロレートS, デゾレートAZ粒剤 塩素酸塩50%	水稲刈取後(秋期雑草生育期)	20〜25kg/10a		○	イネ科	東北以南水稲刈取跡に全面土壌散布
2,4-Dアミン塩 2,4-PA49.5%	稲刈取後10日以内	500g/10a	90〜110l/10a		マツバイ	関東中南部以西の早期または早植水稲刈取跡(単作地帯)
MCPソーダ塩 MCPAナトリウム塩19.5%	稲刈取後10日以内	1000g/10a	90〜110l/10a		マツバイ	関東中南部以西の早期または早植水稲刈取跡(単作地帯)

第2章 水田編

薬剤名 有効成分含有率	使用時期	使用量	散布水量	適用草種		備考
				一年生雑草	多年生雑草	
カソロン粒剤 DBN2.5%	水稲刈取後7～10日まで	5～6kg/10a			マツバイ	全面土壌散布

直播栽培用除草剤〈一発処理型〉

薬剤名 有効成分含有率	使用時期	使用量	使用方法	適用地帯
アグロスター1キロ粒剤 シハロホッププチル1.8% ピラゾスルフロンエチル0.3% ブタミホス9%	イネ1葉期〜ノビエ3葉期まで(収穫90日前まで)	1kg/10a	湛水散布	全域
アピロイーグルフロアブル イマゾスルフロン1.7% カフェンストロール2.8% ダイムロン18% ピリフタリド2.8%	イネ1葉期〜ノビエ3葉期ただし北海道、東北、北陸はイネ1.5葉期〜ノビエ3葉期(収穫90日前まで)	500ml/10a	原液湛水散布	全域
イネエース1キロ粒剤 カフェンストロール3% ダイムロン6% ピラゾレート12% ベンゾビシクロン2%	イネ1葉期〜ノビエ2.5葉期まで(収穫120日前まで)	1kg/10a	湛水散布	全域
イネグリーン1キロ粒剤75 シハロホッププチル1.5% ベンスルフロンメチル0.75% メフェナセット7.5%	イネ1.5葉期〜ノビエ3葉期まで(収穫90日前まで)	1kg/10a	湛水散布	東北
イネグリーンD1キロ粒剤51 シハロホッププチル1.5% ダイムロン4.5% ベンスルフロンメチル0.51% メフェナセット7.5%	イネ1葉期〜ノビエ3葉期まで(収穫90日前まで)	1kg/10a	湛水散布または無人ヘリコプターによる散布 関東・東山・東海、九州は湛水直播栽培のみ	北陸、関東・東山・東海、九州
ウルフエース粒剤17 ベンスルフロンメチル0.17% ベンチオカーブ5% メフェナセット1%	イネ1葉期〜ノビエ2葉期まで(収穫90日前まで)	3kg/10a	湛水散布	北陸、関東・東山・東海、近畿・中国・四国
ウルフエース1キロ粒剤51 ベンスルフロンメチル0.51% ベンチオカーブ15% メフェナセット3%	イネ1葉期〜ノビエ2.5葉期まで(収穫90日前まで)	1kg/10a	湛水散布	北陸、関東・東山・東海、近畿・中国・四国、九州
キックバイ1キロ粒剤 イマゾスルフロン0.9% エトベンザニド15% ダイムロン15%	播種後5日〜ノビエ2葉期まで(収穫120日前まで)	1kg/10a	湛水散布または無人ヘリコプターによる散布	全域

第2章　水　田　編

水田一年生雑草	マツバイ	ホタルイ	ウリカワ	ミズガヤツリ	ヘラオモダカ	ヒルムシロ	セリ	クログワイ	オモダカ	藻類・表層剥離	その他の雑草	備考
○	○	○	○		○	○	○					ヘラオモダカは東北のみ。ウリカワは北陸，九州を除く。ヒルムシロは北海道のみ，セリは北海道を除く
○	○	○	○				○					
○	○	○	○	○			○					
○	○	○		○	○							
○	○	○	○				○					ウリカワは北陸，九州のみ。セリは関東・東山・東海，近畿・中国・四国のみ
○	○	○	○	○		○	○			○		
○	○	○	○	○		○	○			○		
○	○	○	○	○	○					○		ヘラオモダカは北海道のみ。藻類・表層剥離は北海道，関東・東山・東海のみ

薬剤名 有効成分含有率	使用時期	使用量	使用方法	適用地帯
クサトッタ1キロ粒剤 ジメタメトリン0.6% ピラゾレート12% プレチラクロール4.5% ブロモブチド6%	イネ1.5葉期～ノビエ2葉期まで(収穫120日前まで)	1kg/10a	湛水散布 湛水直播栽培のみ	全域(九州を除く)
クサトリエースLフロアブル カフェンストロール5.5% ダイムロン10% ベンスルフロンメチル1%	イネ1.5葉期～ノビエ2.5葉期まで(収穫90日前まで)	500ml/10a	原液湛水散布または水口施用 湛水直播栽培のみ	北陸，関東・東山・東海，近畿・中国・四国
ザークD1キロ粒剤51 ダイムロン4.5% ベンスルフロンメチル0.51% メフェナセット10%	イネ1葉期～ノビエ2.5葉期まで(収穫90日前まで)	1kg/10a	湛水散布	北陸，近畿・中国・四国，九州
サットフルLフロアブル オキサジクロメホン0.8% ダイムロン6% ピリミノバックメチル0.9% ベンスルフロンメチル1%	イネ1葉期～ノビエの3葉期まで(収穫120日前まで)	500ml/10a	原液湛水散布	北陸，関東・東山・東海，近畿・中国・四国，九州
サラブレッドRXフロアブル イマゾスルフロン1.7% オキサジクロメホン1.2% クロメプロップ9.5% ダイムロン6.6%	イネ1葉期～ノビエの2.5葉期まで(収穫120日前まで)	500ml/10a	原液湛水散布	全域
サンウエル1キロ粒剤 エトベンザニド15% ピラゾスルフロンエチル0.3%	播種後5日～ノビエ2葉期まで(収穫120日前まで)	1kg/10a	湛水散布または無人ヘリコプターによる散布	全域
スマートフロアブル フェントラザミド3.7% ベンゾビシクロン3.7% ベンゾフェナップ14.7%	湛水直播のイネ1葉期～ノビエ2.5葉期まで(収穫90日前まで)	500ml/10a	原液湛水散布	全域(北海道を除く)
スラッシャ1キロ粒剤 ジメタメトリン0.6% ピラゾレート12% プレチラクロール4.5% ブロモブチド6%	イネ1.5葉期～ノビエ2葉期まで(収穫120日前まで)	1kg/10a	湛水散布 湛水直播栽培のみ	全域(北海道を除く)
ダイナマンDフロアブル インダノファン2.8% クロメプロップ7% ダイムロン8% ベンスルフロンメチル1%	イネ1葉期～ノビエ2.5葉期まで(収穫90日前まで)	500ml/10a	原液湛水散布	北陸，関東・東山・東海，近畿・中国・四国，九州

第 2 章 水 田 編

適用草種											その他の雑草	備考
水田一年生雑草	マツバイ	ホタルイ	ウリカワ	ミズガヤツリ	ヘラオモダカ	ヒルムシロ	セリ	クログワイ	オモダカ	藻類・表層剥離		
○	○	○	○			○						
○	○	○		○								
○	○		○									ミズガヤツリは近畿・中国・四国のみ
○	○	○	○	○		○	○		○			
○	○	○	○	○		○	○					
○	○	○	○	○	○	○				○		ヘラオモダカ，ヒルムシロは北海道のみ。藻類・表層剥離は北海道，関東・東山・東海のみ
○	○	○	○	○		○						
○	○	○	○			○						
○	○	○	○	○		○	○				.	

薬剤名 有効成分含有率	使用時期	使用量	使用方法	適用地帯
ダブルスター1キロ粒剤 ピラゾスルフロンエチル0.3% フェントラザミド3%	イネ1葉期～ノビエ2.5葉期まで(収穫90日前まで)	1kg/10a	湛水散布 湛水直播栽培のみ	北海道，東北
ダブルスターSB顆粒 ピラゾスルフロンエチル2.6% フェントラザミド25% ベンゾビシクロン25%	湛水直播のイネ1葉期～ノビエ2.5葉期まで(収穫90日前まで)	80g/10a (希釈水量 500ml/10a)	湛水散布	全域(北海道を除く)
トップガンフロアブル ピリミノバックメチル0.83% ブロモブチド17% ベンスルフロンメチル1.3% ペントキサゾン2.8%	イネ1.5葉期～ノビエ3葉期まで(収穫90日まで)	500ml/10a	原液湛水散布 湛水直播栽培のみ	北海道，東北
トップガンLフロアブル ピリミノバックメチル0.56% ブロモブチド17% ベンスルフロンメチル0.93% ペントキサゾン2.8%	イネ1葉期～ノビエ3葉期まで。ただし砂壌土はイネ1.5葉期～ノビエ3葉期まで(収穫90日まで)	500ml/10a	原液湛水散布	北陸，関東・東山・東海，近畿・中国・四国，九州
トップガン250グラム ピリミノバックメチル1.8% ブロモブチド36% ベンスルフロンメチル3% ペントキサゾン8%	イネ1葉期～ノビエ2.5葉期まで(収穫90日前まで)	250g/10a	湛水散布または湛水周縁散布	北海道，東北
トップガンL250グラム ピリミノバックメチル1.8% ブロモブチド36% ベンスルフロンメチル2% ペントキサゾン8%	イネ1葉期～ノビエ2.5葉期まで(収穫90日前まで)	250g/10a	湛水散布または湛水周縁散布	北陸，関東・東山・東海，近畿・中国・四国，九州
パワーウルフ1キロ粒剤75 ブロモブチド9% ベンスルフロンメチル0.75% ベンチオカーブ15% メフェナセット4.5%	イネ1葉期～ノビエ2.5葉期まで(収穫90日前まで)	1kg/10a	湛水散布	北海道，東北
パワーウルフ1キロ粒剤51 ブロモブチド9% ベンスルフロンメチル0.51% ベンチオカーブ15% メフェナセット3%	イネ1葉期～ノビエ2.5葉期まで(収穫90日前まで)	1kg/10a	湛水散布	北陸，関東・東山・東海，近畿・中国・四国，九州

第2章 水田編

適用草種										備考
水田一年生雑草	マツバイ	ホタルイ	ウリカワ	ミズガヤツリ	ヘラオモダカ	ヒルムシロ	セリ	クログワイ	オモダカ	藻類・表層剥離	その他の雑草	
○	○	○	○	○		○	○			○		
○	○	○		○								
○	○	○		○								
○	○	○	○	○			○			○		
○	○	○	○	○			○	○				
○	○	○	○	○		○	○			○		
○	○	○	○	○		○	○					
○	○	○	○	○		○	○			○		

薬剤名 有効成分含有率	使用時期	使用量	使用方法	適用地帯
プロスパーA1キロ粒剤36 アジムスルフロン0.06% ピリミノバックメチル0.3% ベンスルフロンメチル0.3% メフェナセット4.5%	イネ1.5葉期以降ノビエ3葉期まで(ただし、収穫90日前まで)	1kg/10a	湛水散布	東北
プロスパー1キロ粒剤51 ピリミノバックメチル0.3% ベンスルフロンメチル0.51% メフェナセット2.25%	イネ1葉期～ノビエ3葉期までただし九州はイネ1葉期～ノビエ2.5葉期まで(収穫90日前まで)	1kg/10a	湛水散布	北陸，関東・東山・東海，近畿・中国・四国，九州
ラクダーLフロアブル カフェンストロール5.5% ダイムロン10% ベンスルフロンメチル1%	イネ1.5葉期～ノビエ2.5葉期まで(収穫90日前まで)	500ml/10a	原液湛水散布または水口施用 北陸は湛水直播栽培のみ	北陸，関東・東山・東海，近畿・中国・四国
ラクダープロフロアブル カフェンストロール5.5% ダイムロン10% プロモブチド12% ベンスルフロンメチル1.4%	イネ1葉期～ノビエ2.5葉期まで(収穫90日前まで)	500ml/10a	原液湛水散布	北海道，東北
ラクダープロLフロアブル カフェンストロール5.5% ダイムロン10% プロモブチド12% ベンスルフロンメチル1%	イネ1葉期～ノビエ2.5葉期まで(収穫90日前まで)	500ml/10a	原液湛水散布	北陸，関東・東山・東海，近畿・中国・四国，九州
リボルバー1キロ粒剤 シハロホップブチル1.5% ピラゾスルフロンエチル0.3% メフェナセット7.5%	イネ1葉期～ノビエ3葉期まで。ただし東北はイネ1.5葉期～ノビエ3葉期まで(収穫90日前まで)	1kg/10a	湛水散布または無人ヘリコプターによる散布	全域(北海道を除く)
リボルバーエース1キロ粒剤 シハロホップブチル1.5% ピラゾスルフロンエチル0.3% プロモブチド6% メフェナセット7.5%	イネ1葉期～ノビエ3葉期まで。ただし東北はイネ1.5葉期～ノビエ3葉期まで(収穫90日前まで)	1kg/10a	湛水散布 湛水直播栽培のみ	全域(北海道を除く)

第 2 章 水 田 編

適用草種												備考
水田一年生雑草	マツバイ	ホタルイ	ウリカワ	ミズガヤツリ	ヘラオモダカ	ヒルムシロ	セリ	クログワイ	オモダカ	藻類・表層剥離	その他の雑草	
○	○	○	○	○	○	○	○					
○	○	○	○				○					ホタルイは九州を除く。ウリカワは北陸のみ，ミズガヤツリは関東・東山・東海を除く。セリは近畿・中国・四国のみ
○	○	○		○								
○	○	○				○	○					
○	○	○	○	○		○						
○	○	○	○	○	○		○					
○	○	○	○	○		○	○			○		

直播栽培用除草剤〈中期〉

薬剤名 有効成分含有率	使用時期	使用量	使用方法	適用地帯
ザーベックスDX1キロ粒剤 シハロホッブプチル1.5% シメトリン4.5% ベンフレセート6% MCPB2.4%	イネ5葉期～ノビエ3.5葉期まで(収穫60日前まで) [播種後の初期除草剤による土壌処理との体系で使用]	1kg/10a	湛水散布	全域(九州を除く)
サターンS粒剤 シメトリン1.5% ベンチオカーブ7%	イネ4葉期～ノビエ2葉期まで(収穫90日前まで)	3～4kg/10a	湛水散布	関東・東山以西
	播種30日後のイネ4葉期～ノビエ2葉期まで(収穫90日前まで) [播種前後の初期除草剤での土壌処理との体系で使用]	3kg/10a		東海・近畿以東(北海道を除く)
マメット粒剤 シメトリン1.5% モリネート6%	入水後～ノビエ2葉期まで(収穫90日前まで)	3～4kg/10a	湛水散布 乾田直播栽培のみ	関東以西
マメットSM粒剤 シメトリン1.5% モリネート8% MCPB0.8%	入水後7日～ノビエ3.5葉期まで(収穫90日前まで)	3～4kg/10a	湛水散布 乾田直播栽培のみ	関東・東山以西
マメットSM1キロ粒剤 シメトリン4.5% モリネート24% MCPB2.4%	イネ5葉期～ノビエ3.5葉期まで収穫90日前まで) [播種前後の初期除草剤による土壌処理との体系で使用]	1kg/10a	湛水散布または無人ヘリコプターによる散布	全域(九州を除く)
モゲトン粒剤 ACN9%	イネ3葉期以降、アオミドロ、表層剥離発生時(収穫60日前まで)	1.5～2kg/10a	湛水散布	全域(北海道を除く)

第2章 水田編

適用草種											藻類・表層剥離	その他の雑草	備考
一年生		多年生											
ノビエ	非イネ科	マツバイ	ホタルイ	ウリカワ	ミズガヤツリ	ヘラオモダカ	ヒルムシロ	セリ	クログワイ	オモダカ			
○	○	○	○	○	○		○						
○	○	○											
○	○	○											
○	○	○											
○	○	○	○										
											○		

229

直播栽培用除草剤〈後期〉

薬剤名 有効成分含有率	使用時期	使用量	使用方法	適用地帯
クリンチャー1キロ粒剤 シハロホップブチル1.8%	播種後10日~ノビエ3葉期まで(収穫40日前まで)	1kg/10a	湛水散布	全域
	播種後25日~ノビエ4葉期まで(収穫40日前まで)	1.5kg/10a		
クリンチャーEW シハロホップブチル30%	播種後10日~ノビエ5葉期まで(収穫30日前まで)	100ml/10a (水量25~100l/10a)	雑草茎葉散布	全域
クリンチャーバスME液剤 シハロホップブチル3% ベンタゾン20%	播種後10日~ノビエ5葉期まで(北陸では乾田直播の場合はノビエ4.5葉期まで)(収穫50日前まで)	1000ml/10a (水量70~100l/10a)	乾田または落水状態で雑草茎葉散布	全域
スタム乳剤35 DCPA35% (他に同じ登録内容でDCPA乳剤35あり)	直播後10日~ノビエの1~2葉期まで(収穫120日前まで)	1000~1100ml/10a (水量50~80l/10a)	完全落水して散布し,散布後1~2日に水を入れる	全域
	雑草の2~3葉期(収穫120日前まで)	550~800ml/10a (水量50~80l/10a)	乾田条件で散布	
ノミニー液剤 ビスピリバックナトリウム塩2%	播種後10日~ノビエ5葉期まで(入水前)(収穫60日前まで)	100~200ml/10a (水量100l/10a)	乾田状態で雑草茎葉散布 乾田直播栽培のみ	全域(北海道,九州を除く)
バサグラン液剤(ナトリウム塩) ベンタゾン40%	播種後35~50日(収穫50日前まで) [播種前後の初期除草剤との体系で使用]	500~700ml/10a (水量70~100l/10a)	落水散布またはごく浅く湛水して散布	全域
ヒエクリーン1キロ粒剤 ピリミノバックメチル1.2% (他に同じ登録内容でワンステージ1キロ粒剤あり)	イネ3葉期~ノビエ4葉期まで(収穫75日前まで) [播種前後の初期除草剤との体系で使用]	1kg/10a	湛水散布	全域

第2章 水田編

適用草種											藻類・表層剥離	その他の雑草	備考
一年生		多年生											
ノビエ	非イネ科	マツバイ	ホタルイ	ウリカワ	ミズガヤツリ	ヘラオモダカ	ヒルムシロ	セリ	クログワイ	オモダカ			
○													
○													
○	○	○	○	○	○	○							ヘラオモダカは東北のみ。ミズガヤツリは九州のみ。ウリカワは北海道, 九州のみ
○	○												
○	○												
		○	○	○	○	○			○	○			
○													

水田畦畔用除草剤

薬剤名 有効成分含有率	使用時期	使用量	散布水量	適用草種 一年生雑草	適用草種 多年生雑草	備考
三共の草枯らし グリホサートイソプロピルアミン塩41% (他に同じ登録内容でカルナクスあり)	雑草生育期(草丈30cm以下)ただし収穫14日前まで	250〜500ml/10a	通常散布100l/10a	○		少量散布は専用ノズルを使用する
		500〜1000ml/10a	少量散布25l/10a		○	
ラウンドアップ グリホサートイソプロピルアミン塩41% (他に同じ登録内容でグリホス液あり)	雑草生育期ただし収穫14日前まで	250〜500ml/10a	通常散布50〜100l/10a	○		少量散布は専用ノズルを使用する
		500〜1000ml/10a	少量散布25〜50l/10a		○	
		3〜6倍	3〜6l/10a	○	○	雑草茎葉塗布
サンフーロン液剤 グリホサートイソプロピルアミン塩41% (他に同じ登録内容でエイトアップ液剤, クサクリーン液剤, グリホエキス液剤, コンパカレール液剤, ハーブ・ニート液剤, ハイーフウノン液剤あり)	雑草生育期(草丈30cm以下)ただし収穫14日前まで	250〜500ml/10a	50〜100l/10aただしクサクリーンは通常散布100l/10a 少量散布25〜50l/10a	○		少量散布は専用ノズルを使用する
		500〜1000ml/10a			○	
ポラリス液剤 グリホサートイソプロピルアミン塩20%	雑草生育期(草丈30cm以下)ただし収穫14日前まで	300〜500ml/10a	25〜50l/10a	○	*	*ヨモギ, タンポポ, チガヤ, ギシギシ
ランドマスター グリホサートイソプロピルアミン塩6%	雑草生育期(草丈30cm以下)ただし収穫14日前まで	3〜5l/10a		○	○	
ラウンドアップハイロード グリホサートアンモニウム塩41%	雑草生育期ただし収穫14日前まで	250〜500ml/10a	通常散布50〜100l/10a 少量散布25〜50l/10a	○	○	少量散布は専用ノズルを使用する
ブロンコ グリホサートアンモニウム塩33%	雑草生育期(草丈30cm以下)ただし収穫14日前まで	250〜500ml/10a	通常散布50〜100l/10a 少量散布25〜50l/10a	○	○	少量散布は専用ノズルを使用する
タッチダウン グリホサートトリメシウム塩38%	雑草生育期(草丈30cm以下)ただし収穫14日前まで	200〜400ml/10a	100l/10a	○		
		400〜600ml/10a			○	
サンダーボルト007 グリホサートイソプロピルアミン塩30% ピラフルフェンエチル0.16%	雑草生育期(草丈30cm以下)ただし収穫14日前まで	400〜600ml/10a	100l/10a	○	○	

第2章 水田編

薬剤名 有効成分含有率	使用時期	使用量	散布水量	適用草種 一年生雑草	適用草種 多年生雑草	備考
ハービー液剤 ビアラホス18%	雑草生育期(草丈30cm以下)	500〜750ml/10a	100〜150ℓ/10a	○		
		750〜1000ml/10a			○	
バスタ液剤 グルホシネート18.5%	雑草生育期(草丈30cm以下)ただし収穫7日前まで	500〜1000ml/10a	100〜150ℓ/10a	○	○	
ハヤブサ グルホシネート8.5%	雑草生育期(草丈30cm以下)ただし収穫7日前まで	1000ml/10a	100〜150ℓ/10a	○	○	
プリグロックスL ジクワット7% パラコート5%	雑草生育期	600〜1000ml/10a	100〜150ℓ/10a	○		
		1000〜2000ml/10a			○	
2,4-Dアミン塩 2,4-PA49.5%	雑草生育期(草丈30cm以下)(ただし収穫60日前まで)	100g/10a	100ℓ/10a	広葉	広葉	
ポミカルDM水和剤 DCMU15% DPA45% MCP15%	雑草発生前〜雑草発生盛期(ただし収穫60日前まで)	1kg/10a	100〜150ℓ/10a	○	イネ科、セリ科等	
クロレートSL 塩素酸塩60% (他に同じ登録内容でデゾレートAあり)	雑草生育期	7.5〜15kg/10a	100〜200ℓ/10a	○	○	全域(北海道を除く)
カソロン粒剤6.7 DBN6.7%	秋冬期(11〜12月積雪期)	5〜6kg/10a		○	広葉	マメ科を除く
クサピカフロアブル グリホサートイソプロピルアミン塩8% MCPB4%	雑草生育期又は雑草刈取後再生期(草丈20cm以下)ただし収穫14日前まで	400〜800ml/10a	100ℓ/10a	○	○	草丈抑制による刈込軽減
グラスショート液剤 ビスピリバックナトリウム塩3%	雑草生育初期(草丈10cm)および草刈り後10〜20日の雑草再生期(ただし,収穫前日まで)	300〜500ml/10a	通常散布50〜100ℓ/10a 少量散布25〜50ℓ/10a	○	○	草丈抑制による刈り取り軽減

休耕田用除草剤

薬剤名 有効成分含有率	使用時期	使用量	散布水量	適用草種 一年生雑草	適用草種 多年生雑草	備考
三共の草枯らし グリホサートイソプロピルアミン塩41% (他に同じ登録内容でカルナクスあり)	雑草生育期(草丈50cm以下)	250〜500ml/10a	通常散布50〜100l/10a 少量散布25〜50l/10a	○		少量散布は専用ノズルを使用する
ラウンドアップ グリホサートイソプロピルアミン塩41% (他に同じ登録内容でグリホス液あり)	雑草生育期	250〜500ml/10a	通常散布50〜100l/10a 少量散布25〜50l/10a	○		少量散布は専用ノズルを使用する
		500〜1000ml/10a			○	
ラウンドアップハイロード グリホサートアンモニウム塩41%	雑草生育期(水田耕起前は耕起の20〜10日前)(水田畦畔は収穫14日前まで)	250〜500ml/10a	通常散布50〜100l/10a 少量散布25〜50l/10a	○		少量散布は専用ノズルを使用する
		500〜1000ml/10a			○	
タッチダウン グリホサートトリメシウム塩38%	雑草生育期(草丈30cm以下)	400〜600ml/10a	100l/10a	○		
		600〜800ml/10a			○	
サンダーボルト007 グリホサートイソプロピルアミン塩30% ピラフルフェンエチル0.16%	雑草生育期(草丈50cm以下)	500〜1000ml/10a	100l/10a	○	○	
バスタ液剤 グルホシネート18.5%	雑草生育期(草丈50cm以下)	500〜1000ml/10a	100〜150l/10a	○	○	
プリグロックスL ジクワット7% パラコート5%	雑草生育期	800〜1000ml/10a	100〜150l/10a	○		
ポミカルDM水和剤 DCMU15% DPA45% MCP15%	雑草発生前〜雑草発生盛期(ただし収穫60日前まで)	1.0〜1.5kg/10a	100〜200l/10a	○	イネ科、セリ科等	
カソロン粒剤6.7 DBN6.7%	4〜7月の雑草発生前〜発生始期	4〜6kg/10a		○	マツバイ	全面土壌均一散布または土壌混和処理

第3章
畑 地 編

除草剤と使い方の表について

(1) 一覧表は,「普通畑作物」「果菜類」「葉根菜類」「花・花木」「果樹」については適用作物名と除草剤名の対応がわかるもの(「普通畑作物に適用できる除草剤一覧表」など)と,その除草剤の使い方を示すもの(「普通畑作物の除草剤と使い方」など)の2つからなっている。その他は,それぞれの除草剤の使い方を示す表にまとめている。

除草剤は商品名で記載し,その順序は作業性を考えて「普通畑作物」「果菜類」「葉根菜類」については使用時期の早い順になっている。たとえば,普通畑作物の場合,「播種・植付けあるいは耕起前(生育期の畦間処理を含む)に雑草茎葉処理するもの」「播種あるいは植付け前後に土壌処理するもの」「生育期に全面茎葉処理するもの」の順である。ただし時期の特定できない「花・花木」以下の作目,および「緑地管理」については「土壌処理」「茎葉兼土壌処理」「茎葉処理」別に記載した。その中での記載は五十音順としたが,普通畑作物の雑草茎葉処理剤である三共の草枯らし,タッチダウン,ポラリス,ブロンコなどのように同じ作用性をもつ成分の薬剤で,商品名の異なるものはまとめている。

一方,「除草剤の使い方」表の「土壌処理剤」については本文の記述に準じて,イネ科雑草に有効な薬剤,広葉雑草に有効な薬剤,両者の混合剤(2成分,3成分)の順とし,その中を五十音順に記載した。「生育期茎葉処理剤」については,雑草全般に有効な薬剤,イネ科雑草に有効な薬剤,広葉雑草に有効な薬剤の順とし,その中を五十音順に記載した。

(2) 対象雑草についてはつぎのとおりである。
○:効果が高い,○〜△:やや効果が劣る,△:効果が劣る,無印:ほとんど効果がない(使用基準で対象雑草になっていない場合を含む)。

(3) 処理方法で「土壌」は,とくに明記のないものについては播種後出芽前(雑草発生前)を意味する。また,移植する作物については,植付け前あるいは植付け後雑草発生前を示す。

(4) 散布水量は記載がない場合,70〜100l/10aである。粒剤は水に希釈せず,そのまま散布する。

(5) 本書で記載した使用基準は,最新の登録情報に基づいて作成したが,登録の内容は年々更新されるものである。その内容はすべてラベルに記載してあるので,除草剤の使用にあたっては,ラベルをよく読む必要がある。

1 畑地雑草の生態と防除の着眼点

(1) 畑地雑草の種類と生態

わが国の畑地に発生している雑草は53科302種で，うち強害雑草は表3－1に示した60数種である。

畑地に発生する雑草は種類こそ多いが，各圃場に発生して防除の対象となるものはそれほど多くなく，10～20種が一般的である。合理的な雑草防除法を確立するためには，各圃場において発生している雑草の種類を判別しておく必要があるが，種名はわからなくても，それが一年生雑草か多年生雑草か，そしてイネ科雑草，カヤツリグサ科雑草あるいは広葉雑草かがわかれば管理の方針を立てやすい。また，広葉雑草のなかには，表3－2のようにキク科，アカザ科，ヒユ科，タデ科，スベリヒユ科などがある。科によって除草剤に対する反応に差異がみられるので，科名を知ることも大切である。

一年生雑草と多年生雑草の区別は，生育中の雑草を引き抜いてみると多年生雑草は地下茎が形成されているので容易に区別できる。

1) 一年生雑草と多年生雑草

一年生雑草

一年生雑草は種子で繁殖するが，畑雑草の種子は小さいものが多く，発芽に光を必要とするものもあるため，発生の深度は一般に非常に浅く0～2cmからのものが大部分である。また，畑雑草の種子自体は不良環境条件などに非常に強い耐性を示すが，最も抵抗性の弱い時期は発芽から定着までの期間であるため，一年生雑草の防除は，この出芽時期を中心に土壌処理剤の散布などで組み立てることが合理的である。

一年生雑草の防除が不十分で繁茂してしまうと，著しい雑草害を及ぼすだけでなく，多量の種子を生産し，これが翌年の発生源となる。雑草防除をていね

第3章 畑地編

表3−1 畑地雑草の種類

項目	全国に分布		寒地・寒冷地（北海道・東北）に分布		温暖地・暖地（関東〜九州）に分布	
	一年生	多年生	一年生	多年生	一年生	多年生
イネ科	メヒシバ，ヒメイヌビエ		アキメヒシバ，アキノエノコログサ	シバムギ	オヒシバ，エノコログサ，スズメノテッポウ	チガヤ
カヤツリグサ科					カヤツリグサ	ハマスゲ
広葉	ツユクサ，イヌタデ，オオイヌタデ，イヌビユ，アオビユ，エノキグサ，ヒメジョオン，ナズナ，ハハコグサ，ヒメムカシヨモギ	スギナ，ハルジオン，ギシギシ，オオバコ，ヨモギ，タンポポ類，ワラビ	シロザ，ハコベ，オオイヌノフグリ，ツメクサ，タニソバ，ナギナタコウジュ，ソバカズラ，オオツメクサ，スカシタゴボウ	ハチジョウナ，カラシャク，エゾノキツネアザミ，スイバ，オトコヨモギ，エゾノギシギシ，ジシバリ類，エゾヨモギ，ヤチイヌガラシ（キレハイヌガラシ）	スベリヒユ，ザクロソウ，ホトケノザ，ニシキソウ，コニシキソウ，ウリクサ	コヒルガオ，ムラサキカタバミ，ヒルガオ，チドメグサ，カタバミ類，ドクダミ，ヤブガラシ，ワルナスビ

いに行ない，雑草の種子生産を防止することが重要である。

多年生雑草

　種子で繁殖する多年生雑草の防除は一年生雑草と同様に考えてよいが，一般に多年生雑草は根茎や塊茎など地下部栄養繁殖器官から発生する。地下部繁殖器官には多くの栄養分が蓄積されており，萌芽後の初期生育が旺盛で発生深度も深い。これらの多年生雑草に対しては，一般に土壌処理剤の効果は不十分であり，その防除には生育期処理用除草剤の使用だけでなく，中耕や手取り除草などと組み合わせる必要がある。

　多年生雑草は一年生雑草と異なり，それぞれの種類によって特異的な繁殖特

性を示す。チガヤ，ヨモギ，ハマスゲ，シバムギなどのように，根茎を伸長させてその先端や途中の節から地上茎を萌芽させて繁殖する草種（分株型）は，耕起作業などにより根茎を切断すると逆に増殖を助長することになる。そのため，一度圃場に侵入すると防除が非常に困難となる。一方，ススキなどは地ぎわから分げつして大きな株を形成する（親株型）が，防除は比較的容易である。こうした多年生雑草の繁殖様式の違いを知ることは，防除戦略を立てるうえで重要である。

多年生雑草の地下部繁殖器官は，一年生雑草の種子に比べて土壌中の寿命が短いものが多く，適切な防除を行なえば根絶することも可能となる。とくに田畑輪換や，短期間でも夏期の湛水などは有効な防除法である。

2）夏雑草と冬雑草

畑地雑草はその発生と生育の時期によって，夏雑草と冬雑草に分けられる。

夏雑草

メヒシバ，カヤツリグサ，シロザ，スベリヒユ，ヒユ類，タデ類などは代表的な一年生夏雑草で，早春〜夏期に発生し夏〜秋に開花，結実する。またススキ，チガヤ，ヨモギなどは春先に地下の栄養繁殖器官から萌芽し，夏〜秋に開花，結実する多年生夏雑草であり，夏期の生育期間中に葉で光合成した産物を地下部に貯蔵し，早春の萌芽に備える。

夏雑草は春の早い時期に発生したものは生育量も大きくなり，放置すれば作物に雑草害をもたらすだけでなく，種子生産量や地下部栄養繁殖器官の形成量が著しく多くなる。したがって，夏雑草は春の早い時期に防除することが重要である。一方，夏期以降に発生した夏雑草は，十分な生育をする以前に秋冷や霜害により枯死し，雑草害や種子生産量も無視しうるものである。

冬雑草

スズメノテッポウ，ハコベ，ナズナ，スカシタゴボウ，ヤエムグラなどは秋〜春先に発生し夏期に開花結実する一年生冬雑草である。秋の関東地方では9〜10月末頃に発生したものは越冬し，大きな株を形成する。しかし，11月頃

第3章 畑地編

表3-2 主な畑雑草の科による分類

科	種類
イネ科	メヒシバ, オヒシバ, ヒメイヌビエ, エノコログサ, スズメノテッポウ, スズメノカタビラ, チガヤ, ススキ
カヤツリグサ科	カヤツリグサ, コゴメガヤツリ, ハマスゲ
トクサ科	スギナ
タデ科	イヌタデ, ハルタデ, オオイヌタデ, ミチヤナギ, エゾノギシギシ, ギシギシ
スベリヒユ科	スベリヒユ
ナデシコ科	オランダミミナグサ, ノミノフスマ, ハコベ
アカザ科	シロザ, アカザ, コアカザ
ヒユ科	イヌビユ, アオビユ, ホソアオゲイトウ, ハリビユ
アブラナ科	スカシタゴボウ, ナズナ, イヌガラシ
マメ科	カラスノエンドウ, シロツメクサ, クズ
カタバミ科	ムラサキカタバミ
トウダイグサ科	エノキグサ, コニシキソウ
ブドウ科	ヤブガラシ
アカネ科	ヤエムグラ
ヒルガオ科	ネナシカズラ, コヒルガオ
シソ科	ホトケノザ, ナギナタコウジュ
ナス科	イヌホウズキ, ワルナスビ
キク科	ヒメジョオン, オオアレチノギク, ヒメムカシヨモギ, ブタクサ, トキンソウ, ノボロギク, ハルジオン, ヨモギ, セイヨウタンポポ, セイタカアワダチソウ
ツユクサ科	ツユクサ

注. アンダーラインは多年生雑草

に発生したものは凍上害などにより越冬できず，枯死するものが多い。また，春先に発生した個体の生育量はそれほど大きくならない。したがって，冬雑草については，秋の早い時期に防除を行なうことが基本となる。

キク科雑草のヒメジョオン，ヒメムカシヨモギ，オオアレチノギクなどは，根から出た葉が地面に平行に伸長しロゼット状で越冬し，翌春に茎が伸長するタイプの一年生冬雑草である。

3) 普通作物畑, 野菜畑, 果樹園で違う雑草発生

畑地雑草とひとくちにいっても, 栽培する作物によって畑に発生する雑草には大きな違いがみられる。

普通作物畑

普通作物畑の雑草の発生消長には耕起の時期, 温度, 土壌水分条件などが関与しているが, 最も大きな要因は温度である。雑草の発生時期と気温との関係をみると, 表3-3に主な畑夏雑草の発生期の気温について示すとおり, シロザ, タデ類のように比較的低温で発生するものと, メヒシバ, スベリヒユのように高い温度で発生するものがある。そこで次に, 図3-1の寒冷地に属する盛岡市における平年の旬別日平均気温と作物の播種期とあわせ, 雑草の発生と作物栽培との関係を検討してみる。

バレイショについてみると, 植付けの適期は4月下旬であり, この時期の日平均気温は約9℃である。また, ダイズの播種期は5月中〜下旬で気温は12〜14℃である。表3-3の雑草の発生期の気温と対比してみると, バレイショでは, シロザ, タデ類の発生始期にあたり, メヒシバなどは発生しない。これに対して, ダイズではシロザ, タデ類の発生盛期であり, メヒシバ, スベリヒユなどの発生始期にあたる。したがって, バレイショ作では広葉雑草が防除の対象であり, イネ科雑草やスベリヒユなどは問題にならないのに対し, ダイズ作では当面, 広葉雑草が対象であり, 遅れて発生するイネ科雑草やヒユ類, スベリヒユなどが次の問題になってくる。トウモロコシは両者の中間的な傾向を示す。以上は東北地方の例であるが, 他の地域も同様に考えられる。

たとえば関東地方についてみると, バレイショの植付けは2月下旬〜3月

表3-3 主要畑雑草の発生期の気温
(野口他)

雑草名	温度	
	発生始期	発生盛期
メヒシバ	13〜15℃	20℃以上
ヒメイヌビエ	13	20
カヤツリグサ	15	20℃以上
ツユクサ	10	13〜15
シロザ	6〜7	10〜13
オオイヌタデ	7〜10	10〜15
スベリヒユ	12〜13	20℃以上
イヌビユ	10〜13	20℃前後

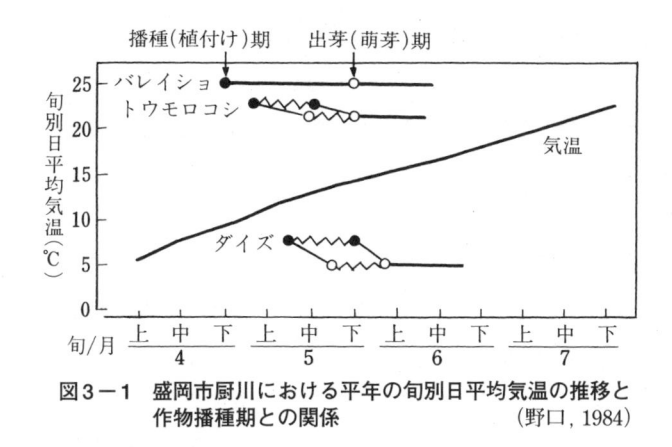

図3−1 盛岡市厨川における平年の旬別日平均気温の推移と
作物播種期との関係　　　　　　　　　　　(野口, 1984)

上旬で，この時期の気温は東北と同じか，むしろやや低い。したがって，発生する雑草の種類は東北とほぼ同じと考えて良い。これに対して，ダイズの播種は5月中旬〜6月で，この時期の気温は16〜20℃となる。したがってシロザやタデ類は発生盛期を過ぎており，イネ科雑草とカヤツリグサ，ヒユ類，スベリヒユなどが防除の対象となる。

なお，普通作物畑において雑草の発生量が最も多く生育も旺盛で，とくに問題になるのは梅雨の時期である。梅雨期前後の雑草管理を適切に行なうことが非常に重要である。

野菜畑

野菜畑に発生する雑草の種類は，基本的には普通畑のものと共通しているものが多い。しかし，野菜作はその種類が多く約120作目といわれるのに加え，1つの作目でも多種多様な栽培方式がとられている。

作型は大きく3つに分類されており，キャベツやハクサイなどの葉茎菜類とニンジンやダイコンなどの根菜類のように播種期別の品種選択が主要因になっているタイプ，キュウリ，トマト，メロンなど果菜類のように施設栽培による環境調節を主要因とするタイプ，温室メロン，イチゴ，ウドなど以上に含まれないタイプがある。野菜畑ではこのような作型の分化に各作型の要因となっている露地プラスチックフィルムマルチ，トンネル，ハウスなどの施設利用が組

み合わされて，多様な栽培条件で周年栽培が行なわれている。そのため，雑草の種類や発生もこの栽培条件に対応して様相が違ってくる。

なお，一概に言うことはできないが，野菜畑において雑草の発生が多くその雑草害が問題となるのは，普通畑と同様，梅雨とその前後の時期である。

果樹園

わが国の果樹は西南暖地を中心に栽培されるカンキツ類，中部以北の寒冷地を中心に栽培されるリンゴが2大果樹であり，地理的分布が異なるため，発生する雑草の種類に差異が見られる。雑草管理の方式も清耕法と草生法で大きく異なり，栽培地も平坦地だけでなく傾斜地にも展開されているため，これらの間でも発生雑草に差異がある。果樹の作目によっても差異があり，カンキツなどの常緑果樹では樹冠下は年間を通じて光が遮られるため雑草の発生量が少なくなるが，ウメ，モモなどの落葉果樹では園地の全体に雑草が繁茂しやすい。同じ落葉果樹でもブドウ，ニホンナシなど棚仕立ての果樹園では，夏期に樹冠下の全体が枝葉でカバーされるため，雑草の発生相に変化が見られる。

以上のように，果樹の栽培環境は様々であり，雑草の種数や発生の様相も多様であるが，雑草の発生は大きく2つの時期に分けられる。ひとつは前年の秋に発生し，越冬して春先から初夏にかけて繁茂する一群で春草と呼ばれる。スズメノカタビラ，ハコベ，ナズナなどの冬雑草のことで，発生のピークは秋期である。また，春から夏にかけて発生し，夏～秋期に繁茂する雑草が夏草である。メヒシバ，エノコログサ，イヌビユなどの夏雑草であり，とくに梅雨時とその前後が発生のピークとなる。高温多湿の梅雨時に発生した雑草は，発生量が多いだけでなく生育も旺盛であり，放置すると梅雨明け後の小雨期の果樹に雑草害を及ぼすので適切な管理を行なう必要がある。

4）プラウ耕とロータリ耕で違う雑草発生

耕耘法には反転耕と攪拌耕がある。プラウによる反転耕では地表面近くに分布している雑草の種子を土中に埋め込み，種子量の少ない下層の土壌が表面にくるため，種子による雑草の発生量を少なくする効果がある。多年生雑草に対

する効果は反転耕の時期によって異なる。秋耕は多年生雑草の地下部栄養繁殖器官を冬期間の凍結と乾燥にさらし，根茎や塊茎を死滅させる効果がある。同じ多年生雑草でも，根茎の分布が深いスギナなどに対する防除効果は小さい。

ロータリによる攪拌耕が雑草の種子の分布に及ぼす影響は少ないが，多年生雑草では根茎や塊茎を細かく切断し，分散させるので，かえって発生を助長する。

砕土，整地も雑草発生や除草剤の効果に影響する。砕土が粗く整地も不十分な場合，雑草の発生が不斉一で，発生の深度も深くなり，除草剤の効果が低下する原因となる。したがって，砕土，整地をていねいに行なうことが大切である。

5）マルチ，トンネル，ハウスで違う雑草発生

近年，プラスチックフィルムなど各種資材の農業への利用がめざましく，野菜作だけでなく，カンショやラッカセイなど普通畑作物でもマルチ栽培が行なわれている。プラスチックフィルムを利用したマルチやトンネル栽培下における雑草発生は，露地栽培とは違った様相を示す。

マルチ栽培

黒色のプラスチックマルチ栽培では光が遮蔽されるため，フィルム下の雑草の発生は抑制される。透明フィルムのマルチ栽培では，植穴の部分だけでなく肩の部分に雑草が発生しやすい。フィルム下に一部でも雑草が発生すると，フィルムを持ち上げ中央部を含む他の部分の発生を促し，高温・多湿のフィルム下の環境で旺盛な生育をする。フィルム下に繁茂した雑草は根張りもよく，その除去は非常に困難で，無理に除草作業をするとフィルムを破損するおそれがある。したがって，透明フィルムを利用する場合は砕土をていねいに行ない，カマボコ型のベッドに土とよく密着するようにフィルムを張る。土壌とフィルムとの間にすき間がなければ，発生してきた雑草は日中の高温で枯死し，繁茂することはない。

雑草の防除効果の高い黒色フィルムは透明フィルムに比べて地温の上昇効果が劣るが，新しく開発された緑色フィルムは地温の上昇効果とともに雑草発生

の抑制効果も高い。

トンネル栽培

晴天時，日中のトンネルの中は高温・多湿の環境条件となるため，雑草の発生が多く，生育も旺盛である。草種もメヒシバ，スベリヒユなどの夏雑草だけでなく，ハコベなど冬雑草の発生も見られる。雑草が繁茂してしまった場合，日中の換気をする時に除草作業を行なうようにする。

ハウス栽培

トンネル栽培と同様，ハウス内は高温条件となるので，雑草が発生すればその生育は旺盛である。しかし，一般的にトマト，メロン，ピーマンなどハウスの施設栽培ではくん蒸剤や熱による土壌消毒が行なわれるため，雑草の発生がほとんどみられないことが多い。また，ハウスでは周到な栽培管理が行なわれるため，発生した雑草も除去され，種子を落とすことはない。さらに外部から雑草種子がもちこまれることもないので，発生量そのものが少なくなる傾向にある。

6）作付体系と雑草発生

雑草防除というと，これから作付けするか，あるいは現在作付けされている当該作物に対して実施される耕耘，除草剤散布，中耕・培土などの様々な手段を指すことが一般的である。しかし作物の栽培はその作付け1作だけで終わるものではなく，永続的に行なわれるものである。したがって雑草防除も作物の組み合わせ，すなわち輪作の観点から長期的にとらえておくことが必要である。輪作や作期の変更などの耕種的防除を基礎として，長期的な視点から雑草防除を組み立てていくことが，省力・低コストな技術の確立に役立つものである。

普通畑作の夏作における作期について関東地方を例にとってみると，ダイズ，陸稲などの播種期は5月中旬〜6月で収穫期は10月である。このような夏作物の栽培期間は一年生夏雑草の生育期間と一致しており，メヒシバ，シロザ，タデ類，スベリヒユ，ヒユ類といった代表的な雑草はこれら作物の作付期間内に成熟し，種子を生産する。春先や初夏に発生したハルタデなど成熟期の早いも

のは6月以降，メヒシバなどは8月中旬以降，成熟期の遅いシロザでも9月中旬以降，種子の生産をはじめ，作物の収穫期である10月まで1か月以上の長期間にわたり，圃場に種子を落とし続けることになる。

　一方，野菜作はスイカ（メロン）―ハクサイ体系のように，春夏作（2～3月―5～6月）―秋冬作（8～9月―12月）の作期となる。この作期においては，普通畑作と異なり春夏作の終了後の7～8月にロータリによる耕耘作業が入る。このため春先に発生したメヒシバなどの夏雑草は春夏作の収穫以前には成熟しないので，種子を生産することができない。秋冬作の作付時期である8～9月に発生した夏雑草も，秋までに成熟してもその生育量は非常に小さく種子の生産量も少ない。また野菜作では，ダイコン，コカブ，ホウレンソウなどのように1作の作付期間の短いものが多く，メヒシバやシロザなどは生活環を完結できない。したがって，野菜畑においてはスベリヒユ，ニワホコリ，ウリクサといった小型で生育期間の短い草種が増えて，メヒシバやシロザなどは減少する傾向にある。

　以上のように，普通作と野菜作を組み合わせた輪作体系を行なえば，作期の違いを利用して雑草の種子生産を抑制し，増殖を生態的に防ぎ，低コストで効果的な雑草防除の確立が期待できる。

7）転換畑の雑草

水生から湿生，乾生へ変化

　1960年代に米の生産過剰傾向が明らかとなり，それにともなう稲作転換政策が実施されるなかで，多くの水田が畑作に転換されている。水田から畑地に転換された，いわゆる転換畑の雑草群落や土壌環境は，数年間経過すれば普通畑とほぼ同じになるが，転換直後は一般の畑地とはかなり違った様相を示す。

　転換畑に発生する雑草の種類は各地域やそれぞれの圃場によって異なる。水田利用再編対策に関連して行なわれた転換畑の雑草発生調査結果は表3－4のとおりである。

　一般的に転換初年目の圃場では，概して土壌水分の高いことが多いので，タ

表3-4 転換畑の雑草発生調査結果

(草薙, 1982)

地域	発生する雑草の種類
寒地・寒冷地	シロザ, ハコベ, タデ類, スカシタゴボウ, タネツケバナ, イヌビエ, アキメヒシバ, メヒシバ
温暖地	タイヌビエ, イヌビエ, ヒメイヌビエ, エノコログサ, コゴメガヤツリ, ヒデリコ, タカサブロウ, チョウジタデ, スベリヒユ, タデ類, ノボロギク, コイヌガラシ
暖地 (秋大豆)	アゼガヤ, タイヌビエ, カヤツリグサ
近畿以西の湿田	アゼガヤ, キシュウスズメノヒエ

イヌビエ, コゴメガヤツリ, タカサブロウなど湿生雑草の発生がみられる。排水が悪い場合には, タマガヤツリ, ヒデリコ, アゼナ, チョウジタデなどの水生雑草も発生することがあり, さらに, 水田多年生雑草のミズガヤツリ, クログワイ, ホタルイ類, 暖地ではキシュウスズメノヒエ, チクゴスズメノヒエなどが発生することがある。とくにクログワイは土壌水分条件に対して幅広い適応性を示すため, 転換畑で増殖する可能性がある。ミズガヤツリは水生雑草であるが出芽に酸素を必要とするため, 転換畑はその発生にとって好条件となる。

一方, 排水の良い圃場では畑雑草のメヒシバ, シロザ, タデ類などが発生し, しかも初年目から優占することもある。これら畑雑草の種子は風や灌漑水により流入したものと考えられる。また, キク科雑草のノボロギクも, 種子が風で飛散するため初年目から発生が多くみられる。転換2年目になると水生・湿生雑草は減少し, 替わって乾生雑草のメヒシバ, シロザ, スベリヒユ, ヒユ類などが増えてくる。

このように, 水田から畑地に転換されると, 水生雑草主体の水田雑草群落は湿生あるいは乾生雑草群落に変わり, 3年目程度で普通畑に類似した群落に変わる。しかし, 排水が不良の場合には草種の交代が遅れ, 転換3年目ころでも水生雑草が発生することもある。

排水対策で薬害防止

転換直後の圃場は一般の畑地とは違った多くの特徴があり, 雑草防除対策も

これら条件に対応して行なう必要がある。

　まず第一に排水性の問題がある。水田はもともと水をためるために圃場造成が行なわれており，周囲の畦畔をはじめ，下層には透水を防ぐための耕盤が作られている。そのため，降雨後の雨水がすみやかに排水されず，さらに滞水するような場面もみられる。このような条件で播種後土壌処理剤を使用すると，効果が変動するだけでなく，薬害が発現することも考えられる。したがって，明渠や暗渠の構築，耕盤の破壊などの排水対策が重要になる。こうした対策をとれない場合は，播種時期をずらして降雨直後や梅雨時をさけるなどの配慮が必要である。

　つぎに，水田は一般に低地に造成されており，地下水位が高い。湿田や半湿田でとくに問題になるが，乾田でも周囲の水田に注水されると横から浸透し，地下水位の上昇がみられる。地下水位は40～50cmが一つの目安であり，これより上昇すると雑草の群落組成が湿生雑草主体のものになり，さらにダイズなど畑作物の湿害もみられるようになる。また，トラクターの利用も地耐力の関係で，地下水位50cm以下でないと作業が困難である。一方，除草剤の利用においても，地下水位が高いと播種後土壌処理剤の散布は薬害のおそれがある。以上のように転換畑においては排水対策と湿害防止が重要であり，水系ごとにまとまって集団転作することが有効である。

　水田を畑地化した場合，一般に水田土壌は粒子が細かく団結力も強いため土塊が大きく，砕土性が悪くなる。砕土が不十分だと土塊にかくれた死角ができるため，除草剤を散布したときに除草効果が低下しやすい。一方で，土塊の下は雑草の発生しやすいところでもある。安定した除草効果が得られ，播種などの作業がしやすい条件としては，直径2cm以下の土塊の割合が75％以上あるのが望ましいとされている。

　転換畑では普通畑に適用になっている除草剤を利用できるが，前述したような転換畑における雑草群落の動向や土壌条件，土壌水分条件などを考慮して，安全な使用に留意する必要がある。

(2) 畑地雑草防除の着眼点

1) 作物によって違う除草必要期間

作物の雑草抑圧力を生かす

　圃場に発生している雑草は作物に様々な雑草害をおよぼす。雑草害は病虫害ほど急激でなく徐々に発現するので軽くみられることもあるが，実際の被害は予想より深刻であることが多い。雑草防除の目的は，こうした被害を少なくするために，雑草の種類を害の少ないものに変え，量を少なくし，また，作物の生育をより旺盛にして作物の競合力を高めるために実施する。

　作物と雑草は水分，養分，光などの要因をめぐって競合しているが，作物の雑草競合力という観点からみると光が主要因である。畦内や畦間の遮光時期が早く，かつ，遮光力の大きい作物は雑草に対する抑圧力が強い。

　たとえば，トウモロコシは初期生育が非常に早く，速やかに畦内および畦間をカバーするため，雑草を抑圧する。ダイズも茎葉が繁茂し，比較的高い空間まで遮光し，遮光力も大きいため，雑草の生育を抑圧する力が強い。これに対して，リクトウやラッカセイは畦間の遮光を開始する時期が遅く，光を遮る高さも低いため，雑草抑圧力が弱い。したがって，トウモロコシやダイズは播種後からの除草必要期間が短いのに対し，リクトウやラッカセイは長期間の除草を必要とする。

除草必要期間を設定する

　畑作物は播種してから放任すると著しい雑草害を受けるが，作物の茎葉が繁茂して畦間をカバーするようになれば除草作業の必要がなくなる。この播種後からの期間，すなわちそれ以降放任しても作物が雑草に対して圧倒的優位を保ち，作物自身の生育によって雑草を抑圧できるようになるまでの期間を除草必要期間という。

　ダイズ作において除草必要期間を設定する手順の模式図を図3－2に示した。畑地の強害雑草であるメヒシバ，シロザ，タデ類などは90％以上の遮光（相

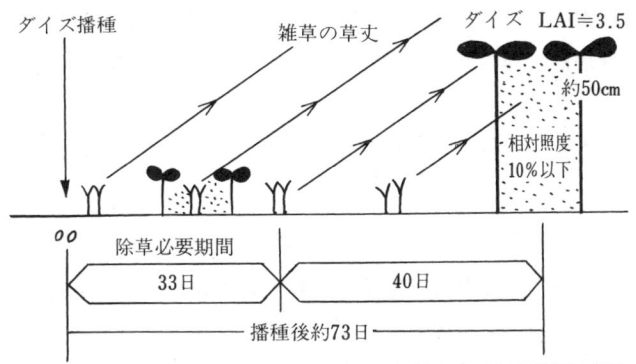

図3-2 大豆作における除草必要期間設定の模式図（野口, 1990）

LAI: 葉面積指数（LAIが3.5程度になれば相対照度は10％以下の値を示すようになる）

対照度10％以下）でその生育が著しく抑制され，草丈の伸長もほとんど停止する。一方，ダイズの群落では播種後約73日には相対照度が10％以下に低下し，地表面から50cm程度の高さまで低い照度となる。この時期に，競争相手であるメヒシバなどの草丈が50cm以上に伸長するには約40日間を必要とする。したがって，73日から40日を差し引いた播種後約33日が除草必要期間となる。この除草必要期間であるダイズ播種後33日以前に発生したメヒシバなどの雑草はダイズの茎葉が遮光している空間を越えてその上部に伸長して雑草害をおよぼすが，33日以降に発生したものはその上部に伸長できず，ダイズ茎葉に遮蔽されて，その生育が著しく抑制され，雑草害をおよぼすことはない。

同様の手順で，リクトウ約60日，ラッカセイ約70日，トウモロコシ約20日が除草必要期間と設定できる。除草必要期間は作物の栽培条件や品種などによって変動し，雑草防除体系を組み立てるための基礎となるものである。

2）雑草発芽前の土壌処理剤が決め手

畑作における土壌処理剤

除草剤の処理方法は土壌処理と茎葉処理があるが，畑作においては土壌処理用除草剤の利用が最も重要な方法である。水田作に比べて作物の種類の多い畑

作では，各作物ごとに選択性のある除草剤を開発することは容易でない。しかし，土壌処理剤は生理的な選択性がなくても，多くの作物に適用できる利点を持っている。

　土壌処理は作物の播種あるいは植付け後で，雑草の発生前あるいは発生始期に散布して，土壌表面に除草剤の処理層を形成し，そこから出芽してくる雑草を枯死させる方法である。除草剤の処理層は覆土された作物の種子の上部に形成されるため，発生深度が浅い雑草は幼芽や幼根から除草剤を吸収し枯死するが，作物は適正に覆土すれば安全である。土壌処理はこのような物理的な差を利用して作物と雑草との間に選択性を生み出しているので，広範な作物に利用できる利点があり，畑作における雑草防除の基本技術となっている。

　生育初期処理は，雑草の発生期から2～3葉期のころに土壌処理剤を処理する方法で，広い意味で土壌処理に含まれるため茎葉兼土壌処理ということもある。これは現在発生生育している雑草に対して茎葉処理効果を発揮し，後から発生してくる雑草の発生を防止する効果もあわせもつものである。適用作物は限られるが，カソロン，ゲザプリム，ゲザノン，クサウロンなどがこうした使い方ができる薬剤である。茎葉兼土壌処理剤は処理時期を遅らせることによって，播種後からの効果期間をのばすことができる利点がある。

土壌処理剤の剤型と散布法

　除草剤は有効成分の理化学的な特性と散布法などを考慮して，適切な剤型が決められている。土壌処理剤には多様な剤型があるが，散布法から見ると水に溶かして散布する剤型とそのまま散布する剤型に分けられる。除草剤の効果は，剤型がかわっても，基本的には同じと考えてよい。したがって，大規模な畑作地帯で大型のスプレーヤが利用できるときは水に溶かす剤型の乳剤や水和剤を用い，傾斜地など水の不便なところや比較的せまい畑地では粒剤を用いるなど，条件にあわせて，また，コストも考慮して剤型を選択する。

　水和剤，乳剤，フロアブル剤　水に溶かして散布するものには，水和剤，乳剤，フロアブル剤がある。

　水和剤は水に溶けにくい成分を微粉の増量剤と混合粉砕した粉末の製剤で，

水に溶かすと懸濁状態となる。クサウロン，グラメックス，ゲザガード，コダール，シマジン，センコル，ダイロン，バスファミン，ホクパック，レナパック，ロロックスなどがある。

乳剤は有効成分を有機溶媒に溶かし乳化剤を加えて製剤化したもので，水に溶かすと乳濁液となり成分が分散する。エス，カイタック，クリアターン，クレマート，クロロIPC，ゲザパック，ゴーゴーサン，コワーク，サターン，サターンバアロ，デュアール，トレファノサイド，ラッソーなどがある。

フロアブル剤は有効成分を湿式粉砕して，細かい粒子を液状に分散，懸濁させた製剤である。ゲザノン，ゲザプリムなどがあるがまだ種類は少ない。

以上の製剤は，いずれも10aあたり70～100lの水に溶かして均一に散布する。最近は製剤技術が向上し，水和剤なども容易に水に懸濁するようになっているが，溶けにくい薬剤もあるので，まず少量の水に溶かしてから水を入れたタンクに入れてよく混合，希釈するようにする。タンクに水をため，原剤や原液をいきなり溶かしこむようなことはしない。これは水和剤だけでなく，乳剤やフロアブル剤でも同様である。また希釈後時間がたつと下層に沈殿することがあるので，処理直前によく攪拌することが大切である。

粒剤 そのまま散布する剤型は粒剤である。粒剤は粘土鉱物などに有効成分を保持させた粒状の剤型で，最近畑作でも種類が増えつつある。カイタック，カソロン，クレマート，ゴーゴーサン，サターンバアロ，シマジン，ダイロン，トレファノサイドなどがあり，通常10aあたり3～6kgをそのまま散粒器などを用いて散布する。水和剤や乳剤などが10aあたり70～100lの水に希釈して散布するのに対し粒剤は散布量が少ないので，均一に散布することが最も重要な点である。粒剤のまきむらは除草効果の低下と部分的な多量散布による薬害を引き起こすおそれがある。日中，風のあるときは均一散布が困難なので，風のない朝方や夕方に散布するように心がける。

くん蒸剤 床土，露地およびハウスでは土壌消毒剤としてサンヒューム，カヤヒューム，ニチヒューム，クノヒューム，アサヒヒュームなど臭化メチルを主成分とした薬剤が使われており，畑地一年生雑草の防除効果がある。床土の

場合は60cmの高さに積み，プラスチックフィルムで全体を被覆し，薬剤を密閉投与する。露地の場合は土壌を耕耘後，薬剤を配置してプラスチックフィルムで全体をカバーし，周囲を土で押さえてから密閉投薬する。いずれも地温が5℃以上で使用する。作物の作付けはガス抜きをした後とする。

土壌処理剤の効果的な選び方・使い方

　土壌処理用除草剤は雑草が発生する前に処理される。したがって，使用する圃場での前年までの雑草発生状況を念頭におき，どんな種類の雑草がどのくらい発生するか，とくに防除対象とする雑草は何かを予測し，発生雑草にあわせて，最も適切な除草剤を選定することが重要である。たとえばイネ科雑草が多い場合はトレファノサイド，ラッソー，エス，クレマート，ゴーゴーサン，デュアールなど，広葉雑草が多い場合はロロックス，ゲザガード，ゲザプリムなど，両方が混在する場合は両者を混用するか，サターンバアロ，コダール，コワーク，カイタック，クリアターンなどの混合剤を用いる。

　土壌処理用除草剤は雑草が発生してしまってからでは効果の劣るものが多く，逆に作物が出芽してしまうと薬害のおそれがある。一般に土壌処理といえば，作物の播種後出芽前で雑草の発生前あるいは発生始期に処理することを意味する。またカンショ，ハクサイ，キャベツなど移植する作物では，作物の植付け前あるいは植付け後で雑草の発生前あるいは発生始期に処理する。土壌処理剤の最も効果的な処理適期は，作物の播種後出芽前あるいは植付け後で，雑草が出芽し始めた時期である。播種から出芽までの期間が長い北海道などではきめ細かに適切な散布時期を選ぶことができる。

　土壌処理剤の効果に大きく影響する要因は土壌水分条件である。過湿条件では薬害のおそれがあるが，適度に湿った条件で効果が発現しやすい。乾いた条件では雑草の発生が不斉一になるため，効果が変動しやすい。また，過乾燥した条件では除草剤の処理層の形成が防げられ，とくに粒剤の効果が低下しやすい。

　土壌の均平も効果に影響する。砕土が粗いと雑草の発生が不斉一になり，また土塊の下から発生する雑草には薬剤が接触しにくく，さらに粒剤は処理層の

第3章 畑地編

形成が困難となるため効果が低下しやすい。したがって,砕土整地をていねいに行なうことが重要である。

処理時の温度条件については,一般に処理時の温度が高いほど効果が高くなるが,クロロIPCは逆に揮発性が強く,20℃以上では効果の持続期間が非常に短くなるので,20℃以下,できれば15℃以下の条件で使用する。

薬害を防ぐポイント

除草剤は各作物ごとに使用基準が設定されており,その範囲内で使用すれば一般には薬害の心配はない。しかし天候,土壌水分,土質・土性などによって薬害の出ることがあるので,これらを考慮して使用する必要がある。

土壌処理剤は一般に土壌中の移動性が小さく,2～3cmの覆土がしてあり散布後の降雨が適度であれば効果の向上に有効で薬害の心配はない。しかし1時間に20mm以上のような強雨は,土壌条件によっては薬剤を下方へ移動させ薬害の生ずるおそれがある。したがって,激しい降雨が予想されるときは,散布をさける必要がある。土壌の種類では,砂質土壌で移動しやすく,壌土や埴壌土,火山灰土では移動しにくい。土壌水分では,乾燥により薬害の出ることはないが,過湿条件では砂質土壌で薬害が出やすい。とくに水田裏作や転換畑で,排水が不良な場合は使用が難しい。土壌の性質では,腐植含量の高い火山灰土や壌土～埴壌土で薬害が出にくく,腐植の少ない砂質土壌で薬害が出やすい。薬害の出やすい条件での除草剤使用は,天候などに注意して砕土,整地,覆土をていねいに行ない,均一散布に留意することが大切である。

3) 雑草発生期は茎葉処理剤

畑作における茎葉処理剤

茎葉処理剤は,作物や雑草の出芽後生育期の茎葉に処理して雑草を枯殺するものである。土壌処理は作物と雑草の間に生理的選択性がなくても全面散布できるので多くの薬剤が適用されているが,茎葉処理は選択性がないと全面散布はできないので適用除草剤の種類はそれほど多くない。しかし,土壌処理剤はどんな雑草が発生するかを確認する前に散布しなければならないが,茎葉処理

剤は発生している雑草の種類や生育量などを見てから処理できる利点がある。また，土壌での残効の少ないものが多く，処理時の土壌条件や水分条件による影響を受けにくい。

茎葉処理剤のなかには選択性のない除草剤もあり，これらは畦間散布を行なう。

茎葉処理剤の剤型と散布法

茎葉処理剤も土壌処理剤と同様に，有効成分の理化学的な特性により，適切な剤型が開発されている。散布法としては緑地管理に適用されるものを除いて，水に希釈して散布するものが一般的である。水和剤にはサポートなど，乳剤にはアクチノール，スタム，ナブ，フローレ，ベタナール，ワンサイドなど，フロアブルにはタルガ，水溶剤にはインパルス，クサトール，クロレート，ダラポン，デゾレートなど，液剤にはアージラン，タッチダウン，ハービー，バサグラン，バスタ，ハヤブサ，プリグロックス⒧，ポラリス，マイゼット，ラウンドアップ，レグロックスなど，粒剤にはクサトール，デゾレートなどがある。薬剤の調剤や保存などについては，土壌処理剤と同じである。

播種・植付け前は非選択性除草剤

耕起や作物の作付け前に繁茂している雑草を防除し，すぐに作付けをしたい場合は，残効の短い非選択性の茎葉処理剤を散布する。こうしたタイプの茎葉処理剤の主なものはプリグロックス⒧，バスタ，ハービー，ラウンドアップなどである。

処理後短期間で効果を完成させたい場合は速効性のプリグロックス⒧などを用いる。また多年生雑草が混在しているときは，効果完成に時間はかかるが移行性があり地下部まで枯殺できるラウンドアップなどを使用する。

畦畔や傾斜地果樹園ののり面など，土の流亡を防止するため地上部だけを枯らし地下部を残すためには，移行性の小さいプリグロックス⒧やバスタ，ハービーなどを用いる。また根部まで含めて根絶したい場合は移行性の大きいラウンドアップなどを使用する。

これら茎葉処理剤を使用するにあたり，移行性の小さい薬剤は，雑草の茎葉

に薬液が十分かかるように処理する。薬剤のかからない部分は枯れ残ることがあるので，雑草があまり大きくならない，一般に草丈30cm以下の時期までに処理する。また処理直後の降雨により効果が低下することもあるので，散布後6時間以内に降雨が予想されるような場合は散布を避ける。ただし，効果発現の早いプリグロックスⓁは降雨の影響をうけにくい。

また，プリグロックスⓁは効果発現に光を必要とし，日中に散布するとすぐに作用力を発揮するため，わずかの散布むらが枯れ残しを生ずる原因となる。夕方，日没頃に散布すれば薬剤が夜間に植物体全体に移行し，少々のまきむらはカバーされる。ラウンドアップは効果発現が遅く，効果の完成までに一年生雑草で5～10日，多年生雑草では14～30日を必要とする。したがって，処理後7～10日間は刈り払ったりしないことが大切である。これら速効性の薬剤と遅効性の薬剤は効果の低下をまねくことが多いので混合しないほうがよい。

生育期は選択的除草剤

作物の生育期に全面処理する除草剤は，作物と雑草の間に生理的選択性のあるものを使用する。このタイプの除草剤にはイネ科雑草に有効で広葉の作物に安全なものと，逆に広葉雑草を防除しイネ科作物畑で使用するものがある。

ダイズ，ラッカセイなど広葉作物畑に発生するイネ科雑草の防除にはナブ，タルガ，ワンサイド，セレクト，ホーネストなどを処理する。これらの除草剤は，イネ科一年生雑草のメヒシバ，オヒシバ，ノビエ，エノコログサなどの3～5葉期に，10aあたり100～150lの水に溶かして，雑草全体によくかかるように散布する。ナブ，ワンサイドはシバムギ，レッドトップ，ススキ，チガヤなど多年生イネ科雑草にも有効であるがスズメノカタビラには効果がない。一方，セレクトとホーネストはスズメノカタビラにも有効である。なお，これらはいずれも残効性がなく，一方，イネ科雑草は発生が不斉一なので処理時期が早すぎると処理後，雑草が遅れて発生してしまうおそれがある。また，遅すぎると5葉期以上に生育し，効きにくくなる。したがって3～5葉期の適正な時期に散布する必要がある。

トウモロコシやムギ類などイネ科作物畑に発生した広葉雑草の防除には，ア

クチノール，バサグラン，MCPソーダ塩などが使用できる。これらの薬剤は広葉雑草の2～4葉期に，70～100lの水に溶かして雑草によくかかるように散布する。

　一方，広葉作物畑の広葉雑草，イネ科作物畑のイネ科雑草に有効な薬剤は非常に少ない。例外的にリクトウ畑のイネ科雑草を含む一年生雑草防除に用いるスタム，ムギ類のスズメノテッポウと広葉雑草対象のハーモニー，飼料用トウモロコシ畑のワンホープ，テンサイ畑の一年生雑草全般に用いるベタナールなどがみられるに過ぎない。なお，最近，ダイズ畑の広葉雑草対策にバサグランが登録され，使用できることになった。そこで，このようなときは作物の生育期の畦間に非選択性の茎葉処理剤をカバーを付けて作物にかからないように処理する。その場合ラウンドアップのように移行性の大きい薬剤は，誤って作物にかかってしまうと薬害がひどくなるおそれがあるので，バスタ，ハービーのように移行性の小さい薬剤を用いるほうが安全である。

薬害を防ぐ散布法

　茎葉処理剤は直接作物に散布するため，天候，とくに気温の影響をうけることがある。たとえば，アクチノールは高温のとき葉の黄化や葉枯れが出やすく，バサグランも異常高温下での散布で白化や生育阻害をおこしやすい。ワンサイドは低温・寡照の場合，褐斑やクロロシスなどの症状の生ずることがある。また，スタムは殺虫剤との接近散布で薬害が出やすい。

　生育期処理剤の散布で最も注意することはドリフトによる他植物への薬害である。これは非選択性の茎葉処理剤だけでなく，選択性の薬剤についても同様である。転換期のダイズ畑にナブなどを散布する場合は隣接した水稲に，またムギ畑にアクチノールを使用するときは隣の野菜などにドリフトすると薬害が生ずる。これらは風のない朝方か夕方に散布するように留意する。非選択性の茎葉処理剤の散布には専用のカバーがあり，またラウンドアップ剤については，少量散布でドリフトを防止する専用のノズルが開発されているので，これらを利用する。

第3章 畑 地 編

表3-5 除草剤の残効期間

残効期間	除草剤
極短	茎葉処理剤のスタム，ラウンドアップ，バスタ，ハービー，プリグロックス①など
短	茎葉処理剤の2,4-D，アクチノールなど
中	多くの土壌処理剤がここに分類される。シマジン，カーメックス，サターンなど
長	残効21～30日間で，普通畑や野菜畑で使う薬剤は少なく，樹園地や非農耕地で使用されるものが多い。ハイバーX，エルボタン，フレノック，センコルなど

4）後作への影響

　農耕地に使う除草剤のなかで，一般に茎葉処理剤は残効の短いものが多いが，土壌処理剤には残効の長いものも見られる。必要な範囲では効果の持続期間は長いほうがよいが，長すぎるものは後作物への影響を心配しなければならない。
　表3-5に土壌中の持続性によって残効期間を極短から長まで4つに分類している。
　最近，畑作で使用される除草剤は，残効が長く後作に影響するようなものは少ないが，作付期間の短い野菜作などでは，前作に用いた除草剤を念頭におく必要がある。サツマイモやホウレンソウにイネ科雑草に効果の高い土壌処理用のレンザーを使用したときは後作のイネ科作物に注意する。なお以前はトレファノサイドは効果安定のため土壌混和処理が行なわれていたが，後作のイネ科作物への影響が懸念されたため，最近は実施されていない。土壌処理剤の効果の持続期間は処理後20～30日程度とされている。これより短いと作物の茎葉が繁茂する以前に効果がきれてしまい，長すぎると後作物への影響を心配しなければならない。

（3）薬剤の効果を高める減農薬省力散布法

1）中耕・培土による防除法

　作物播種後の土壌処理用除草剤は多くの薬剤が適用できるが，作物生育期に発生した雑草に対する選択的茎葉処理用除草剤はそれほど多くない。とくに広

葉作物畑に発生した広葉雑草やイネ科作物畑に発生したイネ科雑草に対しては有効な薬剤が少ない。したがって，生育期の雑草防除は機械を利用した中耕除草が広く行なわれている。

中耕除草は作物の播種・植付け期から生育の中期までに，地面を攪拌したり浅くけずったりして生育中の雑草をかきとるもので，あわせて培土作業を行ない雑草を枯死させる。畑地用中耕除草機にはロータリカルチベータのように除草爪が駆動式のものと，カルチベータやステアレジホーのように非駆動式のものがある。また作物の出芽前に圃場全面を浅く中耕するネットウイーダのような全面除草機と，出芽後の畦間を中耕するカルチベータなどの畦間除草機がある。

畦間除草機のカルチベータやステアレジホーには，いろいろの除草爪が装着できる。爪は種類によって引き抜き，埋没，断根の作用性があり，ディスクやショベルは引き抜き＋埋没，スイープは断根により雑草を防除する。また，ロータリカルチベータは主に埋没，ロータリホーは引き抜きの作用性を持つ。これらの畦間除草機は圃場条件，作物と雑草の種類や生育状況などを考慮して適切な除草爪を選択して使用する。なお，ロータリカルチベータは埋没作用が主であるが，引き抜きや断根の作用も合わせ持ち，除草効果が高い。

中耕除草は作物の根を切らないように，作物の小さい時期には作用深度を深くし，生育が進んだら浅くするように配慮する。雑草は断根しても，土壌が湿っていたりすると活着し再生することがある。したがって土壌の乾いた時期に作業し，雑草が小さいうちに土中に埋没する。とくに畦内や作物の株ぎわに発生した雑草は，引き抜きや断根は出来ないので，培土を兼ねて埋没するようにていねいに作業する。

ところで，中耕作業は現在発生生育している雑草の防除効果は高いが，土壌を攪拌するため新たな雑草種子の発生を促す。したがって，除草作業は何回か行なう必要があり多労的である。適用できる除草剤や作物は限られるが，中耕・培土後の畦間に土壌処理剤を散布する方法がある。その場合，作物に対する薬害を防止するため粒剤の使用が望ましい。

2) 減農薬省力散布法

　土壌処理剤は雑草の発生する前に処理するため全面散布が基本であるが，部分散布する方法もある。作物の播種部分にのみ土壌処理剤を帯状に散布し，除草剤を処理していない畦間は生育期に中耕除草すると除草剤の使用量は半分程度になる。また，逆にマルチ栽培では畦間にのみ除草剤を散布する。黒色マルチは当然であるが，透明マルチでもフィルムをよく床面に密着させればフィルム下の除草は必要なく，畦間の裸地部分に土壌処理剤を部分散布すれば，使用量は1／3程度になる。

　茎葉処理剤も必ずしも全面散布の必要はなく，雑草の発生生育状況にあわせてハンドスプレヤーなどを用いて発生の多い部分に集中的に散布すればよい。また，多年生雑草の発生状況などを考慮に入れて，適切な除草剤を選択し，ローテーションを組んで使用することが望ましい。桑園でグラモキソンを毎年反復使用した結果，抵抗性のハルジオンが出現して問題となったように，特定の除草剤の連年使用は好ましくない。

　ラウンドアップなど移行性の茎葉処理剤は，ラウンドノズルのような少量散布用の器具を用いれば10aあたり25～50lの散布液量で，ドリフトを少なくし，安全で効率的な処理ができる。

(4) 畑地難防除雑草の総合的防除法

　わが国の畑地に発生している雑草の種類は多いが，防除上問題となるのは60種前後であり，その半数は防除が困難な多年生雑草である。以下，難防除雑草のいくつかについて述べる。

1) メヒシバ

　生態　一年生イネ科のメヒシバは，とくに防除が困難というわけではないが，

生育中期

わが国の畑作における最強害夏雑草である。生育は極めて旺盛で草丈が1m以上に伸長し，作物に著しい雑草害をおよぼす。気温が13℃くらいになると発生が始まり，15〜20℃で多くなる。発生期間は長く秋まで続く。

種子には休眠があり春先の覚醒程度に差があるため，一斉に発芽せず，土壌処理剤だけで抑えにくい原因となっている。他の植物との競合のない条件ではほふく型の生育となり，地面についた節からも発根して大きな株を形成し，1株あたり5万粒以上もの種子を生産する。作物による被陰にも耐性を示し，その生育の抑制には90％以上の遮光を必要とする。ただし，種子の寿命は土壌中で2〜3年とされ，比較的短い。

防除法 重要なことは圃場における種子生産を防ぐことである。春先に発生したメヒシバは関東地方では8月中旬以降に成熟し種子を圃場に散布するので，放任した場合はこの時期までに防除する。防除法としては，メヒシバがあまり大きくなければロータリ耕で防除できるが，一般には非選択性の茎葉処理剤を使用する。プリグロックスⓁ，ハービー，バスタ，ラウンドアップなどはいずれも効果が高い。ダイズやリクトウなどの作付けでは播種後に土壌処理剤を散布し発生を防止する。ラッソー，デュアール，トレファノサイド，ゴーゴーサンなどが卓効を示す。

作物の生育期に発生した場合は，広葉作物畑であればメヒシバの3〜5葉期にナブやワンサイドなどの選択性茎葉処理剤で防除する。リクトウ畑ではメヒシバの3葉期以下の生育初期にはスタムで防除できるが，3葉以上のものに対しては中耕・培土で対処する。作物の生育後期に発生したメヒシバは，生育は小さくても秋には結実するのでていねいに防除する必要がある。また取り残したメヒシバは，早めに拾い草により除去することが有効である。メヒシバは寿命が比較的短いので，発生がとくに多い圃場では休閑時に徹底防除を行なうか，プラウによる深耕とロータリによる浅耕を組み合わせた土壌管理で種子の死滅をはかることも効果的である。

2) スギナ

栄養茎と胞子茎

生態 トクサ科の多年生難防除雑草であり，わが国では比較的冷涼な地方に発生が多い。スギナは地上部の生育量はそれほど大きくないのに，地下部の栄養繁殖器官が著しく強大で，深さが1m以上にも達し，そして一度侵入すると防除が難しい。

繁殖は胞子と地下茎で行なわれる。早春に胞子茎（つくし）が発生し，先端の胞子穂より胞子が放出される。胞子は4本の弾糸をもち，風で遠くまで拡散し，湿った土壌の攪拌がないようなところでは定着し，秋までに成植物になる。地下部栄養繁殖器官には細長い根茎と球状の塊茎があり，乾燥や高温といった不適な環境条件に対しては根茎のほうが耐性を示し，25℃以下の好適な条件では塊茎から萌芽したものの生育が優勢となる。また，地上部の栄養茎はある程度生長した後，光合成産物の大部分を地下部へ転流させるので，地上部はそれほど大きくならなくても，地下部には強大な地下茎が形成される。

防除法 スギナの防除には作物の雑草抑圧力を利用することができる。スギナは草丈がそれほど大きくならないので，ダイズなど競合力の強い作物を作付けし，作物の茎葉で上部を被覆すれば，スギナの生育を抑制することができる。このとき土壌が酸性であると作物などの生育が劣るため，土壌酸度に幅広い適応性を示すスギナが繁茂しやすくなる。ただし石灰の施用はスギナそれ自身の生育を抑制する効果はなく，逆効果となることがある。

除草剤では，土壌処理剤は効果がないので，地上茎の発生をみたら早めに茎葉処理剤を反復処理する。プリグロックス①，バスタ，2,4-D など多くの薬剤が有効である。使用場面は限られるが，アージラン，ザイトロンなどは移行性があり地下部まで殺草効果がおよぶが，一度で完全に枯殺することはできず，

反復処理する必要がある。ラウンドアップも25倍液をていねいに処理すれば効果がある。中耕による土壌の攪拌は胞子による繁殖防止に有効である。

3) ハマスゲ

生育中期

生態 ハマスゲは世界の強害雑草のトップにあげられるカヤツリグサ科の多年生で，とくに熱帯や亜熱帯地方の大害草になっており，わが国では暖地の飼料畑や芝生地などで問題となっている。

ハマスゲの繁殖は主に塊茎によるが，種子繁殖も行なう。春に気温が10〜15℃以上になると地下の塊茎から萌芽してくる。塊茎の多くは0〜6cm層に分布するが，30cmの深部からも萌芽できる。最初，親塊茎の基部から出葉するが，葉が数枚出たころに親株から数本の根茎を出し，その先から葉が出る。そしてその子株の基部が肥大して新しい塊茎を形成するとともに，また，そこから根茎が伸長して増殖を繰り返す。このように，地下茎は地下でつながっているが，耕起などで切断されると萌芽が促進され，より発生が多くなる。地上部の刈取りに対しても強い耐性を示し，1週間ごとに9回地上部を切除してもなお，容易に茎が再生するとされ，芝地，とくにゴルフ場などでの頻繁な刈込みでも完全に除去されず，根絶は非常に難しい。

防除法 ハマスゲの塊茎は乾燥に弱く，また，−5℃以下の低温で死滅するので，冬期に耕起して地表面にさらし枯死させる。種子からの発生が懸念される場合は，土壌処理用除草剤の散布が有効である。イネ科作物畑に発生した場合は，2,4-D，MCPやバサグランなどの選択性茎葉処理剤を散布する。畑地に大発生した場合は1作を休耕し，ラウンドアップなど移行性の茎葉処理剤を生育期に処理して防除する。芝生地では塊茎からの萌芽時にスタッカー，生育期にスタッカーD，MCPP，ザイトロン，アグリーン，シバゲン，トーンナップなどを処理する。

4) エゾノギシギシ

生育後期

生態 ヨーロッパ原産の帰化植物で，草地で最も問題となっているタデ科の多年草である。高さ50～130cmに伸長して牧草に大きな雑草害をおよぼすとともに，株当たり3～4万粒もの種子を形成する。繁殖は主に種子によるが，耕起などにより根が切断されると，容易に再生し繁殖する。

防除法 種子繁殖を防止することが大切で，堆厩肥は十分発酵させ，発酵熱で種子を殺してから施用する。草地造成や更新時に残っているエゾノギシギシには，ラウンドアップやアージランを全面散布し防除する。

牧草の播種時には播種量を多くし，牧草の発生密度を高め，その競合力でエゾノギシギシの実生の発生と生育を抑制する。その後，掃除刈りを含め適正な時期に刈取りを行ない，種子の生産を阻害し，さらに，新たな株の侵入を防止する。経年草地では，発生が少なければアージラン，ラウンドアップ，カソロンなどをスポット処理する。発生が多い場合は，アージランを全面処理して防除する。

5) ヒルガオ類

生育後期

生態 樹園地に発生の多いヒルガオ科の多年生雑草で，つるが植物に巻き付いて生育するため，雑草害が著しいうえに，防除しにくい。主なものはヒルガオとコヒルガオで，畑地にはコヒルガオのほうが多い。初夏～夏期に開花するが結実するのはまれで，白色の地下茎が地中を長

く伸び，その節々から地上に茎を出して繁殖する。耕起によって地下茎を切断すると，小片からも芽を出し再生する。また，地上部の刈取りにも抵抗性があり，一年間程度の刈取りでは翌年再生する。

　防除法　ヒルガオ類は，黒色のポリエチレンフィルムでマルチすると，フィルムを突き破ることができず地上部が光を遮られて生育できないため，防除効果が高い。生育中のヒルガオ類は，2,4-Dなどホルモン作用をもつ生育期処理剤や移行性のあるラウンドアップなどが卓効を示す。

第3章 畑地編

2　普通畑作物・工芸作物

(1) 雑草発生の特徴と防除ポイント

　普通畑では一年生雑草が一般的で，メヒシバ，ノビエ，スズメノカタビラ，カヤツリグサ，イヌビユなどヒユ類，イヌタデなどタデ類，シロザ，スベリヒユ，ハコベ，ナズナなどが発生しているが，最近はムギ類など冬作の減少や管理作業の省略化などにより，スギナ，ハルジオン，ギシギシ類など多年生雑草の発生も見られるようになってきた。また，除草剤の種類を含む雑草防除法や作付体系の変化，作期の変更など栽培技術が時代とともに変化するなか，発生する雑草の種類や優占種が違ってきている。たとえば北海道のマメ作においては，1950年代から現在に至るまでハコベ，タデ類，シロザ，ナギナタコウジュ，ヒユ類が主要な位置にあるが，最近はスズメノカタビラ，スカシタゴボウ，タニソバが増加し，エノキグサ，ヒメスイバ，ハチジョウナは減少傾向にある。また，最近は大量に輸入される粗飼料や穀類に混入したとみられる新しい帰化植物の圃場への侵入が見られる。畑地や飼料畑では多年生で防除が困難なショクヨウガヤツリ（キハマスゲ），一年生雑草のイチビ，ハリビユ，カミツレ類，オナモミ類，チョウセンアサガオ類，カラクサナズナなどが発生し問題となっている。こうした畑地雑草の種類と生育の特徴，防除戦略については第3章1－(1)で概説したので参照してほしい。

(2) 除草剤の選択と使用法

　畑作での除草剤の選択と使用法は，第3章1－(2)で概説したので再読してほしい。ここでは，実際の使用場面を想定した除草剤の使用法について述べる。

圃場に発生している雑草の種類を調べる

　雑草の種名まではわからなくても，一年生雑草か多年生雑草か，さらにそれらがイネ科雑草かカヤツリグサ科雑草，あるいは広葉雑草かがわかれば適切な

除草剤を選定しやすい。

雑草管理の方針を立てる

耕起前あるいは作付け前に発生している雑草を防除し，すぐに作物を作付けする場合は，非選択性で残効の短いプリグロックス①，バスタ，ハービー，ラウンドアップなどを散布する。その場合短期間で除草効果を完成させたいときはプリグロックス①など速効性の薬剤を用いる。また多年生雑草が混在しているときは，ラウンドアップなど移行性の大きい薬剤を使用する。

作物の播種後に処理し雑草の発生を防止するには，土壌処理剤を散布する。イネ科雑草の優占圃場ではラッソー，ゴーゴーサン，トレファノサイド，クレマートなど，広葉雑草の発生が多いところではロロックス，ゲザガード，ゲザプリムなどを使用する。イネ科雑草と広葉雑草が混在している場合には，イネ科雑草に有効な除草剤と広葉雑草に有効な除草剤を混用するか，コダール，コワーク，サターンバアロ，クリアターン，カイタックのような混合剤を用いる。

作物の生育期に発生した雑草を防除するには，ダイズなど広葉作物畑にイネ科雑草が発生した場合，ナブ，タルガなど選択性の茎葉処理剤を散布する。また，トウモロコシなどイネ科作物畑に広葉雑草が発生した場合はMCPソーダ塩，バサグランなどを用いる。イネ科作物畑にイネ科雑草，広葉の作物畑に広葉雑草が発生した場合は，リクトウのスタム，ムギ類のハーモニー，飼料用トウモロコシのワンホープ，テンサイのベタナール，ダイズのバサグランのような例を除いて，一般には適当な除草剤がないので中耕・培土を行なうか，あるいは非選択性の茎葉処理剤をカバーをつけて作物にかからないように畦間に処理する。

(3) 作物別雑草の防除法

1) リクトウ

雑草発生と防除法

主産地である関東地方では，従来ムギ類の間作が一般的であったが，最近は

```
一般の圃場
┌─────────────────────────────────────────────────────────┐
│ 播種後土壌処理 ──中耕─────────────── 中耕・培土 ── 拾い草 │
└─────────────────────────────────────────────────────────┘
雑草発生の多い圃場
┌─────────────────────────────────────────────────────────┐
│ 播種後土壌処理 ──中耕── 生育期茎葉処理 ── 中耕・培土 ── 拾い草 │
└─────────────────────────────────────────────────────────┘
```

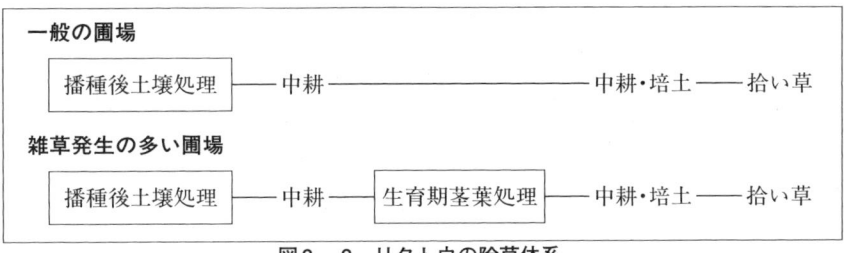

図3-3　リクトウの除草体系

ムギ作の減少に伴い，間作はほとんど行なわれていない。昭和40年代はポリエチレンフィルムによるマルチ栽培や，畑地灌漑による水稲の畑栽培も行なわれていたが，水田利用再編対策などの影響で減少した。現在は夏期の梅雨明け後の干ばつを回避するために，裸地の早期栽培が多くなっている。

リクトウ畑の雑草は，早期栽培の場合，ハルタデなどのタデ類，シロザなどの広葉雑草が発生し，少し遅れて，イヌビユなどヒユ類，メヒシバ，ノビエ，カヤツリグサ，スベリヒユなどが発生する。これら雑草を放任すると著しい雑草害が生じ，収穫が皆無になることもある。リクトウはイネ科作物であり，畦間の遮光力が弱いため，播種後からの除草必要期間は約60日間と長い。したがって除草剤を中心とした除草体系となるが，リクトウは一般に条播されるので管理機の利用が容易であり，ロータリカルテなどによる中耕・培土の効果が高い。

除草体系（図3-3）は，雑草の種類，発生量を考慮して設定するが，除草必要期間の長いリクトウでは，播種後土壌処理剤の散布が基本になる。生育期には中耕と茎葉処理剤の散布あるいは，中耕・培土を1～2回行なえば，雑草の発生の多い場合でも十分に対応できる。なお，取り残した雑草は大きくなるので，翌年の発生源となる種子の生産を防止するため拾い草の作業は大切である。

除草剤の使い方

播種後土壌処理剤としてイネ科雑草の優占圃場ではトレファノサイド，ゴーゴーサン，広葉雑草の優占圃場ではゲザガード，ダイロンなどを使用する。イ

ネ科と広葉雑草が混在しているときは，混合剤のサターンバアロ，エス，コンボラルを用いる。

　生育期茎葉処理剤はスタム（DCPA）が適用できる。スタム（DCPA）は土壌処理効果がなく，生育初期の雑草に有効である。イネに安全で，広葉雑草とともにメヒシバやノビエを殺草する属間選択性がある。ただし多年生雑草や大きくなった雑草，ツユクサ，スベリヒユには効果が劣る。

　スタムはリクトウの生育期に使用できる唯一の薬剤として非常に有用であるが，薬害を出しやすいので注意して使用する必要がある。散布水量は50～80lと少なめにして，加圧噴霧器を用い，雑草によくかかるようにていねいに散布する。土壌が極端に乾燥していたり，尿素や硫安の追肥前後で陸稲が軟弱な生育をしている場合は，薬害が出やすい。また，カーバメート系や有機リン系殺虫剤との前後10日以内の近接散布は，薬害が出るので避ける。

2）ムギ類

雑草発生と防除法

　ムギ作は，水田裏作，畑作，転換畑などで作付けされる。水田裏作は北陸と関東以南の温暖地と暖地にみられ，畑作は北海道を中心に，東北や関東，九州にもわずかに見られる。

　ムギ作における雑草の発生は地域の差異のほかに上記した土地利用方式の違いによって変化が見られる。全国的に発生の多い雑草はスズメノカタビラ，スズメノテッポウ，ハコベ，ナズナ，タネツケバナ，ノミノフスマ，ハハコグサ，ノボロギクなどである。関東以北ではスカシタゴボウ，オランダミミナグサなど，関東以西ではヤエムグラ，カラスノエンドウ，ミチヤナギ，オニタビラコ，フラサバソウ，ムシクサ，ホトケノザ，シマトキンソウなどの発生が多い。また畑作ではハコベ，ナズナ，ホトケノザ，スズメノカタビラなど，水田裏作ではスズメノテッポウ，カズノコグサ，タネツケバナ，ヤエムグラ，ナズナ，ノミノフスマなど，転換畑ではスズメノテッポウ，タネツケバナ，ノボロギク，ハコベ，ノミノフスマ，イヌガラシなどが多い。

とくに最近みられる特徴として、北海道のムギ作はドリルまきが一般的で中耕が行なわれないので、多年生雑草のシバムギ、エゾノギシギシ、キレハイヌガラシ、スギナなどが増えている。以前、札幌周辺に見られたオオスズメノカタビラは十勝地方をはじめ、現在は全国に分布を拡大している。関東地方の一部現地では、カラスムギや牧草を収穫した後に播種したムギ作にイタリアンライグラスが発生し問題となっており、卓効を示す除草剤がないため、耕作を放棄した例もみられる。暖地では新帰化雑草のイボミキンポウゲ、トゲミノキツネノボタンが発生しており、フラサバソウは以前は長崎県を中心に発生していたが、最近では全国に分布している。さらに、最近、九州地方ではスルホニルウレア系とジニトロアニリン系除草剤に複合抵抗性を示すスズメノテッポウの発生が認められている。

ムギ作圃に発生する雑草は大型のものはないが、大発生すれば著しい雑草害をもたらすだけでなく、収穫作業の能率が低下する。また、ヤエムグラ、カラスノエンドウ、ママコノシリヌグイなどは、その種子が収穫後のムギ粒に混入し、品質低下の原因となる。

ムギ類の除草体系（図3-4）は、播種後あるいは生育初期（ムギ類の2～3葉期）の除草剤土壌処理と中耕・培土が基本である。秋から冬にかけての低温時期に散布される土壌処理剤は50日以上の抑草期間があり、雑草の発生が不斉一でも十分な効果が期待できる。したがって、通常は土壌処理剤の散布だけでほぼ防除できる。生育初期処理はムギ類播種後の土壌処理剤が降雨などの影響で散布できなかったような場合にも適用できる。使用できる除草剤の種類は限られるが、処理時期をずらすことによって播種後からの抑草期間を長くする効果がある。また、関東地方の火山灰土では、遅れて発生した雑草は霜柱の凍上害で枯死し、防除の必要のないことが多い。雑草発生が少なければ土壌処理をせず生育期処理だけでもよい。最近、ムギ類の3葉期～節間伸長前に処理し4～5葉期のスズメノテッポウと広葉雑草を同時に防除できるハーモニー75DFが登録され、水稲の一発処理剤的な使用が期待できるが、前述したようにその連用は抵抗性雑草の発生が懸念されるので注意が必要である。

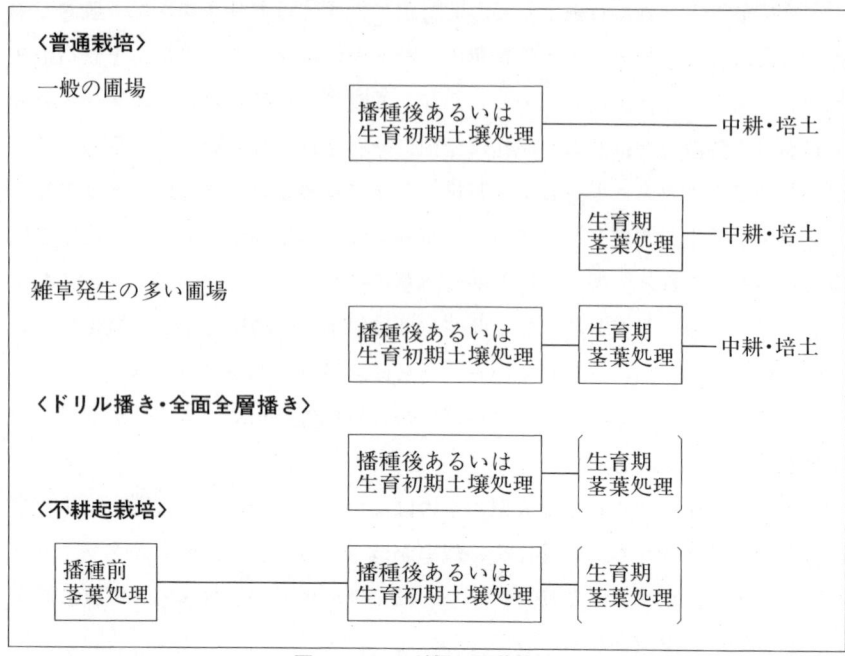

```
〈普通栽培〉
 一般の圃場
                    ┌──────────────┐
                    │播種後あるいは│──────中耕・培土
                    │生育初期土壌処理│
                    └──────────────┘
                                      ┌──────┐
                                      │生育期│──中耕・培土
                                      │茎葉処理│
                                      └──────┘
 雑草発生の多い圃場
                    ┌──────────────┐┌──────┐
                    │播種後あるいは││生育期│──中耕・培土
                    │生育初期土壌処理││茎葉処理│
                    └──────────────┘└──────┘
〈ドリル播き・全面全層播き〉
                    ┌──────────────┐┌──────┐
                    │播種後あるいは││生育期│
                    │生育初期土壌処理││茎葉処理│
                    └──────────────┘└──────┘
〈不耕起栽培〉
 ┌──────┐┌──────────────┐┌──────┐
 │播種前││播種後あるいは││生育期│
 │茎葉処理││生育初期土壌処理││茎葉処理│
 └──────┘└──────────────┘└──────┘
```

図3-4 ムギ類の除草体系

　雑草発生の多い圃場や，土壌の乾燥などで土壌処理剤の効果が低下し広葉雑草が発生した場合は，生育期にアクチノール，バサグランなど選択性の茎葉処理剤を散布する。

　ドリルまきや全面全層まきのような栽培ではムギ類の出芽・苗立ちを良好にし，播種後に土壌処理剤を散布すれば，雑草の発生・生育はムギに抑えられ，以後の管理は必要なくなることが多い。土壌処理剤の効果が不十分な場合は，生育期に茎葉処理を行なう。

　耕起あるいは播種前に雑草が多い場合や不耕起栽培では，バスタやラウンドアップなど残効の短い非選択性の茎葉処理剤を散布する。

除草剤の使い方

　播種前や耕起前に雑草が発生している場合は，非選択性で残効の短いラウンドアップ，ポラリス，バスタ，ハービー，プリグロックスＬなどを散布し防

除する。短期間で効果を完成させたい場合はプリグロックス⒧，多年生雑草が混在している場合はラウンドアップなどを用いるが，効果の完成までに10日間以上を必要とする。なお，ラウンドアップはムギの播種後出芽前にも使用できる。

　播種後土壌処理剤として，スズメノテッポウなどイネ科雑草優占圃場ではトレファノサイド，ゴーゴーサンなど，広葉雑草の多い圃場ではロロックス，ゲザガード，シマジンなど，イネ科と広葉雑草が混在している圃場ではコワーク，サターンバアロ，カイタック，クリアターン，コンボラルなどの混合剤を用いる。

　生育初期に適用できる除草剤としては，イネ科雑草の多い圃場ではゴーゴーサン，クロロIPC，広葉雑草の多い圃場ではゲザガード，シマジン，両者が混在している場合はガレース，ガリル，ホクパック，ハーモニー細粒剤を用いる。とくにスズメノテッポウが多い場合はカソロン，ヤエムグラに対してはその発芽揃期にダイロンなどを使用する。

　生育期に発生した広葉雑草の防除には，アクチノール，バサグラン，MCPソーダ塩などを用いる。処理時期はムギの穂ばらみ期まで適用できるが，雑草が大きくなると効果が劣ることが多いので，4～5葉期頃までに処理することが望ましい。とくにヤエムグラは5節以上になると効きにくくなるので，4節期までに防除する。最近登録されたエコパートはヤエムグラを含む広葉雑草に有効である。また，ハーモニー75DFは，ムギ類の3葉期から節間伸長期前までに処理し，5葉期までのスズメノテッポウと生育期の広葉雑草を同時に防除できる。雑草の発生の少ない圃場では生育期の一回処理で十分な効果が期待できるが，発生の多い圃場では土壌処理との体系防除を行なうといった使いわけが必要である。

　ムギ類の不耕起栽培は，排水の不良な水田裏作で降雨後の作業がしやすい利点がある。稲わらを散布して雑草をカバーすれば抑制効果が高いが，すでに雑草が発生して大きくなっているような条件では効果が劣る。稲わら被覆の効果が期待できないようなところでは，非選択性で残効の短い生育期処理剤を散布

する。播種後に土壌処理剤を散布する場合，稲わらがあると除草剤が土壌表面に到達するのが妨げられ，効果が不安定になる。また，覆土が不十分な場合は薬害のおそれがあるので注意が必要である。

3）トウモロコシ

雑草発生と防除法

　トウモロコシ畑に発生する草種は，一般の畑作と同じである。北海道と東北以西の冷涼地帯で栽培される生食用トウモロコシ畑ではいずれも発生草種が類似しており，低温発芽性のシロザ，タデ類，ツユクサ，ハコベ，スカシタゴボウなどが多く，このほかにヒユ類，ノビエなどの発生も見られる。北海道では一部に多年生雑草のシバムギ，スギナ，ギシギシ類が侵入することもある。生食用トウモロコシはプラスチックフィルムによるマルチ栽培が一般的であり，この栽培方式では上記に加えてメヒシバ，スベリヒユ，カヤツリグサなどの発生が見られる。

　トウモロコシは生育量が大きいため雑草害は比較的受けにくいが，大発生した場合は養分や水分の競合が生ずるだけでなく，植物体が軟弱になり倒伏の原因となることがある。また，トウモロコシは群落内に散乱光が透過しやすく，わずかに残った雑草が生育し，これが来年の発生源となるおそれがある。したがって，トウモロコシ自体は雑草害を回避できても，後作への影響を考慮してしっかりした雑草防除対策を講ずることが大切である。

　トウモロコシ畑の除草体系（図3－5）は，播種後あるいは生育初期の土壌処理剤散布に中耕・培土を組み合わせたものが基本である。除草剤の効果が十分であれば中耕・培土は省略できる。播種後処理剤の効果が不十分で広葉雑草が発生した場合は，生育期茎葉処理剤を散布する。また，マルチ栽培では，マルチ前に土壌処理剤を散布すれば，以後の除草は必要ないことが多い。

除草剤の使い方

　トウモロコシは適用できる除草剤の種類が多いので，雑草発生の状況をよくみて適切な薬剤を選択して使用する。播種後土壌処理剤として，イネ科雑草の

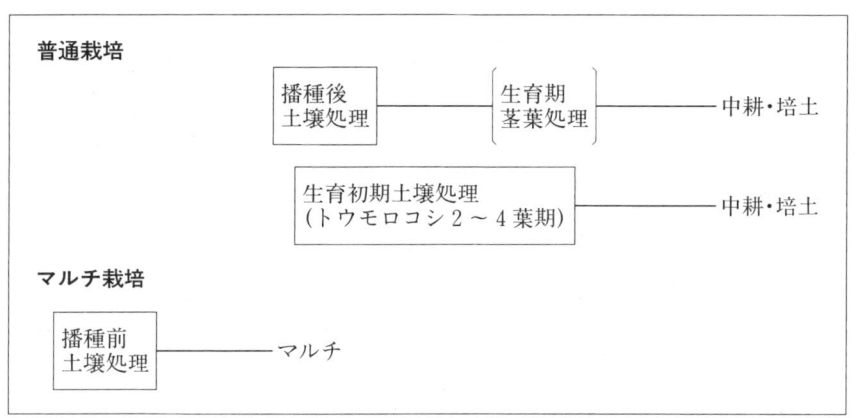

```
普通栽培 ┌─播種後土壌処理─┬─生育期茎葉処理─┬─中耕・培土
         │                                                    
         └───────生育初期土壌処理─────────中耕・培土
                 (トウモロコシ2～4葉期)

マルチ栽培
         ┌─播種前土壌処理──マルチ
```

図3-5　トウモロコシ畑の除草体系

優占圃場ではラッソー，ゴーゴーサン，デュアール，フィールドスターなどを用い，広葉雑草の多い畑ではゲザプリム，ゲザガード，ロロックス，シマジンなどを使用する。イネ科と広葉雑草が混在しているときはゲザノンフロアブル，サターンバアロ，コダール，カイタック，クリアターンなどの混合剤を用いる。早まきなどで雑草の発生が斉一でないときはゲザプリム，ゲザノンフロアブルなどをトウモロコシの2～4葉期で雑草の発生揃期に散布すると効果が高い。

マルチ栽培ではゲザノンフロアブルをマルチ前の播種前に使用できるが，高温時には葉の展開が阻害されるおそれがあるので注意する。一般にマルチ栽培での生育期処理は必要ないことが多い。

生育期処理剤のバサグラン，MCPソーダ塩はいずれも広葉雑草にのみ有効でイネ科雑草には効果がない。イネ科雑草が発生したときには，小さいものであればゲザプリムで防除できるが，3～4葉期以上になると効果が劣るので，早めに中耕・培土を行なう。

4) ダイズ

雑草発生と防除法

ダイズは普通畑や転換畑において，耕起栽培や不耕起栽培など多様な方式に

より全国で栽培されている。ダイズ畑に発生する雑草は地域による違いが大きい。北海道ではダイズの播種期が5月中旬で，この時期はまだ気温が低いためシロザ，タデ類，ツユクサ，スカシタゴボウ，タニソバなど低温発芽性の広葉雑草の発生が多い。イネ科雑草はかなり遅れて発生する。東北地方でも5月中旬の播種期であるため，北海道と同様に広葉雑草の発生盛期で，メヒシバ，ノビエなどイネ科雑草の発生始期にあたる。したがって，播種直後の広葉雑草と遅れて発生してくるイネ科雑草の両方を防除する必要がある。関東以西では播種期が15～20℃の温度条件となるので，イネ科雑草やヒユ類，スベリヒユなどの発生期となり，シロザなどは発生が少なくなる。

　最近の雑草発生の特徴として，東北地方の転換畑ではアメリカセンダングサ，タデ類など，関東以西では帰化雑草のアサガオ類（マルバアサガオ，ホシアサガオなど），イヌホウズキ類などが問題となっている。

　ダイズは畦間の遮光力が大きく雑草との競合に強い作物であるが，これらの雑草が繁茂すると，生育・収量を低下させるだけでなく，収穫時に残った雑草は汚粒の原因となる。ダイズ畑の雑草防除はこのような雑草の発生状況と除草必要期間を念頭において設定する。各地域の除草必要期間は，北海道・東北地方が播種後40～50日，関東地方は25～35日，九州の秋ダイズは15～20日間である。

　ダイズ畑の除草体系（図3-6）は，播種後の除草剤土壌処理と中耕・培土が基本となる。除草必要期間の長い北海道・東北地方では遅れて発生してくる雑草を防除するために，生育期に茎葉処理剤を散布する。また取り残した雑草は大きくなり次年度以降の発生源となるので，拾い草の作業は大切で，北海道ではこれを種草刈りと称する。

　温暖地では一般には生育期茎葉処理剤の散布は必要なく，生育期に発生した雑草は中耕で防除する。暖地は除草必要期間が短いので，播種後土地処理だけで十分であり，雑草の発生の少ない圃場では除草剤を散布せず，中耕だけで対処できる。

　不耕起栽培においては，播種前に発生している雑草を非選択性の茎葉処理剤

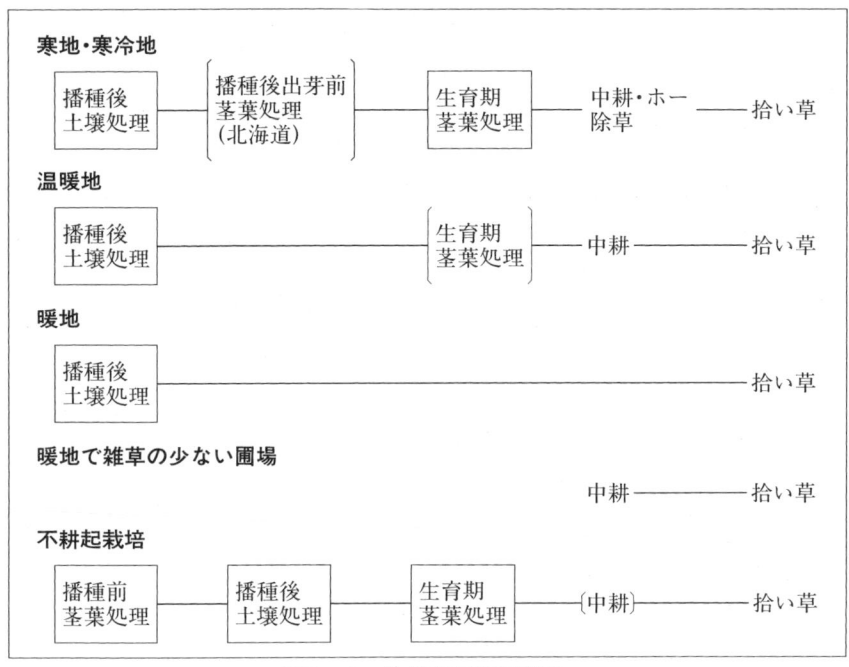

```
寒地・寒冷地
┌──────┐  ┌──────────┐  ┌──────┐
│播種後  │──│播種後出芽前│──│生育期 │── 中耕・ホー ── 拾い草
│土壌処理│  │茎葉処理    │  │茎葉処理│     除草
└──────┘  │(北海道)   │  └──────┘
          └──────────┘

温暖地
┌──────┐                  ┌──────┐
│播種後  │──────────────│生育期 │── 中耕 ──────── 拾い草
│土壌処理│                  │茎葉処理│
└──────┘                  └──────┘

暖地
┌──────┐
│播種後  │──────────────────────────────── 拾い草
│土壌処理│
└──────┘

暖地で雑草の少ない圃場
                                          中耕 ──────── 拾い草

不耕起栽培
┌──────┐  ┌──────┐  ┌──────┐
│播種前  │──│播種後  │──│生育期 │──(中耕)── 拾い草
│茎葉処理│  │土壌処理│  │茎葉処理│
└──────┘  └──────┘  └──────┘
```

図3-6 ダイズ畑の除草体系

で枯殺する必要があるが，以後は耕起栽培と同じになる。

除草剤の使い方

不耕起栽培などの播種前や耕起前に雑草が発生している場合は，非選択性で残効の短いラウンドアップ，ポラリス，バスタ，ハービーを用いる。ムギ―ダイズ体系の不耕起栽培では多年生雑草が侵入することがあるので，移行性のあるラウンドアップを用いる。

北海道ではダイズの播種後出芽までに時間がかかるため，ダイズの出芽前に広葉雑草が発生することがある。この防除にアクチノールを用いるが，ダイズの出芽前に広葉雑草が発生していなければ除草効果はなく，ダイズが出芽してからの散布は薬害が生ずるのでいずれも使用しない。また，ダイズの出芽期に発生したタニソバを含む広葉雑草の発生期～2葉期にはパワーガイザーが適用できる。

播種後土壌処理剤としては，イネ科雑草優占圃場ではラッソー，トレファノサイド，デュアール，フィールドスター，広葉雑草の優占圃場ではゲザガード，ロロックス，シマジン，ダイロンなどを用いる。また，イネ科雑草と広葉雑草が混存している圃場ではコワーク，サターンバアロ，コダール，エス，クリアターン，エコトップのような混合剤を用いる。

ダイズ畑の生育期に発生したイネ科雑草に対しては，ナブ，タルガ，ワンサイドのような有効な選択性除草剤があるので，イネ科雑草の3～5葉期に処理する。最近登録されたセレクト，ホーネストはスズメノカタビラにも有効である。生育期に発生した広葉雑草に対して，最近，バサグランが登録されたが，タチユタカ，ゆめみのりなど品種によっては薬害がでるので，必ず指導機関等の指導を受けて使用する必要がある。

5) インゲンマメ

インゲンマメ畑に発生する雑草はダイズ畑のものと同じである。除草体系も播種後の除草剤土壌処理，生育期の除草剤茎葉処理，中耕，中耕・培土，拾い草が基本となる。

作物の播種前に雑草が発生している場合は，残効性の短いラウンドアップ，バスタ，ハービーなどを雑草に茎葉処理する。

播種後土壌処理剤として，イネ科雑草の優占圃場ではラッソー，デュアール，トレファノサイド，広葉雑草の優占圃場ではゲザガード，ロロックス，ビンサイド，イネ科と広葉雑草が混在しているときはサターンバアロ，コダール，エスなどを用いる。北海道ではインゲンマメの播種後出芽までに日数がかかるので，その間に広葉雑草が発生した場合は，作物の出芽直前にアクチノールを散布する。その場合，雑草が発生していなければ効果がなく，また，作物が出芽した後では薬害がひどく，使用できない。また，金時類に限られるが，作物の出芽期で広葉雑草の発生期～2葉期までにパワーガイザーを処理できる。

生育期にイネ科雑草が発生した場合は，雑草の3～5葉期にタルガ，ナブ，ワンサイドを全面に茎葉処理して防除する。また，セレクトとホーネストはス

ズメノカタビラにも有効である。広葉雑草にはこれらの薬剤は効果がないので，中耕・培土により防除する。なお，北海道でインゲンマメの生育初期に広葉雑草が発生し，このまま放置すればかなりの雑草害が予想されるような場合は，バサグランを散布し防除する。バサグランは葉枯れなどの薬害を生じやすいので注意して使用する。

インゲンマメの品種には大正金時と手亡などがあり，除草剤に対する感受性に差がみられる。品種によって使えない薬剤があるので，使用前にラベルを注意して読むことが大切である。

6）アズキ

アズキ畑に発生する雑草はダイズ畑，インゲンマメ畑と同じであり，除草体系もこれらに準じて設定する。

播種後土壌処理剤として，イネ科雑草の多い圃場ではトレファノサイド，クロロIPC，広葉雑草の多い圃場ではゲザガード，ダイロン，ビンサイドなど，両者が混在している圃場ではエスを用いる。北海道ではアズキの播種後出芽までに日数がかかり，広葉雑草が発生してしまうことがあるが，その場合は作物の出芽直前にアクチノールを処理する。また，アズキの出芽期に発生した広葉雑草を対象にパワーガイザーを処理する。

生育期に発生したイネ科雑草にはその3〜5葉期にタルガ，ナブ，セレクト，ホーネスト，ワンサイドを処理して防除する。

アズキはダイズなどに比べて種子が小さく，播種後の覆土が浅くなりやすい。また，出芽に際し，子葉が地中に残り本葉が直接出芽するため，薬剤の処理層に生長点がふれ，薬害を出すことがあるので注意が必要である。

7）ラッカセイ

雑草発生と防除法

ラッカセイの主産地は，関東，東海，南九州地方である。従来，関東地方ではムギ類との二毛作で間作が一般的であったが，現在は露地栽培とポリエチレ

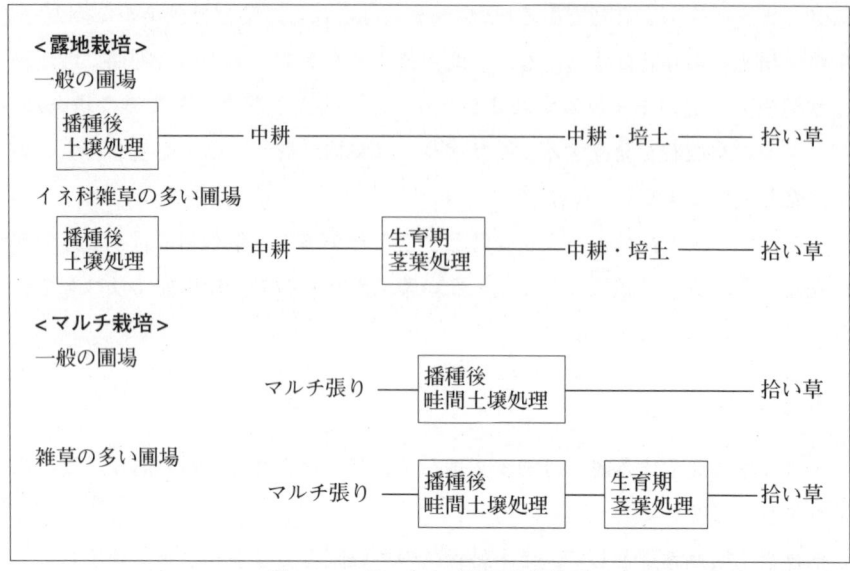

```
<露地栽培>
 一般の圃場
  [播種後土壌処理] ── 中耕 ──────────────── 中耕・培土 ──── 拾い草
 イネ科雑草の多い圃場
  [播種後土壌処理] ── 中耕 ──[生育期茎葉処理]── 中耕・培土 ──── 拾い草
<マルチ栽培>
 一般の圃場
  マルチ張り ──[播種後畦間土壌処理]──────────── 拾い草
 雑草の多い圃場
  マルチ張り ──[播種後畦間土壌処理]──[生育期茎葉処理]── 拾い草
```

図3－7　ラッカセイ畑の除草体系

ンフィルムによるマルチ栽培が普通である。ラッカセイ畑に発生する雑草はダイズやトウモロコシ畑に発生している草種とほぼ同じで，一年生雑草のメヒシバ，エノコログサ，カヤツリグサ，スベリヒユ，イヌビユなどヒユ類，エノキグサ，クワクサ，ザクロソウ，タデ類などである。

　ラッカセイはとくに露地栽培では初期生育が遅く，茎葉の繁茂で畦間をカバーするまでに3か月程度を必要とし，さらに草丈も低いため，除草必要期間は播種後約70日間と他の作物に比べて長い。したがって周到な雑草管理をしないと雑草が繁茂しやすい作物であり，雑草害の程度も著しい。ラッカセイの雑草害は地上部が雑草と競合するだけでなく莢の形成される地下部でも競合し，放任すると収穫が皆無になることもある。一方ラッカセイは条播されるため，畦間の中耕作業が容易で防除効果も高い。

　マルチ栽培では耕起とフィルム張りを同時に作業することが普通であるが，マルチ床とフィルムが密着していればフィルム下の雑草は高温で枯死するため，通路部分のみ除草すればよい。

ラッカセイ畑の除草体系（図3-7）は，露地栽培の場合，播種後土壌処理，中耕・培土が基本となる。雑草発生が普通の畑では中耕を2～3回行ない，これに拾い草を組み合わせればよいが，イネ科雑草が多い畑では生育期茎葉処理剤を散布する。

マルチ栽培では前述したようにフィルム下の雑草は問題ないので，通路部分だけ防除すればよい。畦間だけに除草剤を散布する場合，フィルムを張ってある部分を除いて面積を計算し，除草剤をまきすぎないように注意する。関東地方では，ラッカセイの開花後子房柄の伸長する前にフィルムを除去し，通路部分を中耕・培土する。

ラッカセイは草丈が低いため，後から発生した雑草でも中耕・培土で防除できなかったものや，株間に発生したものはラッカセイの上部に伸長してしまう。これら取り残しの雑草は本数が少なく雑草害の程度は軽微でも，種子を形成し来年の発生源となるため，拾い草は重要な作業である。

除草剤の使い方

播種後土壌処理剤は多数登録されている。イネ科雑草優占圃場ではラッソー，トレファノサイド，クレマート，ゴーゴーサン，デュアールなど，広葉雑草優占圃場ではゲザガード，ロロックス，シマジン，ダイロンなどを用いる。イネ科雑草と広葉雑草が混在している場合は，クリアターン，サターンバアロ，コダール，エスを用いる。

生育期に発生したイネ科雑草に対しては，タルガ，ナブ，ワンサイドを雑草の3～5葉期に処理する。生育期に発生した広葉雑草に対しては，現在適用できる全面茎葉処理用の除草剤がないので，中耕・培土で対処する。

8) バレイショ

雑草発生と防除法

バレイショの主産地は北海道で，その他に東北，関東，九州地方で栽培されている。バレイショは植付けの時期が早いため，低温発芽性の雑草が優占し，九州の秋作を除いてメヒシバ，カヤツリグサ，スベリヒユ，ヒユ類など夏雑草

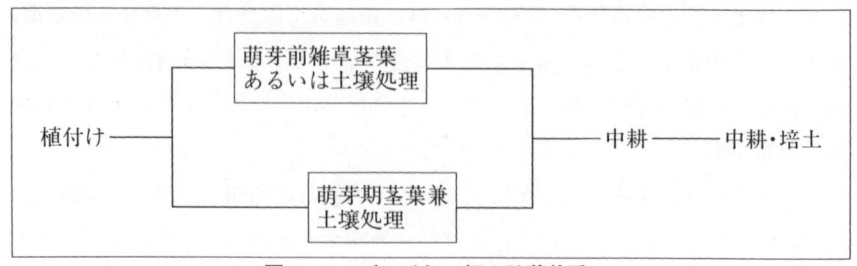

```
植付け ──┬── 萌芽前雑草茎葉
         │   あるいは土壌処理
         │                    ── 中耕 ── 中耕・培土
         └── 萌芽期茎葉兼
             土壌処理
```

図3−8　バレイショ畑の除草体系

の発生は少ない。北海道で発生の多い草種はツユクサ，シロザ，ハコベ，タデ類，ナギナタコウジュ，スカシタゴボウ，タニソバ，ノビエなどであり，多年生のシバムギ，ギシギシ類，ヒメスイバ，スギナ，ハナジョウナなども発生する。東北以西ではハコベ，スカシタゴボウ，スズメノカタビラなどの冬雑草や，シロザ，コアカザ，タデ類，ツユクサなど発生時期が早い草種が優占する。植付け期が8月下旬～9月上旬となる暖地の秋作ではメヒシバ，オヒシバ，カヤツリグサ，スベリヒユ，ヒユ類などが優占し，ハマスゲ，スギナなどの多年生雑草が発生することもある。

　バレイショ作では培土作業が不可欠でその雑草防除効果は著しいが，雑草が残存した場合，地上部とともに地下部の塊茎形成が阻害され減収するだけでなく，収穫作業の妨げとなる。

　バレイショ畑の除草体系（図3−8）は，植付け，除草剤処理，中耕・培土が基本となる。低温時期に植付けるバレイショ作では，植付け後萌芽までに20日以上かかり，その間に雑草が発生するため，その防除対策が重要である。萌芽後には中耕と培土で雑草を抑える。北海道では軽度の半培土を行ない，つづいて整形培土機による本培土を実施する。またバレイショの収穫作業を容易にするため，黄変期のバレイショの茎葉と残存している雑草を枯らすために枯凋剤を散布することがある。なお，早掘りのマルチ栽培，暖地の秋作では植付け前の雑草を防除すれば，植付け後には除草剤を使わないことが多い。

除草剤の使い方

バレイショ植付け後萌芽前に使用する除草剤には2つのタイプがある。茎葉処理剤であるアクチノール，バスタ，プリグロックス⒧，ハービーなどはバレイショの茎葉にかかると薬害がでるので，萌芽直前で，すでに発生している雑草に処理する。これらの除草剤は土壌処理効果，すなわち，残効がないので，バレイショ萌芽前でも雑草が発生していなければ効果が期待できない。土壌処理剤であるコンボラル，クリアターン，グラメックス，トレファノサイド，クレマート，ゴーゴーサン，デュアール，ロロックスなどは雑草の発生防止効果はあるが，発生している雑草には効果が劣るので，植付け後で雑草発生前〜発生始期に処理する。

バレイショの萌芽期にはセンコルとスタムが適用できる。センコルは茎葉兼土壌処理効果があり幅広い雑草に有効であるが，メークイン，ワセシロなど品種によっては薬害のでることがあり，この場合は萌芽前に使用すると安全である。スタムは土壌処理効果がなく，また，バレイショの茎葉の一部が萎縮症状を示すことがある。

生育期にイネ科雑草が発生した場合はナブ，タルガを散布する。黄変期に枯凋剤としてレグロックスが適用できるが，土壌が乾燥した場合は塊茎に維管束褐変を生ずることがある。なお，同じ目的で石灰窒素とデシカン（ピラフルフェンエチル）が適用されている。

9）カンショ

雑草発生と防除法

カンショの作付けは関東，東海，四国，九州南部地方が多い。関東の主産県である茨城，千葉では以前はムギ―カンショの露地二毛作が普通であったが，現在はポリエチレンフィルムを利用した青果用のマルチ栽培が一般的である。九州ではマルチ栽培もふえているが，原料用カンショの露地栽培が一般的である。一部にハウスやトンネルを利用した施設栽培も見られる。

カンショ畑に発生する雑草はラッカセイ畑と同様，一年生夏雑草のメヒシバ，

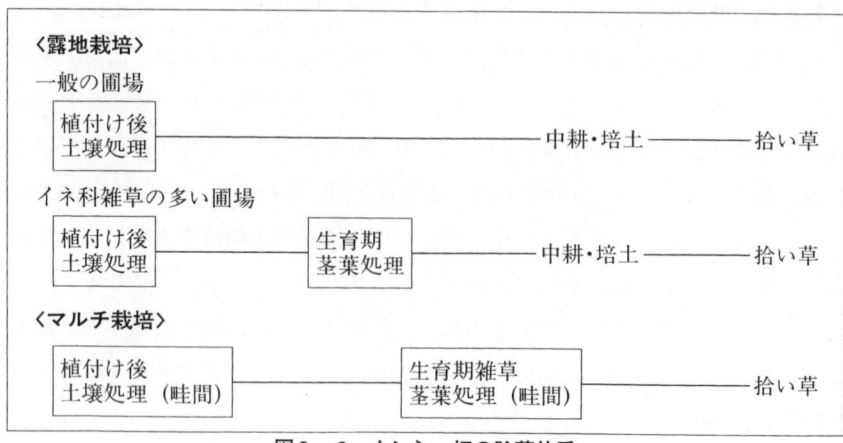

```
〈露地栽培〉
 一般の圃場
  ┌─────────┐
  │植付け後  │────────────── 中耕・培土 ──────── 拾い草
  │土壌処理  │
  └─────────┘
 イネ科雑草の多い圃場
  ┌─────────┐      ┌─────────┐
  │植付け後  │──────│生育期    │── 中耕・培土 ──── 拾い草
  │土壌処理  │      │茎葉処理  │
  └─────────┘      └─────────┘
〈マルチ栽培〉
  ┌──────────────┐      ┌──────────────────┐
  │植付け後      │──────│生育期雑草        │──────── 拾い草
  │土壌処理（畦間）│      │茎葉処理（畦間）  │
  └──────────────┘      └──────────────────┘
```

図3-9 カンショ畑の除草体系

ニワホコリ，カヤツリグサ，スベリヒユ，イヌビユ，ザクロソウ，エノキグサ，イヌホウズキなどである。露地栽培のカンショはつるの伸長が遅く，畦間をカバーするまでに日数がかかるので，この時期の雑草防除が重要である。つるが地表面を覆ってしまえば，雑草の発生生育は抑制される。マルチ栽培ではカマボコ型で高畦の床にフィルムが密着すればマルチ下の雑草は高温で枯死するので，畦間の通路部分だけを防除すればよい。つるの伸長が早いので，植付け後2か月ころには全面をカバーする。

カンショ畑の除草体系（図3-9）は，露地栽培では植付け後の除草剤土壌処理，生育期の除草剤茎葉処理，中耕・培土が基本となる。マルチ栽培では植付け後，畦間に土壌処理剤を散布し，その後雑草が発生した場合，非選択性の茎葉処理剤を畦間処理する。畦間処理の場合，圃場全面散布に比べて除草剤を散布する部分が少なくなるので，マルチ部分を除外した面積に相当する薬量に調整し，まきすぎないように注意する。作付け前に雑草が繁茂しているような場合は，耕起あるいは植付け前に非選択性茎葉処理剤で防除する。

除草剤の使い方

耕起あるいは植付け前に発生している雑草を防除するには，ラウンドアップ，

ポラリス，プリグロックス⑪，ハービー，バスタ，インパルスなど残効の短い非選択性の茎葉処理剤を散布する。

　植付け後は雑草発生前に土壌処理剤を全面あるいは畦間に処理する。イネ科雑草の多い圃場ではトレファノサイド，デュアール，レンザー，クレマート，広葉雑草の多い圃場ではロロックス，シマジンを用い，生育期にイネ科雑草が発生した場合は，その3～5葉期にタルガ，ナブ，セレクト，ワンサイドを全面に茎葉処理する。雑草2～3葉期にはスタムが全面処理できるが，一時的に生育抑制がみられ，品種によっては薬害のおそれがあるので注意する。また，早掘り用のサツマイモには使用しない。

　マルチ栽培などの畦間に雑草が繁茂した場合は，非選択性の茎葉処理剤であるバスタ，ハヤブサ，プリグロックス⑪，ハービー，インパルスなどを作物にかからないように畦間処理する。

10）テンサイ

雑草発生と防除法

　テンサイは北海道の全域で広く栽培されているが，とくに十勝地方が主産地である。栽培法は紙筒を用いた移植栽培が一般的で，一部に直播栽培がみられる。テンサイの植付け，あるいは播種時期は4月下旬と低温のため，発生する草種は低温発芽性の広葉雑草が多く，イネ科雑草は少ない。すなわち，シロザ，ハコベ，ツユクサ，タデ類，ナギナタコウジュ，スカシタゴボウなどの広葉雑草が優占し，イネ科雑草ではヒメイヌビエ，アキメヒシバなどがみられる。また，多年生雑草のオオツメクサ，キレハイヌガラシ，エゾノギシギシなども発生する。これら雑草を放任すると，地上部とともに地下部でも競合し，著しい減収をまねく。テンサイは植付け後2か月ほど経過すれば茎葉が群落内をカバーするので，それ以後に発生した雑草の生育は抑制される。雑草害は移植栽培より直播栽培でより著しい。

　テンサイ畑の除草体系（図3－10）は移植栽培では植付け活着後，雑草の発生初期に除草剤を散布し，以後はホー除草，中耕・培土で防除する。直播栽培

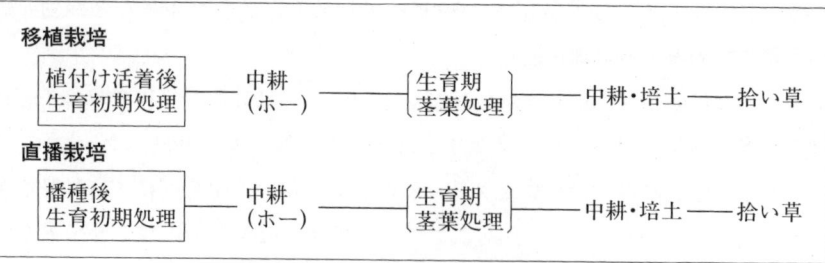

```
移植栽培
┌植付け活着後─┐    中耕    ┌生育期 ┐     中耕・培土 ── 拾い草
│生育初期処理 │── (ホー) ──│茎葉処理│──
└───────┘           └────┘

直播栽培
┌播種後    ─┐    中耕    ┌生育期 ┐     中耕・培土 ── 拾い草
│生育初期処理│── (ホー) ──│茎葉処理│──
└───────┘           └────┘
```

図3-10 テンサイ畑の除草体系

ではテンサイの本葉2葉期ごろに除草剤を処理し，以後は移植栽培と同じに中耕，ホー除草で防除する。また，テンサイ栽培では間引きが重要な作業であり，この時期に雑草が発生していると作業時間が長くなるので，間引き前に防除する。除草などで取り残した雑草や欠株などに発生した雑草は大きくなり，秋までに大量の種子を落とすので，拾い草，すなわち種草刈りは重要な作業である。

除草剤の使い方

移植栽培ではテンサイの活着後，雑草の発生前～発生初期にラッソー，ハーブラック，ベタブロード，レンザー，レナパック，デュアール，クロロIPC，PAC，ベタナールを散布する。また，ベタダイヤAは3成分の混合剤で，イネ科，ツユクサを含む広葉雑草に幅広い効果を示す。生育期にイネ科雑草が発生した場合はタルガ，ナブ，ワンサイドおよびスズメノカタビラにも効くセレクト，ホーネストを雑草の3～5葉期に全面茎葉処理する。直播栽培ではテンサイの播種後にレンザー，PAC，クロロIPCを散布するか，テンサイの2葉期ごろにレナパック，ベタナールを処理する。生育期のイネ科雑草対策は移植栽培と同じである。

11）ホップ

ホップは冷涼な気候を好む宿根多年生の作物で，一度植付けられると十数年にわたり作付けされる。春先から初夏にかけての萌芽時期は中耕・培土が行なわれるため，除草が必要になるのはつるが伸長する梅雨の前後からである。ホ

ップの畦間に発生した雑草に対して，作物にかからないようにハービーを茎葉処理して防除する。とくに初年生のホップは薬害を受けやすいので注意する。

12) ナタネ

ナタネは以前は全国でみられたが，現在は青森，北海道で栽培されているにすぎない。しかし，最近はバイオエネルギーの原料として見直され，各地で栽培が試みられている。ナタネは播種後，出芽してからの初期生育が遅いので，初期の除草が重要である。生育期には茎葉が繁茂して畦間をカバーするので，雑草の生育は抑制される。

ナタネ畑に発生する雑草はムギ類と同じである。除草剤の利用は播種後にトレファノサイドを土壌処理する。

13) コンニャク

雑草発生と防除法

コンニャクは群馬県が生産地で，その他，茨城，栃木，福島などでも栽培されており，その作付地帯は平坦地から標高の高い山間地までおよぶ。また，植付け期は5月上～中旬，収穫期が11月ごろと在圃期間の長いことが特徴である。

コンニャク畑に発生する雑草の種類は，とくに平坦地では一般畑地と同じでメヒシバ，カヤツリグサなど一年生夏雑草が主体であるが，標高の高い地帯ではハコベ，ナズナなどの冬雑草，キク科雑草の発生が多くなる。また，秋にコンニャクの茎葉が黄化してから，ハルジオン，オニノゲシなどのキク科雑草が発生することがある。

コンニャク畑では黒色のポリマルチ栽培も行なわれるが，この場合は雑草はほぼ完全に抑えられ通路部分のみの除草となる。露地栽培では生育期間の長いこともあり，除草剤の利用が一般的である。

コンニャク畑の除草体系（図3－11）は除草剤処理と中耕・培土，敷わら・敷草を組み合わせて行なわれる。萌芽後の6月に行なう中耕・培土は植付け後に発生した雑草を防除するとともに，中耕・培土後に散布する土壌処理剤の薬

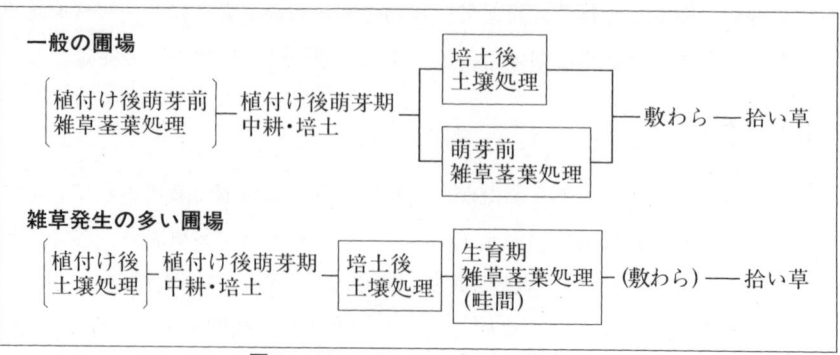

```
一般の圃場
 ┌植付け後萌芽前┐─┌植付け後萌芽期┐─┌┌培土後土壌処理┐┐─敷わら──拾い草
 └雑草茎葉処理 ┘  └中耕・培土  ┘  └└萌芽前雑草茎葉処理┘┘

雑草発生の多い圃場
 ┌植付け後 ┐─┌植付け後萌芽期┐─┌培土後 ┐─┌生育期雑草茎葉処理(畦間)┐─(敷わら)──拾い草
 └土壌処理 ┘  └中耕・培土  ┘  └土壌処理┘  └            ┘
```

図3-11　コンニャク畑の除草体系

害が生じないようにする効果がある。コンニャク畑の土壌処理剤は植付け後と中耕・培土後の2時期に行なわれるが、一般には中耕・培土後のほうが多い。これは処理時期を遅らせて、生育の遅い時期まで雑草の発生を抑えるためである。

中耕・培土後の敷わら・敷草は雑草抑制効果が高い。最近は敷わらの材料の入手が難しいため、エンバクを間作し、途中で刈り取って敷草としている例も見られる。コンニャクの茎葉が繁茂すれば畦間をカバーするため、雑草の発生生育は抑えられる。

したがって、一般には萌芽時の中耕・培土後に土壌処理剤を散布し、以後敷わらでほぼ防除できる。

コンニャクは植付け後萌芽までに2週間程度かかるので、その間に雑草が発生した場合は、萌芽直前に非選択性の茎葉処理剤を散布する。萌芽期の中耕・培土後は、萌芽前に再度、茎葉処理剤を散布してもよい。

雑草発生が多い圃場では、植付け後、雑草発生前に土壌処理剤を散布する。また、生育期に雑草が繁茂した場合は非選択性の茎葉処理剤を畦間処理する。とくに、コンニャクの生子は初期生育が劣り、畦間のカバー力も弱いので、このような畦間処理が必要であるが、薬害に敏感なので茎葉にかからないように注意する。連作障害を防ぐために植付け前にクロルピクリンの土壌消毒を行な

うことが多いが，その雑草防除効果も認められる。

除草剤の使い方

植付け後，あるいは培土後の雑草発生前に，イネ科雑草の多い圃場ではトレファノサイド，クレマート，ゴーゴーサン，デュアール，コンボラル，広葉雑草の多い圃場ではロロックスを土壌処理する。イネ科雑草と広葉雑草が発生する場合はカイタックを用いる。

植付け後萌芽前，あるいは，生育期の畦間処理剤としてはバスタ，ハヤブサ，プリグロックスⓁ，ハービーなどを用いる。生育期にイネ科雑草が発生した場合は，その3～5葉期にナブを全面茎葉処理する。

14) サトウキビ

雑草発生と防除法

サトウキビは沖縄，鹿児島で作付けされ，草丈が4mにもなる大型作物である。春植え（3～4月），夏植え（8～9月），株出し（1～3月に収穫した株から萌芽させる）の3作型があるが，いずれも茎葉が伸長するまでの1～2か月の初期除草は必須の作業で，この時期に雑草が繁茂すると生育後期まで雑草害がおよび，分げつ数が減少して減収するおそれがある。

サトウキビ畑に発生する雑草は一年生雑草ではメヒシバ，オヒシバ，イトアゼカヤ，ツノアイアシ，ムラサキカッコウアザミなど，多年生雑草ではオガサワラスズメノヒエ，タチスズメノヒエ，タチアワユキセンダングサ，ハマスゲ，ムラサキカタバミなどである。これら雑草のなかで，キク科多年生雑草のタチアワユキセンダングサの被害が著しい。

サトウキビ畑の除草体系（図3-12）は手取り除草，除草剤処理，中耕・培土を組み合わせて行なわれる。春植え，夏植え，株出し栽培とも植付け，あるいは根切排土後の除草剤処理，中耕・培土後の除草剤処理が一般的で，高培土後はサトウキビの茎葉が伸長するので，雑草害の心配はなくなる。

除草剤の使い方

春植えで植付け前に雑草が繁茂している場合はラウンドアップで防除する。

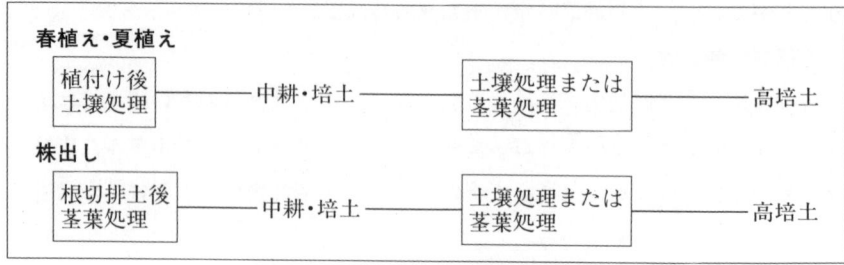

```
春植え・夏植え
┌─────────┐      ┌─────────┐
│植付け後  │──中耕・培土──│土壌処理または│──高培土
│土壌処理  │      │茎葉処理  │
└─────────┘      └─────────┘
株出し
┌─────────┐      ┌─────────┐
│根切排土後│──中耕・培土──│土壌処理または│──高培土
│茎葉処理  │      │茎葉処理  │
└─────────┘      └─────────┘
```

図3-12　サトウキビ畑の除草体系

植付け後または培土後の土壌処理剤としてはラッソー，ゲザプリム，ダイロンなど，茎葉兼土壌処理剤としてはセンコル，茎葉処理剤としてはアージランを用いる。アージランは干ばつ時には薬害を生じることがあるので使用しない。また，広葉雑草とハマスゲの3～5葉期にはシャドーを用いる。

15）ソ　バ

ソバには春に播種する夏ソバと夏に播種する秋ソバがある。秋ソバはソバの初期生育がすぐれ出芽後速やかに畦間をカバーするので，ほとんど雑草防除の必要はない。夏ソバは雑草発生の多い時期でもあり，播種後2週間前後に中耕・培土を行なう。

ソバの除草剤については要望は多いが，現在登録されている薬剤はナブだけであり，イネ科雑草の3～5葉期に全面茎葉処理する。

16）タバコ

雑草発生と防除法

葉タバコ栽培は北海道と大都市周辺を除き，ほぼ全国で行なわれている。タバコは従来，集約的な作物であり，移植後3回程度の中耕・培土と大土寄せを行なう裸地栽培が普通であったが，現在はポリエチレンフィルムによるマルチ栽培が一般的である。

タバコ畑に発生する雑草はメヒシバ，カヤツリグサ，シロザ，タテ類，スベ

```
┌─────────────────────────────────────────────────────────────┐
│  ┌──────────┐                                               │
│  │フィルムマルチ前│─フィルムマルチ                                  │
│  │土壌処理   │                                               │
│  └──────────┘                                               │
│            フィルムマルチ─────────大土寄せ────────┌──────┐      │
│                                              │土壌処理│      │
│                                              └──────┘      │
│                                        ┌中耕・培土─┌──────┐  │
│                                        │         │土壌処理│  │
│            フィルムマルチ─フィルム除去─────┤         └──────┘  │
│                                        │         ┌────────┐│
│                                        └雑草生育期 │        ││
│                                         茎葉処理（畦間）    ││
└─────────────────────────────────────────────────────────────┘
```

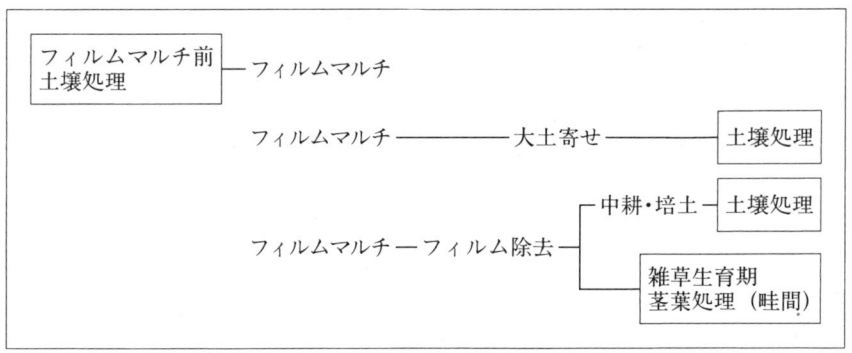

図3-13　タバコ畑の除草体系

リヒユなど一年生夏雑草で，ダイズ畑などの草種と同じである。タバコは大型の作物であり，大きな葉が畦間をカバーするので雑草との競合には強いが，初期に雑草が繁茂すると，葉の充実が劣り，うどんこ病の発生原因ともなる。

　タバコ畑の除草体系（図3-13）はフィルムマルチ前と植付け後30日前後の大土寄せ後の除草剤処理が基本となっている。プラスチックフィルムが畦面に密着していればフィルム下の雑草は高温で枯死するが，少しすき間があるとフィルムをもち上げるほど雑草が繁茂してしまう。こうした心配がある場合はフィルムをマルチする前に除草剤の土壌処理剤を散布する。この場合，畦面全体を密閉マルチする改良マルチでは，薬害のおそれがあるため除草剤は使用できない。

　大土寄せはそれ自体が雑草防除に有効であるが，それでも雑草発生が懸念されるときには土壌処理剤を散布する。

　大土寄せを行なわない場合は，植付け後30日ごろにフィルムを除去し中耕・培土を行ない，つづいて土壌処理剤を散布する。または，フィルム除去後，発生している雑草を茎葉処理剤により防除する。

除草剤の使い方

　フィルムマルチ前の土壌処理剤としてはラッソー，クレマート，デュパサンを使用する。ラッソーは初期生育が抑制されるおそれがあるので，植付け10

〜20日前に処理する。

　大土寄せ後の土壌処理剤はデュパサン，トレファノサイドであるが，デュパサンは裸地栽培用とし，トレファノサイドはタバコにかからないように畦間処理を行なう。

　大土寄せ期の生育期茎葉処理剤は畦間処理用としてバスタを用い，イネ科雑草が優占している場合はその2〜5葉期にワンサイド，ナブを全面処理する。

第3章　畑　地　編

普通畑作物に適用できる除草剤一覧表

使用時期	薬剤名	リクトウ	ムギ類	コムギ	オオムギ	トウモロコシ	ダイズ	アズキ	インゲンマメ	ラッカセイ	バレイショ	カンショ	テンサイ	コンニャク	サトウキビ	タバコ	その他の作物
《播種・植付けあるいは耕起前処理、生育期畦間雑草茎葉処理》	三共の草枯らし（他にサンフーロン，エイトアップ，クサクリーン，ハイーフウノン，グリホエキス，ラウンドアップ，グリホス，コンパカレール，ピラサート等あり。詳細は各薬剤の登録内容を参照）			○	○	○	○	○			○				○		
	タッチダウン				○												
	ポラリス液剤	○				○											
	ブロンコ				○												
	ラウンドアップハイロード	○	○			○	○	○			○				○		
	インパルス水溶剤				○						○	○					
	サンダーボルト				○												
	バスタ				○		○	○	○		○	○		○			
	ハヤブサ										○	○					
	ハービー液剤				○		○	○			○	○					ホップ
	プリグロックスL	○									○	○					
《播種あるいは植付け前後土壌処理》	クレマート乳剤									○			○			○	
	クレマートU粒剤									○							
	ゴーゴーサン乳剤30	○	○	○		○				○	○						
	ゴーゴーサン細粒剤F			○		○				○							
	デュアール乳剤					○	○			○	○	○					
	テュパサン														○		
	トレファノサイド乳剤		○				○				○				○		ナタネ
	トレファノサイド粒剤2.5	○	○				○	○			○	○					
	フィールドスター乳剤			○	○												
	ラッソー乳剤					○	○		○	○		○			○		
	レンザー										○	○					
	カソロン粒剤1.0		○														
	ゲザガード50	○	○			○	○	○	○								
	ゲザプリムフロアブル					○											
	グラメックス水和剤												○				
	クロロIPC乳剤		○				○	○	○				○				
	シマジン水和剤			○		○											エンドウマメ
	シマジン粒剤			○						○							
	センコル水和剤						○								○		

使用時期	薬剤名	リクトウ	ムギ類	コムギ	オオムギ	トウモロコシ	ダイズ	アズキ	インゲンマメ	ラッカセイ	バレイショ	カンショ	テンサイ	コンニャク	サトウキビ	タバコ	その他の作物
							適用作物名										
〈播種あるいは植付け前後土壌処理〉	ダイロン クサウロン水和剤80	○	○				○	○			○	○			○		
	カーメックスD						○			○					○		
	ハーモニー細粒剤F			○	○												
	ハーブラック顆粒水和												○				
	パワーガイザー液剤					○	○	○									
	ロロックス		○			○	○		○	○	○		○				
	ロロックス粒剤			○			○		○	○		○					
	エコトップ乳剤					○	○										
	カイタック乳剤			○	○	○											
	カイタック細粒剤F			○	○	○								○			
	ガリル水和剤			○													
	ガレース乳剤			○	○												
	ガレースG			○	○												
	ゲザノンフロアブル					○											
	コダール水和剤					○	○		○	○							
	コワーク乳剤		○	○		○											
	コンボラル	○	○							○		○					
	サターンバアロ乳剤	○				○	○		○								
	サターンバアロ粒剤	○		○	○	○			○								
	ピンサイド乳剤					○	○	○									
	ホクパック水和		○	○													
	レナパック水和剤										○						
	クリアターン乳剤			○	○	○			○	○							
	クリアターン細粒剤F			○	○	○			○								
	ベタダイアA乳剤												○				
	ベタブロード乳剤												○				

第3章 畑地編

使用時期	薬剤名	適用作物名															その他の作物
		リクトウ	ムギ類	コムギ	オオムギ	トウモロコシ	ダイズ	アズキ	インゲンマメ	ラッカセイ	バレイショ	カンショ	テンサイ	コンニャク	サトウキビ	タバコ	
〈生育期全面茎葉処理〉	アージラン液剤														○		
	スタムDF80									○							
	スタム乳剤35	○								○	○						
	ベタナール乳剤												○				
	セレクト乳剤						○	○	○			○	○				
	タルガフロアブル						○	○	○	○	○	○					
	ナブ乳剤						○	○	○	○	○	○	○	○		○	ソバ
	ホーネスト乳剤						○	○	○				○				
	ポルトフロアブル						○	○	○				○				
	ワンサイドP乳剤						○	○	○		○	○					
	アクチノール乳剤	○					○	○		○							
	エコパートフロアブル		○	○										○			
	シャドー水和剤														○		
	ハーモニー75DF水和剤		○	○													
	バサグラン液剤(ナトリウム塩)		○	○		○	○		○								エンドウマメ
	2,4-Dアミン塩														○		
	MCPソーダ塩		○		○												ヒエ, キビ

293

普通畑作物の除草剤の使い方（使用量については10a当たりで表記した）

薬剤名 有効成分含有率	作物名	適用草種				処理方法	使用量 （水量）	適用土壌 適用地帯	使用上の注意
		一年生		多年生					
		イネ科	非イネ科	イネ科	非イネ科				
〈播種・植付けあるいは耕起前, 生育期畦間雑草茎葉処理〉									
三共の草枯らし グリホサートイソプロピルアミン塩41% (他にサンフーロン, エイトアップ, クサクリーン, ハイーフウノン, グリホエキス, ラウンドアップ, グリホス, コンパカレール, ピラサート等あり。詳細は各薬剤の登録内容を参照)	コムギ	○	○			雑草茎葉散布 雑草生育期(草丈30cm以下)	250～500ml (100l)	—	○植物体内移行性が大きく, 一年生雑草から多年生雑草の地下部まで枯殺する ○遅効性で効果の完成には一年生雑草で1～2週間, 多年生雑草では2週間以上を要する ○土壌処理効果はなく, 処理後すぐに作物の作付けができる ○少量散布は専用ノズルを使用する ○周辺作物にかからないように散布する
				○	○	耕起10日前まで	500～1000ml (100l)		
	オオムギ	○	○			雑草茎葉散布 雑草生育期(耕起10日以前)	250～500ml (100l)		
	ダイズ					雑草茎葉散布 雑草生育期(播種10日以前)	250～500ml (50～100l通常, 25～50l少量)		
						雑草茎葉散布 雑草生育期(草丈30cm以下) (播種後出芽前まで)			
	アズキ インゲンマメ					雑草茎葉散布 雑草生育期(播種10日以前)			
	カンショ					雑草茎葉散布 雑草生育期(耕起7日以前)	250～500ml (100l)		
	サトウキビ (春植え)	○	○			雑草茎葉散布 雑草生育期(耕起10日以前)	250～500ml (50～100l通常, 25～50l少量)		
				○	○		500～1000ml (50～100l通常, 25～50l少量)		
タッチダウン グリホサートトリメシウム塩38%	コムギ	○	○	シバムギ		雑草茎葉散布 雑草生育期(耕起7日以前)	200～400ml (50～100l通常, 25～50l少量)		

第3章 畑地編

薬剤名 有効成分含有率	作物名	適用草種				処理方法	使用量 （水量）	適用土壌 適用地帯	使用上の注意
		一年生		多年生					
		イネ科	非イネ科	イネ科	非イネ科				
ポラリス液剤 グリホサートイソプロピルアミン塩20%	ムギ類	○	○	シバムギ		雑草茎葉散布 雑草生育期(耕起10日以前)	300〜500ml (25〜50l少量)	—	〃
	ダイズ					雑草茎葉散布 雑草生育期(播種10日以前)			
ブロンコ グリホサートアンモニウム塩33%	コムギ		○			雑草茎葉散布 雑草生育期耕起7日以前	250〜500ml (50〜100l通常、25〜50l少量)	—	
ラウンドアップハイロード グリホサートアンモニウム塩41%	ムギ類(コムギを除く)	○	○	○	○	雑草茎葉散布 雑草生育期(耕起10日以前)	250〜500ml (50〜100l通常、25〜50l少量)	—	
	コムギ					雑草茎葉散布 雑草生育期(耕起10日以前)			
						雑草茎葉散布 雑草生育期(播種後出芽前)	250〜500ml (50l)		
					○	雑草茎葉散布 雑草生育期(耕起3日以前)	250〜500ml (50〜100l通常、25〜50l少量)		
	ダイズ	○	○			雑草茎葉散布 雑草生育期(播種10日以前)	250〜500ml (25〜50l少量)		
						雑草茎葉散布 雑草生育期(播種後出芽前)	250〜500ml (50l)		
	アズキ インゲンマメ					雑草茎葉散布 雑草生育期(播種10日以前)	250〜500ml (25〜50l少量)		
	カンショ					雑草茎葉散布 雑草生育期(耕起7日前まで)	250〜500ml (50〜100l通常、25〜50l少量)		

薬剤名 有効成分含有率	作物名	適用草種				処理方法	使用量 (水量)	適用土壌 適用地帯	使用上の注意
		一年生		多年生					
		イネ科	非イネ科	イネ科	非イネ科				
〃	サトウキビ (圃場周縁)	○	○			雑草茎葉散布 雑草生育期(ただし,収穫90日前まで)	250〜500ml (25〜50l少量)	〃	〃
				○	○		500〜1000ml (25〜50l少量)		
インパルス水溶剤 グリホサートナトリウム塩16% ビアラホス8%	コムギ	○	○			雑草茎葉散布 雑草生育期(草丈30cm以下) 耕起7日以前	500〜600g (100l)	ー	○土壌処理効果はなく,処理後すぐに作物の作付けができる ○周辺作物にかからないように散布する ○畦間処理では作物にかからないように散布する
	カンショ					雑草茎葉散布 雑草生育期(草丈20cm以下) 挿苗前または挿苗後畦間処理(収穫120日前まで)	500〜600g (50〜100l)		
	コンニャク					雑草茎葉散布 雑草生育期 萌芽前または萌芽後畦間処理(収穫45日前まで)			
サンダーボルト グリホサートトリメシウム塩28.5% ピラフルフェンエチル0.19%	コムギ(秋播)	○	○			雑草茎葉散布 雑草生育期(耕起7日以前)	375〜500ml (100l)		○土壌処理効果はなく,処理後すぐに作物の作付けができる ○周辺作物にかからないように散布する

第3章 畑地編

薬剤名 有効成分含有率	作物名	適用草種				処理方法	使用量 (水量)	適用土壌 適用地帯	使用上の注意
		一年生		多年生					
		イネ科	非イネ科	イネ科	非イネ科				
バスタ グルホシネート18.5%	コムギ	○	○			雑草茎葉散布 雑草生育期(播種前)	300〜750m*l* (100〜150*l*)	—	○一年生雑草全般に雑草生育期処理で有効である。多年生雑草の地上部も枯殺できるが，植物体内移行性が大きくないので，地下部は残り，再生しやすい ○効果の完成に一年生雑草で1週間，多年生雑草で2〜3週間必要である ○土壌処理効果はなく，処理後すぐに作物の作付けができる ○周辺作物にかからないように散布する ○畦間処理では作物にかからないように散布する
	ダイズ アズキ インゲンマメ					雑草茎葉散布 雑草生育期(播種前または畦間処理(収穫28日前まで)	300〜500m*l* (100〜150*l*)		
	バレイショ					雑草茎葉散布 雑草生育期植付後萌芽直前	100〜200m*l* (100〜150*l*)		
	カンショ					雑草茎葉散布 雑草生育期(挿苗後畦間処理(収穫90日前まで)	200〜300m*l* (100〜150*l*)		
	コンニャク					雑草茎葉散布 雑草生育期(植付後萌芽前)	200〜300m*l* (100〜150*l*)		
						雑草茎葉散布 雑草生育期(畦間処理収穫30日前まで)	300〜500m*l* (100〜150*l*)		
	タバコ					雑草茎葉散布 大土寄期畦面処理	200〜300m*l* (100〜150*l*)		
ハヤブサ グルホシネート8.5%	バレイショ	○	○			雑草茎葉散布 雑草生育期植付後萌芽直前	200〜300m*l* (50〜100*l*)	—	
	カンショ					雑草茎葉散布 雑草生育期挿苗後畦間処理(収穫90日まで)	400〜500m*l* (50〜100*l*)		
	コンニャク					雑草茎葉散布 雑草生育期植付後萌芽前または畦間処理(収穫30日前まで)	500〜750m*l* (50〜100*l*)		

薬剤名 有効成分含有率	作物名	適用草種				処理方法	使用量 (水量)	適用土壌 適用地帯	使用上の注意
		一年生		多年生					
		イネ科	非イネ科	イネ科	非イネ科				
ハービー液剤 ビアラホス18%	コムギ	○	○			雑草茎葉散布 雑草生育期耕起7日以前	500〜750ml (100〜150l)	—	○一年生雑草全般に雑草生育期処理で有効である。多年生雑草の地上部も枯殺できるが，植物体内移行性が大きくないので，地下部は残り，再生しやすい ○効果の完成に一年生雑草で1週間，多年生雑草で2〜3週間必要である ○土壌処理効果はなく，処理後すぐに作物の作付けができる ○周辺作物にかからないように散布する ○畦間処理では作物にかからないように散布する
	ダイズ アズキ インゲンマメ					雑草茎葉散布 雑草生育期(草丈20cm以下) 播種前または定植前	300〜500ml (100〜150l)		
						雑草茎葉散布 雑草生育期(草丈20cm以下) 播種後または定植後畦間処理(収穫7日前まで)			
	バレイショ					雑草茎葉散布 雑草生育期萌芽前	200〜300ml (100〜150l)		
	カンショ					雑草茎葉散布 挿苗前または挿苗後畦間処理収穫60日前まで	300〜500ml (100〜150l)		
	コンニャク					雑草茎葉散布 雑草生育期萌芽前または萌芽後畦間処理収穫45日前まで			
	ホップ					雑草茎葉散布 雑草生育期畦間処理(収穫21日前まで)	300〜500ml (100〜150l)		

第3章 畑　地　編

薬剤名 有効成分含有率	作物名	適用草種				処理方法	使用量 (水量)	適用土壌 適用地帯	使用上の注意
		一年生		多年生					
		イネ科	非イネ科	イネ科	非イネ科				
プリグロックスL液剤 ジクワット7% パラコート5%	ムギ類	○	○			雑草茎葉散布 播種前	600～ 1000ml (100～150l)	—	○生育期の雑草に処理し一年生雑草全般に有効である ○植物体内移行性が小さく，多年生雑草は地上部だけ枯れて，地下部は残り再生しやすい。 太陽の沈んだ夕方の散布が有効である ○速効的で処理後2～3日で効果が完成する ○土壌処理効果はなく，処理後すぐに作物の作付けができる ○周辺作物にかからないように散布する ○畦間処理では作物にかからないように散布する
	バレイショ					雑草茎葉散布 萌芽直前(収穫90日前まで)	400～600ml (100～150l)		
							200～300ml (100～150l)	北海道	
	コンニャク					雑草茎葉散布 植付後から萌芽前	600～ 1000ml (100～150l)	—	
						雑草茎葉散布 畦間処理雑草生育期(収穫30日前まで)			

〈播種あるいは植付け前後土壌処理〉

薬剤名 有効成分含有率	作物名	適用草種				処理方法	使用量 (水量)	適用土壌 適用地帯	使用上の注意
		一年生		多年生					
		イネ科	非イネ科	イネ科	非イネ科				
クレマート乳剤 ブタミホス50%	ラッカセイ	○	○～△			全面土壌散布 播種後発芽前 (雑草発生前)	200～400ml (100～150l)	砂壌土～埴土 全域	○一年生イネ科雑草に卓効を示すが，アブラナ科，ナデシコ科，ヒユ科，アカザ科，スベリヒユ科雑草などにも有効である
	バレイショ					全面土壌散布 植付後萌芽前 (雑草発生前)			
	コンニャク					全面土壌散布 植付後または培土後(雑草発生前)ただし収穫120日前			
	タバコ(折衷マルチ栽培)					全面土壌散布 植付10日前まで(雑草発生前)	200ml (100～150l)		
クレマートU粒剤 ブタミホス3%	ラッカセイ	○	○～△			全面土壌散布 播種後発芽前 (雑草発生前)	4～6kg	砂壌土～埴土 全域	

薬剤名 有効成分含有率	作物名	適用草種				処理方法	使用量 (水量)	適用土壌 適用地帯	使用上の注意
		一年生		多年生					
		イネ科	非イネ科	イネ科	非イネ科				
〃	バレイショ	○	○〜△			全面土壌散布 植付後萌芽前 (雑草発生前)	5〜6kg	砂壌土〜 埴土 北海道を 除く地域	〃
	カンショ					全面土壌散布 挿苗後(雑草発生前)挿苗3日後まで	4〜6kg	砂壌土〜 埴土 全域	
	コンニャク					全面土壌散布 植付後または培土後(雑草発生前)ただし収穫120日前まで			
	タバコ(折衷マルチ栽培)					全面土壌散布 植付10日前まで(雑草発生前)	4kg		
ゴーゴーサン乳剤30 ペンディメタリン30%	リクトウ	○	○〜△			全面土壌散布 播種直後(雑草発生前)	200〜400ml (70〜150l)	全土壌 北海道を 除く地域	○一年生イネ科雑草に卓効を示すが、ツユクサ、カヤツリグサ科、キク科雑草などに効果が劣る
	ムギ類(コムギの秋播を除く)						300〜500ml (70〜150l)	砂壌土〜 埴土 全域	
	コムギ(秋播)					雑草茎葉散布 または全面土壌散布 播種直後(雑草発生前)〜コムギ2葉期(イネ科雑草1葉期まで)	300〜500ml (70〜100l)		
	トウモロコシ					全面土壌散布 播種直後(雑草発生前)	200〜400ml (70〜150l)	全土壌 全域	
	ラッカセイ						200〜300ml (70〜150l)	全土壌 関東以西	
	バレイショ					全面土壌散布 植付後〜萌芽前(雑草発生前)	200〜300ml (70〜100l)	全土壌 全域	

第3章 畑地編

薬剤名 有効成分含有率	作物名	適用草種				処理方法	使用量 (水量)	適用土壌 適用地帯	使用上の注意
		一年生		多年生					
		イネ科	非イネ科	イネ科	非イネ科				
〃	コンニャク	○	○〜△			全面土壌散布 植付後または培土後(雑草発生前)ただし植付30日後まで	200〜300ml (70〜100l)	全土壌 北海道,九州を除く地域	〃
ゴーゴーサン細粒剤F ペンディメタリン2%	ムギ類	○	○〜△			全面土壌散布 播種直後(雑草発生前)	5〜6kg	砂壌土〜埴土 全域	
	トウモロコシ								
	ラッカセイ						5kg	砂壌土〜埴土 関東以西	
	バレイショ					全面土壌散布 植付後〜萌芽前(雑草発生前)	4〜6kg	砂壌土〜埴土 北海道を除く地域	
	コンニャク					全面土壌散布 植付後または培土後(雑草発生前)ただし植付30日後まで	5〜6kg	砂壌土〜埴土 北海道,九州を除く地域	
デュアール乳剤 メトラクロール45%	トウモロコシ	○	○〜△			全面土壌散布 本葉1〜2葉期 (イネ科雑草2葉期まで)	200〜400ml (70〜100l)	砂壌土〜埴土 北海道	○イネ科雑草とカヤツリグサに卓効を示す。広葉雑草には効果が不安定であるが,スベリヒユ,ツユクサにも有効である
						全面土壌散布 播種後発芽前 (雑草発生前)		砂壌土〜埴土 全域	
	ダイズ						200〜400ml (70〜100l)	砂壌土〜埴土 全域	
	インゲンマメ							砂壌土〜埴土 北海道,東北	
	ラッカセイ							砂壌土〜埴土 全域	

薬剤名 有効成分含有率	作物名	適用草種				処理方法	使用量 (水量)	適用土壌 適用地帯	使用上の注意
		一年生		多年生					
		イネ科	非イネ科	イネ科	非イネ科				
〃	バレイショ	○	○〜△			全面土壌散布 植付後萌芽前 (雑草発生前)	300〜400m*l* (70〜100*l*)	砂壌土〜 埴土 東北	〃
	カンショ					全面土壌散布 挿苗後(雑草発生前,収穫90日前まで)	200〜400m*l* (70〜100*l*)	砂壌土〜 埴土 全域	
	テンサイ(移植栽培)					全面土壌散布 定植後(雑草発生前,収穫90日前まで)		砂壌土〜 埴土 北海道	
	コンニャク					全面土壌散布 植付後または培土後(雑草発生前)	300〜400m*l* (70〜100*l*)	砂壌土〜 埴土 全域	
テュパサン シデュロン50%	葉たばこ(普通栽培)	○	○〜△			全面土壌散布 植付後または培土後(雑草発芽前)	500〜1000g (100*l*)	—	○後作がイネ科作物の場合は使用をさける
	葉たばこ(マルチ栽培)					全面土壌散布 マルチ被覆前 (雑草発芽前)	300〜500g (100*l*)		
トレファノサイド乳剤 トリフルラリン44.5%	ムギ類	○	○〜△			土壌表面散布 播種後発芽前	200〜300m*l* (100*l*)	砂壌土〜 埴土 全域	○一年生イネ科雑草に卓効を示すが,ツユクサ,カヤツリグサ科,キク科,アブラナ科雑草などに効果が劣る
	ダイズ					土壌表面散布 播種後直後		—	
	アズキ					土壌表面散布 播種後発芽前		北海道を除く地域	
	インゲンマメ					土壌表面散布 播種後6日〜発芽2日前まで		北海道	
	ラッカセイ					土壌表面散布 播種直後		—	
	カンショ					畦間土壌表面散布 植付直後			

第3章　畑　地　編

薬剤名 有効成分含有率	作物名	適用草種				処理方法	使用量 (水量)	適用土壌 適用地帯	使用上の注意
		一年生		多年生					
		イネ科	非イネ科	イネ科	非イネ科				
〃	コンニャク	○	○〜△			土壌表面散布 植付直後，中耕培土直後(萌芽前)	〃	〃	〃
	タバコ					畦間土壌表面散布 大土寄直後	200〜250ml (100l)		
	ナタネ					土壌表面散布 播種直後	200〜300ml (100l)		
トレファノサイド粒剤2.5 トリフルラリン2.5%	リクトウ	○	○〜△			土壌表面散布 播種後発芽前	4kg	火山灰土 北海道を除く地域	
	ムギ類					土壌表面散布 播種後発芽前	4〜5kg	砂壌土〜埴土 全域(ただし大麦は北海道を除く)	
	ダイズ					土壌表面散布 播種直後	4〜6kg	砂壌土〜埴土 北海道を除く地域	
	アズキ					土壌表面散布 播種後発芽前	4〜6kg	北海道を除く地域	
	ラッカセイ					土壌表面散布 播種直後	3〜6kg	―	
	バレイショ					土壌表面散布 植付後〜萌芽前	4〜5kg		
	カンショ					畦間土壌表面散布 植付直後	3〜4kg		
	コンニャク					土壌表面散布 植付直後，中耕培土直後(萌芽前)	4〜6kg		
	タバコ					畦間土壌表面散布 大土寄直後	4kg	全域	

薬剤名 有効成分含有率	作物名	適用草種				処理方法	使用量 (水量)	適用土壌 適用地帯	使用上の注意
		一年生		多年生					
		イネ科	非イネ科	イネ科	非イネ科				
〃	タバコ(折衷マルチ栽培)	○	○〜△			土壌表面散布 秋期施肥畦立時マルチ前(植付3〜5か月)	3〜4kg	〃	〃
フィールドスター乳剤 ジメテナミド76%	トウモロコシ	○	○〜△			全面土壌散布 播種後発芽前 (雑草発生前)	100〜150ml (100l)	全土壌 (砂土を除く) 全域	○一年生イネ科雑草,カヤツリグサ,スベリヒユなどに有効であるが,シロザ,タデ類などに効果が劣る
	ダイズ								
ラッソー乳剤 アラクロール43%	トウモロコシ	○	○〜△			全面土壌散布 播種後〜発芽前	200〜400ml (100l)	全土壌 北海道	○テンサイは移植栽培に限る ○サトウキビの栽培は春植え,夏植え ○一年生イネ科雑草に卓効を示すが,タデ科,アカザ科,カヤツリグサ科,キク科雑草などに効果が劣る
							300〜600ml (100l)	全土壌 北海道を除く地域	
	ダイズ					全面土壌散布 播種後〜発芽前	300〜600ml (100l)	全土壌 全域	
	インゲンマメ						300〜400ml (100l)		
	ラッカセイ						300〜600ml (100l)		
	バレイショ					全面土壌散布 植付後(雑草発生前)ただし植付14日後まで	200〜400ml (100l)		
	カンショ					全面土壌散布 挿苗後(雑草発生前)ただし収穫90日前まで	300ml (100l)		
	テンサイ					全面土壌散布 移植後(雑草発生前)ただし移植14日後まで	300〜400ml (100l)	全土壌 北海道	
	サトウキビ					全面土壌散布 移植後(雑草発生前)ただし植付90日後まで	400〜600ml (100l)	全土壌 九州,沖縄	

第3章 畑地編

薬剤名 有効成分含有率	作物名	適用草種				処理方法	使用量 （水量）	適用土壌 適用地帯	使用上の注意
		一年生		多年生					
		イネ科	非イネ科	イネ科	非イネ科				
〃	タバコ（無被覆栽培，普通畦面被覆栽培）		○〜△			植付け前10〜20日（雑草発生前）	200ml (100l)	全域	〃
	タバコ（折衷マルチ栽培）						100ml (100l)		
レンザー レナシル80%	カンショ	○	○〜△			全面土壌散布 植付後（ただし植付3日後まで）	100〜150g (70〜100l)	—	○イネ科雑草に卓効を示し，広葉雑草にも有効であるが，シロザには効果が劣る ○カンショに対しては作物選択性があり，安全に使用できる
	テンサイ（直播）					全面土壌散布 播種後〜発芽前	200〜250g (70〜100l)		
						全面土壌散布 後土壌混和（混和深度2〜3cm） 播種前	100〜150g (70〜100l)		
	テンサイ（移植）					全面土壌散布 後土壌混和（混和深度2〜3cm） 定植前	100〜150g (70〜100l)		
カソロン粒剤1.0 DBN1%	ムギ類	○	○			全面土壌散布 ムギ2〜3葉期（スズメノテッポウ1.5葉期まで）	5kg	壌土〜埴土（ただし九州は埴土） 北陸	○砂壌土，覆土の浅い場合，排水不良の場合は薬害のおそれがあり使用をさける
							5〜6kg	壌土〜埴土（ただし九州は埴土） 関東以西	
ゲザガード50 プロメトリン50%	リクトウ	○〜△	○			全面土壌散布 播種後	100〜200g (50〜100l)	砂壌土〜埴土	○非イネ科雑草に効果が高く，イネ科雑草には効果不安定
	ムギ類					全面土壌散布 播種直後	150〜200g (50〜100l)		
						全面土壌散布 5葉期まで	100〜200g (50〜100l)		
	トウモロコシ					全面土壌散布 播種後	100〜200g (50〜100l)		
	ダイズ								

305

薬剤名 有効成分含有率	作物名	適用草種				処理方法	使用量 （水量）	適用土壌 適用地帯	使用上の注意
		一年生		多年生					
		イネ科	非イネ科	イネ科	非イネ科				
〃	アズキ	○〜△	○			〃	〃		〃
	インゲンマメ								
	ラッカセイ								
ゲザプリムフロアブル アトラジン40%	トウモロコシ	○〜△	○			全面土壌散布 および雑草茎葉散布 播種後〜トウモロコシ2〜4葉期まで	100〜200ml (50〜100l)		○トウモロコシに薬害がなく，ツユクサにも有効
グラメックス水和剤 シアナジン50%	バレイショ	○〜△	○			全面土壌散布 植付後萌芽前	100〜150g (100l)	北海道	○一年生広葉雑草に有効であるが，ツユクサには効果が劣る ○植付後萌芽前に使用する
							200〜300g (100l)	北海道を除く地域	
クロロIPC乳剤 IPC45.8%	ムギ類	○	○			全面土壌散布 播種直後または2〜3葉期	100〜150ml (70〜100l)		○秋から春にかけて気温が20℃以下の時期に使用する
	トウモロコシ					全面土壌散布 播種直後	150〜200ml (70〜100l)		
	ダイズ					全面土壌散布 播種後発芽前	200〜300ml (70〜100l)		
	アズキ					全面土壌散布 播種直後			
	インゲンマメ					全面土壌散布 播種直後	500〜900ml (70〜100l)		
						全面土壌散布 播種5〜15日 (発芽前)	500〜600ml (70〜100l)		
	テンサイ					全面土壌散布 播種直後	200〜300ml (70〜100l)		
シマジン水和剤 シマジン50%	ムギ類	○〜△	○			全面土壌散布 播種後またはムギ2〜4葉期	50〜100g (70〜100l)	砂壌土〜埴土	○ヤエムグラには効きにくい ○水質汚濁性薬剤に指定されている

第3章 畑地編

薬剤名 有効成分含有率	作物名	適用草種				処理方法	使用量 (水量)	適用土壌 適用地帯	使用上の注意
		一年生		多年生					
		イネ科	非イネ科	イネ科	非イネ科				
〃	トウモロコシ	○〜△	○			全面土壌散布 播種後	60〜100g (70〜100ℓ)	〃	〃
	ダイズ						50〜100g (70〜100ℓ)		
	ラッカセイ						100〜150g (70〜100ℓ)		
	バレイショ					全面土壌散布 植付後	60〜100g (70〜100ℓ)		
	カンショ					全面土壌散布 挿苗後	75〜150g (70〜100ℓ)		
	エンドウマメ					全面土壌散布 播種前7日以内または播種後	25〜50g (70〜100ℓ)		
シマジン粒剤 シマジン1%	ムギ類	○〜△	○			全面土壌散布 播種後または ムギ2〜4葉期	3〜5kg	砂壌土〜埴土	
	ラッカセイ					全面土壌散布 播種後	5kg		
	カンショ					全面土壌散布 挿苗後	8kg		
センコル水和剤 メトリブジン50%	バレイショ	○	○		ムラサキカタバミ	雑草茎葉散布 または全面土壌散布 植付直後〜萌芽期まで	100g (100ℓ)	砂壌土〜埴土 (北海道・東北)	○土壌処理剤であるが、茎葉処理効果もあり、雑草の発生前から雑草の4〜5葉期まで使用できる ○バレイショの品種(メークイン、ユキシロ、ワセシロ)によっては萌芽時の散布で薬害が出る場合があるので、萌芽前に使用する
	サトウキビ					全面土壌散布 雑草茎葉散布 植付直後〜植付45日後まで (雑草2葉期まで)	300g (100ℓ) 100〜200g (100ℓ)	砂壌土〜埴土 (九州・沖縄)	
ダイロン クサウロン水和剤80 DCMU80%	リクトウ	○〜△	○			全面土壌散布 播種直後	60〜100g (100ℓ)		○砂質土、透水性のよい畑では薬害がでやすい
	ムギ類(冬作)					全面土壌散布 ヤエムグラ発芽揃期	60〜70g (100ℓ)		

307

薬剤名 有効成分含有率	作物名	適用草種				処理方法	使用量 (水量)	適用土壌 適用地帯	使用上の注意
		一年生		多年生					
		イネ科	非イネ科	イネ科	非イネ科				
〃	ダイズ アズキ	○〜△	○			全面土壌散布 播種直後〜発芽前	70〜100g (100ℓ)		〃
	ラッカセイ					全面土壌散布 播種直後	60〜100g (100ℓ)		
	バレイショ					全面土壌散布 植付後〜萌芽前	70〜100g (100ℓ)		
	サトウキビ					全面土壌散布 植付覆土後または培土後	100〜150g (70〜100ℓ)		
カーメックスD DCMU78.5%	ダイズ	○〜△	○			全面土壌散布 播種覆土後〜発芽前	70〜100g (70〜100ℓ)		
	バレイショ					全面土壌散布 植付覆土後			
	サトウキビ					全面土壌散布 植付覆土後または培土後	100〜150g (70〜100ℓ)		
ハーモニー細粒剤F チフェンスルフロンメチル0.15%	コムギ オオムギ	○〜△	○			全面土壌散布 播種後〜ムギ3葉期(雑草発生前〜発生始期)	4〜5kg	全土壌 (砂土を除く) 北海道,東北を除く地域	○スズメノテッポウと広葉雑草に有効であるが,スズメノカタビラ,カラスノエンドウには効果が劣る
ハーブラック顆粒水和 メタミトロン70%	テンサイ(移植栽培)		○			雑草茎葉散布または全面土壌散布 移植活着後(雑草発生始期〜発生揃期)(ただし収穫60日前まで)	400〜600g (50〜100ℓ)	全土壌 (砂土を除く) 北海道	○土壌処理効果とともに茎葉処理効果もある
パワーガイザー液剤 イマザモックスアンモニウム塩0.85%	ダイズ		○			雑草茎葉散布兼土壌散布 出芽直前〜出芽揃(雑草発生始期〜発生揃期)	200〜300mℓ (100ℓ)	全土壌 (砂土を除く) 北海道	○インゲンマメは金時類に限る ○タニソバ,スカシタゴボウなどの広葉雑草に有効

第 3 章 畑 地 編

薬剤名 有効成分含有率	作物名	適用草種				処理方法	使用量 (水量)	適用土壌 適用地帯	使用上の注意
		一年生		多年生					
		イネ科	非イネ科	イネ科	非イネ科				
〃	アズキ		○			雑草茎葉散布兼土壌散布 出芽直前～出芽揃(雑草発生始期～発生揃期)	〃	〃	〃
	インゲンマメ					雑草茎葉散布兼土壌散布 出芽直前～出芽期(雑草発生始期～発生揃期)			
ロロックス リニュロン50%	ムギ類(秋播)	○～△	○			全面土壌散布 播種後～発芽前(雑草発生前～発生始期)	100～200g (70～150ℓ)	ー	○広葉雑草に卓効を示し,イネ科雑草に効果が不安定である ○砂質土壌や大雨の時期には薬害のおそれがあるので,使用をさける
	トウモロコシ					全面土壌散布 播種直後			
	ダイズ								
	インゲンマメ						100～150g (70～150ℓ)		
	ラッカセイ						100～200g (70～150ℓ)		
	バレイショ					全面土壌散布 植付直後～萌芽前			
	カンショ					全面土壌散布 苗移植5日前頃まで	100～150g (70～150ℓ)		
	コンニャク					全面土壌散布 植付直後	100～200g (70～150ℓ)		
ロロックス粒剤 リニュロン1.5%	コムギ(秋播)	○～△	○			全面土壌散布 播種後～発芽前(雑草発生前)	6kg	ー	
	ダイズ					全面土壌散布 播種後	5～6kg		
	ラッカセイ								
	カンショ					全面土壌散布 挿苗後			

309

薬剤名 有効成分含有率	作物名	適用草種				処理方法	使用量 (水量)	適用土壌 適用地帯	使用上の注意
		一年生		多年生					
		イネ科	非イネ科	イネ科	非イネ科				
〃	コンニャク	○〜△	○			土壌 植付後および 培土後	〃		〃
エコトップ乳剤 ジメテナミド14% リニュロン12%	トウモロコシ	○	○			全面土壌散布 播種後発芽前 (雑草発生前)	400〜600ml (100l)	全土壌 (砂土を除く)	○イネ科雑草に卓効を示すジメテナミドと非イネ科雑草に有効なリニュロンとの混合剤で一年生雑草に効果が高い
	ダイズ								
カイタック乳剤 ペンディメタリン15% リニュロン10%	コムギ(秋播)	○	○			全面土壌散布 播種直後〜播種後5日(雑草発生前)	300〜400ml (70〜100l)	砂壌土〜埴土 北海道	○イネ科雑草に卓効を示すペンディメタリンと非イネ科雑草に有効なリニュロンとの混合剤で一年生雑草に効果が高い
	コムギ					全面土壌散布 播種直後(雑草発生前)	400〜600ml (70〜100l)	砂壌土〜埴土 東北, 北陸	
							500〜800ml (70〜100l)	砂壌土〜埴土 関東以西	
	オオムギ						500〜800ml (70〜100l)	砂壌土〜埴土 関東以西	
	トウモロコシ					全面土壌散布 播種直後〜播種後5日(雑草発生前)	400〜500ml (70〜100l)	砂壌土〜埴土 北海道	
						全面土壌散布 播種直後(雑草発生前)	400〜600ml (70〜100l)	砂壌土〜埴土 北海道を除く地域	
カイタック細粒剤F ペンディメタリン1.5% リニュロン1%	コムギ(秋播)	○	○			全面土壌散布 播種直後〜播種後5日(雑草発生前)	3〜5kg	砂壌土〜埴土 北海道	○イネ科雑草に卓効を示すペンディメタリンと非イネ科雑草に有効なリニュロンとの混合剤で一年生雑草に効果が高い
	コムギ					全面土壌散布 播種直後(雑草発生前)	5〜6kg	砂壌土〜埴土 東北, 北陸, 関東以西	

第3章 畑地編

薬剤名 有効成分含有率	作物名	適用草種				処理方法	使用量 (水量)	適用土壌 適用地帯	使用上の注意
		一年生		多年生					
		イネ科	非イネ科	イネ科	非イネ科				
〃	オオムギ	○	○			〃	〃	砂壌土～埴土 関東以西	〃
	トウモロコシ							砂壌土～埴土 北海道	
							4～6kg	砂壌土～埴土 北海道を除く地域	
	コンニャク							東北, 北陸, 関東・東山・東海	
ガリル水和剤 ジフルフェニカン4% IPC30%	コムギ(秋播)	○	○			雑草茎葉散布 または全面土壌散布 コムギ1～2葉期	120～200g (100l)	全土壌 (砂土を除く) 北海道	○雑草の発生前～発生始期に処理する ○コムギの葉身に白斑の生じることがあるが, 後に回復する
						雑草茎葉散布 または全面土壌散布 コムギ2～4葉期	200g (100l)		
						雑草茎葉散布 または全面土壌散布 コムギ2～3葉期	150～200g (100l)	埴土～壌土 北海道を除く地域	
ガレース乳剤 ジフルフェニカン3.7% トリフルラリン37%	コムギ(秋播)	○	○			全面土壌散布 播種後発芽前 (雑草発生前)	200～250ml (100l)	全土壌 (砂土を除く) 全域	○ムギの葉身に白斑の生じることがあるが, 後に回復する
						雑草茎葉散布 または全面土壌散布 コムギ1～3葉期(雑草発生前～発生始期)	100～150ml (100l)	全土壌 (砂土を除く) 北海道	

薬剤名 有効成分含有率	作物名	適用草種 一年生 イネ科	適用草種 一年生 非イネ科	適用草種 多年生 イネ科	適用草種 多年生 非イネ科	処理方法	使用量 (水量)	適用土壌 適用地帯	使用上の注意
〃	オオムギ(秋播)	○	○			全面土壌散布 播種後発芽前 (雑草発生前)	200～250ml (100l)	全土壌(砂土を除く) 北海道を除く地域	〃
ガレースG ジフルフェニカン 0.15% トリフルラリン 2%	コムギ(秋播)	○	○			全面土壌散布 播種後発芽前 (雑草発生前)	4～5kg	全土壌(砂土を除く) 全域	
						全面土壌散布 コムギ1～2葉期(雑草発生前～発生始期)		全土壌(砂土を除く) 北海道を除く地域	
	オオムギ(秋播)					全面土壌散布 播種後発芽前 (雑草発生前)		全土壌(砂土を除く) 北海道を除く地域	
						全面土壌散布 オオムギ1～2葉期(雑草発生前～発生始期)			
ゲザノンフロアブル アトラジン15% メトラクロール25%	トウモロコシ	○	○			全面土壌散布 マルチ前・播種前(雑草発生前)	200～400ml (70～100l)		○生育の遅れる地域(根釧など)では2葉期処理とする
						全面土壌散布 播種後発芽前 (雑草発生前)			
						全面土壌散布 生育期(トウモロコシ2～4葉期)			
コダール水和剤 プロメトリン20% メトラクロール30%	トウモロコシ	○	○			全面土壌散布 播種後発芽前 (雑草発生前)	300～400g (70～100l)	砂壌土～埴土 北海道	○一年生雑草全般に幅広く適用できる
	ダイズ							砂壌土～埴土 全域	
	インゲンマメ							砂壌土～埴土 北海道	

第3章 畑地編

薬剤名 有効成分含有率	作物名	適用草種				処理方法	使用量 (水量)	適用土壌 適用地帯	使用上の注意
		一年生		多年生					
		イネ科	非イネ科	イネ科	非イネ科				
〃	ラッカセイ	○	○			〃	〃	砂壌土～埴土 関東以西	〃
コワーク乳剤 トリフルラリン14% プロメトリン6%	ムギ類	○	○			全面土壌散布 播種後(雑草発生前)	700～900ml (100～150l)	砂壌土～埴土 東北以南	○イネ科雑草に卓効を示すトリフルラリンと非イネ科雑草に有効なプロメトリンとの混合剤で一年生雑草に効果が高い
	コムギ(秋播)						700～800ml (100～150l)	砂壌土～埴土 北海道	
	ダイズ						800～1000ml (100～150l)	砂壌土～埴土 東北以南	
コンボラル トリフルラリン1.2% ペンディメタリン1.2%	リクトウ	○	○～△			全面土壌散布 播種直後	4～6kg	砂壌土～埴土 関東以西	○トリフルラリン,ペンディメタリンともイネ科雑草に卓効を示すが,両者を混合したことにより非イネ科雑草に対する効果が向上した
	ムギ類							砂壌土～埴土 北海道を除く地域	
	バレイショ					全面土壌散布 植付後～萌芽前(雑草発生前)		砂壌土～埴土 全域	
	コンニャク					全面土壌散布 植付後,培土後(萌芽前)			
サターンバアロ乳剤 プロメトリン5% ベンチオカーブ50%	リクトウ	○	○			全面土壌散布 播種後発芽前	600～800ml (70～100l)	全土壌 北海道を除く地域	○一年生雑草に有効であるが,ノミノフスマ,タカサブロウには効果が不安定
	ムギ類					全面土壌散布 播種直後～ムギ出芽前	500～750ml (70～100l)	全土壌 関東以西	
	トウモロコシ					全面土壌散布 播種後発芽前	800～1000ml (70～100l)	全土壌 北海道	

薬剤名 有効成分含有率	作物名	適用草種				処理方法	使用量 (水量)	適用土壌 適用地帯	使用上の注意
		一年生		多年生					
		イネ科	非イネ科	イネ科	非イネ科				
〃	ダイズ	○	○			〃	600〜800ml (70〜100l)	全土壌 北海道を除く地域	〃
							800〜1000ml (70〜100l)	全土壌 北海道	
	インゲンマメ						600〜800ml (70〜100l)	全土壌 東北, 北陸	
							800〜1000ml (70〜100l)	全土壌 北海道	
	ラッカセイ						600〜800ml (70〜100l)	全土壌 関東以西	
サターンバアロ粒剤 プロメトリン0.8% ベンチオカーブ8%	リクトウ	○	○			全面土壌散布 播種後発芽前 (雑草発生前)	4〜6kg	全土壌 北海道を除く地域	
	コムギ							壌土〜埴土 関東以西	
							3〜4kg	砂壌土 関東以西	
							5kg	火山灰土 東北	
						全面土壌散布 生育初期(コムギ4葉期まで,スズメノテッポウ1.5葉期まで)	3〜5kg	壌土〜埴土 近畿以西	
							3〜4kg	砂壌土 近畿以西	

第3章 畑地編

薬剤名 有効成分含有率	作物名	適用草種				処理方法	使用量 (水量)	適用土壌 適用地帯	使用上の注意
		一年生		多年生					
		イネ科	非イネ科	イネ科	非イネ科				
〃	オオムギ(水田裏作)	○	○			全面土壌散布 播種後発芽前 (雑草発生前)	4～5kg	壌土～埴土 北陸，関東以西	〃
							3kg	砂壌土 関東以西	
						全面土壌散布 生育初期(オオムギ4葉期まで，スズメノテッポウ1.5葉期まで)	3～5kg	壌土～埴土 近畿以西	
							3～4kg	砂壌土 近畿以西	
	トウモロコシ					全面土壌散布 播種直後	4～6kg	全土壌 北海道を除く地域	
	ダイズ					全面土壌散布 播種後～発芽前(雑草発生前)		全土壌 全域	
	ラッカセイ					全面土壌散布 播種後～発芽前(雑草発生前)		全土壌 北海道を除く地域	
ビンサイド乳剤 プロメトリン15% IPC25%	ダイズ		○			全面土壌散布 播種後2～5日	330～400ml (水量100l)	砂壌土～埴土 北海道	○タニソバを含むタデ類，ハコベ，オオツメクサに卓効を示す
	アズキ								
	インゲンマメ								
ホクパック水和 DBN30% DCMU20%	コムギ	○	○			全面土壌散布 ムギ2～3葉期 (スズメノテッポウ1.5葉期)	200～300g (ただし暖地は200g) (100～150l)	壌土～埴土	○砂質土壌や排水不良の土壌では使用しない ○カボチャ，ウリ類に隣接しているところでは使用しない
	オオムギ								
レナパック水和剤 レナシル40% PAC30%	テンサイ(移植栽培)	○	○			雑草茎葉散布 または全面土壌散布 定植活着後，中耕後(雑草発生始期)(収穫60日前まで)	200～300g (50～100l)	—	○土壌処理効果が高いが，発生始の雑草も接触的に枯殺する

薬剤名 有効成分含有率	作物名	適用草種				処理方法	使用量 (水量)	適用土壌 適用地帯	使用上の注意
		一年生		多年生					
		イネ科	非イネ科	イネ科	非イネ科				
〃	テンサイ(直播栽培)	○	○			雑草茎葉散布 または全面土壌散布 本葉2葉期	200g (100ℓ)	〃	〃
						雑草茎葉散布 または全面土壌散布 中耕後(雑草発生始期)(収穫60日前まで)	200〜300g (100ℓ)		
クリアターン乳剤 ベンチオカーブ50% ペンディメタリン5% リニュロン7.5%	コムギ	○	○			全面土壌散布 播種直後(雑草発生前)	400〜600mℓ (70〜100ℓ)	全土壌 (砂土を除く) 北海道	○3成分の混合剤で幅広い雑草に効果が高い
							500〜700mℓ (70〜100ℓ)	全土壌 (砂土を除く) 北海道を除く地域	
	オオムギ							全土壌 (砂土を除く) 北海道を除く地域	
	トウモロコシ						500〜800mℓ (70〜100ℓ)	全土壌 (砂土を除く) 全域	
	ダイズ							全土壌 (砂土を除く) 九州を除く地域	
							600〜800mℓ (70〜100ℓ)	全土壌 (砂土を除く) 九州	
	ラッカセイ						500〜700mℓ (70〜100ℓ)	全土壌 (砂土を除く) 全域	

第 3 章 畑 地 編

薬剤名 有効成分含有率	作物名	適用草種 一年生 イネ科	適用草種 一年生 非イネ科	適用草種 多年生 イネ科	適用草種 多年生 非イネ科	処理方法	使用量 (水量)	適用土壌 適用地帯	使用上の注意
〃	バレイショ	○	○			全面土壌散布 植付後〜萌芽前(雑草発生前)	600〜800ml (70〜100l)	全土壌(砂土を除く)全域	〃
クリアターン細粒剤F ベンチオカーブ8% ペンディメタリン0.8% リニュロン1.2%	コムギ	○	○			全面土壌散布 播種直後(雑草発生前)	4〜5kg	全土壌(砂土を除く)全域	
	オオムギ							全土壌(砂土を除く)北海道を除く地域	
	トウモロコシ								
	ダイズ								
	バレイショ					全面土壌散布 植付後〜萌芽前(雑草発生前)			
ベタダイアA乳剤 デスメディファム2.3% フェンメディファム10% メトラクロール12%	テンサイ(移植栽培)	○	○			散布 移植活着後の雑草発生揃期 (ただし収穫90日前まで)	500ml (50〜100l)	全土壌(砂土を除く)	○3成分の混合剤で幅広い一年生雑草に有効
ベタブロード乳剤 デスメディファム3% フェンメディファム13%	テンサイ(移植栽培)	○	○			散布 移植活着後の雑草発生揃期 (ただし収穫90日前まで)	400ml (50〜100l)	全土壌(砂土を除く)	○一年生雑草全般に有効

〈生育期全面茎葉処理〉

薬剤名 有効成分含有率	作物名	適用草種 一年生 イネ科	適用草種 一年生 非イネ科	適用草種 多年生 イネ科	適用草種 多年生 非イネ科	処理方法	使用量 (水量)	適用土壌 適用地帯	使用上の注意
アージラン液剤 アシュラム37%	サトウキビ	○	○			茎葉散布 雑草生育初期 (草丈10〜15cm)	800〜1000ml (150〜200l)		○サトウキビの栽培は株出,春植え,夏植え ○イネ科と広葉の一年生雑草,タデ科,キク科の多年生雑草,ワラビ等に効果が高い ○旱ばつ時には薬害を生じることがあるので使用しない
スタムDF80 DCPA80%	バレイショ	○	○			雑草茎葉散布 植付後萌芽前(雑草2〜3葉期)	200〜300g (100l)	北海道	○一年生雑草の生育初期に使用する ○殺虫剤との近接散布は避ける

薬剤名 有効成分含有率	作物名	適用草種				処理方法	使用量 (水量)	適用土壌 適用地帯	使用上の注意
		一年生		多年生					
		イネ科	非イネ科	イネ科	非イネ科				
スタム乳剤35 DCPA35%	リクトウ	○	○			雑草茎葉散布 雑草3～4葉期	550ml (50～80l)	全土壌	○カンショには一時的に生育抑制がみられるので，早堀り栽培では使用しない
	バレイショ					雑草茎葉散布 植付後萌芽前 (雑草3～4葉期)			
	カンショ					雑草茎葉散布 雑草3～4葉期	500ml (50～80l)		
ベタナール乳剤 フェンメディファム13%	テンサイ(移植)	○	○			雑草茎葉散布 移植活着後，中耕後(雑草発生揃期)(収穫60日前まで)	500～600ml (50～80l)	全土壌	○テンサイには選択性があるが，活着前の処理は薬害のおそれがある ○薬剤調整後時間が経つと結晶が生じるのですみやかに散布する
						雑草茎葉散布 育苗期の本葉展開後(雑草発生初期)	1.5ml/ペーパーポット6冊 〈0.75ml/m²〉 300ml/ペーパーポット6冊〈150ml/m²〉		
	テンサイ(直播)					雑草茎葉散布 第2本葉展開後，中耕後(雑草発生揃期)(収穫60日前まで)	500～600ml (50～80l)		
セレクト乳剤 クレトジム23%	ダイズ	○				雑草茎葉散布 イネ科雑草3～5葉期(収穫50日前まで)	一年生イネ科(ただしスズメノカタビラを除く) 35～50ml (100l)	—	○広葉作物畑の生育期に全面散布が可能で，3～5葉期のイネ科雑草を防除できる ○セレクト乳剤とホーネスト乳剤はスズメノカタビラにも有効である
							スズメノカタビラ 50～75ml (100l)		

第 3 章 畑 地 編

薬剤名 有効成分含有率	作物名	適用草種				処理方法	使用量 (水量)	適用土壌 適用地帯	使用上の注意
		一年生		多年生					
		イネ科	非イネ科	イネ科	非イネ科				
〃	アズキ	○				雑草茎葉散布 イネ科雑草3 〜5葉期(収穫 45日前まで)	一年生イネ科(ただしスズメノカタビラを除く) 35〜50ml (100l)	〃	〃
							スズメノカタビラ 50〜75ml (100l)		
	インゲンマメ					雑草茎葉散布 イネ科雑草3 〜5葉期(収穫 60日前まで)	一年生イネ科(ただしスズメノカタビラを除く) 35〜50ml (100l)		
							スズメノカタビラ 50〜75ml (100l)		
	カンショ					雑草茎葉散布 イネ科雑草3 〜5葉期(収穫 100日前まで)	50〜75ml (100l)		
	テンサイ				シバムギ・レッドトップ	雑草茎葉散布 イネ科雑草3 〜5葉期(収穫 30日前まで)	一年生イネ科(ただしスズメノカタビラを除く) 35〜50ml (100l)		
							シバムギ,レッドトップ 50〜75ml (100l)		

薬剤名 有効成分含有率	作物名	適用草種				処理方法	使用量 (水量)	適用土壌 適用地帯	使用上の注意
		一年生		多年生					
		イネ科	非イネ科	イネ科	非イネ科				
タルガフロアブル キザロホップエチル 10%	ダイズ	○スズメノカタビラ除く				雑草茎葉散布 雑草生育期(イネ科雑草3〜5葉期)ただし収穫60日前まで	75〜100ml (100〜150l)	全域	〃
	アズキ								
	インゲンマメ								
	ラッカセイ								
	バレイショ					雑草茎葉散布 雑草生育期(イネ科雑草3〜5葉期)ただし収穫45日前まで	100〜120ml (100〜150l) 75〜100ml (100〜150l)	北海道 東北以西	
	カンショ					雑草茎葉散布 雑草生育期(イネ科雑草3〜5葉期)ただし収穫60日前まで		全域	
	テンサイ								
ナブ乳剤 セトキシジム20%	ダイズ	○スズメノカタビラ除く				雑草茎葉散布 イネ科雑草3〜5葉期(収穫2か月前まで)	150〜200ml (100〜150l)	全域	
	アズキ							東北以北	
	インゲンマメ					雑草茎葉散布 イネ科雑草3〜5葉期(収穫1か月前まで)		全域	
	ラッカセイ					雑草茎葉散布 イネ科雑草3〜5葉期(収穫3か月前まで)			
	バレイショ					雑草茎葉散布 イネ科雑草3〜5葉期(収穫2か月前まで)			
	カンショ					雑草茎葉散布 イネ科雑草3〜5葉期(収穫1か月前まで)			

第3章 畑地編

薬剤名 有効成分含有率	作物名	適用草種				処理方法	使用量 (水量)	適用土壌 適用地帯	使用上の注意
		一年生		多年生					
		イネ科	非イネ科	イネ科	非イネ科				
〃	テンサイ			シバムギ・レッドトップ		雑草茎葉散布 イネ科雑草3～5葉期(収穫2か月前まで)	〃	北海道	〃
	コンニャク							全域	
	タバコ					雑草生育期大土寄期			
	ソバ					雑草茎葉散布 イネ科雑草3～5葉期(収穫45日前まで)			
ホーネスト乳剤 テプラロキシジム10%	ダイズ	○				雑草茎葉散布 イネ科雑草3～5葉期(収穫60日前まで)	75～100ml (100～150l)	全域	
	アズキ							北海道	
	インゲンマメ					雑草茎葉散布 イネ科雑草3～5葉期(収穫45日前まで)			
	テンサイ					雑草茎葉散布 イネ科雑草3～5葉期(収穫30日前まで)			
ポルトフロアブル キザロホップエチル 7%	ダイズ	○ スズメノカタビラ除く				雑草茎葉散布 雑草生育期(イネ科雑草3～8葉期)収穫60日前まで	200～300ml (100l)	全域	
	アズキ					雑草茎葉散布 雑草生育期(イネ科雑草3～8葉期)収穫50日前まで		北海道	
	インゲンマメ								

薬剤名 有効成分含有率	作物名	適用草種				処理方法	使用量 (水量)	適用土壌 適用地帯	使用上の注意
		一年生		多年生					
		イネ科	非イネ科	イネ科	非イネ科				
〃	テンサイ	○スズメノカタビラ除く				雑草茎葉散布 雑草生育期(イネ科雑草3～8葉期)収穫30日前まで	〃	〃	〃
				○シバムギ・レッドトップ		雑草茎葉散布 雑草生育期(イネ科雑草3～6葉期)収穫30日前まで	250～300ml (100l)		
ワンサイドP乳剤 フルアジホップP17.5%	ダイズ	○スズメノカタビラ除く		シバムギ・レッドトップ		雑草茎葉散布 イネ科雑草3～5葉期(播種60日後まで)	75～100ml (70～100l)	全域	
	アズキ							東北以北	
	インゲンマメ								
	ラッカセイ					雑草茎葉散布 イネ科雑草3～5葉期(播種30日後まで)	50～75ml (70～100l)	全域	
	カンショ					雑草茎葉散布 イネ科雑草3～5葉期(植付60日後まで)			
	テンサイ(移植)					雑草茎葉散布 イネ科雑草3～5葉期(植付60日後まで)	75～100ml (70～100l)	北海道	

薬剤名 有効成分含有率	作物名	適用草種				処理方法	使用量 (水量)	適用土壌 適用地帯	使用上の注意
		一年生		多年生					
		イネ科	非イネ科	イネ科	非イネ科				
アクチノール乳剤 アイオキシニル30%	ムギ類		○			雑草茎葉散布 穂ばらみ期まで(雑草生育初期)	100〜200ml (70〜100l)	—	○一年生広葉雑草2〜4葉期に処理する。ヤエムグラには4葉期まで、カラスノエンドウには2〜3葉期までに散布する ○ムギ類以外の作物は出芽後には薬害が出るので、出芽前あるいは萌芽前に処理する
	ダイズ					播種後発芽前 (雑草発生始期)	200ml (70〜100l)	北海道	
	アズキ								
	インゲンマメ								
	バレイショ					雑草茎葉散布 萌芽前(雑草生育初期)	150〜300ml (70〜100l)	北海道を除く地域	
							100〜150ml (70〜100l)	北海道	
エコパートフロアブル ピラフルフェンエチル2%	コムギ(秋播)		○			雑草茎葉散布 コムギ2〜4葉期(広葉雑草2〜4葉期)(収穫45日前まで)	50〜100ml (100l)	北海道	○ヤエムグラを含む一年生広葉雑草に有効である
						雑草茎葉散布 コムギ止葉抽出前まで(春期広葉雑草2〜4葉期)(収穫45日前まで)	50〜75ml (100l)		
						雑草茎葉散布 コムギ節間伸長開始期まで(広葉雑草2〜4葉期、ヤエムグラ2〜6節期)(収穫45日前まで)	50〜100ml (100l)	北海道を除く地域	
	オオムギ					雑草茎葉散布 オオムギ節間伸長開始期まで(広葉雑草2〜4葉期)(収穫45日前まで)			
	コンニャク					雑草茎葉散布 植付後〜萌芽前(広葉雑草2〜4葉期)		全域	

薬剤名 有効成分含有率	作物名	適用草種				処理方法	使用量 (水量)	適用土壌 適用地帯	使用上の注意
		一年生		多年生					
		イネ科	非イネ科	イネ科	非イネ科				
シャドー水和剤 ハロスルフロンメチル5%	サトウキビ (春植,夏植)		○		ハマスゲ	雑草茎葉散布 一年生広葉雑草3～5葉期 (サトウキビ生育初期)(収穫90日前まで)	150～200g (100ℓ)	九州,沖縄	○ハマスゲ,ショクヨウガヤツリ(キハマスゲ)に効果が高い
						雑草茎葉散布 ハマスゲ3～5葉期(収穫90日前まで)	ハマスゲ100～200g (100ℓ)		
ハーモニー75DF水和剤 チフェンスルフロンメチル75%	コムギ		○			茎葉散布 幼穂形成期(ただし収穫45日前まで)	7.5～10g (100ℓ)	全土壌 (砂土を除く) 北海道	○極めて少ない薬量で5葉期までのスズメノテッポウと生育期の広葉雑草に有効である ○薬剤散布後,散布機具を十分に洗浄する
		スズメノテッポウ	○			茎葉散布 播種後～節間伸長前(ただしスズメノテッポウ5葉期まで)	5～10g (100ℓ)	全土壌 (砂土を除く) 東北以西(九州を除く)	
						茎葉散布 ムギ1葉期～節間伸長前(スズメノテッポウ5葉期まで)		九州	
		カズノコグサ				茎葉散布 ムギ1葉期～節間伸長前(ただしカズノコグサ1～3葉期まで)土壌処理剤との体系処理で使用	10g (100ℓ)		

第3章 畑地編

薬剤名 有効成分含有率	作物名	適用草種				処理方法	使用量 (水量)	適用土壌 適用地帯	使用上の注意
		一年生		多年生					
		イネ科	非イネ科	イネ科	非イネ科				
〃	オオムギ	スズメノテッポウ	○			茎葉散布 播種後〜節間伸長前(ただしスズメノテッポウ5葉期まで)	5〜10g (100ℓ)	全土壌 (砂土を除く) 東北以西(九州を除く)	〃
						茎葉散布 ムギ1葉期〜節間伸長前(スズメノテッポウ5葉期まで)		九州	
		カズノコグサ				茎葉散布 ムギ1葉期〜節間伸長前(ただしカズノコグサ1〜3葉期まで)土壌処理剤との体系処理で使用	10g (100ℓ)		
バサグラン液剤(ナトリウム塩) ベンタゾン40%	ムギ類(コムギを除く)		○			雑草茎葉散布 ムギ類生育期(雑草3〜6葉期)(収穫90日前まで)	100〜200mℓ (70〜100ℓ)	全域	○ダイズの葉に斑点,色抜け,黄変などの一過性の薬害を生じることがある ○ダイズへの使用にあたっては病害虫防除所等指導機関の指導を必ず受けること ○アカザ科,ヒユ科,トウダイグサ科の雑草には効果が劣る
	コムギ					雑草茎葉散布 コムギ生育期(雑草3〜6葉期)(収穫45日前まで)			
	ダイズ					雑草茎葉散布 2葉期〜開花期(雑草生育初期〜6葉期)	100〜150mℓ (100ℓ)		
	トウモロコシ					雑草茎葉散布 トウモロコシ生育期(雑草3〜6葉期)(収穫50日前まで)	100〜150mℓ (70〜100ℓ)		

薬剤名 有効成分含有率	作物名	適用草種				処理方法	使用量 (水量)	適用土壌 適用地帯	使用上の注意
		一年生		多年生					
		イネ科	非イネ科	イネ科	非イネ科				
〃	インゲンマメ (大正金時)		○			雑草茎葉散布 初生葉展開期 ～本葉抽出始期 (雑草2～3葉期)	50～70ml (70～100l)	北海道	〃
	実エンドウ					雑草茎葉散布 実エンドウ3～6葉期(雑草3～6葉期)(ただし収穫40日前まで)	100～200ml (70～100l)	全域	
2,4-Dアミン塩 2,4-PA49.5%	サトウキビ		○			雑草茎葉散布 植付後または株出管理後30日以降 雑草生育期(草丈30cm以下) (ただし収穫90日前まで)	300～500g (100～150l)	全土壌 -	○生育期の非イネ科雑草に有効である
MCPソーダ塩 MCPナトリウム塩 19.5%	ムギ類		○		○	全面散布 (春播ムギ類) 5葉期 (秋播ムギ類) 幼穂形成期(ただし収穫60日前まで)	200～300g (70～100l)	北海道, 東北	
	トウモロコシ					全面散布 トウモロコシ 2～5葉期			
	ヒエ					全面散布 3または10葉期			
	キビ								

3 野　菜

(1) 雑草発生の特徴と防除ポイント

　野菜畑に発生する雑草の種類は，基本的には普通畑と同様，一年生夏雑草あるいは一年生冬雑草である。しかし，野菜作ではマルチ栽培や間引きなどを含む周到な栽培管理が行なわれ，また1作の栽培期間の短いものが多いので，概してスベリヒユ，カヤツリグサ，ヒユ類，ニワホコリ，ウリクサなど小型で生育期間の短い草種が優占する。最近は埼玉県の現地でゴウシュウアリタソウなど，帰化雑草の発生もみられる。

　日本で栽培されている野菜の種類は多く約120種とされているが，さらに品種改良とプラスチックフィルムなど資材の利用により作型が分化し，1つの作目でも多様な栽培法により周年的生産が行なわれている。したがってこれらの作型などに対応して，雑草の発生相や発生量，発生草種も複雑で多様性がある。

　野菜作では収量だけでなく外観，品質などが重視されるため，一般の普通畑作物と異なり，雑草防除もかなり徹底して行なわれることが多い。少しの雑草の存在が野菜の揃いなどに影響し，思わぬ品質の低下をもたらすことがあり，さらに，雑草が病害虫の寄主となることも懸念されているためである。

　野菜作で実施される一般的な作業，すなわち，プラスチックフィルムによるマルチ，土壌消毒，間引き作業，中耕・培土などはそれ自体が有効な雑草防除法である。したがって野菜畑における雑草防除は，除草剤の利用だけでなく以上のような様々な耕種作業の雑草防除効果を考慮して，総合的に組み立てていくことが大切である。

　以下，主要な野菜のグループごとに栽培の特徴と防除のポイントについて述べる。

バラ科野菜

　主要野菜はイチゴで，露地栽培からハウス栽培まであり，作型が著しく分化

している。また，親株の養成，育苗，本圃への植付け～収穫と存圃期間が非常に長いのが特徴である。育苗と本圃期間を通して雑草を防除する必要があるが，いずれも植付け後の除草剤処理が基本となる。

ナス科野菜

トマト，ナス，ピーマン，トウガラシなどで，露地栽培から施設栽培まであり，多様な作型がみられる。マルチ栽培が一般的であり土壌くん蒸処理も行なわれるため，雑草問題はあまり深刻ではない。植付け前後の除草剤処理と畦間の防除が基本となる。

ウリ科野菜

スイカ，キュウリ，メロンなどであり，露地栽培から施設栽培まであり，作型が分化している。マルチ栽培や敷わらが行なわれており，雑草防除は植付け前後の除草剤処理が中心となる。

マメ科野菜

サヤインゲン，サヤエンドウ，ソラマメ，エダマメなどであり露地栽培，マルチ栽培が多く，トンネル栽培やハウス栽培もみられる。播種期が秋期と春期にわかれるが，播種，または植付け前後の除草剤処理が基本である。

ユリ科野菜

タマネギ，ネギ，ニンニク，ラッキョウ，ニラ，アスパラガスなどで，アスパラガスを除き初期生育が遅く葉も細くて畦間をカバーすることがないので，全生育期間にわたり除草が必要である。したがって，植付け前後の除草剤処理を基本に，中耕・培土後の除草剤処理を含め，体系防除が行なわれている。アスパラガスも収穫期間中は茎葉が繁茂しないので，春期の除草が必要である。

アブラナ科野菜

キャベツ，ハクサイ，ダイコン，カブ，ハナヤサイなどは土地利用型の野菜であり，露地で大規模生産が行なわれる。キャベツ，ハクサイは移植栽培が多く，初期生育もすぐれ，また，夏～秋まきの場合，夏雑草の発生量も少なくなるので，比較的雑草害を受けにくい。これらの野菜は作型が分化し周年栽培が行なわれているが，春まき栽培の場合は雑草と競合するので，播種または植付

け期前後の除草剤処理が必要となる。

キク科野菜

レタス，ゴボウなどで，レタスは移植栽培，ゴボウは直播栽培が一般的である。雑草との関係はアブラナ科野菜とユリ科野菜の中間的特性を示す。いずれも，植付けあるいは播種前後の除草剤処理と中耕との組み合わせが基本となる。なお，レタスは最近，春には黒色フィルムマルチ，夏には白黒ダブルマルチが使用され，雑草の発生生育は抑制されている。

アカザ科野菜

ホウレンソウであるが，播種期が春〜秋，栽培法が露地〜施設までであり，これらが組み合わされて周年栽培されている。概して生育期間が短いが，雑草発生の多い時期の作型もあり，播種期前後の除草剤処理が行なわれる。

イモ類

サトイモ，ヤマノイモなどである。サトイモは露地〜ハウス栽培まであり作型が分化しているが，ともに植付け後の初期生育が遅く，植付け前後の除草剤処理が行なわれる。

ヤマノイモは露地栽培が一般的であるが，植付けてから萌芽までに時間がかかるため，この時期の除草剤処理は重要である。

(2) 除草剤の選択と使用法

野菜畑において使用される除草剤は，普通畑で使用されるものと共通性が高く，使用法も類似している。したがって除草剤の選択と使用法の一般的留意点については，第3章1-(2)を参照してほしい。ここでは，普通畑作物に比較して野菜栽培に特徴的な点について述べる。これらの特徴をふまえて除草剤を選択する。なお，除草剤一覧表は果菜類と葉根菜類に分けて掲載した。

栽培様式の多様性

ハクサイやキャベツのような土地利用型の野菜では，露地栽培が一般的であり，この栽培法における除草剤の選択と使用法は普通畑と同じである。

マルチ栽培もラッカセイ，カンショ作で述べたことと共通である。ただし，

気温が低い時期のマルチ栽培では，地温があまり上昇しないためにマルチ下に発生した雑草が枯死せず繁茂してしまうことがあるので，必要があれば除草剤を使用する。

トンネル栽培はトンネル内が高温・多湿の条件となり，雑草の生育が旺盛で繁茂しやすい。一方，作物のほうは生育が軟弱となり，除草剤の薬害が懸念される。とくに気化しやすい除草剤の使用は注意が必要である。

ハウス栽培もトンネル栽培と同様の環境条件であるが，ハウス内はとくに周到な管理作業が行なわれるため，雑草が繁茂し種子を落とすようなことはない。また，土壌消毒なども実施されるので，一般には年々雑草の発生は減少する。

生育期間が短い

普通畑作物は播種から収穫までの期間が4〜6か月程度のものが多いが，野菜作では1〜2か月のものもあるなど概して短いものが多い。そのため生育初期に除草剤の薬害を出すと，収穫時期までに回復せず思わぬ減収や品質の低下を招くおそれがある。

さらに，こうした生育期間の短さは，除草剤の残効性との関係で，後作に対する影響も考慮して薬剤を選択する必要のあることを示している。

覆土が浅い

普通畑作物の種子は概して大きく，播種後3cm程度に覆土されるため，土壌処理剤の1cm程度の処理層の下部に種子が位置し，薬害のおそれは少ない。これに対して野菜の種子は概して小さく，覆土も浅くなる傾向があるので，除草剤の処理層に種子がふれ，薬害を出す危険性がある。とくに，砂質土壌や腐植含量の少ない土壌での使用は薬剤が移動しやすいので，注意が必要である。したがって，野菜作においても2〜3cmの覆土は必要であるが，種子が小さく覆土がこれより浅くなる場合は，安全性の高い薬剤を使用するなどの配慮をする。

散布面積と使用量

野菜作では1区画の面積が小さく，また，使用場面も苗床やトンネル内など多様である。マルチ栽培でもマルチ下に使用する場合と畦間の通路部分に処理

する場合で，散布面積に差がある。こうした様々な条件に応じてきめ細かく散布面積を計算し，それに対応した薬量を設定する必要がある。除草剤の1袋はほぼ10a相当分の薬量にあたるので，それより小さい圃場に散布する場合は正確に秤量することが大切である。

　従来，野菜作は労働集約的で，土壌消毒，間引きなどを含む周到な栽培管理が行なわれるため，雑草防除はそれほど問題ないものとされていた。しかし最近は，生産農家の高齢化，担い手の減少による労働不足，環境に対する配慮など，野菜生産をめぐる条件も変化してきている。野菜作においても多様な方法についてその雑草防除効果を評価し，それらを総合的に組み合わせて，効率的で低コストな雑草防除技術を組み立てることが求められている。

(3) 野菜の作物別雑草の防除法

＜果菜類＞

1) イチゴ

　イチゴは古くは石垣式の促成栽培と露地栽培が中心であったが，現在はプラスチックフィルムを利用して多様な作型が分化しており，ハウス栽培やトンネル栽培が多く，露地栽培は少なくなっている。

　施設栽培においては，土壌消毒とともに黒色や白黒2層フィルムなどによるマルチが行なわれるので，雑草はほとんど発生しないことが多い。しかし，イチゴは苗床，親株床，本圃においてそれぞれ生育期間が長いので，雑草が問題になることもある。

　イチゴ畑における除草剤の使用は，植付け前に雑草が発生した場合，バスタ，ハービー，プリグロックス①などを雑草茎葉処理し防除する。

　植付け前の土壌処理剤はクレマートを処理する。

　植付け後の土壌処理剤としては苗床，親株床，本圃，ハウスでラッソー，本圃ではラッソー，レンザー，クロロIPC（畦間処理）を使用する。これらはい

ずれも，植付け後雑草発生前に散布する。

親株床にイネ科雑草が発生した場合は，タルガ，ワンサイド，ナブを雑草の2～6葉期に全面茎葉処理する。なお，ナブは苗床，本圃でも使用できる。

植付け後の畦間に発生した雑草に対してはハービー，プリグロックス⒧などを作物にかからないように畦間処理する。

2) トマト

トマトは露地栽培，トンネル栽培，ハウスの半促成・促成および抑制栽培などがあり，各地で多様な作型が分化し，周年生産が行なわれている。また，加工用無支柱栽培もある。いずれも移植型で，プラスチックフィルムによるマルチや施設栽培が多く，畦間の雑草防除が問題で，茎葉処理剤の利用が一般的である。

トマトの植付け前に発生している雑草に対しては，バスタ，プリグロックス⒧，ハービーなどを雑草茎葉処理し防除する。

露地栽培で，植付け前の土壌処理剤としては，トレファノサイドを植穴掘り前に使用する。植付け後の土壌処理剤はトレファノサイド，クレマート，センコルをいずれも活着後，作物にかからないように畦間，株間処理し，雑草の発生を防止する。

マルチなどの畦間に発生した雑草に対しては，バスタ，ハヤブサ，プリグロックス⒧，ハービーなどを作物にかからないように雑草茎葉処理する。なお，イネ科雑草が発生した場合はその2～5葉期にナブ，ワンサイドを全面茎葉処理する。

ハウス栽培では一般に雑草発生そのものが少なく，除草剤を使用する必要のないことが多いが，もし発生した場合は手取りにより防除する。

3) ナス，ピーマン，トウガラシ

ナスとピーマンはトマトと同様，作型が分化しており，周年的生産が行なわれている。移植型で，マルチ栽培や施設栽培が一般的であり，畦間に発生した

雑草対策が問題となる。

①ナ ス

植付け前に発生した雑草はインパルス，プリグロックスⓁ，バスタ，ハービーなどを雑草茎葉処理する。

植付け前または植穴掘り前にはクレマート，トレファノサイド，植付け後はトレファノサイドを畦間に土壌処理する。生育期の畦間に発生した雑草はプリグロックスⓁ，バスタ，ハヤブサ，ハービーなどを作物にかからないように雑草茎葉処理する。

②ピーマン

植付け前の雑草茎葉処理剤は，バスタ，ハービー，プリグロックスⓁ など，植付け前・後の土壌処理剤はトレファノサイド，クレマート，生育期の茎葉処理剤はバスタ，ハービー，プリグロックスⓁ などを畦間処理する。

③トウガラシ

植付け前の雑草茎葉処理剤はバスタ，ハービー，植付け前後の土壌処理剤はトレファノサイド（露地栽培），クレマート，生育期の雑草茎葉処理剤はバスタ，ハービーを畦間処理する。

4) スイカ，キュウリ，メロン

ナス科の野菜と同様，露地栽培，トンネル栽培，ハウス栽培があり多様な作型が発達している。いずれも苗の移植が普通で，露地栽培でもマルチが普及し，畦間には敷わらなどが行なわれる。除草剤の使用は植付け前後と生育期の畦間処理が基本である。

①スイカ

植付け前に発生している雑草には，プリグロックスⓁ などを雑草茎葉処理するか，アージランを茎葉兼土壌処理する。植付け前後の土壌処理剤はトレファノサイド，クレマートを使用する。生育期の雑草にはバスタ，ハービーを畦間処理し，イネ科雑草にはその3～6葉期にタルガ，ナブを全面茎葉処理する。

②キュウリ

植付け前の雑草にはポラリス，バスタ，ハヤブサ，ハービー，プリグロックス⑥などを雑草茎葉処理し，植付け前後の土壌処理剤はトレファノサイド（露地栽培），クレマートを使用する。生育期の畦間に発生した雑草にはバスタ，ハヤブサ，ハービー，プリグロックス⑥などを雑草茎葉処理（畦間）する。また，生育期のイネ科雑草には2～5葉期にワンサイドを全面茎葉処理する。

③メロン

植付け前の雑草は，プリグロックス⑥などを雑草茎葉処理するかアージランを茎葉兼土壌処理する。植付け前の土壌処理剤はクレマート，トレファノサイド，植付け後はトレファノサイド（畦間処理）を使用する。生育期の畦間雑草にはバスタを雑草茎葉処理する。

5) サヤインゲン，サヤエンドウ，ソラマメ，エダマメ

マメ科野菜には露地栽培，トンネル栽培，ハウス栽培があり，直播と移植が行なわれる。ソラマメの播種期は秋期であるが，サヤエンドウ，サヤインゲンは周年的である。

これら作物の除草剤利用は，播種期前後の土壌処理が基本となる。

①サヤインゲン

マルチ前にはトレファノサイドが使用できるが，植穴部分のマルチは播種2～3日前に切って開いておくことが必要である。播種後の土壌処理剤はトレファノサイド，デュアール，コダールを使用する。生育期のイネ科雑草にはナブを茎葉処理する。

②サヤエンドウ

土壌処理剤はないが，生育期に発生した広葉雑草に対して，サヤエンドウの3～6葉期で雑草の3～6葉期にバサグランを全面茎葉処理する。

③ソラマメ

土壌処理剤はシマジンを使用する。春先に雑草が発生した場合は中耕・培土を行なうが，発生が多い時はクロロIPCを作物にかからないように畦間処理す

る。ただし，3月以降は効果が不安定となるので使用しない。

④エダマメ

播種前に発生した雑草はバスタ，ハービー，ラウンドアップなどを雑草茎葉処理する。ラウンドアップは播種後出芽前処理もできる。播種後の土壌処理剤はトレファノサイド，コダール，デュアール，クリアターンを処理する。出芽期に広葉雑草が発生したら，その2葉期までにパワーガイザーを処理する。生育期のイネ科雑草に対してはホーネスト，タルガ，ナブを全面散布する。あるいは，広葉雑草も含めて，バスタ，ハービーを作物にかからないように畦間処理する。

6) トウモロコシ

普通畑作物の項を参照。

果菜類に適用できる除草剤一覧表

使用時期	薬剤名	適用野菜名											その他の野菜
		イチゴ	トマト	ナス	ピーマン	スイカ	キュウリ	メロン	サヤインゲン	サヤエンドウ	エダマメ	カボチャ	
〈播種あるいは植付け前、畦間、収穫後雑草茎葉処理〉	三共の草枯らし											○	
	(他にサンフーロン、エイトアップ、クサクリーン、ハイーフウノン、グリホエキス、ラウンドアップ、グリホス、コンパカレール、ピラサート等あり。詳細は各薬剤の登録内容を参照)											
	ポラリス液剤						○						
	バスタ液剤	○	○	○	○	○	○	○		○	○		トウガラシ類, ミニトマト
	ハヤブサ		○	○		○							ミニトマト
	ハービー液剤	○	○	○	○	○				○	○		ミニトマト, トウガラシ類
	プリグロックスL		○	○	○	○	○				○		
	インパルス水溶剤	○	○										
〈播種あるいは植付け前後土壌処理〉	クレマート乳剤	○		○	○	○	○				○		トウガラシ類, トウガン
	クレマートU粒剤		○			○							
	デュアール乳剤							○		○			
	トレファノサイド乳剤		○	○	○	○	○	○			○		ミニトマト, トウガラシ類
	トレファノサイド粒剤2.5		○	○		○	○	○			○	○	ユウガオ
	ラッソー乳剤	○											
	レンザー	○											
	アージラン液剤					○	○						
	クロロIPC乳剤	○											ソラマメ
	シマジン水和剤												ソラマメ
	センコル水和剤		○										
	パワーガイザー液剤										○		
	コダール水和剤							○		○			
	クリアターン乳剤										○		
〈生育期全面茎葉処理〉	タルガフロアブル	○				○					○		
	ナブ乳剤	○	○			○			○		○		
	ホーネスト乳剤										○		
	ワンサイドP乳剤	○	○			○							ミニトマト
	バサグラン液剤(ナトリウム塩)								○				

第3章 畑地編

果菜類の除草剤と使い方（使用量については10a当たりで表記した）

薬剤名 有効成分含有率	野菜名	適用草種				処理方法	使用量 （水量）	適用土壌 適用地帯	使用上の注意
		一年生		多年生					
		イネ科	非イネ科	イネ科	非イネ科				
〈播種あるいは植付け前，畦間，収穫後雑草茎葉処理〉									
三共の草枯らし グリホサートイソプロピルアミン塩41％ （他にサンフーロン，エイトアップ，クサクリーン，ハイーフウノン，グリホエキス，ラウンドアップ，グリホス，コンパカレール，ピラサート等あり。詳細は各薬剤の登録内容を参照）	エダマメ	○	○			雑草茎葉散布 雑草生育期(播種10日以前）	250～500ml (50～100ℓ通常，25～50ℓ少量)		○植物体内移行性が大きく，一年生雑草から多年生雑草の地下部まで枯殺する ○遅効性で効果の完成には一年生雑草で1～2週間，多年生雑草では2週間以上を要する ○土壌処理効果はなく，処理後すぐに作物の作付けができる
ポラリス液剤 グリホサートイソプロピルアミン塩20％	キュウリ	○	○			雑草茎葉散布 (雑草草丈30cm以下)耕起10日以前	300～500ml (25～50ℓ少量)		○少量散布は専用ノズルを使用する ○周辺作物にかからないように散布する
バスタ液剤 グルホシネート18.5％	イチゴ	○	○			雑草茎葉散布 雑草生育期定植前	300～500ml (100～150ℓ)		○一年生雑草全般に雑草生育期処理で有効である。多年生雑草の地上部も枯殺できるが，植物体内移行性が大きくないので，地下部は残り，再生しやすい ○効果の完成に一年生雑草で1週間，多年生雑草で2～3週間必要である ○土壌処理効果はなく，処理後すぐに作物の作付けができる ○周辺作物にかからないように散布する ○畦間処理では作物にかからないように散布する
	トマト					雑草茎葉散布 雑草生育期定植前または畦間処理(収穫前日まで)			
	ミニトマト								
	ナス								
	ピーマン								
	トウガラシ								
	キュウリ								
	スイカ					雑草茎葉散布 雑草生育期定植後畦間処理 (収穫60日前まで)			
	メロン					雑草茎葉散布 雑草生育期定植後畦間処理 (収穫30日前まで)			
	カボチャ								

薬剤名 有効成分含有率	野菜名	適用草種				処理方法	使用量 （水量）	適用土壌 適用地帯	使用上の注意
		一年生		多年生					
		イネ科	非イネ科	イネ科	非イネ科				
〃	エダマメ	○	○			雑草茎葉散布 雑草生育期播種前または畦間処理（収穫14日前まで）	〃		〃
ハヤブサ グルホシネート8.5%	トマト ミニトマト ナス	○	○			雑草茎葉散布 雑草生育期畦間処理（収穫前日まで）	500～750ml (50～100l)		
	キュウリ					雑草茎葉散布 雑草生育期定植前または畦間処理（収穫前日まで）			
ハービー液剤 ビアラホス18%	イチゴ	○	○			雑草茎葉散布 雑草生育期（草丈20cm以下）定植前または定植後畦間処理収穫前日まで	300～500ml (100～150l)		
	トマト ミニトマト ナス ピーマン トウガラシ類 カボチャ					雑草茎葉散布 雑草生育期定植前または畦間処理			
	スイカ					雑草茎葉散布 雑草生育期定植後畦間処理（収穫60日前まで）			
	キュウリ					雑草茎葉散布 雑草生育期定植前または定植後畦間処理			

第3章 畑地編

薬剤名 有効成分含有率	野菜名	適用草種				処理方法	使用量 （水量）	適用土壌 適用地帯	使用上の注意
		一年生		多年生					
		イネ科	非イネ科	イネ科	非イネ科				
〃	エダマメ	○	○			雑草茎葉散布 雑草生育期（草丈20cm以下） 播種または定植前処理	〃		〃
						雑草茎葉散布 雑草生育期（草丈20cm以下） 播種後または定植後畦間処理収穫7日前まで			
プリグロックスL ジクワット7% パラコート5%	イチゴ	○	○			雑草茎葉散布 定植前	600～1000mℓ (100～150ℓ)		○生育期の雑草に処理し一年生雑草全般に有効である ○植物体内移行性が小さく，多年生雑草は地上部だけ枯れて，地下部は残り再生しやすい。太陽の沈んだ夕方の散布が有効である ○速効的で処理後2～3日で効果が完成する ○土壌処理効果はなく，処理後すぐに作物の作付けができる ○周辺作物にかからないように散布する ○畦間処理では作物にかからないように散布する
	トマト ナス ピーマン キュウリ カボチャ					雑草茎葉散布 播種前または植付前および収穫後			
						雑草茎葉散布 畦間処理：雑草生育期（ただし収穫14日前まで）			
	スイカ メロン					雑草茎葉散布 播種前または植付前および収穫後			
インパルス水溶剤 グリホサートナトリウム塩16% ビアラホス8%	イチゴ	○	○			雑草茎葉散布 雑草生育期（草丈30cm以下） 耕起または定植7日以前	500～600g (100ℓ)		○周辺作物にかからないように散布する
	トマト								
	ナス								
	キュウリ								

〈播種あるいは植付け前後土壌処理〉

薬剤名 有効成分含有率	野菜名	適用草種				処理方法	使用量 (水量)	適用土壌 適用地帯	使用上の注意
		一年生		多年生					
		イネ科	非イネ科	イネ科	非イネ科				
クレマート乳剤 ブタミホス50%	イチゴ	○	○〜△			全面土壌散布 定植前(雑草発生前)	200〜400ml (100〜150l)		○キク科雑草に効果劣る ○ガス作用が少ないため，ハウス栽培，トンネル栽培，キャップ栽培，マルチ栽培でも安全に使用できる
	キュウリ								
	ナス					全面土壌散布 定植前または定植マルチ前(雑草発生前)			
	ピーマン					全面土壌散布 定植前(雑草発生前)			
	トウガラシ類								
	スイカ					全面土壌散布 定植・マルチ前(雑草発生前)			
	メロン								
	カボチャ								
	トウガン					全面土壌散布 定植前(雑草発生前)	200ml (100〜150l)		
クレマートU粒剤 ブタミホス3%	トマト	○	○〜△			畦間，株間土壌散布 定植活着後(雑草発生前)ただし定植10日後まで	4〜6kg	砂壌土〜埴土	
	スイカ					全面土壌散布 定植・マルチ前(雑草発生前)			
	メロン								
	キュウリ					全面土壌散布 定植前(雑草発生前)			
						畦間，株間土壌散布 定植後(雑草発生前)ただし定植10日後まで			

第 3 章 畑 地 編

薬剤名 有効成分含有率	野菜名	適用草種				処理方法	使用量 (水量)	適用土壌 適用地帯	使用上の注意
		一年生		多年生					
		イネ科	非イネ科	イネ科	非イネ科				
デュアール乳剤 メトラクロール45%	サヤインゲン		○ 〜 △			全面土壌散布 播種後発芽前	200〜400ml (70〜100l)	砂壌土〜 埴土 北海道， 東北	○イネ科雑草とカヤツリグサに卓効を示す。広葉雑草には効果が不安定であるが，スベリヒユ，ツユクサにも有効である
	エダマメ					全面土壌散布 播種後発芽前 (雑草発生前)		砂壌土〜 埴土 全域	
トレファノサイド乳剤 トリフルラリン44.5%	ナス(露地栽培)		○ 〜 △			土壌表面散布 植穴掘前	200〜300ml (100l)		○ツユクサ，カヤツリグサ科，キク科，アブラナ科雑草には効果劣る ○畦間処理では作物にかからないように散布する ○トンネルやハウス栽培などではトリフルラリンがガス化して薬害のおそれがあるので注意して使用する
	トマト(露地栽培) ミニトマト(露地栽培) ピーマン(露地栽培) トウガラシ類(露地栽培)					土壌表面散布 定植前(植穴掘前)			
						畦間土壌表面散布 定植直後			
	スイカ(トンネルマルチ栽培)					土壌表面散布 定植前(植穴堀前)(マルチ前)			
						畦間土壌表面散布 収穫45日までの生育期(トンネル除去前)			
	スイカ(露地栽培)					土壌表面散布 定植キャップ後(ただし収穫45日前まで)			
	キュウリ(露地栽培，直播栽培)					土壌表面散布 播種直後	200〜250ml (100l)		
	キュウリ(露地栽培，移植栽培)					土壌表面散布 定植前(植穴堀前)	200〜250ml (100l)		
						畦間土壌表面散布定植直後			

薬剤名 有効成分含有率	野菜名	適用草種				処理方法	使用量 (水量)	適用土壌 適用地帯	使用上の注意
		一年生		多年生					
		イネ科	非イネ科	イネ科	非イネ科				
〃	メロン(露地栽培,トンネルマルチ栽培)	○	○〜△			土壌表面散布 定植前(植穴堀前)(マルチ前)	150〜200ml (100l)		〃
						畦間土壌表面散布 収穫45日までの生育期(トンネル除去前)	200〜300ml (100l)		
	サヤインゲン(露地栽培)					土壌表面散布 播種直後			
	サヤインゲン(露地・マルチ栽培)					土壌表面散布 播種前マルチ前			
	エダマメ					土壌表面散布 播種直後			
トレファノサイド粒剤2.5 トリフルラリン2.5%	ナス(露地栽培)	○	○〜△			土壌表面散布 定植前(植穴掘前)	4〜5kg	壌土〜埴土 全域	
						畦間土壌表面散布 定植直後			
	トマト(露地栽培)					土壌表面散布 定植前(植穴掘前)			
	スイカ(トンネルマルチ栽培)					土壌表面散布 定植前(植穴掘前)(マルチ前)	2〜4kg		
						畦間土壌表面散布 収穫45日までの生育期(トンネル除去前)	4〜5kg		
	キュウリ(露地栽培,直播栽培)					土壌表面散布 播種直後	3〜4kg		
	キュウリ(露地栽培,移植栽培)					土壌表面散布 定植前(植穴掘前)			

第3章 畑　地　編

薬剤名 有効成分含有率	野菜名	適用草種				処理方法	使用量 (水量)	適用土壌 適用地帯	使用上の注意
		一年生		多年生					
		イネ科	非イネ科	イネ科	非イネ科				
〃	メロン(露地栽培，トンネルマルチ栽培)		○〜△			土壌表面散布 定植前(植穴堀前)(マルチ前)	2〜3kg	〃	〃
						畦間土壌表面散布 収穫45日までの生育期(トンネル除去前)	4〜5kg		
	カボチャ(トンネル・マルチ栽培)					土壌表面散布 定植前(植穴堀前)(マルチ前)	2kg		
						畦間土壌表面散布 収穫45日までの生育期(トンネル除去前)	4〜5kg		
	サヤインゲン(露地栽培)					土壌表面散布 播種直後	4〜6kg		
	サヤインゲン(露地・マルチ栽培)					土壌表面散布 播種前(マルチ前)			
	ユウガオ					土壌表面散布 定植キャップ後(雑草発生前)(ただし収穫75日前まで)			
	エダマメ					土壌表面散布 播種直後		砂壌土〜埴土 北海道を除く地域	
ラッソー乳剤 アラクロール43%	イチゴ	○	○〜△			土壌・畦間土壌 植付後または定植後(雑草発生前)ただし収穫60日前まで	150〜200ml (100l)	全土壌 全域	○親株床，子株床，本圃，ハウスで使用できる ○イチゴにかからないように処理する
レンザー レナシル80%	イチゴ	○	○〜△			全面土壌散布 定植後(収穫120日前まで)	100〜150g (70〜100l)		○苗床およびマルチ前には使用しない

薬剤名 有効成分含有率	野菜名	適用草種 一年生 イネ科	一年生 非イネ科	多年生 イネ科	多年生 非イネ科	処理方法	使用量 (水量)	適用土壌 適用地帯	使用上の注意
アージラン液剤 アシュラム37%	スイカ(移植栽培，トンネルマルチ栽培)	○	○			全面土壌散布 定植・マルチ前	800～ 1200m*l* (100～200*l*)		
	露地メロン (移植栽培，トンネルマルチ栽培)								
クロロIPC乳剤 IPC45.8%	イチゴ	○	○			株間土壌散布 定植活着後ただし定植7日後まで	150～200m*l* (70～100*l*)		○苗の定植後，作物にかからないように畦間に処理する ○秋から春にかけて気温が20℃以下の時期に使用する
	ソラマメ					全面土壌散布 中耕培土後(収穫60日前まで)			
シマジン水和剤 シマジン50%	ソラマメ	○ ～ △	○			全面土壌散布 播種後	50～100g (70～100*l*)	砂壌土～ 埴土	○ヤエムグラには効きにくい ○水質汚濁性薬剤に指定されている
センコル水和剤 メトリブジン50%	トマト(露地栽培)	○	○			畦間株間散布 定植活着後～定植14日後まで(雑草発生前～2または3葉期)	60～100g (100*l*)	砂壌土～ 埴土	○定植活着後，作物にかからないように畦間・株間に散布する
パワーガイザー液剤 イマザモックスアンモニウム塩0.85%	エダマメ		○			雑草茎葉散布兼土壌散布 出芽直前～出芽揃(雑草発生始期～発生揃期)	200～300m*l* (100*l*)	全土壌 (ただし砂土を除く) 北海道	○タニソバ，スカシタゴボウなどの広葉雑草に有効
コダール水和剤 プロメトリン20% メトラクロール30%	サヤインゲン	○	○			全面土壌散布 播種後発芽前 (雑草発生前)	300～400g (70～100*l*)	砂壌土～ 埴土 北海道	○一年生雑草全般に幅広く適用できる
	エダマメ							砂壌土～ 埴土 全域	

第3章 畑地編

薬剤名 有効成分含有率	野菜名	適用草種				処理方法	使用量 (水量)	適用土壌 適用地帯	使用上の注意
		一年生		多年生					
		イネ科	非イネ科	イネ科	非イネ科				
クリアターン乳剤 ベンチオカーブ50% ペンディメタリン5% リニュロン7.5%	エダマメ	○	○			全面土壌散布 播種直後(雑草発生前)	500〜800ml (70〜100l)	全土壌 (砂土を除く) 九州を除く全域	○一年生雑草全般に幅広く適用できる
							600〜800ml (70〜100l)	全土壌 (砂土を除く) 九州	
〈生育期全面茎葉処理〉									
タルガフロアブル キザロホップエチル10%	イチゴ(親株床)	○ スズメノカタビラ除く				雑草茎葉散布 雑草生育期(イネ科雑草3〜5葉期, ただし収穫150日前まで)	80〜120ml (100l)	全域	○広葉作物畑の生育期に全面散布が可能で, 3〜5, 6葉期のイネ科雑草を防除できる ○ホーネスト乳剤はスズメノカタビラにも有効である
	スイカ					雑草茎葉散布 雑草生育期(イネ科雑草3〜5葉期, ただし収穫30日前まで)			
	エダマメ					雑草茎葉散布 雑草生育期(イネ科雑草3〜5葉期, ただし収穫60日前まで)	75〜100ml (100〜150l)		
ナブ乳剤 セトキシジム20%	イチゴ スイカ サヤインゲン	○ スズメノカタビラ除く				雑草茎葉散布 イネ科雑草3〜5葉期(ただし収穫1か月後前まで)	150〜200ml (100〜150l)	全域	
	トマト エダマメ					雑草茎葉散布 イネ科雑草3〜5葉期(ただし収穫14日前まで)			

薬剤名 有効成分含有率	野菜名	適用草種				処理方法	使用量 (水量)	適用土壌 適用地帯	使用上の注意
		一年生		多年生					
		イネ科	非イネ科	イネ科	非イネ科				
ホーネスト乳剤 テプラロキシジム10%	エダマメ	○				雑草茎葉散布 イネ科雑草3 〜5葉期ただ し収穫14日前 まで	75〜100m*l* (100〜150*l*)	全域	〃
ワンサイドP乳剤 フルアジホップP 17.5%	イチゴ(親株床)	○ スズメノカタビラ除く				雑草茎葉散布 イネ科雑草3 〜5葉期(収穫 後〜定植まで)	50〜100m*l* (70〜100*l*)	全域	
	トマト					雑草茎葉散布 イネ科雑草3 〜5葉期(ただ し収穫21日前 まで)	75〜100m*l* (70〜100*l*)		
	ミニトマト								
	キュウリ					雑草茎葉散布 イネ科雑草3 〜5葉期(ただ し収穫30日前 まで)	50〜100m*l* (70〜100*l*)		
バサグラン液剤(ナトリウム塩) ベンタゾンナトリウム塩40%	サヤエンドウ		○			雑草茎葉散布 サヤエンドウ の3〜6葉期(雑 草3〜6葉期) (ただし収穫40 日前まで)	100〜200m*l* (70〜100*l*)	全域	○アカザ科,ヒユ科,トウダイグサ科の雑草には効果が劣る

＜葉根菜類＞

7）タマネギ

雑草発生と防除法

　タマネギの作型は秋播栽培が一般的であるが，北海道では春まき栽培が行なわれる。秋まき栽培は9月に播種し，10～11月に植付けて，翌年の5～6月に収穫する。春まき栽培は3月上旬に無加温のハウスに播種，5月上旬植付けで，収穫期は9月上旬～中旬である。タマネギは在圃期間が長く，また，葉が細く立っているため雑草の抑圧力はほとんど期待できないので，雑草害を受けやすい作物である。雑草を放任すると30～90％も減収し商品性を著しく損なうので，早めの防除が必要である。

　タマネギは移植栽培が一般的であり，育苗期間は50～60日間と長い。秋まきではこの間に冬雑草のハコベ，ノミノフスマ，スズメノカタビラなどが発生する。苗床は本圃10aあたり45～50m^{2}必要であるが，現在苗床に適用できる除草剤はないので，手取りにより防除する。

　本圃に発生する雑草は秋まき栽培では，植付け直後はハコベ，タネツケバナ，スズメノカタビラなど苗床と同じ冬雑草であるが，春先から低温発芽性のシロザ，タデ類などとなり，遅れてメヒシバ，スベリヒユ，ヒユ類，カヤツリグサなどの夏雑草が発生する。北海道の春まき栽培ではシロザ，ハコベ，スベリヒユ，スカシタゴボウ，タデ類，ノボロギクなどが発生する。低温年ではスカシタゴボウ，ノボロギク，シロザなどが，高温年ではメヒシバ，イヌホウズキ，ヒユ類などの発生が多くなる。また，シバムギ，キレハイヌガラシ，スギナなどの多年生雑草の発生することもある。

　タマネギ畑の除草体系（図3－14）は，植付け活着後の土壌処理剤散布と生育期中耕後の土壌処理剤散布が基本となる。雑草の発生が多い場合は，生育期に茎葉処理剤を散布する。

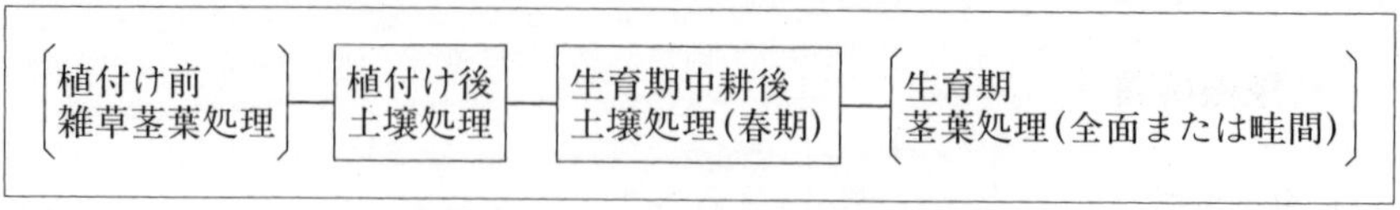

| 植付け前 雑草茎葉処理 | 植付け後 土壌処理 | 生育期中耕後 土壌処理(春期) | 生育期 茎葉処理(全面または畦間) |

図3-14 タマネギ畑の除草体系

除草剤の使い方

　タマネギの植付け前の圃場に雑草が発生している場合は，ラウンドアップ，インパルス，バスタ，ハービー，プリグロックス○L などを雑草茎葉処理して防除する。

　植付け後の土壌処理剤として，イネ科雑草の多い圃場ではトレファノサイド，クレマート，ゴーゴーサン，アグロマックス，広葉雑草の多い圃場ではグラメックス，シマジンなどを用いる。両種が混在している圃場ではサターンバアロ，コダールなどを用いる。

　春期の中耕後にはトレファノサイド，コダール，ゴーゴーサン（細粒剤），クロロIPCを土壌処理する。春先の生育期に発生した広葉雑草に対しては，雑草の小さい時期にアクチノール（東北・北陸は4月末，関東以西は3月末まで），バサグラン（広葉雑草3～4葉期）を全面茎葉処理する。イネ科雑草に対してはタルガ，ナブ，セレクト，ホーネスト，ワンサイドをその2～5葉期に全面茎葉処理する。イネ科雑草と広葉雑草が混在する場合は，バスタ，プリグロックス○L，ハービー，ラウンドアップなどをタマネギにかからないように畦間に雑草茎葉処理する。

8）ネ　ギ

　ネギには関東地方で栽培される根深ネギと関西地方に多い葉ネギの2つのタイプがある。

　根深ネギは，9～10月に播種し，12月から翌春の4月ごろに植付け，6～12月に収穫する秋まき夏秋どりと，2～3月に播種し，5～6月に植付け，9月～翌年3月ごろまで収穫する春まき秋冬どりの2つの作型を中心に，周年栽培が

行なわれる。

　葉ネギも周年栽培されており，播種期は春まきの2月から，晩秋まきの9～11月まで，順次作付されている。

　以上のようにネギは多様な作型があり周年的に栽培されるため，発生する雑草も冬雑草から夏雑草まで多岐にわたっている。

　ネギもタマネギと同様，初期生育が遅く，葉が細く直立して地面をカバーすることがないので，雑草との競合に弱く，生育後期まで除草が必要である。

　除草体系は苗床と本圃では異なる。ネギの育苗期間は，根深ネギの秋まきで半年以上にもわたり，春まきでも4か月前後と非常に長い。また，葉ネギの育苗期間は時期によって差はあるが，50日前後である。このため雑草が発生しやすく，苗床における除草作業は必要であるが，現在苗床に適用できる除草剤はないので，手取り除草などによって防除する。

　本圃における除草は根深ネギの場合，植付けてから3～4回の土寄せが行なわれるので，最初の土寄せまでの雑草を抑えればよい。葉ネギも植付け後50～60日で収穫するので，植付け直後の雑草防除が重要であり，いずれも植付け後の除草剤土壌処理が基本となる。

　除草剤の使い方

　本圃の植付け前に発生している雑草はラウンドアップ，プリグロックスⓁなどで防除する。

　植付け後には，イネ科雑草の発生の多い圃場ではトレファノサイド，クレマート，ゴーゴーサン，コンボラル，広葉雑草の多い圃場ではロロックス，両種が混在している圃場ではサターンバアロ，エスを土壌処理して雑草の発生を防止する。

　また，生育期の畦間に発生した雑草には，イネ科雑草の場合は，ナブをその3～4葉期に全面茎葉処理する。広葉雑草が混在している場合は，バスタ，ハヤブサ，プリグロックスⓁ，ラウンドアップなどを作物にかからないように畦間処理する。

9）キャベツ

雑草発生と防除法

キャベツは代表的な土地利用型野菜であり，品種選択と産地の移動で周年栽培が行なわれている。9〜11月に播種し，年内〜翌春に植付け，4〜7月に収穫する秋まき栽培は関東以西の平坦地で古くから行なわれているが，育苗期間と植付け直後はハコベ，ノミノフスマなどの冬雑草が発生し，遅れて夏雑草の発生も見られる。

春〜初夏まき栽培は春から初夏にかけて播種し，夏から秋に収穫する作型で，平暖地から寒冷地・高冷地で行なわれている。この栽培では育苗〜本圃とも春〜秋期になるので，メヒシバ，カヤツリグサ，シロザ，ヒユ類，スベリヒユなどの夏雑草が発生する。

盛夏に播種し，秋〜早春に収穫する夏まき栽培は平暖地で行なわれ，冬雑草が発生する。

キャベツは植付け後の生育が旺盛で畦間を比較的速やかにカバーするので，初期の雑草を抑制すればよく，植付け後の除草剤土壌処理が基本となる。

除草剤の使い方

植付け前の圃場に発生した雑草はラウンドアップ，ポラリス，インパルス，ハービー，バスタ，ハヤブサ，プリグロックス①などを雑草茎葉処理して防除する。

土壌処理剤は植付け前にトレファノサイド，クレマート，ゴーゴーサン，アグロマックスを全面処理，植付け後はラッソー，ゴーゴーサン，フィールドスターを全面処理，トレファノサイド，ゲザガード，コダール，デュアール，クロロIPCを畦間処理する。

生育期に発生したスズメノカタビラを除くイネ科雑草にはタルガ，ナブ，ワンサイド，スズメノカタビラも発生している場合はセレクトをその3〜6葉期に全面茎葉処理する。また，畦間に発生した雑草に対しては，ハヤブサ，プリグロックス①，バスタ，ハービーなどをキャベツにかからないように畦間処

10）ハクサイ

雑草発生と防除法

ハクサイは北海道から九州まで，また平坦地から高冷地まで，産地を移動しながら周年的に栽培されている代表的な土地利用型の野菜である。夏に播種し，初秋に植付け，10月から翌春にかけて収穫する平坦地普通作が基本となっているが，春・夏・秋・冬栽培の作型があり，品種との組合せで多種多様な様式が分化している。したがって，雑草も作型に対応して冬雑草から夏雑草まで多様な発生がみられる。

ハクサイの栽培期間は早いもので50日前後，遅いものでも90日前後であるが，植付け後の生育が旺盛であり，雑草害を受けにくい作物である。キャベツ同様，植付け前後の除草剤土壌処理が基本となる。

除草剤の使い方

植付け前に発生した雑草にはラウンドアップ，ポラリス，インパルス，ハービー，バスタ，プリグロックス⃝L などを雑草茎葉処理して防除する。

植付け前の土壌処理剤はトレファノサイド，クレマート，コダール，ゴーゴーサンを利用し，植付け後はトレファノサイド，コダール，クロロIPCをいずれも畦間処理する。

生育期に発生したイネ科雑草にはタルガ，ナブを全面茎葉処理し，畦間に発生した雑草に対してはバスタ，プリグロックス⃝L などを作物にかからないように畦間処理する。

なお，ラッソー，トレファノサイドは直播栽培で，播種直後の土壌処理剤として利用できる。

11）レタス

雑草発生と防除法

レタスは作型の分化と産地の移動により周年栽培されている。

普通地帯では12月上旬播種，2月中旬植付け（トンネル内），4月収穫の作型と，8月中旬播種，9月中旬植付け，11月収穫の作型がある。暖地では，8月下旬〜10月播種，12〜3月収穫の作型がとられる。冷涼地では1〜2月にハウス内に播種し，3月下旬にマルチをした畑に植付け，5〜6月に収穫する作型から，順次播種期をずらして，10月まで収穫する作型が展開している。

普通地帯と暖地のレタス畑に発生する雑草はハコベ，ノミノフスマ，ノボロギクなどの冬雑草である。冷涼地ではシロザ，タデ類，メヒシバ，スベリヒユなどの夏雑草が発生する。

レタスは育苗期間が2週間程度と短いため，苗床の除草の必要はない。また，本圃においてもレタスは在圃期間が比較的短いため，植付け直後に除草剤の土壌処理をすればほぼ雑草害のおそれはなくなる。最近は，春は黒色フィルム，夏には白黒ダブルフィルムのマルチが使用されるため，雑草の発生は抑制される。

除草剤の使い方

レタス畑の播種あるいは植付け前に発生した雑草はプリグロックスⓁ，ハービーなどを雑草茎葉処理して防除する。

植付け前の土壌処理剤は，露地栽培ではトレファノサイド（乳剤），クレマート，ゴーゴーサン，マルチ栽培のマルチ前にはトレファノサイド（粒剤），クレマート，アグロマックス，サターンを使用する。アグロマックス，サターンはトンネルマルチ栽培でも使用できる。

植付け後の土壌処理剤はトレファノサイド（乳剤），クロロIPCを畦間処理する。

生育期に発生した雑草に対しては2〜3葉期にスタムを作物にかからないように茎葉処理する。また，畦間に発生した雑草に対しては，プリグロックスⓁ，バスタなどを雑草茎葉処理（畦間処理）する。

12）ホウレンソウ

雑草発生と防除法

　ホウレンソウは秋まき栽培と春まき栽培が多いが，夏まき栽培も行なわれる。秋まき栽培は9〜11月に播種し，年内〜翌春に収穫する。春まき栽培は2月頃のトンネル栽培にはじまり，5月まで順次播種し，4〜6月に収穫する。夏まき栽培は北海道や東北地方に多く，6〜8月播種で7〜9月に収穫する。ホウレンソウの栽培法は露地栽培が一般的であるが，トンネルや施設の水耕栽培まであり，周年生産が行なわれている。

　ホウレンソウの在圃日数は夏まきで30日，秋まきでは160日程度であるが，概して生育期間は短い。

　ホウレンソウ畑にはその生育時期に対応して冬雑草から夏雑草まで発生し，播種後の除草剤土壌処理が基本となる。

除草剤の使い方

　播種前に発生した雑草はプリグロックス①，ハービーなどを雑草茎葉処理して防除する。

　播種後にはラッソー，レンザー，クロロIPC，アージランを土壌処理する。レンザーはホウレンソウに選択性があり安全に使用できるが，残効性が比較的長いので後作にウリ科，イネ科作物を作付けする時は注意する。

　生育期に発生したイネ科雑草に対してはナブを全面茎葉処理し，畦間に発生した雑草はプリグロックス①，ハービーなどを作物にかからないように雑草茎葉処理（畦間処理）する。

13）ニンジン

雑草発生と防除法

　ニンジンの作型は冬作，秋作，春作が代表的なものである。

　冬作は6〜8月の夏期に播種し，10月から翌春の3月頃に収穫される夏まき栽培で，東北〜九州で栽培される。ニンジン栽培の基本的な作型で，作付面積

も多い。播種後から生育初期にはメヒシバ、スベリヒユ、カヤツリグサなどの夏雑草、生育中期以降はハコベ、ナズナなどの冬雑草が発生するが、とくに初期の除草が必要である。

秋作は3～5月に播種し、6～10月に収穫する春まき栽培で、関東以北で栽培され、とくに北海道、東北で作付けが多い。夏雑草の発生期にあたり、雑草の生育も旺盛な時期であるため、除草作業は重要である。

春作は11～2月に播種する冬まきトンネル栽培であり、関東以西で作付けされ、収穫は4～6月となる。トンネル内では冬雑草、3月以降は冬雑草と夏雑草が発生する。

ニンジンは初期生育が遅く草丈もそれほど大きくないので、雑草との競合に弱い作物である。また、地上部だけでなく地下部における競合が深刻で、雑草が繁茂すると著しく減収するだけでなく、品質も低下する。

ニンジン畑における雑草防除は、播種後と中耕後の除草剤土壌処理が基本となる。

除草剤の使い方

播種前に発生した雑草はバスタ、ハービー、プリグロックス⑪などを雑草茎葉処理して防除する。

播種後には、イネ科雑草の発生の多い圃場ではトレファノサイド、クレマート、デュアール、ゴーゴーサン、コンボラル、広葉雑草の多い圃場ではゲザガード、ロロックス、両種が混在している圃場ではコワーク、サターンバアロ、コダール、カイタック、クリアターン、クロロIPCを土壌処理して、雑草の発生を防止する。

ニンジンの3葉期をすぎて、中耕後にはゲザガード、ゴーゴーサン、ロロックスを再度土壌処理する。

生育期に発生したイネ科雑草に対してはその2～6葉期にタルガ、ナブ、ワンサイド、セレクト、ホーネストを全面茎葉処理する。畦間に発生した雑草にはプリグロックス⑪などを作物にかからないように雑草茎葉処理（畦間処理）する。

14）ゴボウ

雑草発生と防除法

ゴボウの作型は春まき秋どり，秋まき夏どり，早春まき初秋どりがある。

春まき栽培は4～5月に播種して，10～12月に収穫するが，翌春の3月頃まで圃場におくこともある。メヒシバ，スベリヒユ，イヌビユなどの夏雑草が発生する。

秋まき栽培は9～10月に播種し，翌夏の7～9月に収穫する。播種後から翌春はハコベ，ナズナなどの冬雑草，それ以降は夏雑草が発生する。

早春まき栽培は2～3月頃播種するマルチ栽培で，7～8月に収穫する。雑草は春まき栽培と同じである。

ゴボウは生育期には大きな葉で畦間をカバーし，雑草を抑えるので，播種後から生育初期の雑草を防除すればよい。

除草剤の使い方

播種前に発生している雑草はプリグロックス⑪，ハービーなどを雑草茎葉処理して防除する。播種後にはトレファノサイド，アグロマックス，クロロIPCを土壌処理する。生育期に発生したイネ科雑草に対してはその3～5葉期にナブを全面茎葉処理する。畦間に発生した雑草はプリグロックス⑪，ハービーなどを雑草茎葉処理（畦間処理）する。

15）サトイモ

雑草発生と防除法

サトイモにはマルチ栽培と普通栽培がある。マルチ栽培は3～4月にプラスチックフィルムのマルチをして植付け，8～9月に収穫する。普通栽培は4月に植付け，10～11月に収穫する。いずれも，メヒシバ，スベリヒユ，イヌビユなどの夏雑草が発生する。

普通栽培では植付け後の初期生育が遅いので，培土をする前までの雑草を抑えることが重要である。マルチ栽培では畦間とともに，マルチ下の雑草を抑え

る必要がある。

除草剤の使い方

植付け後には，トレファノサイド，ゴーゴーサン，デュアール，ロロックス，シマジン，コンボラルを土壌処理して，雑草の発生を防止する。シマジンは土寄せ後の土壌処理にも使用できるが，全体の使用回数は1回である。

マルチ栽培ではトレファノサイドを植付け後，マルチ前の畦間に処理する。

生育期に発生した雑草はイネ科雑草であれば，その3～5葉期にナブを全面茎葉処理し，畦間に発生したものはバスタ，ハヤブサを雑草茎葉処理（畦間処理）して防除する。

16）ヤマノイモ

雑草発生と防除法

冬期に土中貯蔵しておいた種イモを4～5月に植付け，早掘りは9月中下旬から，普通は10月～翌春3月にかけて収穫する。ヤマノイモは植付けてから萌芽するまでに20～25日かかり，この間に雑草が発生するが，萌芽後は培土，敷わらをするので雑草の発生は抑えられる。

ヤマノイモ畑の雑草防除は植付け後萌芽までと，萌芽後培土・敷わらまでの期間の雑草を抑えることが基本となる。

除草剤の使い方

ヤマノイモの植付け前に発生した雑草はプリグロックスL などを雑草茎葉処理して防除する。

植付け後には萌芽前にトレファノサイド，クレマート，ゴーゴーサン，ロロックス，コンボラル，カイタック，コダールを土壌処理する。萌芽後には，トレファノサイド，ロロックスを作物の茎葉にかからないように畦間に土壌処理する。

生育期に発生したイネ科雑草はその2～6葉期にタルガ，ナブ，ワンサイド，ホーネストを全面茎葉処理して防除する。畦間に発生した雑草はプリグロックスL，ハービー，バスタ，ハヤブサなどを作物にかからないように雑草茎葉

処理（畦間処理）する。

17）ダイコン

雑草発生と防除法

ダイコンは全国のいたるところで，ほとんど周年にわたり栽培されている。春どり栽培は9〜10月に播種して翌春の3〜5月に収穫するもので，播種後に冬雑草が発生する。夏どり栽培は春から夏にかけて播種し50〜60日で収穫するタイプで，夏雑草が問題となる。秋どり栽培は8〜9月に播種し，10月から冬にかけて収穫する。最も栽培しやすい時期であり，初期には夏雑草，中期以降は冬雑草が発生する。

ダイコンでは間引き作業や中耕・培土が行なわれるので，播種期前後の雑草を抑えることが重要である。

除草剤の使い方

播種前に発生した雑草はラウンドアップ，ハヤブサ，バスタ，プリグロックス①などを雑草茎葉処理して防除する。

播種後にはイネ科雑草の多い圃場ではラッソー，トレファノサイド，デュアール，広葉雑草の多い畑ではゲザガードを土壌処理する。

生育期に発生したイネ科雑草はその3〜6葉期にタルガ，ナブ，ワンサイドを全面茎葉処理し，畦間の雑草はバスタ，プリグロックス①などを作物にかからないように雑草茎葉処理（畦間処理）する。

18）ミツバ，パセリ，セルリー

①ミツバ，パセリ

適用できる除草剤がないので，手取り，中耕により防除する。

②セルリー

植付け活着後にロロックスを作物にかからないように畦間に土壌処理する。

生育期に発生したイネ科雑草はその3〜5葉期にタルガを全面茎葉処理する。広葉雑草は中耕や手取りで防除する。

19) アスパラガス

雑草発生と防除法

アスパラガスにはグリーン栽培とホワイト栽培がある。グリーン栽培は生食用で，露地で自然に萌芽してくる幼茎を収穫する普通栽培，トンネルやパイプハウスによりプラスチックフィルムで被覆する早熟栽培，養成した根株をふせこむ促成栽培がみられる。ホワイト栽培は加工原料用で，萌芽前に培土をして，白色の幼茎を収穫する。

アスパラガスは，春の萌芽期から収穫が終了するまでは地表面が露出しているので，雑草が発生しやすい。収穫期以降は茎葉が繁茂するので，雑草の発生生育は抑えられる。したがって，早春から収穫が終了するまでの雑草を防除することが必要である。

除草剤の使い方

アスパラガスの萌芽前に発生している雑草はバスタ，ハービーを雑草茎葉処理して防除する。

萌芽期の雑草発生を抑えるために，クレマート，グラメックス，トレファノサイド，ロロックスを萌芽前に土壌処理する。いずれも処理時に雑草が発生していては効果が劣るので，雑草の発生前に使用する。雑草が発生している場合は，アスパラガスの萌芽前～萌芽始期で雑草の発生前～5葉期に茎葉兼土壌処理剤であるセンコルを処理する。また，培土直後あるいは培土くずし後にはゲザプリムを土壌処理する。

収穫中に雑草が発生した場合は，イネ科雑草であればその3～5葉期にナブを全面茎葉処理する。あるいは，バスタ，ハヤブサ，プリグロックス①などを作物にかからないように畦間に雑草茎葉処理する。

収穫打切り後は雑草が発生していればハービーを畦間あるいは全面に雑草茎葉処理して防除する。イネ科雑草に対してはタルガを3～6葉期に処理する。雑草が発生していなければグラメックス，トレファノサイド，雑草の発生初期にはセンコルを土壌処理する。

直播栽培や苗床では，播種前の雑草はプリグロックスⓁなどで防除し，播種後はクロロIPCを土壌処理する。植付け後は培土後にクロロIPCを土壌処理し，生育期にはプリグロックスⓁなどを畦間に雑草茎葉処理する。

20) その他（ショウガ，ニンニク，ラッキョウ，ニラ，ハナヤサイ，カボチャ）

ショウガ，ニンニク，ラッキョウ，ニラ，ハナヤサイ，カボチャに適用できる除草剤については表に示した。使用できる除草剤は少ないが，これまでに述べてきた野菜における使い方に準じて利用してほしい。

葉根菜類に適用できる除草剤一覧表

使用時期	薬剤名	適用野菜名											その他の野菜
		タマネギ	ネギ	キャベツ	ハクサイ	レタス	ホウレンソウ	ニンジン	サトイモ	ヤマノイモ	ダイコン	アスパラガス	
《播種あるいは植付け前、畦間、収穫後雑草茎葉処理》	三共の草枯らし	○	○	○	○						○		
	タッチダウン			○	○						○		ハツカダイコン
	ブロンコ			○									
	ポラリス			○	○					○			
	ラウンドアップハイロード	○	○	○	○						○		
	バスタ液剤	○	○	○	○	○		○	○	○	○	○	ハツカダイコン, 非結球レタス, オクラ, ナバナ
	ハヤブサ		○	○					○	○	○		ハツカダイコン
	ハービー		○	○	○	○	○	○			○	○	非結球レタス, ゴボウ, シソ, ハスイモ
	プリグロックスL		○	○	○	○		○	○		○		カリフラワー, ブロッコリー, ゴボウ
	シアノット			○									
	インパルス水溶剤	○		○	○						○	○	
	サンダーボルト			○	○						○		
	サンダーボルト007			○							○		
《播種あるいは植付け前後土壌処理》	クレマート乳剤	○	○	○	○		○	○				○	ワケギ, アサツキ, ニンニク, ラッキョウ
	クレマートU粒剤	○	○	○	○		○						ワケギ, アサツキ, ニンニク, ニラ, クワイ
	ゴーゴーサン乳剤30	○	○	○	○			○			○		葉タマネギ, ニラ, ニンニク
	ゴーゴーサン細粒剤F	○					○	○					ニンニク, ミシマサイコ
	トレファノサイド乳剤	○	○	○	○		○	○		○	○	○	ワケギ, ラッキョウ, ハツカダイコン, ゴボウ, ショウガ, ニンニク
	トレファノサイド粒剤2.5	○	○	○	○		○	○			○		ワケギ, アサツキ, ショウガ, ラッキョウ, ニンニク
	デュアール乳剤			○			○	○		○			
	フィールドスター乳剤			○									
	ラッソー乳剤			○	○	○					○		
	レンザー					○							
	アグロマックス水和剤	○		○		○							ブロッコリー, ゴボウ
	アージラン液剤					○							

第3章 畑地編

使用時期	薬剤名	適用野菜名											その他の野菜
		タマネギ	ネギ	キャベツ	ハクサイ	レタス	ホウレンソウ	ニンジン	サトイモ	ヤマノイモ	ダイコン	アスパラガス	
〈播種あるいは植付け前後土壌処理〉	クサウロン水和剤80												ラッキョウ
	グラメックス水和剤	○									○		
	クロロIPC乳剤	○		○	○	○	○				○		ゴボウ
	ゲザガード50			○			○				○		
	シマジン水和剤	○						○					ニンニク, ラッキョウ, 食用ユリ
	センコル水和剤										○		
	ロロックス		○				○	○			○		ニラ, ニンニク, セルリー, ハッカ, トウキ
	ロロックス粒剤						○	○					
	カイタック乳剤						○	○					
	カイタック細粒剤F						○	○					
	コダール水和剤	○					○						
	コワーク乳剤						○						
	コンボラル	○	○	○	○		○	○					ニンニク
	サターンバアロ乳剤						○						
	サターンバアロ粒剤						○						
	クリアターン乳剤						○						
〈生育期全面茎葉処理〉	スタム乳剤35					○							
	セレクト乳剤	○		○			○						ニンニク
	タルガフロアブル	○		○	○		○				○	○	セルリー
	ポルトフロアブル	○					○						
	ナブ乳剤	○	○	○	○		○	○	○	○	○		ゴボウ, ニラ
	ホーネスト乳剤	○						○	○				
	ワンサイドP乳剤	○		○			○				○		ニンニク
	アクチノール乳剤	○											
	バサグラン液剤(ナトリウム塩)	○											

葉根菜類の除草剤と使い方（使用量については10a当たりで表記した）

薬剤名 有効成分含有率	野菜名	適用草種				処理方法	使用量 （水量）	適用土壌 適用地帯	使用上の注意
		一年生		多年生					
		イネ科	非イネ科	イネ科	非イネ科				

〈播種あるいは植付前，畦間，収穫後雑草茎葉処理〉

薬剤名 有効成分含有率	野菜名	イネ科（一年生）	非イネ科（一年生）	イネ科（多年生）	非イネ科（多年生）	処理方法	使用量（水量）	適用土壌適用地帯	使用上の注意
三共の草枯らし グリホサートイソプロピルアミン塩41%	タマネギ	○	○			雑草茎葉散布 雑草生育期，耕7日前までまたは定植後畦間処理(ただし収穫30日前まで)	250〜500ml (通常50〜100l，少量25〜50l)		○植物体内移行性が大きく，一年生雑草から多年生雑草の地下部まで枯殺する ○遅効性で効果の完成には一年生雑草で1〜2週間，多年生雑草では2週間以上を要する ○土壌処理効果はなく，処理後すぐに作物の作付けができる ○少量散布は専用ノズルを使用する ○周辺作物にかからないように散布する ○類似薬剤にサンフーロン等があるが，果菜類の項を参照する
	ネギ								
	キャベツ					雑草茎葉散布 雑草生育期ただし耕起7日前まで	250〜500ml (100l)		
	ハクサイ						250〜500ml (通常50〜100l，少量25〜50l)		
	ダイコン						250〜500ml (100l)		
タッチダウン グリホサートトリメシウム塩38%	キャベツ	○	○			雑草茎葉散布 雑草生育期(耕起または定植7日以前)	200〜400ml (100l)		
	ハクサイ								
	ダイコン					雑草茎葉散布 雑草生育期(耕起または播種7日以前)			
	ハツカダイコン								
ブロンコ グリホサートアンモニウム塩33%	キャベツ	○	○	○	○	雑草茎葉散布 雑草生育期(草丈30cm以下)ただし耕起7日以前	250〜500ml (通常50〜100l，少量25〜50l)		
ポラリス グリホサートイソプロピルアミン塩20%	キャベツ	○	○			雑草茎葉散布 雑草生育期(草丈30cm以下)耕起10日以前	300〜500ml (少量25〜50l)		
	ハクサイ								
	ヤマノイモ					雑草茎葉散布 植付後萌芽前			

第3章 畑 地 編

薬剤名 有効成分含有率	野菜名	適用草種				処理方法	使用量 (水量)	適用土壌 適用地帯	使用上の注意
		一年生		多年生					
		イネ科	非イネ科	イネ科	非イネ科				
ラウンドアップハイロード グリホサートアンモニウム塩41%	タマネギ	○	○			雑草茎葉散布 雑草生育期定植後畦間処理 ただし，収穫7日前まで	250～500m*l* (通常50～100*l*，少量25～50*l*)		〃
	ネギ					雑草茎葉散布 雑草生育期定植7日前までまたは定植後畦間処理ただし，収穫30日前まで			
	キャベツ					雑草茎葉散布 雑草生育期ただし，耕起7日後まで			
	ハクサイ								
	ダイコン								
バスタ液剤 グルホシネート18.5%	タマネギ	○	○			雑草茎葉散布 雑草生育期定植前または畦間処理(収穫90日前まで)	300～500m*l* (100～150*l*)		○一年生雑草全般に雑草生育期処理で有効である。多年生雑草の地上部も枯殺できるが，植物体内移行性が大きくないので，地下部は残り，再生しやすい ○効果の完成に一年生雑草で1週間，多年生雑草で2～3週間必要である ○土壌処理効果はなく，処理後すぐに作物の作付けができる ○周辺作物にかからないように散布する ○畦間処理では作物にかからないように散布する
	ネギ					雑草茎葉散布 雑草生育期定植後畦間処理 (収穫60日前まで)			
	キャベツ					雑草茎葉散布 雑草生育期定植前または畦間処理(収穫45日前まで)			
	ハクサイ								
	レタス，非結球レタス					雑草茎葉散布 雑草生育期定植後畦間処理 (収穫30日前まで)			
	ニンジン					雑草茎葉散布 雑草生育期は種前			

薬剤名 有効成分含有率	野菜名	適用草種				処理方法	使用量 (水量)	適用土壌 適用地帯	使用上の注意
		一年生		多年生					
		イネ科	非イネ科	イネ科	非イネ科				
〃	サトイモ	○	○			雑草茎葉散布 雑草生育期植付後畦間処理 (収穫30日前まで)	〃		〃
	ヤマノイモ								
	ダイコン					雑草茎葉散布 雑草生育期は種前または畦間処理(収穫45日前まで)			
	ハツカダイコン								
	アスパラガス					雑草茎葉散布 雑草生育期萌芽前または畦間処理(収穫30日前まで)			
	オクラ					雑草茎葉散布 雑草生育期播種後畦間処理(収穫前日まで)			
	ナバナ					雑草茎葉散布 雑草生育期播種前または畦間処理(収穫21日前まで)			
ハヤブサ グルホシネート8.5%	ネギ	○	○			雑草茎葉散布 雑草生育期畦間処理(収穫60日前まで)	500〜750m*l* (50〜100*l*)		
	キャベツ					雑草茎葉散布 雑草生育期定植前または畦間処理(収穫45日前まで)			
	サトイモ					雑草茎葉散布 雑草生育期植付後畦間処理(収穫30日前まで)			
	ヤマノイモ								
	ダイコン					雑草茎葉散布 雑草生育期播種前			
	ハツカダイコン								

第3章　畑　地　編

薬剤名 有効成分含有率	野菜名	適用草種				処理方法	使用量 (水量)	適用土壌 適用地帯	使用上の注意
		一年生		多年生					
		イネ科	非イネ科	イネ科	非イネ科				
〃	アスパラガス	○	○			雑草茎葉散布 雑草生育期畦間処理(収穫30日前まで)	〃		〃
ハービー ビアラホス18%	タマネギ	○	○			雑草茎葉散布 雑草生育期定植前または定植後畦間処理	300～500m*l* (100～150*l*)		
	キャベツ					雑草茎葉散布 雑草生育期(草丈20cm以下)定植前または定植後畦間処理収穫7日前まで			
	ハクサイ					雑草茎葉散布 雑草生育期(草丈20cm以下)定植前			
	レタス 非結球レタス								
	ホウレンソウ					雑草茎葉散布 雑草生育期播種前または播種後畦間処理			
	ニンジン					雑草茎葉散布 雑草生育期(草丈20cm以下)播種前			
	ヤマノイモ					雑草茎葉散布 雑草生育期萌芽前または萌芽後畦間処理			

薬剤名 有効成分含有率	野菜名	適用草種				処理方法	使用量 (水量)	適用土壌 適用地帯	使用上の注意
		一年生		多年生					
		イネ科	非イネ科	イネ科	非イネ科				
〃	アスパラガス	○	○			雑草茎葉散布 雑草生育期萌芽前または収穫打切り後畦間処理収穫30日前まで	〃		〃
				○	○	雑草茎葉散布 雑草生育期(草丈20cm以下)収穫打切り直後全面処理	500〜750ml (100〜150l)		
	ゴボウ	○	○			雑草茎葉散布 雑草生育期は種前または播種後畦間処理	300〜500ml (100〜150l)		
	シソ					雑草茎葉散布 雑草生育期畦間処理(収穫14日前まで)			
	ハスイモ(葉柄)					雑草茎葉散布 雑草生育期畦間処理(収穫7日前まで)			

第 3 章 畑 地 編

薬剤名 有効成分含有率	野菜名	適用草種				処理方法	使用量 (水量)	適用土壌 適用地帯	使用上の注意
		一年生		多年生					
		イネ科	非イネ科	イネ科	非イネ科				
プリグロックスL ジクワット7% パラコート5%	タマネギ ネギ キャベツ ハクサイ レタス ニンジン ヤマノイモ ダイコン アスパラガス カリフラワー ブロッコリー ゴボウ	○	○			雑草茎葉散布 播種前または 植付前および 収穫後	600～ 1000ml (100～150l)		○生育期の雑草に処理し一年生雑草全般に有効である ○植物体内移行性が小さく,多年生雑草は地上部だけ枯れて,地下部は残り再生しやすい。太陽の沈んだ夕方の散布が有効である ○速効的で処理後2～3日で効果が完成する ○土壌処理効果はなく,処理後すぐに作物の作付ができる ○周辺作物にかからないように散布する ○畦間処理では作物にかからないように散布する
						雑草茎葉散布 畦間処理：雑草生育期(ただし収穫30日前まで)			
	ホウレンソウ					雑草茎葉散布 播種前または 植付前および 収穫後			
						雑草茎葉散布 畦間処理：雑草生育期(ただし収穫14日前まで)			
シアノット シアン酸塩80%	キャベツ	○	○			雑草茎葉散布 雑草生育期(草丈5cm以下)定植後畦間処理	3kg		○作物にかからないように散布する
インパルス水溶剤 グリホサートナトリウム塩16% ビアラホス8%	タマネギ(秋播露地栽培)	○	○			雑草茎葉散布 雑草生育期(草丈30cm以下) 耕起または定植7日以前	500～600g (100l)		○周辺作物および作物にかからないように散布する
	キャベツ								
	ハクサイ								
	ヤマノイモ					雑草茎葉散布 雑草生育期(草丈30cm以下) 萌芽前処理	500～600g (50～100l)		
	ダイコン					雑草茎葉散布 雑草生育期(草丈30cm以下) 耕起または定植7日以前	500～600g (100l)		

薬剤名 有効成分含有率	野菜名	適用草種				処理方法	使用量 (水量)	適用土壌 適用地帯	使用上の注意
		一年生		多年生					
		イネ科	非イネ科	イネ科	非イネ科				
サンダーボルト グリホサートトリメシウム塩28.5% ピラフルフェンエチル0.19%	キャベツ	◯	◯			雑草茎葉散布 雑草生育期(草丈30cm以下) (耕起または定植7日前)	400〜600ml (100l)		○周辺作物および作物にかからないように散布する
	ハクサイ								
	ダイコン					雑草茎葉散布 雑草生育期(草丈30cm以下) (耕起または播種7日前)			
サンダーボルト007 グリホサートイソプロピルアミン塩30% ピラフルフェンエチル0.16%	キャベツ	◯	◯			雑草茎葉散布 雑草生育期(草丈30cm以下) 耕起または定植7日前	400〜600ml (100l)		
	ダイコン					雑草茎葉散布 雑草生育期(草丈30cm以下) 耕起または播種7日前			

〈播種あるいは植付前後土壌処理〉

薬剤名 有効成分含有率	野菜名	適用草種				処理方法	使用量 (水量)	適用土壌 適用地帯	使用上の注意
		一年生		多年生					
		イネ科	非イネ科	イネ科	非イネ科				
クレマート乳剤 ブタミホス50%	タマネギ(春播)	◯	◯〜△			全面土壌散布 定植後(雑草発生前)ただし収穫60日前まで	200〜400ml (100〜150l)	砂壌土〜埴土 北海道	○一年生イネ科雑草に卓効を示すが、アブラナ科、ナデシコ科、ヒユ科、アカザ科、スベリヒユ科雑草などにも有効である
	タマネギ(秋播)					全面土壌散布 定植後(雑草発生前)ただし収穫60日前まで		砂壌土〜埴土 全域	
	ネギ ワケギ アサツキ					全面土壌散布 定植活着後(雑草発生前)ただし定植10日後まで			
	キャベツ					全面土壌散布 定植前(雑草発生前)	200ml (100〜150l)		
	ハクサイ								
	レタス					全面土壌散布 定植前または定植マルチ前(雑草発生前)	200〜400ml (100〜150l)		

第3章 畑地編

薬剤名 有効成分含有率	野菜名	適用草種				処理方法	使用量 (水量)	適用土壌 適用地帯	使用上の注意
		一年生		多年生					
		イネ科	非イネ科	イネ科	非イネ科				
〃	ニンジン	○	○〜△			全面土壌散布 播種後発芽前 (雑草発生前)	〃	〃	〃
	サトイモ					全面土壌散布 植付後萌芽前 (雑草発生前)			
	ヤマノイモ								
	ニンニク								
	ラッキョウ								
	アスパラガス					全面土壌散布 萌芽前(雑草発生前)			
クレマートU粒剤 ブタミホス3%	タマネギ(春播)	○	○〜△			全面土壌散布 定植後(雑草発生前)ただし収穫60日前まで	5〜7kg	砂壌土〜埴土 全域	
	タマネギ(秋播)					全面土壌散布 定植後または春期の雑草発生前(ただし収穫60日前まで)	4〜6kg		
	ネギ ワケギ アサツキ					全面土壌散布 定植活着後(雑草発生前)ただし定植10日後まで			
	キャベツ					全面土壌散布 定植前〜定植直後(雑草発生前)			
	ニンジン					全面土壌散布 播種後発芽前 (雑草発生前)			
	サトイモ ヤマノイモ ニンニク					全面土壌散布 植付後萌芽前 (雑草発生前)			
	ニラ					全面土壌散布 定植後(雑草発生前)ただし定植10日後まで			

薬剤名 有効成分含有率	野菜名	適用草種				処理方法	使用量 (水量)	適用土壌 適用地帯	使用上の注意
		一年生		多年生					
		イネ科	非イネ科	イネ科	非イネ科				
〃	クワイ	○	○〜△			湛水散布 植付後出芽前 (雑草発生前)	5kg	〃	
ゴーゴーサン乳剤30 ペンディメタリン30%	タマネギ	○	○〜△			全面土壌散布 定植後(雑草発生前)ただし収穫60日前まで	300〜500ml (70〜100l)	全土壌 全域	○一年生イネ科雑草に卓効を示すが,ツユクサ,カヤツリグサ科,キク科雑草などに効果が劣る
	ネギ					全面土壌散布 定植後(雑草発生前)ただし定植10日後まで	200〜300ml (70〜100l)		
	キャベツ					全面土壌散布 定植前(雑草発生前)	200〜400ml (70〜150l)		
	レタス,非結球レタス								
	ハクサイ					全面土壌散布 定植前(雑草発生前)	200〜300ml (70〜150l)	壌土〜埴土 全域	
	ニンジン					全面土壌散布 播種直後(雑草発生前)	200〜400ml (70〜150l)	全土壌 全域	
	サトイモ					全面土壌散布 植付直後(雑草発生前)	200〜400ml (70〜100l)		
	ヤマノイモ					全面土壌散布 植付後〜萌芽前(雑草発生前)	200〜400ml (100l)		
	葉タマネギ					全面土壌散布 定植前(雑草発生前)	300〜500ml (70〜100l)		
	ニラ					全面土壌散布 定植後(雑草発生前)ただし定植10日後まで	200〜300ml (100l)		
	ニンニク					全面土壌散布 植付後(春期雑草発生前)ただし収穫60日前まで)	300〜500ml (70〜100l)	壌土〜埴土 全域	

第3章 畑地編

薬剤名 有効成分含有率	野菜名	適用草種				処理方法	使用量 (水量)	適用土壌 適用地帯	使用上の注意
		一年生		多年生					
		イネ科	非イネ科	イネ科	非イネ科				
ゴーゴーサン細粒剤F ペンディメタリン2%	タマネギ(春播)	○	○～△			全面土壌散布 定植後(雑草発生前)ただし収穫60日前まで	5～6kg	砂壌土～埴土 全域	
	タマネギ(秋播)					全面土壌散布 定植後または生育期(雑草発生前)ただし収穫60日前まで			
	ネギ					全面土壌散布 定植後(雑草発生前)ただし定植10日後まで	4～6kg	全土壌 全域	
	キャベツ					全面土壌散布 定植前または定植直後(雑草発生前)	4～5kg	砂壌土～埴土 全域	
	ニンジン					全面土壌散布 播種直後(雑草発生前)			
	サトイモ					全面土壌散布 植付直後(雑草発生前)	4～6kg	砂壌土～埴土 北海道を除く地域	
	ニンニク					全面土壌散布 植付後(春期雑草発生前)ただし収穫60日前まで		砂壌土～埴土 全域	
	ミシマサイコ					播種後～発芽前または萌芽期(雑草発生始期まで)	3～5kg	壌土～埴壌土 全域	

薬剤名 有効成分含有率	野菜名	適用草種 一年生 イネ科	適用草種 一年生 非イネ科	適用草種 多年生 イネ科	適用草種 多年生 非イネ科	処理方法	使用量 (水量)	適用土壌 適用地帯	使用上の注意
トレファノサイド乳剤 トリフルラリン44.5%	タマネギ(本畑)	○	○〜△			土壌表面散布 定植後(ただし収穫75日前まで)	200〜300ml (100l)		○ツユクサ，カヤツリグサ科，キク科，アブラナ科雑草には効果劣る ○畦間処理では作物にかからないように散布する ○トンネルやハウス栽培などではトリフルラリンがガス化して薬害のおそれがあるので注意して使用する
	ネギ ワケギ					土壌表面散布 定植直後			
	キャベツ(直播栽培)					土壌表面散布 播種直後			
	キャベツ(移植栽培)					土壌表面散布 定植前(植穴堀前)			
						畦間土壌表面散布 定植直後			
	ハクサイ(直播栽培)					土壌表面散布 播種直後			
	ハクサイ(移植栽培)					土壌表面散布 定植前(植穴堀前)			
						畦間土壌表面散布 定植直後			
	レタス(移植露地栽培)，非結球レタス(移植露地栽培)					土壌表面散布 定植前(植穴堀前)			
						畦間土壌表面散布 定植直後			
	ニンジン ゴボウ(露地栽培)					土壌表面散布 播種直後			
	サトイモ					土壌表面散布 植付後(マルチ前)(ただし植付7日後まで)	300〜400ml (100l)		

第 3 章　畑　地　編

薬剤名 有効成分含有率	野菜名	適用草種				処理方法	使用量 (水量)	適用土壌 適用地帯	使用上の注意
		一年生		多年生					
		イネ科	非イネ科	イネ科	非イネ科				
〃	ヤマノイモ	○	○〜△			土壌表面散布 植付直後	200〜300m*l* (100*l*)		〃
						畦間土壌表面散布 生育初期(ただし植付30日後まで)			
	ダイコン ハツカダイコン					土壌表面散布 播種直後	150〜200m*l* (100*l*)		
	アスパラガス					土壌表面散布 萌芽前,収穫打切後(雑草発生前)	200〜300m*l* (100*l*)		
	ラッキョウ (露地栽培)					土壌表面散布 植付後,春期雑草発生前(ただし収穫120日前まで)			
	ショウガ					土壌表面散布 植付直後			
	ニンニク					土壌表面散布 植付後,春期中耕除草後(ただし収穫90日前まで)	300m*l* (100*l*)		
トレファノサイド粒剤2.5 トリフルラリン2.5%	タマネギ(本畑)	○	○〜△			土壌表面散布 定植後	4〜5kg		
						畦間土壌表面散布 生育期(春期) (ただし収穫75日前まで)			
	ネギ ワケギ アサツキ					土壌表面散布 定植直後			
	キャベツ(移植栽培) ハクサイ(移植栽培)					土壌表面散布 定植前(植穴堀前)	4〜6kg		

薬剤名 有効成分含有率	野菜名	適用草種				処理方法	使用量 (水量)	適用土壌 適用地帯	使用上の注意
		一年生		多年生					
		イネ科	非イネ科	イネ科	非イネ科				
〃	ハクサイ(直播栽培)	○	○〜△			土壌表面散布 播種直後	3〜5kg		〃
	レタス(移植露地栽培),非結球レタス(移植露地栽培)					土壌表面散布 定植前(植穴堀前)(マルチ前)	3〜4kg		
	ニンジン					土壌表面散布 播種直後	4〜6kg		
	サトイモ					土壌表面散布 植付後(マルチ前)(ただし植付7日後まで)			
	ヤマノイモ					土壌表面散布 植付直後			
						畦間土壌表面散布 生育初期(ただし植付30日後まで)			
	ショウガ					土壌表面散布 植付直後	6kg		
	ラッキョウ(露地栽培)					土壌表面散布 植付後, 春期雑草発生前(ただし収穫120日前まで)	4〜5kg		
	ニンニク					土壌表面散布 植付後, 春期中耕除草後(ただし収穫90日前まで)	5kg		
デュアール乳剤 メトラクロール45%	キャベツ	○	○〜△			畦間株間土壌散布 定植直後〜定植15日後まで(雑草発生前)	100〜200ml (70〜100l)	砂壌土〜埴土 全域	○イネ科雑草に卓効を示すが, 非イネ科雑草には効果が不安定
	ニンジン					全面土壌散布 播種直後(雑草発生前)			
	ダイコン								

第3章 畑地編

薬剤名 有効成分含有率	野菜名	適用草種				処理方法	使用量 （水量）	適用土壌 適用地帯	使用上の注意
		一年生		多年生					
		イネ科	非イネ科	イネ科	非イネ科				
〃	サトイモ	○	○〜△			全面土壌散布 植付後萌芽前 （雑草発生前）	200〜400m*l* （70〜100*l*）	〃	〃
フィールドスター乳剤 ジメテナミド76%	キャベツ	○	○〜△			全面土壌散布 定植後雑草発生前（定植後10日まで）	75〜100m*l* （100*l*）	全土壌 （砂土を除く） 全域	
ラッソー乳剤 アラクロール43%	キャベツ	○	○〜△			全面土壌散布 定植8日後まで	150〜200m*l* （100*l*）	全土壌 全域	
	ハクサイ					全面土壌散布 播種直後	150m*l* （100*l*）	壌土〜埴土 全域	
	ホウレンソウ								
	ダイコン								
レンザー レナシル80%	ホウレンソウ	○	○〜△			全面土壌散布 播種覆土直後	100〜150m*l* （70〜100*l*）		○ホウレンソウに対して選択性があり，安全に使用できる
アグロマックス水和剤 プロピザミド50%	タマネギ（春播移植栽培）	○	○〜△			全面土壌散布 定植活着後雑草発生前ただし定植10日後まで	300〜400g （100*l*）	北海道	○畑地一年生雑草全般に有効であるが，アカザ科，キク科，カヤツリグサ科雑草に効果劣る
	タマネギ（秋播露地移植栽培）					全面土壌散布 定植活着後雑草発生前	200〜400g （100*l*）	全域	
	キャベツ（春〜夏播移植栽培）					全面土壌散布 定植直後雑草発生前	300〜400g （100*l*）		
	キャベツ（秋〜冬播移植栽培）						200〜400g （100*l*）		
	レタス（秋播直播栽培）					全面土壌散布 播種覆土後雑草発生前	200〜300g （70〜100*l*）		
	レタス（移植栽培（露地マルチ栽培））					全面土壌散布 整地後マルチ前（定植前）			
	レタス（移植栽培（トンネル・マルチ栽培））						150〜300g （70〜100*l*）		

薬剤名 有効成分含有率	野菜名	適用草種 一年生 イネ科	適用草種 一年生 非イネ科	適用草種 多年生 イネ科	適用草種 多年生 非イネ科	処理方法	使用量 (水量)	適用土壌 適用地帯	使用上の注意
〃	ブロッコリー(移植栽培)	○	○〜△			全面土壌散布 定植活着後雑草発生前ただし定植14日後まで	200〜400g (100l)	〃	〃
	ゴボウ(早春播べたがけ栽培)					全面土壌散布 播種直後雑草発生前	100〜200g (100l)	北海道	
	ゴボウ(春播)					全面土壌散布 播種直後雑草発生前	150〜300g (100l)		
							300g (100l)	北海道を除く地域	
	ゴボウ(秋播)						200〜400g (100l)	全域	
アージラン液剤 アシュラム37%	ホウレンソウ	○	○			土壌散布 播種後〜子葉展開期	秋播き600〜800ml (100〜200l)		
							春〜初夏播き800〜1000mlただし芽出し播きは800ml (100〜200l)		
クサウロン水和剤80 DCMU80%	ラッキョウ	○〜△	○			全面土壌散布 植付覆土後	60〜100g (100l)		
グラメックス水和剤 シアナジン50%	タマネギ	○〜△	○			全面土壌散布 定植活着後(雑草発生前)	100〜200g (100l)	全域	○広葉雑草に効果が高いが，イネ科雑草に効果が不安定
	アスパラガス					全面土壌散布 萌芽前または収穫後(雑草発生前)			
クロロIPC乳剤 IPC45.8%	タマネギ	○	○			全面土壌散布 定植活着後または中耕除草後ただし収穫90日前まで	200〜300ml (70〜100l)		○秋から春にかけて気温が20℃以下の時期に使用する

第3章 畑地編

薬剤名 有効成分含有率	野菜名	適用草種				処理方法	使用量(水量)	適用土壌 適用地帯	使用上の注意
		一年生		多年生					
		イネ科	非イネ科	イネ科	非イネ科				
〃	キャベツ	○	○			株間土壌散布 定植後ただし収穫60日前まで	150〜300ml (70〜100l)		〃
	ハクサイ					株間土壌散布 定植1か月以上後ただし収穫60日前まで	300〜500ml (70〜100l)		
	レタス(移植露地栽培), 非結球レタス(移植露地栽培)					株間土壌散布 定植活着後ただし収穫60日前まで			
	ホウレンソウ					全面土壌散布 播種直後	無催芽種子 100〜150ml 催芽種子150〜200ml (70〜100l)		
	ニンジン					全面土壌散布 播種直後(除高温時)	500〜600ml	北海道を除く地域	
							300ml	北海道	
	アスパラガス(苗床)					全面土壌散布 播種直後	200〜300ml (70〜100l)		
	アスパラガス(定植畑)					全面土壌散布 培土後雑草発生前ただし収穫21日前まで	250〜300ml (70〜100l)		
	ゴボウ					全面土壌散布 播種直後	500ml (70〜100l)	北海道を除く地域	
							春播き200〜300ml (70〜100l)	北海道	
							晩春播き200〜400ml (70〜100l)		

薬剤名 有効成分含有率	野菜名	適用草種				処理方法	使用量 (水量)	適用土壌 適用地帯	使用上の注意
		一年生		多年生					
		イネ科	非イネ科	イネ科	非イネ科				
ゲザガード50 プロメトリン50%	キャベツ(春〜夏播移植栽培)	○〜△	○			畦間土壌散布 定植活着直後	100〜200g (50〜100ℓ)	砂壌土〜埴土	○広葉雑草に効果が高いが、イネ科雑草には効果が不安定
	ニンジン					全面土壌散布 播種後			
						全面土壌散布 生育期(ただし収穫45日前まで)			
	ダイコン					全面土壌散布 播種直後	50〜100g (50〜100ℓ)		
シマジン水和剤 シマジン50%	タマネギ	○〜△	○			全面土壌散布 定植後	50〜100g (70〜100ℓ)	砂壌土〜埴土	
	サトイモ					全面土壌散布 植付後または土寄後			
	ニンニク ラッキョウ					全面土壌散布 植付後	100〜150g (70〜100ℓ)		
	食用ユリ					全面土壌散布 秋期植付後または春期萌芽前	200g (70〜100ℓ)		
センコル水和剤 メトリブジン50%	アスパラガス	○	○			雑草茎葉散布または全面土壌散布 萌芽前〜萌芽始期または収穫打切り後(雑草発生前〜4,5葉期)	100〜150g (100ℓ)	砂壌土〜埴土	○収穫打切り後に使用する場合は、培土崩し後または中耕後に散布する
ロロックス リニュロン50%	ネギ(本畑)	○〜△	○			畦間土壌散布 定植活着後(雑草発生前〜発生始期)	100〜150g (70〜150ℓ)		○広葉雑草に卓効を示し、イネ科雑草に効果が不安定である ○砂質土壌や大雨の時期には薬害のおそれがあるので、使用をさける
	ニンジン					全面土壌散布 播種直後	100〜200g (70〜150ℓ)		
						全面土壌散布 ニンジン3〜5葉期 (雑草発生始期)	100〜150g (70〜150ℓ)		

第3章　畑　地　編

薬剤名 有効成分含有率	野菜名	適用草種				処理方法	使用量 (水量)	適用土壌 適用地帯	使用上の注意
		一年生		多年生					
		イネ科	非イネ科	イネ科	非イネ科				
〃	サトイモ	○～△	○			全面土壌散布 植付直後	100～200g (70～150ℓ)		〃
	ヤマノイモ					全面土壌散布 植付直後			
						畦間土壌散布 植付後展葉前 (雑草発生前～ 発生始期)			
	アスパラガス					全面土壌散布 萌芽前(雑草発 生前～雑草発 生始期)	150～200g (70～150ℓ)		
	ニラ					全面土壌散布 植付培土後お よび収穫後の 2回(体系)	100～150g (70～150ℓ)		
	ニンニク					全面土壌散布 植付後(雑草発 生前)			
	セルリー					畦間土壌散布 定植活着後(雑 草発生前)			
	ハッカ					全面土壌散布 収穫120日前 まで			
	トウキ					畦間土壌散布 中耕・培土後 ただし収穫120 日前まで	100g (70～150ℓ)		
ロロックス粒剤 リニュロン1.5%	ニンジン	○～△	○			全面土壌散布 播種直後(雑草 発生前)	4～6kg		
	ヤマノイモ					全面土壌散布 植付後	6kg		

薬剤名 有効成分含有率	野菜名	適用草種				処理方法	使用量 (水量)	適用土壌 適用地帯	使用上の注意
		一年生		多年生					
		イネ科	非イネ科	イネ科	非イネ科				
カイタック乳剤 ペンディメタリン15% リニュロン10%	ニンジン	○	○			全面土壌散布 播種直後(雑草発生前)	300～500ml (70～100l)	全土壌 全域	○イネ科雑草に卓効を示すペンディメタリンと非イネ科雑草に有効なリニュロンとの混合剤で一年生雑草に効果が高い
	ヤマノイモ					全面土壌散布 植付後～萌芽前(雑草発生前)	400～600ml (100l)		
カイタック細粒剤F ペンディメタリン1.5% リニュロン1%	ニンジン	○	○			全面土壌散布 播種直後(雑草発生前)	3～5kg	砂壌土～埴土 全域	
	ヤマノイモ					全面土壌散布 植付後～萌芽前(雑草発生前)	4～6kg	全土壌 全域	
コダール水和剤 プロメトリン20% メトラクロール30%	タマネギ	○	○			全面土壌散布 定植活着15日後まで(雑草発生前)または中耕除草後(雑草発生前、収穫75日前まで)	200～300g (70～100l)	砂壌土～埴土 北海道	○一年生雑草全般に幅広く適用できる
	ニンジン					全面土壌散布 播種後発芽前(雑草発生前)	200g (100l)	砂壌土～埴土 全域	
コワーク乳剤 トリフルラリン14% プロメトリン6%	ニンジン	○	○			全面土壌散布 播種直後	800～1000ml (100～150l)	砂壌土～埴土 全域	○イネ科雑草に卓効を示すトリフルラリンと非イネ科雑草に有効なプロメトリンとの混合剤で一年生雑草に効果が高い
コンボラル トリフルラリン1.2% ペンディメタリン1.2%	タマネギ	○	○～△			全面土壌散布 定植後(ただし収穫75日前まで)	4～6kg	砂壌土～埴土 全域	○トリフルラリン、ペンディメタリンともイネ科雑草に卓効を示すが、両者を混合したことにより非イネ科雑草に対する効果が向上した
	タマネギ(露地マルチ栽培)					全面土壌散布 定植前(マルチ前)		砂壌土～埴土 北海道を除く地域	
	ネギ					全面土壌散布 定植直後		全土壌 全域	

第3章 畑 地 編

薬剤名 有効成分含有率	野菜名	適用草種				処理方法	使用量 (水量)	適用土壌 適用地帯	使用上の注意
		一年生		多年生					
		イネ科	非イネ科	イネ科	非イネ科				
〃	キャベツ	○	○〜△			全面土壌散布 定植前(植穴堀前)	〃	砂壌土〜埴土 全域	〃
	ハクサイ								
	ニンジン					全面土壌散布 播種直後			
	サトイモ					全面土壌散布 植付直後			
	ヤマノイモ					全面土壌散布 植付後〜萌芽前(ただし,植付後30日まで)		全土壌 全域	
	ニンニク					全面土壌散布 植付前〜植付後(ただし収穫90日前まで)		砂壌土〜埴土 全域	
サターンバアロ乳剤 プロメトリン5% ベンチオカーブ50%	ニンジン	○	○			全面土壌散布 播種直後(雑草発生前)	600〜1000ml (70〜100l)	全土壌 北海道を除く地域	○一年生雑草に有効であるが,ノミノフスマ,タカサブロウには効果が不安定
サターンバアロ粒剤 プロメトリン0.8% ベンチオカーブ8%	ニンジン	○	○			全面土壌散布 播種直後(雑草発生前)	4〜6kg	壌土〜埴土 北海道を除く地域	
クリアターン乳剤 ベンチオカーブ50% ペンディメタリン5% リニュロン7.5%	ニンジン	○	○			全面土壌散布 播種直後(雑草発生前)	500〜700ml (70〜100l)	全土壌 (砂土を除く) 全域	○3成分の混合剤で幅広い雑草に効果が高い

〈生育期全面茎葉処理〉

薬剤名 有効成分含有率	野菜名	イネ科	非イネ科	イネ科	非イネ科	処理方法	使用量 (水量)	適用土壌 適用地帯	使用上の注意
スタム乳剤35 DCPA35%	レタス(結球種(移植栽培))	○	○			畦間雑草散布 定植後生育期 雑草2〜3葉期	500〜800ml (50〜80l)	全土壌	○作物にかからないように散布する

薬剤名 有効成分含有率	野菜名	適用草種				処理方法	使用量 (水量)	適用土壌 適用地帯	使用上の注意
		一年生		多年生					
		イネ科	非イネ科	イネ科	非イネ科				
セレクト乳剤 クレトジム23%	タマネギ	○				雑草茎葉散布 雑草生育期(イネ科雑草3〜5葉期)収穫40日前まで	50〜75ml (100l)	全域	○広葉作物畑の生育期に全面散布が可能で，3〜5，6葉期のイネ科雑草を防除できる ○セレクト乳剤，ホーネスト乳剤はスズメノカタビラにも有効である
	キャベツ					雑草茎葉散布 雑草生育期(イネ科雑草3〜5葉期)収穫30日前まで			
	ニンジン					雑草茎葉散布 雑草生育期(イネ科雑草3〜5葉期)収穫40日前まで			
	ニンニク					雑草茎葉散布 雑草生育期(イネ科雑草3〜5葉期)収穫30日前まで			
タルガフロアブル キザロホップエチル10%	タマネギ	○スズメノカタビラ除く				雑草茎葉散布 雑草生育期(イネ科雑草3〜6葉期，ただし収穫60日前まで)	80〜120ml (100l)	全域	
	キャベツ					雑草茎葉散布 雑草生育期(イネ科雑草3〜6葉期，ただし収穫30日前まで)			
	ハクサイ					雑草茎葉散布 雑草生育期(イネ科雑草3〜6葉期，ただし収穫21日前まで)			

第3章　畑　地　編

薬剤名 有効成分含有率	野菜名	適用草種				処理方法	使用量 （水量）	適用土壌 適用地帯	使用上の注意
		一年生		多年生					
		イネ科	非イネ科	イネ科	非イネ科				
〃	ニンジン	○スズメノカタビラ除く				雑草茎葉散布 雑草生育期（イネ科雑草3～6葉期，ただし収穫45日前まで）	〃	〃	〃
	ヤマノイモ					雑草茎葉散布 雑草生育期（イネ科雑草3～6葉期，ただし収穫30日前まで）			
	ダイコン					雑草茎葉散布 雑草生育期（イネ科雑草3～6葉期，ただし収穫40日前まで）			
	アスパラガス					雑草茎葉散布 雑草生育期（イネ科雑草3～6葉期，ただし40日前収穫打切り後）			
	セルリー					雑草茎葉散布 雑草生育期（イネ科雑草3～6葉期，ただし収穫30日前まで）			
ポルトフロアブル キザロホップエチル 7%	タマネギ	○スズメノカタビラを除く				雑草茎葉散布 雑草生育期（イネ科雑草3～6葉期，ただし収穫30日前まで）	200～300ml (100l)	北海道	
	ニンジン					雑草茎葉散布 雑草生育期（イネ科雑草3～6葉期，ただし収穫45日前まで）			

薬剤名 有効成分含有率	野菜名	適用草種				処理方法	使用量 (水量)	適用土壌 適用地帯	使用上の注意
		一年生		多年生					
		イネ科	非イネ科	イネ科	非イネ科				
ナブ乳剤 セトキシジム20%	タマネギ	○スズメノカタビラを除く				雑草茎葉散布 雑草生育期イネ科雑草3～5葉期ただし収穫1か月前まで	150～200mℓ (100～150ℓ)	全域	〃
	ネギ					雑草茎葉散布 雑草生育期イネ科雑草3～5葉期ただし収穫30日前まで	150～200mℓ (100ℓ)		
	キャベツ					雑草茎葉散布 雑草生育期イネ科雑草3～5葉期ただし収穫1か月前まで	150～200mℓ (100～150ℓ)		
	ハクサイ								
	ホウレンソウ								
	ニンジン								
	サトイモ								
	ヤマノイモ					雑草茎葉散布 雑草生育期イネ科雑草3～5葉期ただし収穫2か月前まで			
	ダイコン					雑草茎葉散布 雑草生育期イネ科雑草3～5葉期ただし収穫1か月前まで			
	アスパラガス					雑草茎葉散布 雑草生育期イネ科雑草3～5葉期ただし収穫前日まで			
	ゴボウ					雑草茎葉散布 雑草生育期イネ科雑草3～5葉期ただし収穫1か月前まで			
	ニラ					雑草茎葉散布 雑草生育期イネ科雑草3～5葉期ただし収穫前日まで			

第3章 畑地編

薬剤名 有効成分含有率	野菜名	適用草種				処理方法	使用量 （水量）	適用土壌 適用地帯	使用上の注意
		一年生		多年生					
		イネ科	非イネ科	イネ科	非イネ科				
ホーネスト乳剤 テプラロキシジム10%	タマネギ	○				雑草茎葉散布 雑草生育期イネ科雑草3～5葉期(ただし収穫30日前まで)	75～100ml (100～150l)	全域	〃
	ニンジン								
	ヤマノイモ								
ワンサイドP乳剤 フルアジホップP17.5%	タマネギ	○ スズメノカタビラを除く				雑草茎葉散布 雑草生育期イネ科雑草3～5葉期(ただし収穫30日前まで)	75～100ml (70～100l)		
	キャベツ						50～100ml (100l)		
	ニンジン					雑草茎葉散布 雑草生育期イネ科雑草3～5葉期(ただし播種30日後まで)	50～100ml (70～100l)		
	ダイコン					雑草茎葉散布 雑草生育期イネ科雑草3～5葉期(ただし収穫45日前まで)			
	ニンニク					雑草茎葉散布 雑草生育期イネ科雑草3～5葉期(ただし収穫21日前まで)	50～100ml (100l)		
アクチノール乳剤 アイオキシニル30%	タマネギ(秋播移植栽培)		○			雑草茎葉散布 早春期ただし収穫30日前まで(雑草生育初期)	100～200ml (70～100l)	北海道を除く地域	○秋播タマネギには早春期で広葉雑草の小さい時期に、春播タマネギでは6月上旬頃までで、タマネギの倒伏始期前に使用する
	タマネギ(春播移植栽培)						100～150ml (70～100l)	北海道	
	タマネギ(直播栽培)					雑草茎葉散布 生育期(タマネギ1葉期以降)～倒伏始期まで(雑草1～2葉期まで)ただし収穫30日前まで	30～50ml (70～100l)	北海道	

薬剤名 有効成分含有率	野菜名	適用草種				処理方法	使用量 (水量)	適用土壌 適用地帯	使用上の注意
		一年生		多年生					
		イネ科	非イネ科	イネ科	非イネ科				
バサグラン液剤(ナトリウム塩) ベンタゾンナトリウム塩40%	タマネギ(春播移植栽培)		○			雑草茎葉散布 移植後6月上旬まで(雑草3～4葉期)(ただし収穫30日前まで)	60～120ml (70～100l)	全域	○直播栽培および苗床では薬害のおそれがあるので使用しない
	タマネギ(秋播移植栽培)					雑草茎葉散布 移植後タマネギ生葉4葉期まで(雑草3～4葉期)(ただし収穫30日前まで)			

4 花・花木

(1) 雑草発生の特徴と防除ポイント

　花にはパンジー，スイートピー，サルビアなどの一年生，キク，カーネーションなどの宿根性，チューリップ，ユリ，グラジオラスなどの球根類がある。近年，花の生産は増加しており，その種類，作型は多様である。発生する雑草の種類とその防除技術は野菜と類似しているが，花の栽培は施設栽培が中心で野菜より集約的であり，雑草防除の必要な場面は限られている。

　ツツジ，サツキ，ツバキ，カイヅカイブキ，ツゲなどの花木類は移植後裸地栽培されるため，年間を通して一年生夏雑草と冬雑草が発生する。花木畑に発生した雑草は花木を徒長させるなど品質の低下をもたらすため，花に比べて雑草防除の必要性が高い。

(2) 除草剤の選択と使用法

　露地に播種する一年生の草花は概して種子が小さく，覆土も浅くなるので，薬害のおそれがあり，土壌処理剤は使用しないほうがよい。なお現在，一年生の草花に適用できる除草剤はない。

　球根類のユリ，チューリップ，グラジオラスは植付けにあたり数cmの覆土をするため，土壌処理剤の使用ができ，いくつかの薬剤が登録されている。さし芽をするキクもいくつかの除草剤が使用できる。

　花木類は一般に根が深く幹も木質であるので，植付け後の土壌処理剤が比較的安全に使用できる。

(3) 花・花木の作目別雑草の防除法

1) 一年生草花

適用できる除草剤がないので，手取り除草などにより対処する。

2) 宿根性草花・球根類

キクの植穴掘り前にはゴーゴーサン，ダイヤメート，アグロマックス，植付け後はトレファノサイドを畦間に土壌処理する。生育期に発生したイネ科雑草に対しては，その3～5葉期にナブを全面茎葉処理する。ポットマム栽培で寄生植物のアメリカネナシカズラが発生した場合は，クレマートを全面土壌あるいは雑草茎葉処理する。キク以外の宿根性にはシャクヤクにトレファノサイド，リンドウにハービーが適用できる。

球根類は植付け後萌芽前に土壌処理剤を散布する。ユリにはトレファノサイド，シマジン，チューリップにはトレファノサイド，ゴーゴーサン，クロロIPC（畦間処理），グラジオラスにはクレマートが適用できる。

3) 花木類

花木の代表としてツツジに使用できる除草剤について述べる。樹木類として使用できるもの，ツバキ，ツゲ，カイヅカイブキなどにも適用できるものが多いので，一覧表を見て薬剤を選択してほしい。

ツツジの植付け後の雑草発生前には，クレマート，ダイヤメート，トレファノサイド，サターンバアロ，ダイロンなどを土壌処理する。

生育期に発生した雑草には，バスタ，ラウンドアップ，ハービー，サポート，インパルスなどを花木にかからないように畦間を中心に雑草茎葉処理する。イネ科雑草に対してはナブ，ワンサイドを全面茎葉処理する。

ゼニゴケに対してはキレダーを使用する。

花・花木に適用できる除草剤一覧表

処理法	薬剤名	キク	チューリップ	ユリ	リンドウ	サツキ	シャクナゲ	ツツジ	ツバキ	花木	その他の花・花木
〈土壌処理〉	アグロマックス水和剤	○									
	クレマート乳剤	○									グラジオラス
	クレマートU粒剤	○				○	○	○			サザンカ
	ゴーゴーサン乳剤30	○									
	ゴーゴーサン細粒剤F		○								
	トレファノサイド乳剤	○	○	○							シャクヤク
	クロロIPC乳剤		○								
	シマジン水和剤				○						
	ダイロン微粒剤							○	○		カイズカイブキ, ツゲ, マサキ
	ダイアメート水和剤	○				○					
	テマナックス					○	○				
	サターンバアロ粒剤							○	○		
〈茎葉処理〉	三共の草枯らし (他にサンフーロン，エイトアップ，クサクリーン，ハイーフウノン，グリホエキス，ラウンドアップ，グリホス，コンパカレール，ピラサート等あり。詳細は各薬剤の登録内容を参照)									○	
	ポラリス液剤									○	
	ラウンドアップハイロード									○	
	インパルス水溶剤									○	
	ハービー液剤				○					○	
	シアノット									○	球根花き
	ナブ乳剤	○								○	
	ワンサイドP乳剤					○		○	○		トチノキ, サクラ, マツ, シャリンバイ
	キレダー					○	○				

花・花木の用除草剤の使い方（使用量については10a当たりで表記した）

薬剤名	作物名	適用草種 一年生 イネ科	適用草種 一年生 非イネ科	適用草種 多年生 イネ科	適用草種 多年生 非イネ科	処理方法	使用量（水量）	適用土壌 適用地帯	使用上の注意
〈土壌処理剤〉									
アグロマックス水和剤 プロピザミド50%	キク（切花栽培）	○	○〜△			全面土壌散布 定植活着後雑草発生前	200〜400g (100ℓ)	全域	○畑地一年生雑草全般に有効であるが，アカザ科，キク科，カヤツリグサ科雑草に効果劣る
クレマート乳剤 ブタミホス50%	キク（ポットマム）	○	○〜△			全面土壌散布 定植後（雑草発生前）	200〜400mℓ (100〜150ℓ)	砂壌土〜埴土 全域	○一年生イネ科雑草に卓効を示すが，アブラナ科，ナデシコ科，ヒユ科，アカザ科，スベリヒユ科雑草などにも有効である ○寄生植物のアメリカネナシカズラに有効である
					アメリカネナシカズラ	雑草茎葉散布または全面土壌散布 定植後（雑草発生揃期まで）			
	グラジオラス					全面土壌散布 植付後（雑草発生前）			
クレマートU粒剤 ブタミホス3%	キク	○	○〜△			全面土壌散布 定植後（雑草発生前）	4〜6kg	砂壌土〜埴土 全域	
	サツキ サザンカ シャクナゲ ツツジ					全面土壌散布 植付後または生育期（雑草発生前）	4〜6kg		
ゴーゴーサン乳剤30 ペンディメタリン30%	キク	○	○〜△			全面土壌散布 定植前雑草発生前	200〜400mℓ (70〜150ℓ)	全土壌 全域	○一年生イネ科雑草に卓効を示すが，ツユクサ，カヤツリグサ科，キク科雑草などに効果が劣る
ゴーゴーサン細粒剤F ペンディメタリン2%	チューリップ	○	○〜△			全面土壌散布 植付後萌芽前（雑草発生前）	4〜6kg	砂壌土〜埴土 全域	
トレファノサイド乳剤 トリフルラリン44.5%	キク（露地栽培）	○	○〜△			畦間土壌表面散布 定植後	200〜300mℓ (100ℓ)		○一年生イネ科雑草に卓効を示すが，ツユクサ，カヤツリグサ科，キク科，アブラナ科雑草などに効果が劣る
	ユリ チューリップ シャクヤク					土壌表面散布 植付後〜萌芽前			

第3章 畑地編

薬剤名	作物名	適用草種 一年生 イネ科	適用草種 一年生 非イネ科	適用草種 多年生 イネ科	適用草種 多年生 非イネ科	処理方法	使用量（水量）	適用土壌 適用地帯	使用上の注意
クロロIPC乳剤 IPC45.8%	チューリップ	○	○			株間土壌散布 植付後	300ml (70～100l)		○秋から春にかけて気温が20℃以下の時期に使用する ○作物にかからないように散布する
シマジン水和剤 シマジン50%	ユリ	○～△	○			全面土壌散布 植付後	100g (70～100l)	砂壌土～埴土	○ヤエムグラには効きにくい ○水質汚濁性薬剤に指定されている
ダイロン微粒剤 DCMU3%	ツツジ ツバキ カイズカイブキ ツゲ マサキ	○	○			雑草茎葉兼土壌散布 雑草生育初期	7.5～10kg		○大きくなった雑草には効果が発揮しにくい
ダイアメート水和剤 クロルフタリウム50%	キク	○	○			全面土壌散布 定植前雑草発生前	400～800g (100l)		○作物にかからないように散布する
	ツツジ					畦間土壌散布 雑草発生前	400～600g (100l)		
テマナックス プロジアミン0.24%	サツキ ツツジ	○	○			全面土壌散布 定植後雑草発生前	30～50kg	全域	○畑地一年生雑草全般に有効であるが，キク科雑草に効果劣る
サターンバアロ粒剤 プロメトリン0.8% ベンチオカーブ8%	ツツジ ツバキ	○	○			全面土壌散布 植付後雑草発生前	4～6kg	全土壌 全域	○一年生雑草全般に有効である

薬剤名	作物名	適用草種 一年生 イネ科	適用草種 一年生 非イネ科	適用草種 多年生 イネ科	適用草種 多年生 非イネ科	処理方法	使用量(水量)	適用土壌 適用地帯	使用上の注意
〈茎葉処理剤〉									
三共の草枯らし (他にサンフーロン,エイトアップ,クサクリーン,ハイーフウノン,グリホエキス,ラウンドアップ,グリホス,コンパカレール,ピラサート等あり。詳細は各薬剤の登録内容を参照) グリホサートイソプロピルアミン塩41%	花木	○	○	○	○	雑草茎葉散布 雑草生育期	250〜500ml (50〜100l通常, 25〜50l少量)		○植物体内移行性が大きく、一年生雑草から多年生雑草の地下部まで枯殺する ○遅効性で効果の完成には一年生雑草で1〜2週間、多年生雑草では2週間以上を要する ○少量散布は専用ノズルを使用する ○周辺作物および花木にかからないように散布する
ポラリス液剤 グリホサートイソプロピルアミン塩20%	花木	○	○	○	○	雑草茎葉散布 雑草生育期(草丈30cm以下)	300〜500ml (25〜50l少量)		
ラウンドアップハイロード グリホサートアンモニウム塩41%	花木	○	○			雑草木茎葉散布 雑草生育期	250〜500ml (50〜100l通常, 25〜50l少量)		
インパルス水溶剤 グリホサートナトリウム塩16% ビアラホス8%	花木	○	○			雑草茎葉散布 雑草生育期(草丈20cm以下)	500〜600g (100l)		○周辺作物および作物にかからないように散布する
ハービー液剤 ビアラホス18%	リンドウ 花木	○	○			雑草茎葉散布 雑草生育期(草丈20cm以下)	300〜500ml (100〜150l)		○一年生雑草全般に雑草生育期処理で有効である。多年生雑草の地上部も枯殺できるが、植物体内移行性が大きくないので、地下部は残り、再生しやすい ○効果の完成に一年生雑草で1週間、多年生雑草で2〜3週間必要である ○周辺作物および作物にかからないように散布する

第 3 章 畑 地 編

薬剤名	作物名	適用草種 一年生 イネ科	適用草種 一年生 非イネ科	適用草種 多年生 イネ科	適用草種 多年生 非イネ科	処理方法	使用量 (水量)	適用土壌 適用地帯	使用上の注意
シアノット シアン酸塩80%	花木 球根花き	○	○			株間散布 雑草生育初期	5〜15g/3.3m²		○生育初期の雑草に有効で残効性はほとんどない
ナブ乳剤 セトキシジム20%	キク	○(スズメノカタビラを除く)				雑草茎葉散布 イネ科雑草3〜5葉期	150〜200m*l* (100〜150*l*)	全域	○作物の生育期に全面散布が可能で、3〜5葉期のイネ科雑草を防除できる
	花木					雑草茎葉散布 イネ科雑草3〜5葉期	150〜200m*l* (100*l*)	全域	
ワンサイドP乳剤 フルアジホップP 17.5%	サツキ ツツジ ツバキ トチノキ サクラ マツ シャリンバイ	○(スズメノカタビラを除く)				雑草茎葉散布 雑草生育期(草丈20cm以下)	100〜200m*l* (100〜150*l*)	全域	
キレダー ACN25%	サツキ(鉢植) ツツジ(鉢植)				ゼニゴケ	散布 ゼニゴケ生育期	500倍 (1*l*/m²)		

5 果樹

(1) 雑草発生の特徴と防除ポイント

　果樹園に発生する雑草は地域，果樹の種類，園の立地などによって異なるが，全国的には一年生のメヒシバ，タデ類，ヒユ類，ハコベなど，多年生のチガヤ，ヨモギ，スギナなどが広く発生し，問題となっている。また，温暖地・暖地のカンキツ園では，多年生のチガヤ，ススキ，ギシギシ，ハマスゲ，ヒルガオなど，寒冷地のリンゴ園ではカモガヤ，エゾノギシギシ，シロツメクサ，タンポポ類などが発生する。

　雑草の発生時期は秋に発生し，越冬して翌春から初夏に生育する春草と，春から夏にかけて発生し，秋まで生育する夏草に分けられる。

　春草はいわゆる冬雑草のスズメノテッポウ，スズメノカタビラ，ネズミムギ，ハコベ，ホトケノザ，ヤエムグラ，オランダミミナグサなどで，多年生のギシギシ類，ヨモギ，タンポポ類なども含まれる。春草の発生は果樹の新梢が伸長する時期と重なり，窒素を中心とした養分競合を生じやすい。

　夏草は夏雑草のメヒシバ，ノビエ，エノコログサ，オヒシバ，シロザ，タデ類，ヒユ類，ツユクサなどで，多年生のススキ，チガヤなども含まれる。これら夏草の発生は梅雨期前後がピークとなり，雑草の繁茂は養分競合だけでなく，梅雨明け後の干ばつ期において著しい水分競合を引き起こす。とくに，この時期の雑草は果実の肥大に影響を及ぼすおそれがある。

　果樹園の雑草は養水分の競合だけでなく，リンゴ園の雑草はモニリア病の寄主となり，アブラムシ，ダニなどの潜伏場所となっていることも問題である。また，普通は園の周辺に発生しているつる性雑草のヤブガラシ，ヘクソカズラ，コヒルガオ，カナムグラ，カラスウリ，クズなどが園内に侵入すると，果樹の樹冠を覆い，樹体に著しい雑草害を及ぼす。最近は一年生つる植物で帰化雑草のマルバルコウなどの発生もみられる。

以上のように，果樹園における雑草防除は，春草を対象とした4〜5月，夏草を対象とした7〜8月の2時期が重要なポイントである。

(2) 雑草管理の種類

果樹園の雑草管理には，清耕法，草生法，部分草生法がある。

1) 清耕法

ロータリ耕，マルチ，除草剤の利用などにより，雑草の発生を防止し，裸地に保つ方式である。雑草との競合は生じないが，管理に労力がかかり，降雨による土壌の流亡などが起こりやすい。

2) 草生法

シロツメクサ，オーチャードグラスなどを栽培して，地表面を植生でカバーする方式である。牧草は刈り取って敷草にしたりすき込みを行なうので，土壌中の有機物の補給になるだけでなく，降雨による土壌の流亡防止効果が高く傾斜のある園などに適する。草生法では放任すると牧草自体も果樹と競合するため，刈払い機などを用いて刈取りをする必要がある。草生法は以前多くの園でとり入れられていたが，現在は労力等の不足により，次第に雑草そのものを用いた雑草草生法が多くなっている。

3) 部分草生法

草生法と清耕法を組み合わせたもので，果樹の幹の周囲の雑草を防除し，樹と樹の間を草生にする方式である。

果樹園における雑草管理は以上のどの方式を採用するかの方針を明らかにして，発生する雑草の種類等を考慮して組み立てる必要がある。また，雑草防除法として，ロータリ耕などによる雑草の埋没，草刈機による刈払い，マルチなどの耕種的防除法が広く行なわれている。最近は労働力の不足などにより，除草剤の利用が一般的であるが，耕種的方法と組み合わせて，より効果的かつ効

率的な体系としていくことが重要である。

(3) 除草剤の選択と使用法

　果樹園の除草剤は，一年生か多年生かなど雑草の種類，雑草の生育ステージ，さらには雑草の発生を抑え長期間裸地に保つのかどうか，刈取りの代替として用い地上部だけを枯殺するのか，地下部までを含めて殺草するのかなど，雑草管理の方針を明確にして，適切な薬剤を選択して使用する。果樹類一般，カンキツ，リンゴ，ナシ，モモ，ブドウなどさまざまな果樹に適用できる除草剤が多いので，一覧表を参考にして目的の果樹に合った薬剤を選択してほしい。

1）土壌処理剤

　一般的に土壌処理剤は発生した雑草には効果が劣るか，全く効果がないので，春先の雑草の発生前，あるいは，ロータリ耕の後などに処理する。処理後一年生雑草の発生を長期間抑制できるが，多年生雑草には効果が劣る。

　トレファノサイド，ゴーゴーサン，ロロックスはリンゴ，ナシ，ブドウなどに使用できるが，カンキツに適用がない。カンキツに適用できる除草剤にはカソロン，カッター，シマジン，ダイロン，ハイバーX（粒剤）などがある。水に溶かす水和剤だけでなく，散布が楽な粒剤も利用できる。

2）茎葉兼土壌処理剤

　春先やロータリ耕後の雑草発生初期に処理し，発生生育中の雑草を枯殺するとともに，その後の雑草の発生を抑える薬剤である。基本的には土壌処理剤であるので，雑草の発生が揃った生育初期に使用する。ダイロン，カソロンなどのような単剤のほかに，土壌処理剤と茎葉処理剤との混合剤もある。

　一年生雑草対象にはダイロン，ゾーバーなど，多年生雑草が混在している場合は，ハイバーX，カソロン，アージランを用いる。

3）茎葉処理剤

　生育期の雑草を枯殺するものであるが，一般には雑草の草丈30cm以下で使用する。

　一年生雑草全般に対してはバスタ，ハヤブサ，ハービー，プリグロックス⓵，ワイダックなどを使用する。グランドボーイWDGは土壌処理効果のあるフルミオキサジンが入っているので，雑草の発生防止効果も認められる。イネ科雑草に対してはナブ，ワンサイドを処理するが，両剤とも多年生のススキ，チガヤなどにも有効である。広葉雑草の生育期に使用するアクチノールはリンゴにのみ適用できる。

　多年生雑草が混在している場合は移行性のあるアージラン，ラウンドアップ，ポラリス，タッチダウン，インパルス，バスタなどを用いる。これら薬剤は多年生雑草を対象にする場合は，一年生雑草を対象にする場合より薬量を多くする必要がある。多年生雑草が園内の全面に発生している場合はともかく，部分的に発生しているのであればスポット処理すると経済的である。ラウンドアップは塗布器具を用いて多年生雑草の茎葉を軽くなでるように処理する方法も有効である。なお，これら除草剤を斜面やのり面などに使用すると，根まで枯れ裸地化して土壌の流亡を招くおそれがあるので注意する。

　果樹園で同じ薬剤を反復利用すると，抵抗性雑草の発現や特定の雑草が残ってしまうおそれがあるので，作用特性の異なる薬剤をローテーション使用することが望ましい。

果樹園に適用できる除草剤一覧表

処理法	薬剤名	カンキツ	ミカン	クリ	ナシ	カキ	ブドウ	リンゴ	モモ	ウメ	オウトウ	パイナップル	その他の果樹
〈土壌処理〉	ゴーゴーサン乳剤30				○		○	○					
	トレファノサイド乳剤				○		○	○	○				
	ラッソー乳剤				○	○							
	シマジン水和剤	○			○	○	○	○					
	ロロックス				○	○	○	○	○				
	カッター粒剤		○										
〈茎葉兼土壌処理〉	アージラン液剤				○	○	○	○	○	○	○		
	カソロン粒剤2.5				○								
	カソロン粒剤4.5				○		○						
	カソロン粒剤6.7				○	○	○	○					
	ゾーバー	○					○						
	ダイロン水和剤 クサウロン水和剤80 ジウロン水和剤	○			○	○	○	○	○	○	○		
	カーメックスD	○			○		○	○	○		○		
	ダイロン微粒剤	○									○		
	ハイバーX											○	温州ミカン
〈茎葉処理〉	三共の草枯らし (他にサンフーロン，エイトアップ，クサクリーン，ハイーフウノン，グリホエキス，ラウンドアップ，グリホス，コンパカレール，ピラサート等あり。詳細は各薬剤の登録内容を参照)												果樹類(キウイフルーツ，パイナップルを除く)
	タッチダウン												果樹類
	ブロンコ												果樹類(パイナップルを除く)
	ラウンドアップハイロード												果樹類(パイナップルを除く)
	ポラリス液剤	○		○	○	○	○	○	○	○			
	ランドマスター												果樹類(パイナップルを除く)
	バスタ液剤	○		○	○	○	○	○	○	○	○		ビワ
	ハヤブサ	○		○	○	○	○	○	○				
	ハービー液剤												果樹類
	プリグロックスL												果樹類
	インパルス水溶剤	○		○	○	○	○	○	○	○			
	グランドボーイWDG	○				○	○						
	サンダーボルト	○		○	○	○	○						

処理法	薬剤名	適用果樹名									その他の果樹
		カンキツ	ミカン	クリ	ナシ	カキ	ブドウ	リンゴ	モモ	ウメ	オウトウ	パイナップル	
〈茎葉処理〉	サンダーボルト007	○			○		○	○	○				
	ツバサ顆粒水和剤		○				○						
	ワイダック乳剤		○		○	○		○					ナツミカン
	ナブ乳剤	○											
	ワンサイドP乳剤	○											
	アクチノール乳剤							○					

果樹園の除草剤と使い方（使用量については10a当たりで表記した）

薬剤名	果樹名	適用草種				処理方法	使用量（水量）	適用土壌適用地帯	使用上の注意
		一年生		多年生					
		イネ科	非イネ科	イネ科	非イネ科				
〈土壌処理〉									
ゴーゴーサン乳剤30 ペンディメタリン30%	リンゴ ナシ	○	○〜△			全面土壌散布 春期雑草発生前ただし収穫20日前まで	300〜500ml (70〜100l)	全土壌全域	○一年生イネ科雑草に卓効を示すが、ツユクサ、カヤツリグサ科、キク科雑草などに効果が劣る
	ブドウ					全面土壌散布 新葉萌芽前まで（春期雑草発生前）			
トレファノサイド乳剤 トリフルラリン44.5%	ナシ ブドウ モモ	○	○〜△			土壌表面散布 春〜秋期発生前（ただし収穫30日前まで）	300〜400ml (100l)		○一年生イネ科雑草に卓効を示すが、ツユクサ、カヤツリグサ科、キク科、アブラナ科雑草などに効果が劣る
	リンゴ					土壌表面散布 春期雑草発生前（ただし収穫150日前まで）			
ラッソー乳剤 アラクロール43%	ナシ	○	○〜△			全面土壌散布 春〜秋期（雑草発生前）ただし収穫21日前	500〜600ml (100l)	全土壌全域	○一年生イネ科雑草に卓効を示すが、タデ科、アカザ科、キク科雑草などに効果が不安定である
	ブドウ					全面土壌散布 春〜秋期（雑草発生前）ただし収穫45日前まで			
シマジン水和剤 シマジン50%	カンキツ	○〜△	○			全面土壌散布 春〜夏期雑草発生前	150〜300g (70〜150l)	砂壌土〜埴土	○腐植の少ない沖積土壌や砂質土壌では薬量を少なめにする
	ナシ カキ ブドウ リンゴ モモ					全面土壌散布 春期雑草発生前			

第3章　畑　地　編

薬剤名	果樹名	適用草種				処理方法	使用量（水量）	適用土壌適用地帯	使用上の注意
		一年生		多年生					
		イネ科	非イネ科	イネ科	非イネ科				
ロロックス リニュロン50%	ナシ カキ リンゴ モモ ウメ	○〜△	○			全面土壌散布 雑草発生前〜発生始期	300g (70〜150*l*)		○広葉雑草に卓効を示し、イネ科雑草に効果が不安定である
	ブドウ(成木)					全面土壌散布 雑草発生前	300〜400g (70〜150*l*)		
カッター粒剤 DBN3% DCMU2%	ミカン	○	○		○	全面土壌散布 春期雑草発生前〜発生初期	9〜12kg	砂土を除く全土壌	○多年生：ヨモギ、ギシギシ等の多年生広葉雑草やスギナに有効
〈茎葉兼土壌処理〉									
アージラン液剤 アシュラム37%	ミカン	○	○		○	全面散布または局所散布 雑草生育期	2000ml (100〜200*l*)		○イネ科と広葉の一年生雑草、タデ科、キク科の多年生雑草およびワラビに卓効。カヤツリグサ科、アカザ科、ヒユ科、ザクロソウ科、ブドウ科(ヤブガラシ)には効果劣る
	ナシ カキ ブドウ モモ ウメ						1000〜1500ml (100〜200*l*)		
	リンゴ					局所散布 雑草生育期	1000ml (100〜200*l*)		
カソロン粒剤2.5 DBN2.5%	ミカン	○	○			春期雑草発生初期	20〜25kg	火山灰土壌を除く全土壌	○土壌中の移動性が大きいので、砂質土壌や軽しょうな火山灰土では薬害に注意する ○夏期の高温条件では効果が低下しやすい
					○	雑草株元または成長点に局所処理 春期雑草発生前〜生育期			
カソロン粒剤4.5 DBN4.5%	ミカン	○	○		○	全面土壌散布 春期雑草発生前〜発生始期	8〜12kg	火山灰土壌を除く全土壌	○ギシギシ、ヨモギ、タンポポ、ヤブガラシなどの多年生雑草には株元または生長点に局所処理する
	リンゴ					全面土壌散布 秋冬期(11〜12月積雪前)	6〜8kg		
	ブドウ							全土壌	
カソロン粒剤6.7 DBN6.7%	ナシ モモ				○	雑草株元または成長点に局所処理 春期雑草発生初期〜生育期	8〜10kg	全土壌	

薬剤名	果樹名	一年生 イネ科	一年生 非イネ科	多年生 イネ科	多年生 非イネ科	処理方法	使用量(水量)	適用土壌 適用地帯	使用上の注意
〃	カキ				○	雑草株元または成長点に局所処理 春期雑草発生初期～生育期	8～10kg	火山灰土壌を除く全土壌	〃
		○	○			春期雑草発生初期	6～9kg		
	ブドウ				○	雑草株元または成長点に局所処理 春期雑草発生初期～生育期	8～10kg	全土壌	
		○	○		○	全面土壌散布 秋冬期(11～12月積雪期)	5kg		
	リンゴ	○	○			春期雑草発生初期	8～12kg	火山灰土壌を除く全土壌	
					○	雑草株元または成長点に局所処理 春期雑草発生初期～生育期	8～10kg		
		○	○		○	全面土壌散布 秋冬期(11～12月積雪期)	5kg		
	ミカン				○	雑草株元または成長点に局所処理 春期雑草発生初期～生育期	8～10kg		
ゾーバー ターバシル40% DCMU39%	カンキツ	○	○			土壌全面散布および雑草茎葉散布 雑草発芽前および雑草生育期	300g		○水量は土壌処理は150l,茎葉処理は200～300lで使用する。また非イオン系展着剤を加用する ○砂土，砂壌土では使用しない
	リンゴ(成木)						200～300g		

第3章 畑地編

薬剤名	果樹名	適用草種				処理方法	使用量(水量)	適用土壌適用地帯	使用上の注意
		一年生		多年生					
		イネ科	非イネ科	イネ科	非イネ科				
ダイロン クサウロン水和剤80 ジウロン水和剤 DCMU80%	カンキツ ナシ カキ ブドウ リンゴ モモ ウメ オウトウ	○〜△	○			全面土壌散布 雑草発生前	100〜200g (100ℓ)		○雑草生育期散布はノニオン系展着剤を加用する ○温州ミカン,リンゴ,ナシには植付後2年経ってから,ブドウでは成木園で使用する
						雑草茎葉散布 雑草生育期	200〜400g (100ℓ)		
カーメックスD DCMU78.5%	カンキツ カキ リンゴ モモ ウメ	○〜△	○			全面土壌散布 雑草発芽前	100〜200g (70〜100ℓ)		○作物に直接かからないように散布する
						雑草茎葉散布 雑草生育期	200〜400g		
	パイナップル					全面土壌散布 植付直後雑草発芽前	150〜200g (100〜150ℓ)		
ダイロン微粒剤 DCMU3%	カンキツ	○〜△	○			雑草茎葉散布および土壌散布 雑草発生前〜発生始期	7.5〜10kg		
	パイナップル					雑草茎葉散布および土壌散布 雑草生育初期			
ハイバーX ブロマシル80%	温州ミカン	○	○	○	○	雑草茎葉散布または全面土壌散布 雑草発芽前または雑草生育期 (梅雨明け期)	200〜300g		○＊水量は雑草発生前70〜100ℓ,雑草生育期150〜200ℓ ○幅広い雑草に有効であるが,ヒユ類,イノコヅチには効果が劣る ○温州ミカンの植付け後2年以上の園で使用 ○温州ミカン以外の果樹園,マツ,スギ,ヒノキ,マキの周辺では使用しない ○残効は極めて長く,裸地化しやすい
	パイナップル					雑草茎葉散布または全面土壌散布 雑草発芽前または雑草生育期 (梅雨明け期) ただし収穫90日前まで	150〜500g		

薬剤名	果樹名	適用草種				処理方法	使用量(水量)	適用土壌 適用地帯	使用上の注意
		一年生		多年生					
		イネ科	非イネ科	イネ科	非イネ科				
〈茎葉処理〉									
三共の草枯らし (他にサンフーロン,エイトアップ,クサクリーン,ハイーフウノン,グリホエキス,ラウンドアップ,グリホス,コンパカレール,ピラサート等あり。詳細は各薬剤の登録内容を参照) グリホサートイソプロピルアミン塩41%	果樹類(キウイフルーツ,パイナップルを除く)	○	○			雑草茎葉散布 雑草生育期(草丈30cm以下) ただし収穫7日前まで	250〜500ml (50〜100l通常, 25〜50l少量)		○植物体内移行性が大きく,一年生雑草から多年生雑草の地下部まで枯殺する。対象雑草の幅も広く,つる性多年生雑草,ササ類,雑かん木まで有効である ○効果の発現は遅い ○少量散布は専用ノズルを使用する ○樹木にかからないように散布する
				○	○		500〜1000ml (50〜100l通常, 25〜50l少量)		
タッチダウン グリホサートトリメシウム塩38%	果樹類	○	○			雑草茎葉散布 雑草生育期(草丈30cm以下) ただし収穫7日前まで	200〜400ml (50〜100l通常, 25〜50l少量)		
				○	○		400〜600ml (50〜100l通常, 25〜50l少量)		
ブロンコ グリホサートアンモニウム塩33%	果樹類(パイナップルを除く)	○	○			雑草茎葉散布 雑草生育期(草丈30cm以下) ただし収穫7日前まで	250〜500ml (50〜100l通常, 25〜50l少量)		
				○	○		500〜1000ml (50〜100l通常, 25〜50l少量)		

第3章 畑地編

薬剤名	果樹名	適用草種 一年生 イネ科	適用草種 一年生 非イネ科	適用草種 多年生 イネ科	適用草種 多年生 非イネ科	処理方法	使用量(水量)	適用土壌 適用地帯	使用上の注意
ラウンドアップハイロード グリホサートアンモニウム塩41%	果樹類(パイナップルを除く)			スギナ		雑草木茎葉散布 雑草生育盛期 ただし収穫7日前まで	2000ml (少量25～50l)		〃
				マルバツユクサ			2000ml (50l)		
		○	○			雑草木茎葉散布 雑草生育期 ただし収穫7日前まで	250～500ml (50～100l通常, 25～50l少量)		
				○	○		500～1000ml (50～100l通常, 25～50l少量)		
ポラリス液剤 グリホサートイソプロピルアミン塩20%	カンキツ クリ ナシ カキ ブドウ リンゴ モモ ウメ オウトウ	○	○	○	○	雑草茎葉散布 雑草生育期(草丈30cm以下) ただし収穫7日前まで	300～500ml (25～50l)		
ランドマスター グリホサートイソプロピルアミン塩6%	果樹類(パイナップルを除く)	○	○	○		雑草茎葉散布 雑草生育期(草丈30cm以下) ただし収穫7日前まで	3～5l		

薬剤名	果樹名	適用草種				処理方法	使用量 (水量)	適用土壌 適用地帯	使用上の注意
		一年生		多年生					
		イネ科	非イネ科	イネ科	非イネ科				
バスタ液剤 グルホシネート18.5%	カンキツ リンゴ	○	○			雑草茎葉散布 雑草生育期(草丈30cm以下) ただし収穫21日前まで	300〜500ml (100〜150l)		○一年生雑草，ススキ，スギナ，ヨモギなどの多年生雑草にも有効であるが，グリホサート(ラウンドアップハイロードなど)より移行性が大きくないので，地上部は枯れても地下部は残り，再生しやすい ○効果の発現はグリホサートより早い
				○	○	500〜1000ml (100〜150l)		
	ナシ カキ ブドウ オウトウ	○	○			雑草茎葉散布 雑草生育期(草丈30cm以下) ただし収穫前日まで	300〜500ml (100〜150l)		
				○	○	500〜1000ml (100〜150l)		
	モモ ウメ ビワ	○	○			雑草茎葉散布 雑草生育期(草丈30cm以下) ただし収穫21日前まで	300〜500ml (100〜150l)		
				○	○	500〜750ml (100〜150l)		
	クリ	○	○			雑草茎葉散布 雑草生育期(草丈30cm以下) ただし収穫30日前まで	300〜500ml (100〜150l)		
				○	○	500〜750ml (100〜150l)		
ハヤブサ グルホシネート8.5%	カンキツ リンゴ	○	○			雑草茎葉散布 雑草生育期(草丈30cm以下) ただし収穫21日前まで	500〜750ml (100〜150l)		
	ナシ カキ ブドウ					雑草茎葉散布 雑草生育期(草丈30cm以下) ただし収穫前日まで			
	モモ ウメ					雑草茎葉散布 雑草生育期(草丈30cm以下) ただし収穫21日前まで			
	クリ					雑草茎葉散布 雑草生育期(草丈30cm以下) ただし収穫30日前まで			

第 3 章 畑 地 編

薬剤名	果樹名	適用草種				処理方法	使用量（水量）	適用土壌適用地帯	使用上の注意
		一年生		多年生					
		イネ科	非イネ科	イネ科	非イネ科				
ハービー液剤 ビアラホス18%	果樹類 (リンゴ，ナシ，ウメを除く)	○	○			雑草茎葉散布 雑草生育期(草丈30cm以下) ただし収穫30日前まで	500～750ml (100～150l)		〃
				○	○		750～1000ml (100～150l)		
	ウメ	○	○			雑草茎葉散布 雑草生育期(草丈30cm以下) ただし収穫前日まで	500～750ml (100～150l)		
				○	○		750～1000ml (100～150l)		
	ナシ	○	○			雑草茎葉散布 雑草生育期(草丈30cm以下) ただし収穫7日前まで	500～750ml (100～150l)		
				○	○		750～1000ml (100～150l)		
	リンゴ	○	○			雑草茎葉散布 雑草生育期(草丈30cm以下) ただし収穫21日前まで	500～750ml (100～150l)		
				○	○		750～1000ml (100～150l)		
プリグロックスL ジクワット7% パラコート5%	果樹類	○	○			雑草茎葉散布 雑草生育期(ただし収穫30日前まで)	800～1000ml (100～150l)		○一年生雑草全般，スギナを含む多年生雑草に有効であるが，移行性が小さく，地上部は枯れても地下部は残り再生しやすい ○効果の発現は非常に速い ○太陽が沈んだ夕方の散布がより効果的である
				○	○		1500～2000ml (100～150l)		
				スギナ			1000～2000ml (100～150l)		
	ウメ	○	○			雑草茎葉散布 雑草生育期(ただし収穫前日まで)	800～1000ml (100～150l)		
				○	○		1500～2000ml (100～150l)		
				スギナ			1000～2000ml (100～150l)		
インパルス水溶剤 グリホサートナトリウム塩16% ビアラホス8%	クリ ナシ カキ モモ ウメ オウトウ	○	○			雑草茎葉散布 雑草生育期(草丈30cm以下) ただし収穫30日前まで	500～600g (100l)		○遅効性のグリホサートにビアラホスを混用することにより，効果の発現を早くした薬剤である

薬剤名	果樹名	適用草種 一年生 イネ科	適用草種 一年生 非イネ科	適用草種 多年生 イネ科	適用草種 多年生 非イネ科	処理方法	使用量（水量）	適用土壌適用地帯	使用上の注意
〃	ブドウ カンキツ	○	○			〃	500～600g (100l)		〃
				○	○		600～1000g (100l)		
	リンゴ	○	○			雑草茎葉散布 雑草生育期(草丈30cm以下) ただし収穫21日前まで	500～600g (100l)		
				○	○		600～1000g (100l)		
グランドボーイWDG グルホシネート12% フルミオキサジン1.2%	カンキツ ナシ ブドウ リンゴ	○	○			雑草茎葉散布 雑草生育期(草丈30cm以下) ただし，収穫21日前まで	300～500g (100l)		○フルミオキサジンは土壌処理効果があり，効果が持続する
				○	○		500～1000g (100l)		
サンダーボルト グリホサートトリメシウム塩28.5% ピラフルフェンエチル0.19%	カンキツ リンゴ	○	○	○	○	雑草茎葉散布 雑草生育期(草丈30cm以下) ただし収穫7日前まで	400～600ml (100l通常，25～50l少量)		○遅効性のグリホサートにピラフルフェンエチルを混用することにより，効果の発現を早くした薬剤である
	クリ ナシ カキ ブドウ モモ ウメ						400～600ml (100l)		
サンダーボルト007 グリホサートイソプロピルアミン塩30% ピラフルフェンエチル0.16%	カンキツ ナシ ブドウ リンゴ モモ	○	○	○	○	雑草茎葉散布 雑草生育期(草丈30cm以下) ただし収穫7日前まで	400～600ml (100l)		
ツバサ顆粒水和剤 グルホシネート20% フラザスルフロン1.3%	ブドウ	○	○	○	○	雑草茎葉散布 春期雑草生育期(草丈20cm以下)(収穫30日前まで)	250～400g (100～150g)		○フラザスルフロンは土壌処理効果もあり，効果の持続期間が長い
	ミカン					雑草茎葉散布 春期萌芽前雑草生育期(草丈20cm以下)(収穫21日前まで)	250～300g (100～150g)		

第 3 章 畑 地 編

薬剤名	果樹名	適用草種				処理方法	使用量（水量）	適用土壌 適用地帯	使用上の注意
		一年生		多年生					
		イネ科	非イネ科	イネ科	非イネ科				
ワイダック乳剤 DCPA25% NAC5%	日本ナシ	○	○			梅雨明け高温時（ただし収穫45日前まで）	2～3*l* (150～300*l*)		○雑草の体内にあるDCPA分解酵素の活性を殺虫剤のNACと組み合わせることにより失活させ，適用草種の拡大と殺草力を強化した混合剤である ○非イオン系展着剤を加用する ○高温時の散布が効果的である ○モリシマアカシア，マサキ，サンゴジュ，イヌマキ，ポプラ，スギなどに飛散しないように注意する
	カキ リンゴ					梅雨明け高温時（ただし収穫30日前まで）			
	ミカン（幼成木園）					梅雨明け高温時（ただし収穫21日前まで）（一年生雑草草丈30～50cm）	3*l* (200～400*l*)		
	ミカン（苗圃）					梅雨明け高温時（ただし収穫21日前まで）（一年生雑草草丈30cm以内）	2*l* (150～300*l*)		
	ナツミカン（幼成木園）					梅雨明け高温時（ただし収穫21日前まで）（一年生雑草草丈30～50cm）	3*l* (200～400*l*)		
						梅雨明け高温時（ただし収穫21日前まで）（一年生雑草草丈30cm以内）	2*l* (150～300*l*)		
ナブ乳剤 セトキシジム20%	カンキツ	○				雑草茎葉散布 雑草生育期草丈20～30cm（ただし収穫2か月前まで）	200～400m*l* (150～200*l*)		○対象雑草：一年生イネ科雑草，多年生イネ科雑草はススキ，チガヤ
				○		雑草茎葉散布 雑草生育期草丈40cm（ただし収穫2か月前まで）	500m*l* (150～200*l*)		

薬剤名	果樹名	適用草種				処理方法	使用量(水量)	適用土壌 適用地帯	使用上の注意
		一年生		多年生					
		イネ科	非イネ科	イネ科	非イネ科				
ワンサイドP乳剤 フルアジホップP 17.5%	カンキツ	○				雑草茎葉散布 春期～夏期雑草生育期(草丈20cm以下)(ただし収穫120日前まで)	200～300ml (100～150l)		〃
					○	雑草茎葉散布 春期～夏期雑草生育期(草丈30cm以下)(ただし収穫120日前まで)	300～500ml (100～150l)		
アクチノール乳剤 アイオキシニル30%	リンゴ		○			雑草茎葉散布 雑草生育初期(草丈20cm以下)	300～400ml (100～200l)		

6 茶

(1) 雑草発生の特徴と防除ポイント

　茶は岩手県から沖縄県まで栽培され，その多くは山間傾斜地に立地している。茶樹の畦間は平地で180cm，傾斜地では150cm前後あり，苗木の植付け直後は裸地部分が多いため雑草が繁茂しやすい。植付けて5～6年経過すると，茶樹が生育して畦間を覆い，成木園では人の歩く30cm程度が残るだけとなるので，雑草発生は少なくなる。

　茶園に発生する雑草は一年生雑草のメヒシバ，カヤツリグサ，タデ類，ツユクサ，ハコベ，ナズナなど，多年生雑草のチガヤ，ジシバリ，ドクダミ，ムラサキカタバミ，ハマスゲなどであり，果樹園の雑草と共通している。一般の畑地雑草に比べると多年生雑草の発生が多い傾向にある。とくに，中耕作業の入りにくい株元には多年生のヤブマメ，カタバミ類，ヘクソカズラ，ヤマノイモ，チガヤ，ススキなどが発生しやすい。

　雑草の発生量は6～8月の梅雨の前後が最も多く，どの地域でもメヒシバが優占する。これら雑草の発生は，とくに幼木園において養水分の競合が生じ，茶樹が徒長するなど生育に悪影響を及ぼす。

　茶園の雑草防除は，従来，敷草や敷わらによっていたが，最近は材料の入手がむずかしいため，とくに幼木園では株元のみマルチし，裸地部分は中耕や除草剤により防除する方法が一般的である。

(2) 除草剤の選択と使用法

　春先や中耕後の雑草発生前にトレファノサイドを土壌処理する。生育期に発生した雑草はラウンドアップ，ポラリス，バスタ，ハービー，ハヤブサ，プリグロックス○Lなどを茶樹にかからないように畦間に雑草茎葉処理する。

茶園の除草剤と使い方（使用量については10a当たりで表記した）

薬剤名 有効成分含有率	適用草種				処理方法	使用量 （水量）	適用土壌 適用地帯	使用上の注意
	一年生		多年生					
	イネ科	非イネ科	イネ科	非イネ科				
〈土壌処理〉								
トレファノサイド乳剤 トリフルラリン44.5%	○	○〜△			土壌表面散布 1番茶発芽前，摘採後 （雑草発生前）（ただし 摘採40日前まで）	300〜400m*l* （100*l*）		○ツユクサ，カヤツリグサ科，キク科，アブラナ科雑草は除く
トレファノサイド粒剤2.5 トリフルラリン2.5%	○	○〜△			土壌表面散布 1番茶発芽前，摘採後 （雑草発生前）（ただし 摘採40日前まで）	4〜6kg		
〈茎葉処理〉								
三共の草枯らし グリホサートイソプロピルアミン塩41% （他にサンフーロン，エイトアップ，クサクリーン，ハイーフウノン，グリホエキス，ラウンドアップ，グリホス，コンパカレール，ピラサート等あり。詳細は各薬剤の登録内容を参照）	○	○			雑草茎葉散布 雑草生育期（ただし摘採7日前まで）	250〜500m*l* （25〜50*l*少量）		○植物体内移行性が大きく，一年生雑草から多年生雑草の地下部まで枯殺する ○遅効性で効果の完成には一年生雑草で1〜2週間，多年生雑草では2週間以上を要する ○少量散布は専用ノズルを使用する ○周辺作物にかからないように散布する ○作物にかからないように散布する
ポラリス液剤 グリホサートイソプロピルアミン塩20%	○	○			雑草茎葉散布 雑草生育期（草丈30cm以下）ただし摘採7日前まで	300〜500m*l* （25〜50*l*少量）		
ラウンドアップハイロード グリホサートアンモニウム塩41%	○	○			雑草茎葉散布 雑草生育期（春〜夏期）ただし摘採7日前まで	250〜500m*l* （25〜50*l*少量）		

第3章 畑 地 編

薬剤名 有効成分含有率	適用草種				処理方法	使用量 (水量)	適用土壌 適用地帯	使用上の注意
	一年生		多年生					
	イネ科	非イネ科	イネ科	非イネ科				
バスタ液剤 グルホシネート18.5%	○	○			雑草茎葉散布 雑草生育期畦間処理 (摘採7日前まで)	300〜500ml (100〜150l)		○一年生雑草全般に雑草生育期処理で有効である。多年生雑草の地上部も枯殺できるが，植物体内移行性が大きくないので，地下部は残り，再生しやすい
ハヤブサ グルホシネート8.5%	○	○			雑草茎葉散布 雑草生育期(草丈30cm以下)ただし摘採7日前まで	500〜750ml (100〜150l)		
ハービー液剤 ビアラホス18%	○	○			雑草茎葉散布 雑草生育期畦間処理摘採14日前まで	300〜500ml (100〜150l)		○効果の完成に一年生雑草で1週間，多年生雑草で2〜3週間必要である ○周辺作物にかからないように散布する ○作物にかからないように散布する
プリグロックスL ジクワット7% パラコート5%	○	○			雑草茎葉散布 摘採7日前まで	600〜1000ml (100〜150l)		○生育期の雑草に処理し一年生雑草全般に有効である ○植物体内移行性が小さく，多年生雑草は地上部だけ枯れて，地下部は残り再生しやすい。太陽の沈んだ夕方の散布が有効である ○速効的で処理後2〜3日で効果が完成する ○周辺作物にかからないように散布する ○作物にかからないように散布する

7 桑

(1) 雑草発生の特徴と防除ポイント

　養蚕はかつて，畑作地帯における土地利用型農業として全国で行なわれていたが，最近は少なくなり，関東・東北地域に集中している。

　桑園における雑草の発生は，桑の仕立て法，採桑法などによって異なるが，一般的に行なわれている根刈り・仕立ての春秋兼用桑園では，5月下旬～6月上旬に，桑が基部から伐採（夏切り）され，梅雨の時期に桑園が切株を残して裸地状態となるので，雑草が繁茂しやすい。桑の雑草害は，一年生作物に比べると敏感ではないが，一度被害を受けると，その年だけでなく，翌年以降の桑の生育にも影響するので，注意が必要である。

　桑園に発生する雑草は春先の桑の萌芽期には，一年生冬雑草のスズメノカタビラ，スズメノテッポウ，ハコベ，ナズナ，オオイヌノフグリ，ホトケノザ，ハハコグサなどであり，手入れを怠ると大型のヒメムカシヨモギ，オオアレチノギクなども発生する。少し遅れて，メヒシバ，シロザなどの一年生夏雑草が発生する。夏切り後はメヒシバが優占するが，一年生夏雑草のエノコログサ，カヤツリグサ，タデ類，シロザ，ヒユ類，ツユクサなども発生する。

　最近は管理作業の省略化などにより，多年生雑草の発生もみられる。ササ類，ススキ，チガヤ，スギナ，ハマスゲ，ヨモギ，カラスビシャク，タンポポ類，ヨウシュヤマゴボウなどであるが，関東地方では，ハルジオンが増加している。桑園の雑草管理に，従来グラモキソンを反復利用していたが，この薬剤に抵抗性をもつハルジオンのバイオタイプが出現し，問題となっている。また，つる植物のヤブカラシ，ガガイモ，カラスウリ，ヘクソカズラなどは桑条にからみつき，被害が著しい。

　桑園における雑草防除は春発生の雑草とともに，梅雨時期にあたる夏切り後の雑草発生をいかに防ぐかがポイントとなる。とくに夏切り後は雑草の発生量

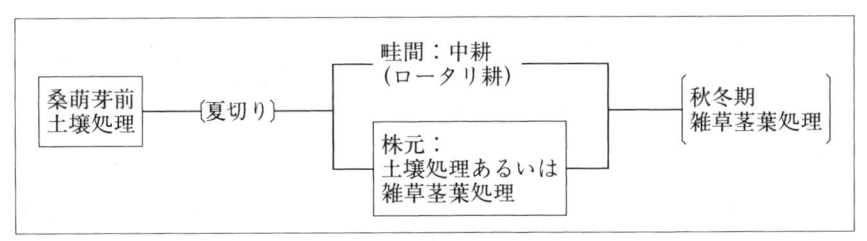

```
┌─────────────┐         ┌─畦間：中耕────────┐        ┌─────────────┐
│ 桑萌芽前    │─(夏切り)─┤  (ロータリ耕)     ├────────│ 秋冬期      │
│ 土壌処理    │         │                   │        │ 雑草茎葉処理│
└─────────────┘         │ ┌─株元：────────┐│        └─────────────┘
                        │ │ 土壌処理あるいは││
                        │ │ 雑草茎葉処理  ││
                        │ └───────────────┘│
                        └───────────────────┘
```

図3－15　桑園の除草体系

が多く生育も旺盛であり，除草を怠ると短期間に繁茂し，桑の芽の発生が障害を受ける。

桑園の雑草防除（図3－15）は従来，中耕を兼ねて，夏期は畦間の土を株元に培土し，冬は畦間にもどす方法をとってきたが，最近はロータリ耕と除草剤の組み合わせが一般的になっている。すなわち，畦間は春先と夏切り後にロータリ耕を行ない，株の周囲は除草剤を処理して，防除する。

(2) 除草剤の選択と使用法

春期や夏切り後の桑萌芽前には土壌処理剤を散布して，以後の雑草発生を抑える。

中耕後などで雑草が発生前の場合，イネ科雑草の発生が多い圃場ではラッソー，トレファノサイド，クレマート，ゴーゴーサン，広葉雑草の発生の多い圃場ではグラメックス，ロロックス，シマジン，ダイロンなど，両種が混在している圃場では混合剤のコワーク，サターンバアロ，コダールを全面土壌処理する。

すでに雑草が発生している場合は，まだ小さいうちに茎葉兼土壌処理効果のあるロロックス（水和剤），ダイロン，カソロン，カッター，アージランなどを散布する。

雑草が大きく生育してしまった場合は，草丈30cm以下の時期にラウンドアップ，ポラリス，タッチダウン，インパルス，バスタ，ハヤブサ，ハービー，プリグロックスⓁ，ワイダックなどを雑草茎葉処理する。これら茎葉処理剤

は処理後の雑草発生を抑える効果がないので，土壌処理剤と混用するか，混合剤のツバサを用いると現在生育中の雑草を枯殺し，以降の雑草発生を防止できる。多年生雑草が発生している場合は，移行性の大きいラウンドアップ，タッチダウン，あるいは，カソロン，カッター，アージランを適用する。ラウンドアップは雑草への塗布処理もできる。イネ科雑草だけを防除するには，ダラポン，ナブ，ワンサイドを全面茎葉処理する。

10～12月の時期にカッターを散布すると，越年生雑草あるいはハルジオンなど多年生雑草を防除するとともに，春期の雑草発生を抑制する効果がある。

前述したように，桑の畦間はロータリ耕で防除し，株元だけに除草剤を散布すれば，大幅に薬量を軽減できる。

なお，桑の苗床では，伏込み前あるいは伏込み後にトレファノサイドを土壌処理する。

第 3 章 畑 地 編

桑園の除草剤と使い方（使用量については10a当たりで表記した）

薬剤名 有効成分含有率	適用草種 一年生 イネ科	適用草種 一年生 非イネ科	適用草種 多年生 イネ科	適用草種 多年生 非イネ科	処理方法	使用量 （水量）	適用土壌 適用地帯	使用上の注意
〈土壌処理〉								
クレマートU粒剤 ブタミホス3%	○	○〜△			全面土壌散布 春期桑発芽前および夏期収穫後発芽前(雑草発生前)	8〜10kg	砂壌土〜埴土 全域	○一年生イネ科雑草に卓効を示すが，アブラナ科，ナデシコ科，ヒユ科，アカザ科，スベリヒユ科雑草などにも有効である
ゴーゴーサン乳剤30 ペンディメタリン30%	○	○〜△			全面土壌散布 春期発芽前または夏切後(雑草発生前)	300〜400ml (100〜200l)	全土壌 全域	○一年生イネ科雑草に卓効を示すが，ツユクサ，カヤツリグサ科，キク科雑草などに効果が劣る
ゴーゴーサン細粒剤F ペンディメタリン2%	○	○〜△			全面土壌散布 春期発芽前または夏切後(雑草発生前)	5〜6kg	全土壌 全域	
トレファノサイド乳剤 トリフルラリン44.5%	○	○〜△			土壌表面散布 播種後，伏込後(挿木)	200〜300ml (100l)(苗床)		○一年生イネ科雑草に卓効を示すが，ツユクサ，カヤツリグサ科，キク科，アブラナ科雑草などに効果が劣る
					土壌表面散布 桑発芽前，春夏切後，夏切後(雑草発生前)	300〜400ml (100l)(本畑)		
トレファノサイド粒剤2.5 トリフルラリン2.5%	○	○〜△			土壌表面散布 桑発芽前，春切後，夏切後(雑草発生前)	4〜6kg		
ラッソー乳剤 アラクロール43%	○	○〜△			全面土壌散布 桑発芽前(雑草発生前)	400〜600ml (100l)	全土壌 全域	○一年生イネ科雑草に卓効を示すが，タデ科，アカザ科，カヤツリグサ科，キク科雑草などに効果が劣る
カーメックスD DCMU78.5%	○〜△	○			全面土壌散布 雑草発芽前	100〜200g (70〜100l)		○定植後2年経ってから生育中の桑にかからないように散布する
ジウロン水和剤 ダイロン クサウロン水和剤80 DCMU80%	○〜△	○			全面土壌散布 雑草発生前	100〜200g (100l)		
グラメックス水和剤 シアナジン50%	○〜△	○			全面土壌散布 桑発芽前(雑草発生前)	200〜300g (100〜200l)	全域	○一年生広葉雑草に有効であるが，ツユクサには効果が劣る

薬剤名 有効成分含有率	適用草種				処理方法	使用量 (水量)	適用土壌 適用地帯	使用上の注意
	一年生		多年生					
	イネ科	非イネ科	イネ科	非イネ科				
ゲザガード50 プロメトリン50%	○〜△	○			全面土壌散布 雑草発生初期および夏切後雑草盛期	200〜300g (50〜100*l*)	砂壌土〜埴土	○非イネ科雑草に効果が高く,イネ科雑草には効果不安定
シマジン水和剤 シマジン50%	○〜△	○			全面土壌散布 雑草発生前	150〜300g (100〜200*l*)	砂壌土〜埴土	○ヤエムグラには効きにくい ○水質汚濁性薬剤に指定されている
シマジン粒剤2 シマジン2%	○〜△	○			全面土壌散布 春期雑草発生前または夏切後	7.5kg	砂壌土〜埴土	
ロロックス リニュロン50%	○〜△	○			全面土壌散布 4〜10月	100〜200g (70〜150*l*)		○広葉雑草に卓効を示し,イネ科雑草に効果が不安定である ○生育中の桑にかからないように散布する
ロロックス粒剤 リニュロン1.5%	○〜△	○			全面土壌散布 4月〜10月(雑草発生前)	6〜8kg		
コダール水和剤 プロメトリン20% メトラクロール30%	○	○			全面土壌散布 春期萌芽前および夏切後(雑草発生前)	300〜400g (70〜100*l*)	砂壌土〜埴土 全域	○一年生雑草全般に幅広く適用できる
コワーク乳剤 トリフルラリン14% プロメトリン6%	○	○			全面土壌散布 春切後(雑草発生前) 全面土壌散布 夏切後(雑草発生前) 全面土壌散布 桑発芽前(雑草発生前)	800〜1000m*l* (100〜150*l*)	全域	○イネ科雑草に卓効を示すトリフルラリンと非イネ科雑草に有効なプロメトリンとの混合剤で一年生雑草に効果が高い
サターンバアロ粒剤 プロメトリン0.8% ベンチオカーブ8%	○	○			全面土壌散布 春期発芽前または夏切後(雑草発生前)	5〜6kg	全土壌 全域	○一年生雑草全般に適用できる

〈発生前〜発生初期茎葉兼土壌処理〉

薬剤名 有効成分含有率	適用草種				処理方法	使用量 (水量)	適用土壌 適用地帯	使用上の注意
アージラン液剤 アシュラム37%	○	○			土壌散布 桑発芽前または桑刈取直後	750m*l* (100〜150*l*)		○イネ科と広葉の一年生雑草,タデ科,キク科の多年生雑草,ワラビ等に効果が高い ○キク科,タデ科の多年生雑草にスポット処理する場合は桑葉にかからないように散布する
					雑草生育期	30〜50倍 (100m*l*/m²)		

第3章 畑地編

薬剤名 有効成分含有率	適用草種 一年生 イネ科	適用草種 一年生 非イネ科	適用草種 多年生 イネ科	適用草種 多年生 非イネ科	処理方法	使用量 (水量)	適用土壌 適用地帯	使用上の注意
カソロン粒剤4.5 DBN4.5%	○~△	○		○	全面土壌散布 秋冬期(11月~12月積雪前)	6~8kg	砂土・赤黄色土壌を除く全土壌	○マメ科雑草には効果劣る ○新植後3年未満の桑園では薬害のおそれがあるので使用を避ける
	○~△	○			全面土壌散布 春期雑草発生前~発生始期	7~8kg		
カソロン粒剤6.7 DBN6.7%	○~△	○			雑草発生前~発生初期 (春または夏切直後)	6~8kg		
カッター粒剤 DBN3% DCMU2%	○	○		○	全面土壌散布 春期または夏切後の桑発芽前あるいは秋冬期(雑草発生前~発生初期)	6~8kg	全土壌 砂土を除く	○多年生イネ科雑草を除く、幅広い雑草に有効
ダイロン微粒剤 DCMU3%	○~△	○			雑草茎葉散布および土壌散布 雑草生育初期	8kg		○イネ科雑草には効果が不安定
〈茎葉処理〉								
ラウンドアップ グリホサートイソプロピルアミン塩41% (他にサンフーロン,エイトアップ,クサクリーン,ハイーフウノン,グリホエキス,三共の草枯らし,グリホス,コンパカレール,ピラサート等あり。詳細は各薬剤の登録内容を参照)	○	○			雑草茎葉散布 雑草生育期(桑発芽前または夏切後発芽前)	250~500ml (50~100l通常,25~50l少量)		○植物体内移行性が大きく、一年生雑草から多年生雑草の地下部まで枯殺する ○遅効性で効果の完成には一年生雑草で1~2週間、多年生雑草では2週間以上を要する ○少量散布は専用ノズルを使用する ○周辺作物や作物にかからないように散布する
			○	○		500~1000ml (50~100l通常,25~50l少量)		
	○	○	○	○	雑草茎葉塗布 雑草生育期	3~6倍 (3~6l)		
タッチダウン グリホサートトリメシウム塩38%	○	○			雑草茎葉散布 雑草生育期(春期桑発芽前・夏期桑発芽前・雑草草丈30cm以下)	200~400ml (50~100l通常,25~50l少量)		
			○	○		400~600ml (50~100l通常,25~50l少量)		
ポラリス液剤 グリホサートイソプロピルアミン塩20%	○	○	○	○	雑草茎葉散布 雑草生育期(草丈30cm以下)春期萌芽前~夏切後萌芽前	300~500ml (25~50l少量)		

薬剤名 有効成分含有率	適用草種				処理方法	使用量 (水量)	適用土壌 適用地帯	使用上の注意
	一年生		多年生					
	イネ科	非イネ科	イネ科	非イネ科				
ラウンドアップハイロード グリホサートアンモニウム塩41%	○	○	○	○	雑草茎葉散布 雑草生育期(秋～冬期)	250～500ml (50～100l)		〃
バスタ グルホシネート18.5%	○	○			雑草茎葉散布 雑草生育期春期萌芽前 および夏切後萌芽前	300～500ml (100～150l)		○一年生雑草全般に雑草生育期処理で有効である。多年生雑草の地上部も枯殺できるが，植物体内移行性が大きくないので，地下部は残り，再生しやすい ○効果の完成に一年生雑草で1週間，多年生雑草で2～3週間必要である ○周辺作物や作物にかからないように散布する
ハヤブサ グルホシネート8.5%	○	○			雑草茎葉散布 雑草生育期春期萌芽前 および夏切後萌芽前	500～750ml (100～150l)		
ハービー液剤 ビアラホス18%	○	○			雑草茎葉散布 雑草生育期春期萌芽前 および夏切後	500～750ml (100～150l)		
プリグロックスL ジクワット7% パラコート5%	○	○			雑草茎葉散布 春期萌芽前または伐採後	800～ 1000ml (100～150l)		○生育期の雑草に処理し一年生雑草全般に有効である ○植物体内移行性が小さく，多年生雑草は地上部だけ枯れて，地下部は残り再生しやすい ○速効的で処理後2～3日で効果が完成する ○周辺作物や作物にかからないように散布する ○太陽が沈んだ夕方の散布がより効果的である
シアノット シアン酸塩80%	○	○			畦間散布 雑草生育初期	3～4.5kg (70～100l)		○作物にかからないように散布する
ダラポン水溶剤 DPA85%	○		○		全面茎葉散布 雑草生育期	1.5～1.7kg (100l)		○イネ科雑草に卓効を示し，非イネ科雑草には効かない

第3章 畑地編

薬剤名 有効成分含有率	適用草種 一年生 イネ科	適用草種 一年生 非イネ科	適用草種 多年生 イネ科	適用草種 多年生 非イネ科	処理方法	使用量 (水量)	適用土壌 適用地帯	使用上の注意
ナブ乳剤 セトキシジム20%	○スズメノカタビラを除く				雑草茎葉散布 雑草生育期(草丈20〜30cm)	200〜250m*l* (150〜200*l*)		○スズメノカタビラに効果劣る ○広葉作物畑の生育期に全面散布が可能で、3〜5葉期のイネ科雑草を防除できる
ワンサイドP乳剤 フルアジホップP17.5%	○スズメノカタビラを除く		シバムギ・レッドトップ		雑草茎葉散布 イネ科雑草3〜5葉期	75〜100m*l* (100〜150*l*)	全域	
インパルス水溶剤 グリホサートナトリウム塩16% ビアラホス8%	○	○	○	○	雑草茎葉散布 雑草生育期(草丈30cm以下)春期発芽前または夏期発芽前	500〜600g (100*l*) 600〜1000g (100*l*)		○周辺作物や作物にかからないように散布する
ツバサ顆粒水和剤 グルホシネート20% フラザスルフロン1.3%	○	○	○	○	雑草茎葉散布 春期萌芽前雑草生育期(草丈20cm以下) 雑草茎葉散布 夏切後萌芽前雑草生育期(草丈20cm以下)	250〜350g (100〜150*l*)		○フラザスルフロンは土壌処理効果もあり、効果の持続期間が長い
ワイダック乳剤 DCPA25% NAC5%	○	○			夏切直後	2〜3*l*(150〜200*l*)		○雑草の体内にあるDCPA分解酵素の活性を殺虫剤のNACと組み合わせることにより失活させ、適用草種の拡大と殺草力を強化した混合剤である ○非イオン系展着剤を加用する ○高温時の散布が効果的である ○モリシマアカシア、マサキ、サンゴジュ、イヌマキ、ポプラ、スギなどに飛散しないように注意する

8 飼料作物

(1) 雑草発生の特徴と防除ポイント

　飼料作物の種類は，夏作物としてトウモロコシ，ソルガム，ローズグラスやギニアグラスなどの暖地型牧草，冬作物としてイタリアンライグラス，ムギ類などである。飼料畑に発生する雑草は普通畑作のものと基本的に同じであり，夏作ではメヒシバ，タデ類，ヒユ類など一年生夏雑草，冬作ではナズナ，ハコベなど一年生冬雑草である。

　最近，飼料畑では輸入飼料などに混入したとみられる外来帰化雑草が発生し問題となっている。イチビ，ハリビユ，オオオナモミ，シロバナチョウセンアサガオ，ショクヨウガヤツリ（キハマスゲ），マルバルコウなどである。イチビは現在は日本全国に分布しており，2m以上に伸長して著しい雑草害をおよぼすだけでなく，強い臭いがあり，その臭いが牛乳にも移行し品質をそこねるおそれがある。また，トウモロコシなどの収穫時にイチビの茎が機械にからみつき作業効率を低下させる。イチビほど大型ではないが，カラクサナズナ，シオザキソウも強い異臭を持っている。

　ハリビユも大型の雑草であり作物との競合力も強いが，茎葉に鋭い刺があり，素手で除草することは困難で，飼料に混ざると家畜の採食を妨げる。シロバナチョウセンアサガオは有毒なアルカロイドを含んでいる。オオオナモミは牛の嗜好性が極めて劣るだけでなく果実に刺があり，バッグサイロなどのプラスチックフィルムに傷を付けるおそれがある。キハマスゲはカヤツリグサ科の多年生雑草で，草丈が1m以上とハマスゲより大きく繁殖力が旺盛である。地下に小さな塊茎が多数形成され，地上部を抜き取るとすべて切れて地中に残り長期間生存し，一度圃場に侵入すると根絶は非常に困難である。マルバルコウはつる植物で，作物にからみつき，雑草害を及ぼすだけでなく，収穫作業のさまたげとなる。

飼料畑では，家畜のふん尿を中心とした厩肥が施用されることが一般的である。飼料に混入した雑草の種子は，家畜の体内ではほとんど消化されず，ふんと一緒に生きたまま排出される。ふんと尿を分離し，ふんを堆積して発酵させれば熱で種子は死滅するが，発酵が不十分な場合やスラリーで施用した場合は圃場での雑草の発生源となるおそれがある。とくにイヌビユ，ホナガイヌビユ，ハリビユなどのヒユ類が繁茂しやすい。

　飼料畑において，長大作物のトウモロコシやソルガムでも放任すれば雑草害を受けるが，初期の除草を行なえば作物の生育により雑草を抑えることができる。一方，暖地型牧草は夏雑草と競合するため，雑草発生の多い場合はほとんど収穫皆無になることもある。これに対して，冬作物であるイタリアンライグラス，ムギ類は，冬雑草と競合し雑草害を受けることはあっても，それほど著しい被害を被ることはない。

　飼料畑における雑草防除は栽植密度を高くしたり，播種期を移動するなどの耕種的方法が基本となる。牧草の再生力の強いことを利用して，生育初期に刈取る掃除刈りも有効な方法である。

(2) 除草剤の選択と使用法

　現在，トウモロコシ，ソルガムでは除草剤の利用が一般的である。

1) 飼料用トウモロコシ

　飼料用トウモロコシの除草体系は普通作物のトウモロコシと基本的に同じである。播種後にイネ科雑草の多い場合はフィールドスター，デュアール，ゴーゴーサン，ラッソー，広葉雑草の多い畑ではゲザプリム，ロロックス，イネ科雑草と広葉雑草の両方が発生する畑では混合剤のコダール，ゲザノン，カイタック，エコトップ，クリアターンを土壌処理し雑草の発生を抑える。ゲザプリム，ゲザノンはトウモロコシの2～4葉期にも適用でき，発生初期の雑草を枯殺するとともに，以後の発生を抑える効果がある。また，ワンホープは，トウモロコシの3～5葉期に全面茎葉処理し生育中のイネ科，広葉雑草を枯殺する，

```
┌─────────────┐
│  播種後     │──────── 中耕・培土
│  土壌処理   │
└─────────────┘
```

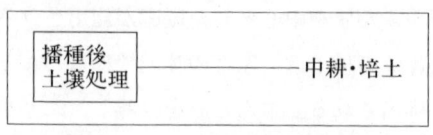

図3－16　ソルガム畑の除草体系

水稲の一発処理剤のような使い方が期待される薬剤である。生育期の広葉雑草にはバサグランを全面茎葉処理する。

　なお，現在問題になっているイチビは，発生の揃った頃に，ゲザプリム，ゲザノンを処理して防除する。中耕の効果も高い。さらに，イチビ，ショクヨウガヤツリにはトウモロコシの3～5葉期にシャドー，イチビの3～8葉期にはトウモロコシの4葉期以降にベルベカットが有効である。

2）ソルガム

　ソルガム畑の除草体系（図3－16）は除草剤の播種後土壌処理と中耕・培土を組み合わせて行なわれる。

　播種後にゲザプリム，ゴーゴーサン，ロロックス，ゲザノンを土壌処理し，雑草の発生を抑える。ゴーゴーサンとゲザプリムは雑草発生始期にも適用できる。

　ソルガムはトウモロコシに比べて種子が小さく，覆土も浅くなる傾向がある。こうした場合や砂質土壌では，ゲザプリムを除いて薬害のおそれがあるので注意する。

　暖地型牧草やイタリアンライグラスなどのイネ科牧草およびマメ科牧草は基本的には前述した耕種的方法で対処する。多年生雑草のギシギシ，ヨモギ，ヤブガラシが発生した場合は，カソロンをスポット処理する。

飼料作物の除草剤と使い方（使用量については10a当たりで表記した）

薬剤名 有効成分含有率	作物名	適用草種				処理方法	使用量 (水量)	適用土壌 適用地帯	使用上の注意
		一年生		多年生					
		イネ科	非イネ科	イネ科	非イネ科				
〈播種前～播種後出芽前雑草茎葉処理〉									
ラウンドアップハイロード グリホサートアンモニウム塩41%	飼料用トウモロコシ	○	○	○	○	雑草茎葉散布 雑草生育期(飼料用トウモロコシ出芽まで)	250～500ml (25～50l少量)		○周辺作物および作物にかからないように散布する ○少量散布は専用のノズルを使用する
〈土壌処理〉									
ゴーゴーサン乳剤30 ペンディメタリン30%	飼料用トウモロコシ	○	○～△			全面土壌散布 播種直後(雑草発生前)	200～400ml (70～150l)	全土壌 全域	○一年生イネ科雑草に卓効を示すが，ツユクサ，カヤツリグサ科，キク科雑草などに効果が劣る
	ソルガム					雑草茎葉散布または全面土壌散布 ソルガム3葉期(雑草発生前～発生始期)	300ml (70～100l)	砂壌土～埴土 全域	
						全面土壌散布 播種直後(雑草発生前)	300～400ml (70～150l)		
ゴーゴーサン細粒剤F ペンディメタリン2%	飼料用トウモロコシ	○	○～△			全面土壌散布 播種直後(雑草発生前)	5～6kg	砂壌土～埴土 全域	
	ソルガム						4～6kg		
デュアール乳剤 メトラクロール45%	飼料用トウモロコシ	○	○～△			全面土壌散布 本葉1～2葉期(イネ科雑草2葉期まで)	200～400ml (70～100l)	砂壌土～埴土 北海道	○イネ科雑草とカヤツリグサに卓効を示す。広葉雑草には効果が不安定であるが，スベリヒユ，ツユクサにも有効である
						全面土壌散布 播種後発芽前(雑草発生前)		砂壌土～埴土 全域	
フィールドスター乳剤 ジメテナミド76%	飼料用トウモロコシ	○	○～△			全面土壌散布 播種後発芽前(雑草発生前)	100～150ml (100l)	全土壌 (砂土を除く) 全域	○一年生イネ科雑草，カヤツリグサ，スベリヒユなどに有効であるが，シロザ，タデ類などに効果が劣る

薬剤名 有効成分含有率	作物名	適用草種				処理方法	使用量 (水量)	適用土壌 適用地帯	使用上の注意
		一年生		多年生					
		イネ科	非イネ科	イネ科	非イネ科				
ラッソー乳剤 アラクロール43%	飼料用トウモロコシ	○	○~△			全面土壌散布 播種後~発芽前	200~400ml (100l)	全土壌 北海道	○一年生イネ科雑草に卓効を示すが,タデ科,アカザ科,カヤツリグサ科,キク科雑草などに効果が劣る
							300~600ml (100l)	全土壌 北海道を除く地域	
クロロIPC乳剤 IPC45.8%	デントコーン	○	○			全面土壌散布 播種直後	150~200ml (70~100l)		○秋から春にかけて気温が20℃以下の時期に使用する
ゲザプリムフロアブル アトラジン40%	飼料用トウモロコシ	○~△	○			全面土壌散布 および雑草茎葉散布 播種後~トウモロコシ2~4葉期まで	100~200ml (50~100l)	砂土を除く全土壌	○トウモロコシとソルガムには選択性があり,安全に使用できる
	ソルガム					全面土壌散布 および雑草茎葉散布 播種後,雑草発生前~始期	100~200ml (100l)		
ロロックス リニュロン50%	飼料用トウモロコシ	○~△	○			全面土壌散布 播種直後	100~200g (70~150l)		○広葉雑草に卓効を示し,イネ科雑草に効果が不安定である
	ソルガム					全面土壌散布 播種直後(雑草発生前)			
エコトップ乳剤 ジメテナミド14% リニュロン12%	飼料用トウモロコシ	○	○			全面土壌散布 播種後発芽前 (雑草発生前)	400~600ml (100l)	全土壌 (砂土を除く)全域	○一年生雑草全般に有効
カイタック乳剤 ペンディメタリン15% リニュロン10%	飼料用トウモロコシ	○	○			全面土壌散布 播種直後~播種後5日(雑草発生前)	400~500ml (70~100l)	砂壌土~埴土 北海道	○イネ科雑草に卓効を示すペンディメタリンと非イネ科雑草に有効なリニュロンとの混合剤で一年生雑草に効果が高い
						全面土壌散布 播種直後(雑草発生前)	400~600ml (70~100l)	砂壌土~埴土 北海道を除く地域	

第3章 畑地編

薬剤名 有効成分含有率	作物名	適用草種				処理方法	使用量 (水量)	適用土壌 適用地帯	使用上の注意
		一年生		多年生					
		イネ科	非イネ科	イネ科	非イネ科				
ゲザノンフロアブル アトラジン15% メトラクロール25%	飼料用トウモロコシ	○	○			全面土壌散布 マルチ前・播種前(雑草発生前)	200～400ml (70～100l)		○生育の遅れる地域(根釧など)では2葉期処理とする
						全面土壌散布 播種後発芽前 (雑草発生前)			
						全面土壌散布 生育期(トウモロコシ2～4葉期)			
	ソルガム					全面土壌散布 播種直後			
コダール水和剤 プロメトリン20% メトラクロール30%	飼料用トウモロコシ	○	○			全面土壌散布 播種後発芽前 (雑草発生前)	300～400g (70～100l)	砂壌土～埴土 北海道	○一年生雑草全般に幅広く適用できる
クリアターン乳剤 ベンチオカーブ50% ペンディメタリン5% リニュロン7.5%	飼料用トウモロコシ	○	○			全面土壌散布 播種直後(雑草発生前)	500～800ml (70～100l)	全土壌 (砂土を除く) 全域	○3成分の混合剤で幅広い雑草に効果が高い
クリアターン細粒剤F ベンチオカーブ8% ペンディメタリン0.8% リニュロン1.2%	飼料用トウモロコシ	○	○			全面土壌散布 播種直後(雑草発生前)	4～5kg	全土壌 (砂土を除く) 北海道を除く地域	

〈生育期処理〉

薬剤名 有効成分含有率	作物名	一年生イネ科	一年生非イネ科	多年生イネ科	多年生非イネ科	処理方法	使用量 (水量)	適用土壌 適用地帯	使用上の注意
ワンホープ乳剤 ニコスルフロン4%	飼料用トウモロコシ	○	○	シバムギ・レッドトップ		雑草茎葉散布 トウモロコシ3～5葉期ただし収穫30日前まで	100～150ml (70～100l)		○シロザ,イヌホウズキ,ツユクサに効果が不安定。イチビ,キハマスゲには効果劣る

薬剤名 有効成分含有率	作物名	適用草種				処理方法	使用量 (水量)	適用土壌 適用地帯	使用上の注意
		一年生		多年生					
		イネ科	非イネ科	イネ科	非イネ科				
シャドー水和剤 ハロスルフロンメチル5%	飼料用トウモロコシ		イチビ・ショクヨウガヤツリ			雑草茎葉散布 イチビ,ショクヨウガヤツリ(キハマスゲ)2〜5葉期 (トウモロコシ3〜5葉期)	50〜75g (100*l*)		○帰化雑草のイチビ,キハマスゲに有効である
バサグラン液剤(ナトリウム塩) ベンタゾン40%	飼料用トウモロコシ		○			雑草茎葉散布 トウモロコシ生育期(雑草3〜6葉期)(収穫50日前まで)	100〜150m*l* (70〜100*l*)	全域	○アカザ科,ヒユ科,トウダイグサ科の雑草には効果が劣る
ベルベカット乳剤 フルチアセットメチル5%	飼料用トウモロコシ		イチビ			雑草茎葉散布 イチビ3〜5葉期(トウモロコシ4葉期以降)(ただし播種後45日前まで)	5〜10m*l* (100*l*)	北海道を除く全域	○強害帰化雑草のイチビに卓効
						雑草茎葉散布 イチビ5〜8葉期(トウモロコシ4葉期以降)(ただし播種後45日前まで)	10m*l* (100*l*)		

9 牧野・草地

(1) 雑草発生の特徴

わが国の人工草地における雑草の種類は71科373種とされ畑地雑草に類似しているが，概して多年生雑草の発生が多く，雑灌木の発生もみられる。全国的な強害雑草はエゾノギシギシとワラビであるが，このほか，全国に分布しているものはノボロギク，タンポポ類，ヒメジョオン，ヨモギ，ヘラオオバコ，チドメグサ，ナズナ，ハコベ，イヌビユ，シロザ，シバスゲ，カヤツリグサ，エノコログサ，ススキなどであり，さらに，北海道ではアキタブキ，アメリカオニアザミ，セイヨウノコギリソウ，ハルガヤ，シバムギ，オオイタドリなど，東日本ではフキ，イタドリ，アメリカオニアザミなど，西日本ではメヒシバ，イヌタデなどの発生が多い。

雑灌木としてはタニウツギ，レンゲツツジ，アセビ，ヤマツツジ，タラノキ，アキグミ，イヌツゲ，サンショウ，イヌザンショウ，イヌエンジュ，キイチゴ類，ノイバラ，テリハノイバラ，コナラ，カシワ，サルトリイバラ，ササ類などがあげられる。

以上のような牧野・草地の雑草や雑灌木のなかには，アセビ，レンゲツツジなどの有毒植物，ノイバラ，キイチゴなどの有棘植物，イヌザンショウ，ニワトコなど異臭をもつものなどがみられ，とくに問題となる。

(2) 雑草管理と除草剤の使用法

1) 永年牧草の草地

普通畑で通常行なわれるような耕起や中耕といった耕種作業は新播時を除いて適用できず，除草剤の使用も限定されるため，雑草管理は生態的耕種的防除が基本となる。とくに，エゾノギシギシやワラビなどの多年生雑草，ササ類な

どの雑灌木が発生すると防除が困難になるので，牧草の発生密度を高めて空間をなくしこれら雑草の侵入を防止するとともに，もし，侵入しても初期の段階で防除することが重要である。

2）新しく造成・更新する草地

現存している植生に対して，非選択性で移行力の大きいラウンドアップを処理して防除する。処理2～3週間後に耕起して，牧草を播種し，速やかな出芽，苗立ちをはかる。ギシギシ類などの広葉雑草が多発した場合は選択性のアージランを全面茎葉処理して防除する。牧草の播種1か月頃，牧草より雑草の生育が早い場合には掃除刈りという刈取りを行なう。再生した牧草の生育が促進され，雑草に対する競合力が増し，雑草の抑制に有効である。

3）経年草地

適切な時期に刈取りを行ない，直後の追肥による牧草の再生の促進や適正な放牧など合理的な牧草の維持管理により，雑草の草地への侵入，定着を防止する。多年生雑草や，とくに有害な雑草が部分的に発生した場合は，ラウンドアップをスポット処理する。また，ヨモギ，ハルジョオンなどのキク科多年生雑草，ギシギシ，ワラビなどに対してはアージランを全面処理して防除する。ただし，7～8月の高温時には薬害のおそれがあるので，全面処理はさけスポット処理する。なお，草地の強害雑草であるギシギシ類に対しては，ハーモニーとバンベルDの生育期茎葉処理が有効である。

第3章 畑地編

牧野・草地の除草剤と使い方（使用量については10a当たりで表記した）

薬剤名 有効成分含有率	作物名	適用草種				処理方法	使用量 (水量)	適用土壌 適用地帯	使用上の注意
		一年生		多年生					
		イネ科	非イネ科	イネ科	非イネ科				
〈茎葉処理〉									
アージラン液剤 アシュラム37%	牧野, 草地				ギシギシ・キク科	茎葉散布 秋期経年草地のギシギシ類の栄養生長期	300～400ml (80～100l)	北海道	○散布後3日間は放牧および採草を行わない ○夏期(7～8月)のギシギシ類に対する全面散布は薬害があるのでさけ, スポットに処理する
						茎葉散布 春期経年草地のギシギシ類の栄養生長期(採草7日前まで)	200～300ml (80～100l)		
						茎葉散布 秋期経年草地のギシギシ類の栄養生長期			
						茎葉散布 秋～春期(9～5月)ギシギシ類の展葉時期(採草7日前まで)	400～600ml (80～100l)	北海道を除く地域	
						局所散布(茎葉散布) 早春～秋期(1～11月)ギシギシ類の展葉時期	50～80倍液 雑草が充分濡れる量 〈25ml/株, 100ml/m²〉		
					ワラビ	茎葉散布 ワラビ展開期	1000～1500ml (80～100l)		
カソロン粒剤 DBN6.7%	牧野, 草地 (イネ科雑草, マメ科牧草)	ギシギシ, ヨモギ, ヤブガラシ				雑草株元または成長点に局所散布 雑草出芽展葉期	1～2g/株	全土壌	
ハーモニー75DF水和剤 チフェンスルフロンメチル75%	牧草				ギシギシ類	茎葉散布 雑草生育期(ただし採草21日前まで)	3～5g (100l)		

431

薬剤名 有効成分含有率	作物名	適用草種 一年生 イネ科	適用草種 一年生 非イネ科	適用草種 多年生 イネ科	適用草種 多年生 非イネ科	処理方法	使用量 (水量)	適用土壌 適用地帯	使用上の注意
バンベル―D液剤 MDBAジメチルアミン50%	牧野，草地				ギシギシ	雑草茎葉散布 秋期最終刈取後30日以内	75～100ml (100l)		
三共の草枯らし グリホサートイソプロピルアミン塩41% (他にサンフーロン，エイトアップ，クサクリーン，ハイーフウノン，グリホエキス，ラウンドアップ，グリホス，コンパカレール，ピラサート等あり。詳細は各薬剤の登録内容を参照)	牧野・草地	○	○			雑草茎葉散布 雑草生育期ただし更新・造成10日以前	250～500ml (50l)		○植物体内移行性が大きく，一年生雑草から多年生雑草の地下部まで枯殺する ○遅効性で効果の完成には一年生雑草で1～2週間，多年生雑草では2週間以上を要する ○土壌処理効果はなく，処理後すぐに作物の作付けができる ○少量散布は専用ノズルを使用する ○周辺作物にかからないように散布する
				○	○		500～1000ml (50l)		
		○	○	○	○	耕起整地後(雑草発生揃期) (播種10日前～播種当日)	250～500ml (25～50l少量)		
ポラリス液剤 グリホサートイソプロピルアミン塩20%	牧草	○	○	○	○	雑草茎葉散布 耕起造成前雑草生育期(更新・造成10日以前)	750～1250ml (25～50l)		
						雑草茎葉散布 耕起整地後(雑草発生揃期)播種10日前～播種当日	500～1000ml (50l)		
ブロンコ グリホサートアンモニウム塩33%	牧草	○	○	○	○	雑草茎葉散布 耕起造成前雑草生育期(更新・造成10日以前)	250～500ml (50～100l通常，25～50l少量)		
						雑草茎葉散布 耕起整地後(雑草発生揃期)播種10日前～播種当日			

第3章 畑地編

薬剤名 有効成分含有率	作物名	適用草種				処理方法	使用量 (水量)	適用土壌 適用地帯	使用上の注意
		一年生		多年生					
		イネ科	非イネ科	イネ科	非イネ科				
ラウンドアップハイロード グリホサートアンモニウム塩41%	牧草	○	○			雑草木茎葉散布 雑草生育期(更新・造成10日以前)	250〜500ml (25〜50l少量)		〃
				○	○		500〜750ml (25〜50l少量)		
		○	○	○	○	雑草木茎葉散布 耕起整地後(雑草発生揃期) (播種10日以前〜播種当日)	250〜500ml (25〜50l少量)		
タッチダウン グリホサートトリメシウム塩38%	牧野・草地				フキ	雑草茎葉散布 雑草生育期(更新10日以前)	800〜1000ml (50〜100l通常, 25〜50l少量)		
		○	○	○	○		400〜800ml (50〜100l通常, 25〜50l少量)		
						雑草茎葉散布 雑草生育期耕起整地後播種10日前〜播種当日	200〜400ml (25〜50l少量)		
サンダーボルト グリホサートトリメシウム塩28.5% ピラフルフェンエチル0.19%	牧野・草地	○	○	○	○	雑草茎葉散布 雑草生育期(更新・造成10日以前)	500〜750ml (100l)		○土壌処理効果はなく,処理後すぐに作物の作付けができる ○周辺作物にかからないように散布する

10 林　地

(1) 雑草発生の特徴と防除ポイント

　主要な造林樹種はスギ，ヒノキ，マツ類である。播き付け床に種子を平播きすると，幼苗は1,000本／m^2以上出芽するので，後に数100本／m^2程度に間引く。その後，床替え床に移し，ここでは数10本／m^2の密度で数年間養成し，山出しされる。播き付け床の面積は小さいが，床替え床の面積は大きく数年間栽培されるので，この間の雑草管理が重要である。

　床替え床に発生する雑草は一般の畑雑草と同じである。メヒシバが最優占種であるが，ヒメムカシヨモギ，ヒメジョオン，エノコログサ，シロザなどの一年生雑草とともに，多年生のスギナ，ハマスゲ，ヨモギ，カラスビシャク，カタバミ，ヒメスイバ，ハルジオンなどの発生もみられる。苗畑にこれら雑草が発生すると，苗が徒長したり，落葉するなど苗質が低下する。

　苗畑における雑草防除は人手による方法と除草用機械の利用，そして除草剤の利用が行なわれ，これらは適宜組み合わせて実施される。

　造林地における雑草管理には，地ごしらえ，下刈りなどがある。地ごしらえは植林前の林地を整えるもので，下刈りは植林後数年間，雑草木の生育を抑制するものである。これらの手段として，機械や鎌による刈払い，除草剤の利用などがあるが，造林地における雑草木の管理は，植物の持っている土壌保全機能を維持する観点から実施する必要がある。すなわち，地下部まで含めて根絶し，裸地化するような除草剤の使い方はさけ，地下部を残して土壌の流亡をさけるような方法で実施することが大切である。

(2) 除草剤の選択と使用法

1) 樹木苗畑

　スギ，ヒノキの播き付け床には，播種後にトレファノサイドを土壌処理する。イネ科雑草には卓効を示すが広葉雑草には効果が不安定であり，苗の出芽後に発生した雑草は手取りにより防除する。

　床替え床では苗を植付け後雑草発生前に，ダイヤメート，トレファノサイド，コワークを全面土壌処理する。

　生育期に発生した雑草は，その生育初期にシアンサンソーダなどを苗木にかからないように雑草茎葉処理（畦間処理）する。イネ科雑草に対しては，その2～5葉期に，ナブ，ワンサイドを全面茎葉処理する。

2) 林　地

　造林地に適用のある除草剤については一覧表に示したので，先に示したような土壌保全機能維持を考慮して適切な除草剤を選択し，使用する。

林地の除草剤と使い方（使用量については10a当たりで表記した）

薬剤名 有効成分含有率	作物名	適用草種				処理方法	使用量 （水量）	適用土壌 適用地帯	使用上の注意
		一年生		多年生					
		イネ科	非イネ科	イネ科	非イネ科				
〈土壌処理〉									
シタガリンT カルブチレート3％ テトラピオン2％	スギ ヒノキ （下刈り）	雑かん木，サ サ類，ウラジ ロ，コシダ				全面土壌散布 春期	10～12kg		○効果の持続性が 長い
スナップショット粒剤 イソキサベン0.4％ トリフルラリン1.8％	樹木類 （木本植物）	○	○			土壌表面散布 植付後（雑草発 生前）	6～8kg		○一年生雑草全般 に有効
						土壌表面散布 植付活着後（秋 期雑草発生前）	15～20kg		
ダイヤメート水和剤 クロルフタリウム50％	スギ ヒノキ アカマツ クロマツ カラマツ （床替床）	○	○			全面土壌散布 雑草発生前	400～600g (150ℓ)		○一年生雑草全般 に有効であるが， イネ科雑草に卓効 を示す
トレファノサイド乳剤 トリフルラリン44.5％	樹木類 （木本植物）	○	○ ～ △			畦間・株間土壌 表面散布 植付後，生育期 （雑草発生前）	200～300mℓ (100ℓ)		○一年生イネ科雑 草に卓効を示すが， キク科雑草などに は効きにくい
	林木苗 （スギ，ヒノ キ，アカマ ツ，カラマ ツ(播種床)）					土壌表面散布 播種後～生育 中	300mℓ (100ℓ)		
	林木苗 （スギ，ヒノ キ，アカマ ツ，カラマ ツ(床替床)）					土壌表面散布 床替後～生育 中			
トレファノサイド粒剤 トリフルラリン2.5％	樹木類（木本 植物）	○	○ ～ △			畦間・株間土壌 表面散布 植付後，生育期 （雑草発生前）	4～5kg		

第3章　畑地編

薬剤名 有効成分含有率	作物名	適用草種				処理方法	使用量 (水量)	適用土壌 適用地帯	使用上の注意
		一年生		多年生					
		イネ科	非イネ科	イネ科	非イネ科				
グラメックス水和剤 シアナジン50%	スギ ヒノキ (床替床)	○ 〜 △	○			全面　壌散布 雑草発生前	200〜300g (100〜200ℓ)	全域	○一年生広葉雑草に卓効を示す
コワーク乳剤 トリフルラリン14% プロメトリン6%	スギ ヒノキ (床替床)	○	○			全面土壌散布 床替後〜生育中 雑草発生前	1000mℓ (100〜150ℓ)	全域	○一年生雑草全般に有効
バックアップ粒剤 カルブチレート4%	ヒノキ 下刈り	○	○	○	○	全面土壌散布 空中散布 新葉展開前〜展開初期雑かん木(3〜4月)	12kg		○幅広い雑草に有効で，効果の持続性も長い ○ヒノキは選択性があり，安全に使用できる
				サ サ		全面土壌散布 空中散布 (5〜7月)			
	スギ ヒノキ トドマツ 造林地 (地ごしらえ)			サ サ		全面土壌散布 4〜5月上旬 (北海道は6月)			
	スギ ヒノキ 造林地 (地ごしらえ)				ウラジロ・コシダ	全面土壌散布 5〜7月			
〈茎葉処理〉									
アージラン液剤 アシュラム37%	スギ (下刈り)			ス ス キ		局所散布 6月	20倍 〈300mℓ/株 径30cm〉		○ブドウ科の雑草には効果劣る
					アレチノギク，カラムシ，シシウド等の大型雑草	茎葉散布 雑草生育期	20倍 (60ℓ)		
					ク ズ	茎葉散布 6〜7月	10倍 (50ℓ)		

薬剤名 有効成分含有率	作物名	適用草種 一年生 イネ科	適用草種 一年生 非イネ科	適用草種 多年生 イネ科	適用草種 多年生 非イネ科	処理方法	使用量 (水量)	適用土壌 適用地帯	使用上の注意
三共の草枯らし グリホサートイソプロピルアミン塩41% (他にサンフーロン，エイトアップ，クサクリーン，ハイーフウノン，グリホエキス，ラウンドアップ，グリホス，コンパカレール，ピラサート等あり。詳細は各薬剤の登録内容を参照)	造林地 (地ごしらえ)			ススキ，ササ等多年生雑草，落葉雑かん木		雑草木茎葉散布 生育盛期以降	1000ml (20~30l)		○植物体内の移行性が大きく，多年生雑草の地下部まで枯殺する ○効果の発現は遅い ○少量散布は専用ノズルを使用する ○樹木にかからないように散布する
	林地				クズ	株頭注入処理 春期または秋期	原液または2倍液 1~2ml/株		
					落葉雑かん木	立木注入処理 5~10月	1ml/箇所 〈樹径，箇所数〉 〈10cm以下，2~3，10~20cm，4~8，20cm以上，10〉		
タッチダウン グリホサートトリメシウム塩38%	造林地 (地ごしらえ)			ススキ，ササ等多年生雑草，落葉雑かん木		雑草茎葉散布 生育盛期以降 (夏~秋期)	1000~1500ml (30l)		
	林地				クズ	株頭処理 出芽・展葉期	原液 〈1ml/株〉 2倍液 〈1~2ml/株〉		
					クズ，フジ等のつる類	つる処理 生育初期	原液〈つる径(cm)処理量(ml/株)〉 2cm以下 0.5ml/株， 2.1~3.0cm 1.0ml/株， 3.1~4.0cm 1.5ml/株， 4.1~5.0cm 2.0ml/株， 5.1cm以上 適宜増量		

第3章 畑地編

薬剤名 有効成分含有率	作物名	適用草種 一年生 イネ科	一年生 非イネ科	多年生 イネ科	多年生 非イネ科	処理方法	使用量 (水量)	適用土壌 適用地帯	使用上の注意
ラウンドアップハイロード グリホサートアンモニウム塩41%	スギ ヒノキ (下刈代用)			○	○	雑草木茎葉散布 雑草生育期(5～6月)	500ml (5～10l少量)		〃
	林木 (造林地)地 ごしらえ			○	○	雑草木茎葉散布 生育盛期以降 (夏～秋期)	1000ml (5～10l少量)		
	林木 林地				クズ	株頭注入処理 春期または秋期	原液または2倍液 1～2ml/株		
					落葉雑かん木	立木注入処理 5～9月	1ml/箇所 〈樹径,箇所数〉 〈10cm以下,2～3, 10～20cm, 4～8, 20cm以上, 10〉		
	林木,畑作物 (林地,放置竹林,畑地)			竹類		竹稈注入処理 夏～秋期	5～15ml/本		
ランドマスタープロ グリホサートイソプロピルアミン塩12%	スギ ヒノキ (下刈り代用)			スキ・ササ等多年生雑草・落葉雑かん木		雑草茎葉散布 雑草生育期	3～5l		
シアンサンソーダ シアン酸ナトリウム80%	林木(苗畑)	○	○			畦間散布 雑草生育初期	3～5kg (70～120l)		○非選択性で残効は短い

薬剤名 有効成分含有率	作物名	適用草種				処理方法	使用量 (水量)	適用土壌 適用地帯	使用上の注意
		一年生		多年生					
		イネ科	非イネ科	イネ科	非イネ科				
ザイトロンフレノック微粒剤 テトラピオン5% トリクロピル3%	スギ ヒノキ (下刈り)	○	○	○	○	空中散布 雑草木茎葉散布 雑草木の新葉展開後〜生育盛期	8〜10kg		○対象雑草:一年生,多年生雑草(ただし多年生雑草は伸長抑制効果),ススキ,落葉雑かん木,クズ,ササ類
デゾレートA クロレートSL クサトールFP水溶剤 塩素酸塩60%	スギ マツ カラマツ ヒノキ トドマツ エゾマツ (地ごしらえ) スギ ヒノキ (下刈り) 開墾地	○	○	○	○	雑草茎葉散布 雑草生育期	7.5〜12.5kg (200〜300ℓ) 12.5〜15kg (200〜300ℓ)		○非選択性の茎葉処理剤で,残効も1〜2か月間と長い
デゾレートAZ粉剤 クサトールFP粉剤 クロレートS粉剤 塩素酸塩50%	開墾地 スギ ヒノキ マツ カラマツ エゾマツ トドマツ ブナ カンバ (地ごしらえ)	○	○	○	○	雑草茎葉散布 雑草生育期(積雪時および土壌凍結時を除く)	15〜25kg		
	スギ ヒノキ マツ カラマツ エゾマツ トドマツ (下刈り)						10〜20kg		

第3章 畑 地 編

薬剤名 有効成分含有率	作物名	適用草種				処理方法	使用量 （水量）	適用土壌 適用地帯	使用上の注意
		一年生		多年生					
		イネ科	非イネ科	イネ科	非イネ科				
〃	スギ ヒノキ マツ カラマツ エゾマツ トドマツ （地ごしらえ，下刈り）			ススキ		株および茎葉散布 生育期（草丈70cmまで）	30g/株径20cm 60g/株径30cm 85g/株径40cm		〃
					クズ	株頭処理 通年	株頭径1cm当り1.0～1.5g		
デゾレートAZ粒剤 クサトールFP粒剤 クロレートS 塩素酸塩50%	開墾後に栽培する農作物等	○	○	○	○	全面均一散布，空中散布 雑草茎葉散布 雑草生育期（積雪時および土壌凍結時を除く）	15～25kg 15～25kg		
	スギ ヒノキ マツ カラマツ エゾマツ トドマツ ブナ カンバ （地ごしらえ）								
	スギ ヒノキ マツ カラマツ エゾマツ トドマツ ブナ カンバ （下刈り）						10～20kg		
	スギ ヒノキ マツ カラマツ エゾマツ トドマツ （地ごしらえ，下刈り）			ススキ		株処理 雑草生育期（草丈20cm以下）	30g/株径20cm 60g/株径30cm 85g/株径40cm		
バスタ液剤 グルホシネート18.5%	樹木類（木本植物）	○	○			雑草茎葉散布 雑草生育期	300～500ml (100～150l)		○樹木類にかからないように散布する

薬剤名 有効成分含有率	作物名	適用草種				処理方法	使用量 (水量)	適用土壌 適用地帯	使用上の注意
		一年生		多年生					
		イネ科	非イネ科	イネ科	非イネ科				
ダラポン水溶剤 DPA85%	造林地, 開墾地	○		○		雑草生育期	完全除草3～6kg		○イネ科雑草に卓効を示す
							生育抑制2～3.5kg		
							幼少雑草0.5～1.2kg		
				ススキ		ススキの萌芽期～生育期(3～7月)	スポット処理 2～4g/株		
	開墾地			ススキ			全面処理 10～30kg/ha		
ダラポン粒剤 DPA15%	林地・開墾地			ススキ		出芽前～生育初期	株を中心にスポット処理 30g/株		
						生育期	刈払後株を中心にスポット処理 30g/株		
ナブ乳剤 セトキシジム20%	スギ ヒノキ (床替床)	○				雑草茎葉散布 イネ科雑草3～5葉期	150～200ml (100～150l)		○全面茎葉散布が可能である
ワンサイド クルアジホップ35%	スギ ヒノキ (床替床)	○ スズメノカタビラを除く				シバムギ・レッドトップ 雑草茎葉散布 イネ科雑草2～5葉期	75～100ml (100～150l)		
フレノック液剤30 テトラピオン30%	林木			ススキ		株中央部散布 ススキの発芽直前～発芽初期	10倍液 〈50ml/株直径30～50cm〉		○茎葉兼土壌処理効果があり、イネ科雑草とカヤツリグサ科雑草に卓効を示す
	開墾後に栽培する農作物等								

第3章 畑 地 編

薬剤名 有効成分含有率	作物名	適用草種				処理方法	使用量 (水量)	適用土壌 適用地帯	使用上の注意
		一年生		多年生					
		イネ科	非イネ科	イネ科	非イネ科				
〃	スギ ヒノキ (地ごしらえ, 下刈り)					〃	〃		〃
フレノック粒剤10 テトラピオン10%	開墾後に栽培する農作物等 (開墾地)			スススキ		スポット処理 散布 秋冬期~出芽初期	15g/株〈平均株径30cm基準〉		
				ササ		全面均一散布 秋冬期~出芽初期	3~5kg		
	スギ ヒノキ (地ごしらえ, 下刈り)			スススキ		スポット処理 散布 秋冬期~出芽初期	15g/株〈平均株径30cm基準〉		
				ササ		全面均一散布 秋冬期~出芽初期	3~5kg		
	トドマツ (下刈り)			ササ		全面均一散布 秋冬期(ただし土壌凍結前)	2~4kg		
	カラマツ (下刈り)			ササ・ススキ			3~4kg		
	ブナ (地ごしらえ, 下刈り)			ササ			2~3kg		
ザイトロンアミン液剤 トリクロピル44%	スギ ヒノキ (下刈り)	○		○		雑草木茎葉散布 雑草木新葉展開後~生育期	350ml (30l)		○対象雑草:一年生,多年生広葉雑草,落葉雑かん木,クズ

薬剤名 有効成分含有率	作物名	適用草種 一年生 イネ科	一年生 非イネ科	多年生 イネ科	多年生 非イネ科	処理方法	使用量 (水量)	適用土壌 適用地帯	使用上の注意
〃	林木 (造林地)				雑かん木	切株処理 4月～10月	10～15倍 〈45ml/株径 15cm〉		〃
					クズ		25倍 〈10～20ml/ 株径3～ 5cm〉		
						株頭処理 11月～5月	3倍 〈1ml/株〉		
					クズ・フジ等のつる類	つる切処理 4月～10月	2～3倍〈0.5 ～2ml/株径 2～5cm〉		
					ニセアカシア	切株処理 3月～9月	20倍 〈10～20ml/ 株径10cm〉		
							3倍 〈3ml/樹径8 ～9cm〉		
ザイトロンアミン微粒剤 トリクロピル3%	スギ ヒノキ (下刈り)				クズ	雑草木茎葉散布 空中散布 雑草木新葉展開後～生育盛期	9kg		
	落葉雑かん木, 一年生および 多年生広葉雑草						12kg		
〈クズ専用〉									
クズコロン液剤 MDBA25%	林地				クズ	株頭に滴下 4～11月	0.25ml/株		
クズノック微粒剤 テトラピオン2% DPA5%	スギ ヒノキ (下刈り地), 地ごしらえ地 開墾地				クズ	全面散布 クズの生育期	5～10kg		

薬剤名 有効成分含有率	作物名	適用草種				処理方法	使用量 (水量)	適用土壌 適用地帯	使用上の注意
		一年生		多年生					
		イネ科	非イネ科	イネ科	非イネ科				
ケイピンエース イマザピル 本剤10本 当たり100mg	スギ ヒノキ (下刈り代用) 造林地				クズ	萌芽期～生育期	1～3本/株		
ショートキープ液剤 グラスショート液剤 ビスピリバックナトリウム塩3%	林木				クズ	つる注入処理 生育初期(5月～6月)	原液処理 つる径使用量 〈m*l*/株〉 <2.0cm以下 0.5, 2.1～3.0cm 1.0, 3.1～4.0cm 1.5, 4.1～5.0cm 2.0, 5.1cm以上 適宜増量		

11 芝生地

(1) 雑草発生の特徴と防除ポイント

わが国で利用されている芝草の種類は，日本芝のコウライシバ，ノシバ，寒地型芝草のベントグラス，ブルーグラス，ライグラス，暖地型芝草のバーミューダグラスなどである。芝生には芝を栽培する生産芝生とゴルフ場，公園，運動場，宅地などの芝生がある。

芝生地に発生する雑草は約70種，通常よくみられるものは20〜30種で，種類は一般の畑地と共通する部分もあるが，その形態など，生態的に特異な特徴がみられる。芝生地では頻繁な刈り取りが行なわれるため，生長点が地表面近くにあるようなほふく型，ロゼット型，叢生型の雑草の発生が多く，また，踏みつけに強い草種も残りやすい。

芝生地で春から夏にかけて発生する一年生夏雑草はメヒシバ，コニシキソウ，スベリヒユ，ザクロソウ，トキンソウ，ヤハズソウなど，秋から翌早春にかけて発生する一年生冬雑草はスズメノカタビラ，ヒメムカシヨモギ，オオアレチノギク，ハコベ，オランダミミナグサなどである。また，多年生雑草のスイバ，ギシギシ類，タンポポ類，シロツメクサ，カタバミ，ミヤコグサ，オオバコ，ヒメクグ，ハマスゲ，スズメノヒエなどである。これらの雑草はゴルフ場などのフェアウェイなどにおいて頻繁な刈り込みが行なわれても，小型化したり，ほふく型に生態を適応させて生き残っている。また，刈高が4mm程度で管理されているゴルフ場のグリーンでは，藍藻類が発生して問題となっている。さらに，一部のゴルフ場ではギンゴケの発生も認められる。

(2) 雑草管理の方法

芝生は旺盛な生育と高い密度をもつことから，本来的に雑草に対する競合力が強い。芝生地における雑草管理は，周辺からの直接的・間接的な雑草の侵

第3章　畑　地　編

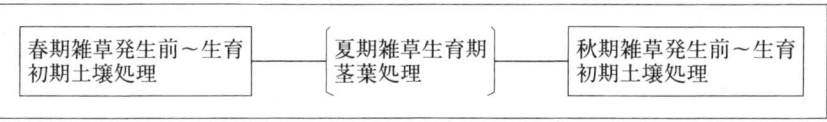

```
┌─────────────────┐   ┌─────────────┐   ┌─────────────────┐
│春期雑草発生前〜生育│──→│夏期雑草生育期│──→│秋期雑草発生前〜生育│
│初期土壌処理      │   │茎葉処理     │   │初期土壌処理      │
└─────────────────┘   └─────────────┘   └─────────────────┘
```

図3－17　芝生地の除草体系

入・定着を防止し，芝草の茎葉の被覆密度を高めることにより，雑草の発生生育を抑えることが基本となる。しかし，芝生地では病虫害や踏みつけなど人為的要因による損耗がおこり，裸地化したり芝草の生育が劣るため，雑草の侵入する機会が多く，適切な雑草管理が必要である。

芝生地における雑草は冬の厳寒期を除いて周年的に発生するが，発生盛期は冬雑草の秋と夏雑草の春〜初夏である。芝生地における雑草防除は，この春と秋の2時期に土壌処理用の除草剤を散布して，雑草の発生を防止することが基本となる（図3－17）。

芝生地は土壌層の上に，いわゆるサッチ層が形成されており，雑草の大部分はこのサッチ層から発生する。サッチ層は，活発に生育している芝生表面の茎葉部層と地面との間に，絡み合った茎・根や刈り込んだ刈りくずの堆積物などが入り組んでできる層のことをいう。そして，除草剤の土壌処理層も，サッチ層に形成され除草効果を発現する。

(3) 除草剤の選択と使用法

1) 土壌処理剤

芝生地の土壌処理剤として，イネ科雑草の発生が多い場合，イデトップ，ウェイアップ，バナフィン，クサレスなどを雑草発生前に200〜300lの水に溶かして全面処理する。

広葉雑草の発生が多い場合は，インプール，グラッチェ，シバコープ，ダブルアップなどを使用する。

イネ科雑草と広葉雑草が混在している場合は，クサブロック，カーブ，オフ

II, バイザーなどを用いる。

カソロン, バンベルDはクローバ, タンポポ, スギナなどの多年生広葉雑草にも有効である。

2) 茎葉処理剤

雑草生育期には茎葉処理剤を散布する。広葉雑草を対象とする場合, トーンナップ, シバタイト, ザイトロン, アグリーン, サーベルDF, MCPP, 2,4-Dなど多くの薬剤が適用できる。

芝草はイネ科植物であるから, イネ科雑草のみを対象とした除草剤は少ないが, エンドタールはスズメノカタビラに効果が高く, アージラン, シバゲン, モニュメントは一年生イネ科雑草と多年生を含む広葉雑草に有効である。また, グラスダンは雑草生育初期～生育期に散布する土壌処理剤であるが, 根から吸収され, ヒメクグ, スギナなどに卓効を示す。

一年生雑草全般に対して, コウライシバの完全休眠期にはバスタを使用できるが, 芝の生育期では薬害があり使用できない。多年生雑草を含む雑草全般に対しては, ラウンドアップを芝にかからないように塗布器具を用いて雑草に直接塗布する。

目土用土に含まれる雑草には, ガスタードなど土壌薫蒸剤で殺種子する。

3) 主な雑草の防除法

芝生地の最優占雑草はメヒシバ, スズメノカタビラ, スギナなどである。メヒシバに対しては先に示したイネ科雑草に有効な土壌処理剤を適期に散布する。スズメノカタビラに対してはプロバイド, ア・ゴールド, カーブの処理適期幅が大いく使いやすいが, 生育ステージの進んだものに対してはアージラン, エンドタールを用いる。スギナにはホルモン系の2,4-D, MCPP, カソロン, ザイトロンを茎葉処理する。いずれも移行性があり地下部まで効果が及ぶが, 1回の処理で根絶はできない場合があるので, 反復処理が必要である。

芝草には日本芝と西洋芝があり, 除草剤に対する感受性に差異がある。一覧

表で対象芝草を確かめて使用してほしい。

　また，芝生地において同じ除草剤を反復利用すると，特定の雑草が残ってしまうので，作用特性や殺草スペクトラムの異なる薬剤を組み合わせて，ローテーション処理することが望ましい。

芝生地の除草剤と使い方（使用量についてはm²当たりで表記した）

薬剤名 有効成分含有率	適用草種				処理方法	使用量 （水量）	対象芝草	使用上の注意
	一年生		多年生					
	イネ科	非イネ科	イネ科	非イネ科				
〈土壌処理〉								
アゴールド乳剤 シンメチリン72%	○	○			土壌 秋期芝生育期 （雑草発生前〜 生育初期）（スズメノカタビラ2葉期まで）	0.25〜0.35m*l* (200〜300m*l*)	日本芝	○スズメノカタビラに卓効を示す
イデトップフロアブル剤 トリアジフラム30%	○	○			土壌 芝生育期（雑草発生前）	0.075〜0.15m*l* (200〜300m*l*)	日本芝	○秋期のスズメノカタビラには3葉期までに散布する
ウィーラルフロアブル剤 ビフェノックス38%	○	○〜△			土壌 春期雑草発生前	0.75〜1.25m*l* (200〜300m*l*)	日本芝	○イネ科雑草に有効であり，ナデシコ科雑草等に効果が劣る
	○				土壌 秋期雑草発生前	1.25m*l* (200〜300m*l*)		
		イヌノフグリ・ホトケノザ			土壌 雑草発生始期〜生育初期	0.75〜1.25m*l* (200〜300m*l*)		
	○				土壌 雑草発生前	0.75〜1.25m*l* (200〜300m*l*)	ベントグラス	
		イヌノフグリ・ホトケノザ			土壌 雑草発生始期〜生育初期			
ウェイアップフロアブル剤 ペンディメタリン45%	○	○〜△（キク科を除く）			土壌 雑草発生前	0.4〜0.9g (200〜300m*l*)	日本芝	○イネ科雑草に卓効を示すが，キク科，ツユクサ科，カヤツリグサ科雑草には効果が不安定
					土壌 春期芝生育期 （雑草発生前）		バミューダグラス	

第3章 畑地編

薬剤名 有効成分含有率	適用草種				処理方法	使用量 （水量）	対象芝草	使用上の注意
	一年生		多年生					
	イネ科	非イネ科	イネ科	非イネ科				
グリーンケア顆粒水和剤 ペンディメタリン53%	○	○〜△ （キク科を除く）			土壌 雑草発生前	0.3〜0.6g （200〜300mℓ）	日本芝	〃
エイゲン粒剤 ピリブチカルブ3.5%	○				土壌 芝生育期（雑草発生前）	1.5〜2.5g	日本芝 ブルーグラス ベントグラス	○一年生イネ科雑草の発生を防止する ○水和剤は殺菌剤としても登録がある
エイゲン水和剤 ピリブチカルブ47%	○				土壌 芝生育期（雑草発生前）	0.75〜1.5g （200〜250mℓ）	日本芝	
						0.75〜1.5g （200mℓ）	ブルーグラス ベントグラス	
カーブ水和剤 プロピザミド50%	○	○			土壌 雑草発生前	0.4〜0.6g （200〜300mℓ）	コウライシバ ヒメコウライシバ	○一年生雑草全般に有効であるが，キク科雑草に効かない
カペレン粒剤2.5 DBN2.5%	○	○		○	土壌 秋期雑草発生前〜発生始期	8〜10g	日本芝	○スギナに卓効
				○ ヒメクグ	生育初期	10〜15g		
クサブロック水和剤 プロジアミン63%	○				土壌 春期雑草発生前	0.08〜0.1g （250〜300mℓ）	日本芝 バミューダグラス	○一年生イネ科雑草には少ない薬量で有効。キク科雑草に効かない
	○	○ （キク科を除く）				0.12〜0.24g （250〜300mℓ）		
					土壌 秋期雑草発生前	0.12〜0.16g （250〜300mℓ）		
	○				土壌 春期雑草発生前	0.06〜0.1g （250〜300mℓ）	ベントグラス ブルーグラス	
	○	○ （キク科を除く）				0.12〜0.24g （250〜300mℓ）		
					土壌 秋期雑草発生前	0.12〜0.16g （250〜300mℓ）		

薬剤名 有効成分含有率	適用草種				処理方法	使用量 (水量)	対象芝草	使用上の注意
	一年生		多年生					
	イネ科	非イネ科	イネ科	非イネ科				
日産テマナックス複合肥料 プロジアミン0.24% (肥料成分8-8-8フミン酸10%)	○				土壌 春期雑草発生前	20～30g	日本芝	○除草剤入り肥料
					土壌 秋期雑草発生前	20～40g		
		○(キク科を除く)			土壌 春期雑草発生前	30～60g		
					土壌 秋期雑草発生前	40～60g		
	スズメノカタビラ				土壌 スズメノカタビラ発生前	10～20g	ブルーグラス	
クサレス顆粒水和剤 ナプロパミド48%	○				土壌 雑草発生前	0.4～0.6g (200～300ml)	日本芝	○イネ科雑草に有効
三共クロロIPC乳剤 IPC45.8%	スズメノカタビラ				土壌 秋期～春期にかけて気温が20℃内外の時期 雑草発生前～発生始期	0.4～0.6ml (200～300ml)	日本芝	○高温条件では効果が低下するので，20℃以下の時期に使用する
プロバイトCE IPC50%	スズメノカタビラ				土壌 芝生育期 秋期雑草発生前	0.3～0.6ml (200～300ml)	日本芝	
					芝生育期 秋期雑草発生始期(スズメノカタビラ3葉期以内)	0.4～0.8ml (200～300ml)		

第3章 畑地編

薬剤名 有効成分含有率	適用草種 一年生 イネ科	適用草種 一年生 非イネ科	適用草種 多年生 イネ科	適用草種 多年生 非イネ科	処理方法	使用量 (水量)	対象芝草	使用上の注意
シバゲン水和剤 フラザスルフロン10%	○〜△	○(キク科を除く)			土壌 春期〜夏期芝生育期(雑草生育期) ヒメクグ	0.025〜0.05g (150〜200ml)	日本芝	○多年生のカヤツリグサ科雑草に卓効を示す
					ハマスゲ	0.05〜0.1g (150〜200ml)		
	○〜△	○(キク科を除く)			土壌 秋期〜冬期(雑草生育期)	0.025〜0.05g (150〜200ml)		
				○ スギナ		0.05〜0.75g (150〜200ml)		
シマジンフロアブル剤 CAT50%	○〜△	○			土壌 雑草発生前	0.2〜0.3ml (250〜300ml)	日本芝 ティフトン	○水質汚濁性農薬に指定されている
シマジン粒剤 CAT1%	○〜△	○			土壌 雑草発生前	10〜15g	日本芝 ティフトン	
セットアップDF剤 ハロスルフロンメチル30% トリアジフラム30%	○	○			土壌 芝生育期(雑草発生前)	0.075〜0.15ml (200〜300ml)	日本芝	○一年生雑草全般に有効
ダイヤメート水和剤 クロルフタリム50%	○〜△	○〜△			土壌 春期雑草発生前	0.4〜0.6g (300ml)	コウライシバ	○イネ科雑草に有効
					土壌 秋期雑草発生前	0.6g (300ml)		
ダコニールターフ TPN53%	藻類				芝生育期(藻類発生前)	1〜1.54ml (100ml)	日本芝 ベントグラス	
タフラー乳剤80 ブタミホス80%	○	○〜△(キク科を除く)			土壌 春期または秋期雑草発生前	春期0.6〜1.2ml (250〜300ml) 秋期0.35〜0.55ml (250〜350ml)	日本芝	○イネ科雑草に卓効を示す

薬剤名 有効成分含有率	適用草種				処理方法	使用量 (水量)	対象芝草	使用上の注意
	一年生		多年生					
	イネ科	非イネ科	イネ科	非イネ科				
タフラー水和剤 ブタミホス40%	○	○〜△ (キク科を除く)			土壌 秋期雑草発生前	1〜1.2g (250〜300ml)	コウライシバ ヒメコウライシバ	〃
ターザイン水和剤 イソキサベン50%		○			土壌 雑草発生前	0.04〜0.08g (200〜300ml)	日本芝 ベントグラス ブルーグラス	○広葉雑草に有効
ターザインプロDF イソキサベン60% フロラスラム4%	○	○			土壌 芝生育期 (雑草発生初期)	0.03〜0.05g (150〜200ml)	日本芝	○一年生雑草全般に有効
スナップショット粒剤 イソキサベン0.4% トリフルラリン1.8%	○	○			土壌 秋期雑草発生前	6〜8g	日本芝	○一年生雑草全般に有効
家庭用スナップショット粒剤 イソキサベン0.4% トリフルラリン1.8%	○	○			土壌 秋期雑草発生前	6〜8g	日本芝	
バナフィンプロDF イソキサベン5.5% ベスロジン55%	○	○			土壌 雑草発生前	0.5〜0.7g (200〜300ml)	日本芝 ベントグラス ブルーグラス	
家庭用バナフィンプロDF イソキサベン5.5% ベスロジン55%	○	○			土壌 雑草発生前	0.5〜0.7g (200〜300ml)	日本芝 ベントグラス ブルーグラス	
ディクトラン乳剤 ジチオピル32%	○	○			土壌 雑草発生前	0.15〜0.3g (200〜300ml)	日本芝	○一年生雑草全般に有効で，効果の持続性も長い
	○				土壌 春期雑草発生前	0.075〜0.15ml (200〜300ml)		

第3章 畑地編

薬剤名 有効成分含有率	適用草種				処理方法	使用量 (水量)	対象芝草	使用上の注意
	一年生		多年生					
	イネ科	非イネ科	イネ科	非イネ科				
バイザー水和剤 ジチオピル40%	○				土壌 春期雑草発生前	0.05〜0.1g (200〜300ml)	日本芝	〃
	○	○			土壌 秋期雑草発生前	0.1〜0.2g (200〜300ml)		
	○				土壌 春期雑草発生前	0.05〜0.1g (200〜300ml)	ブルーグラス	
	○	○			土壌 秋期雑草発生前	0.1〜0.2g (200〜300ml)		
	○				土壌 春期雑草発生前	0.05〜0.1g (200〜300ml)	ライグラス	
プラントプラス複合肥料 ジチオピル0.13% (肥料成分8-8-8)	○	○			土壌 芝生育期(春期雑草発生前)	30〜60g	日本芝	○除草剤入り肥料
					土壌 芝生育期(秋期雑草発生前)	40〜60g		
テュパサン水和剤 シデュロン50%	○	○			土壌 植付(播種)後(雑草発芽前〜発芽期)	1.2〜1.5g (200〜300ml)	日本芝 ベントグラス	○一年生雑草全般に有効であるが,スズメノカタビラ,タデ,ヒユ類には効果が劣る
					土壌 生育期(雑草発芽前〜発芽期)	1.2〜2g (200〜300ml)		
トレビエース水和剤 インダノファン50%	○	○〜△			土壌 春期雑草発生前	0.2〜0.3g (200〜300ml)	日本芝	○イネ科雑草に卓効を示し,効果の持続性も長い
					土壌 秋期雑草発生前	0.15〜0.3g (200〜300ml)		
ハイメドウ水和剤 カフェンストロール50%	○				土壌 雑草発生前	0.2〜0.4g (200〜400ml)	日本芝	○イネ科雑草に卓効を示し,効果の持続性も長い

薬剤名 有効成分含有率	適用草種				処理方法	使用量 (水量)	対象芝草	使用上の注意
	一年生		多年生					
	イネ科	非イネ科	イネ科	非イネ科				
ウェーブル顆粒水和剤 カフェンストロール45% レナシル25%	○	○			土壌 雑草発生前～発生初期(3葉期まで)	0.2～0.3g (200～300m*l*)	日本芝	○イネ科雑草に卓効を示し,広葉雑草にも有効で,効果の持続性も長い
バナフィン顆粒水和剤 ベスロジン58%	○	○〜△			土壌 雑草発生前	0.4～0.7g (250～300m*l*)	日本芝	○イネ科雑草に効果が高いが,キク科雑草に効かない
						0.5～0.7g (250～300m*l*)	ブルーグラス ベントグラス	
バナフィン粒剤2.5 ベスロジン2.5%	○	○〜△			秋冬の雑草発生前	7～10g	日本芝 ベントグラス ブルーグラス	
					春夏の雑草発生前	10～16g		
ハブーンフロアブル剤 アラクロールマイクロカプセル40%	○	○〜△			土壌 雑草発生前	0.6～1m*l* (200～300m*l*)	日本芝 ブルーグラス	○イネ科雑草に卓効を示し,タデ科,アカザ科,キク科,カヤツリグサ科雑草に効果が不安定
ハブーン乳剤 アラクロール43%	○	○〜△			土壌 春期雑草発生前	0.6～1m*l* (200～300m*l*)	日本芝	
					土壌 秋期雑草発生前	0.6～1.2m*l* (200～300m*l*)		
フェナックスフロアブル剤 オキサジアルギル34.5%	○	○〜△			土壌 春期雑草発生前	0.1～0.2m*l* (200～300m*l*)	日本芝	○イネ科雑草に効果が高く,ナデシコ科雑草に効果が劣る
フルハウスフロアブル剤 オキサジクロメホン30%	○	○〜△			土壌 雑草発生前	0.075～0.15m*l* (200～300m*l*)	日本芝	○低薬量でイネ科雑草に効果が高い
ベンポール水和剤 グラスダン水和剤 DCBN50%	○	○			土壌 秋期芝生育期 (雑草発生前～生育初期)	0.5～1g	日本芝	○スギナにも効果が高い
				○	土壌 春期芝生育期 (雑草発生前～生育初期)	1～2g		
		○				1g		

第3章　畑　地　編

薬剤名 有効成分含有率	適用草種				処理方法	使用量 (水量)	対象芝草	使用上の注意
	一年生		多年生					
	イネ科	非イネ科	イネ科	非イネ科				
シバキープ粒剤 ベンポール粒剤 DCBN4%	○	○			土壌 秋期芝生育期 (雑草発生前〜 生育初期)	7.5〜10g	日本芝	〃
				○	土壌 春期芝生育期 (雑草発生前〜 生育初期)	10〜20g		
		○				10g		
ボレロン90乳剤 オルソベンカーブ90%	○				土壌 雑草発生前	0.6〜0.9ml (200〜300ml)	コウライシバ	○イネ科雑草に卓 効を示す
マックワンフロアブル剤 クミルロン45%	スズメノカタビラ				土壌 芝生育期(雑草 発生前)	0.2〜0.3ml (200〜300ml)	ベントグラス ブルーグラス	○スズメノカタビ ラに卓効を示す
					土壌 芝発芽後(雑草 発生前)		ペレニアルラ イグラス	
レナパック水和剤 レナシル40% PAC30%	○	○			土壌 雑草発生前〜 始期	0.2〜0.3g (200〜300ml)	日本芝	○一年生雑草全般 に有効
〈茎葉兼土壌処理〉								
イーグルランナーフロアブル剤 イマゾスルフロン20% プロジアミン22%	○	○		○	土壌・茎葉 芝生育期(雑草 発生前〜生育 初期)	0.2〜0.3ml (200〜300ml)	日本芝	○発生している雑 草を枯殺し、土壌 処理効果もある
インプールDF ハロスルフロンメチル75%		○	ヒメクグ・ハマスゲ		土壌・茎葉 芝生育初期〜 生育期(雑草発 生前〜生育初 期)	0.03〜0.05g (200〜300ml)	日本芝	○カヤツリグサ科 雑草に卓効を示す
		○			土壌・茎葉 芝生育初期〜 生育期(雑草発 生前〜生育初 期)	0.03〜0.05g (200〜300ml)	ブルーグラス	
オフⅡフロアブル剤 ペンディメタリン36% イマザキンアンモニウム8.5%	○	○			土壌・茎葉 秋期〜冬期(雑 草発生始期〜 生育期)	0.3〜0.5ml (200〜250ml)	日本芝	○発生している雑 草を枯殺し、土壌 処理効果もある

薬剤名 有効成分含有率	適用草種				処理方法	使用量 (水量)	対象芝草	使用上の注意
	一年生		多年生					
	イネ科	非イネ科	イネ科	非イネ科				
グラトップDF ハロスルフロン12% プロジアミン40%	○	○			土壌 芝生育期(雑草発生前)	0.2〜0.3ml (200〜300ml)	日本芝	○一年生雑草全般に有効
ダブルアップDG シクロスルファムロン60%		○			土壌・茎葉 芝生育期(雑草発生前〜生育初期)	0.03〜0.06g (200〜250ml)	日本芝 ブルーグラス ライグラス	○広葉雑草に有効
ハーレイDF リムスルフロン23.5%	○〜△	○〜△			春期〜夏期 雑草発生揃期〜生育初期	0.0075〜0.015g (150〜200ml)	日本芝	○発生後のスズメノカタビラに有効
					秋期〜冬期 雑草発生揃〜生育初期	0.005〜0.0075g (150〜200ml)		
モニュメント顆粒水和剤 トリフロキシスルフロナトリウム塩72%				ヒメクグ	茎葉 春期〜夏期 雑草発生初期〜生育初期	0.003〜0.006g (150〜200ml)	日本芝	○発生している雑草を枯殺し,土壌処理効果もある
	○	○			茎葉 雑草発生初期〜生育初期			
				スズメノヒエ	茎葉 春期〜夏期 雑草生育期	0.045〜0.06g (150〜250ml)		
〈茎葉処理〉								
2,4-D「石原」アミン塩 2.4-PA49.5%		○		○	茎葉 芝生育期	1ml (100ml)	日本芝	○生育期の広葉雑草に有効
2,4-D「石原」ソーダ塩 2.4-PANa95%		○		○	茎葉 芝生育期	0.4〜0.5ml (200〜300ml)	日本芝	
エコパートフロアブル剤 ピラフルフェンエチル2%		○		○	茎葉 芝休眠期(雑草生育期)	0.15〜0.2ml (100〜200ml)	コウライシバ	○幅広い広葉雑草に有効
					茎葉 秋期芝生育期(雑草生育初期)	0.1〜0.15ml (100〜200ml)	ベントグラス	
キレダー ACN25%	藻類,コケ類				茎葉 藻類,コケ類の発生時	3〜4g (200〜300ml)	コウライシバ	

薬剤名 有効成分含有率	一年生 イネ科	一年生 非イネ科	多年生 イネ科	多年生 非イネ科	処理方法	使用量 (水量)	対象芝草	使用上の注意
グラッチェ顆粒水和剤 エトキシスルフロン60%	○				土壌 雑草発生前	0.015〜0.03g (200〜300mℓ)	日本芝	○カヤツリグサ科雑草と広葉雑草に有効
			○		茎葉 雑草生育初期 (3葉期まで)	0.03〜0.06g (200〜300mℓ)		
				ハマスゲ・ヒメクグ		0.045〜0.075g (200〜300mℓ)		
	○		○		茎葉 雑草生育初期 (3葉期まで)	0.03〜0.06g (200〜300mℓ)	ベントグラス ブルーグラス	
				ハマスゲ・ヒメクグ		0.045〜0.075g (200〜300mℓ)		
ゴーレット水和剤 ホセチル25% ポリカーバメート50%	藻類				茎葉 藻類発生時	2〜3g (1000mℓ)	ベントグラス	
ザイトロンアミンスプレー液剤 トリクロピル0.5%	○		○		茎葉 雑草生育期	50mℓ 〈雑草1本当り 約0.5〜1.0mℓ〉	日本芝	○多年生を含む広葉雑草に有効でスギナにも卓効を示す
ザイトロンアミン液剤 トリクロピル44%	○		○		茎葉 雑草生育期	0.2〜0.6mℓ (150〜200mℓ)	日本芝	
家庭園芸用ホドガヤザイトロンアミン液剤 トリクロピル44%	○		○		茎葉 雑草生育期	0.2〜0.6mℓ (150〜200mℓ)	日本芝	
ザイトロン微粒剤 トイクロピル3%	○		○		茎葉 雑草生育初期 〜生育盛期	7.5〜10g	日本芝	
サーベルDF メトスルフロンメチル60%	○		○		茎葉 秋期〜冬期(雑草発生始期〜生育初期)	0.002〜0.004g (150〜200mℓ)	日本芝	○少ない薬量で幅広い広葉雑草に有効
					茎葉 秋期〜冬期(雑草発生始期)	0.001〜0.002g (200mℓ)	ペレニアルライグラス	
					茎葉 秋期〜冬期(雑草発生始期)	0.002g (200mℓ)	ケンタッキーブルーグラス	

薬剤名 有効成分含有率	適用草種				処理方法	使用量 (水量)	対象芝草	使用上の注意
	一年生		多年生					
	イネ科	非イネ科	イネ科	非イネ科				
三共エンタール液剤 エンタールニナトリウム 塩1.9%	スズメノカタビラ				茎葉 雑草生育期(芝休眠期)	8～12ml (200ml)	コウライシバ	○スズメノカタビラを選択的に防除できる
					茎葉 雑草生育期	2～6ml (200ml)	ブルーグラス	
三共エンタール粒剤2.5 エンタールニナトリウム 塩2.5%	スズメノカタビラ				茎葉 雑草生育期	5～10g	ブルーグラス	
シバコップ顆粒水和剤 シノスルフロン18.5%		○			茎葉 雑草発生前～生育初期	0.045～0.09ml (200ml)	日本芝	○一年生広葉雑草とカヤツリグサ科雑草に有効
シバタイト40 イマゾスルフロン40%				○	茎葉 芝生育期(雑草発生初期)	200ml (200～300ml)	コウライシバ	○カタバミ、タンポポを含む広葉雑草、ハマスゲなどに有効
		○		ヒメクグ	茎葉 芝生育期(雑草発生初期)	0.1～0.2ml (200～300ml)	日本芝 ブルーグラス ベントグラス	
スコリテック液剤 一本締液剤 メコプロップPカリウム塩52%		○		○	茎葉 芝生育期(雑草生育期)	0.25～0.5ml (200ml)	日本芝 ブルーグラス	○広葉雑草とスギナに有効
スタム乳剤35 DCPA35%	○～△	○～△			茎葉 雑草3～4葉期	0.55ml (50～80ml)	芝	○大型の雑草には効かない
バスタ液剤 グルホシネート18.5%	○	○			茎葉 雑草生育期(芝休眠期)	0.3～0.5ml (100～150ml)	コウライシバ	○芝の完全休眠期に使用する
ブラスコンM液剤 MCPAイソプロピルアミン塩40%		○	チドメ		茎葉 春夏の雑草生育期	0.5～1.0ml (200ml)	日本芝	○生育期の広葉雑草に有効
				○		1～1.5ml (200ml)		
		○		○	茎葉 秋冬の雑草生育初期			
		○		○	茎葉 雑草生育期	0.75～1.5ml (200ml)	ブルーグラス ライグラス フェスク	

薬剤名 有効成分含有率	適用草種				処理方法	使用量 (水量)	対象芝草	使用上の注意
	一年生		多年生					
	イネ科	非イネ科	イネ科	非イネ科				
日産MCPソーダ塩 MCPAナトリウム塩19.5%		○		○	茎葉 芝生育期	2ml (200〜300ml)	日本芝	
トリメックF液剤 MCPP12% MDBA2.5% 2.4PA26%		○		○	茎葉 雑草生育期	0.4〜0.8ml (100〜150ml)	日本芝	
シバキープAL MCPP0.25%		○			茎葉 雑草生育期	100〜200ml (原液散布)	コウライシバ	
MCPP液剤 MCPP50%		○		クローバー	茎葉 雑草生育期	0.5〜1.0ml (100〜200ml)	日本芝 ブルーグラス	
バンベルーD液剤 MDBA50%		○		○	茎葉 雑草生育期	0.1〜0.2ml (100ml)	日本芝 ブルーグラス	
バンベルーD粒剤 MDBA2.5%		○		○	茎葉 雑草生育期	20g	日本芝	
ブロードスマッシュSC フロラスラム4.5%		○			茎葉 芝生育期(雑草生育初期)	0.02〜0.04ml (150〜200ml)	日本芝 ブルーグラス	○少ない薬量で幅広い広葉雑草に有効
				○	茎葉 秋期〜冬期(雑草生育初期)	0.04〜0.08ml (150〜200ml)		

12 緑地管理

(1) 雑草発生の特徴と防除ポイント

　緑地管理の場面として，ここでは農作物などは栽培されていないが，何らかの方法で雑草を制御する必要のある土地とする。すなわち，堤とう，河川敷，道路，公園緑地，鉄道敷，工場用地，グランド，駐車場，庭園，宅地などである。

堤とう
　土壌の流亡防止のため芝を張ることが一般的であり，ここに発生する草種は「11　芝生地」と同じである。しかし，ゴルフコースのようにていねいな管理が行なわれていないため，年数の経ったのり面にはチガヤ，ススキ，イタドリ，ヤブガラシ，スギナ，タンポポ類，ギシギシ類などの多年生雑草が繁茂しやすい。

河川敷の高水敷
　ゴルフ場，グランドなどとして利用されることが多いが，ここにはオギ，ヨシ，ススキ，セイタカアワダチソウなどの多年生やヒメムカシヨモギ，オオアレチヨモギなどの越年生，さらに木本のヤナギ，ニセアカシヤなども発生する。

道　路
　路肩，のり面などに雑草が発生する。路肩にはメヒシバ，エノコログサ，シロツメクサ，カラスノエンドウ，ヨモギ，セイタカアワダチソウ，マツヨイグサ，ススキ，チガヤなど，のり面にはこれら雑草の他にクズが発生し，電柱やフェンスにからみつくことがある。

公園緑地
　人々の憩いの場所としてよく管理されているのが普通であり，大型の雑草は発生せず，一般にはメヒシバ，オヒシバ，シロツメクサ，スギナ，タンポポ類，オオバコなどが発生する。

鉄道敷

雑草防除を必要とする面積は1.5万ha前後とされている。ススキ，チガヤ，ササ類，ヨモギ，イタドリ，ヨシ，セイタカアワダチソウ，スギナなどが発生する。

駐車場，宅地など

大型の雑草は発生せず，一般にはメヒシバ，スズメノカタビラ，シロツメクサ，スギナ，タンポポ類，ハルジオンなどが発生する。また，生垣の周辺ではヤブガラシなどのつる植物の発生もみられる。

緑地管理の雑草管理には，ロータリによる耕耘，機械や鎌による刈払いと除草剤の利用がある。その雑草防除体系は，まだ完成されているとはいいがたいが，管理する場所の目的や発生草種に応じて，雑草管理の方針を立て，適切な手段を採用していくことが望まれる。

(2) 雑草管理と除草剤の使用法

緑地管理の雑草管理は平坦地で全植生を制御する場合と，のり面で土壌の流亡を防止するため植生を維持する場合ではその方法が異なる。

1) 平坦地で裸地条件を維持する

グランドやテニスコートなどで，雑草の発生していないところの雑草発生を抑えるには，雑草の発生前～発生始期に土壌処理剤を散布する。一年生雑草優占の場合にはプリマトールSA，ランリード，ダイロンなど，多年生雑草も対象にする場合は，カソロン，ネコソギエースA，クサキラーA，草退治，ハイバーX，タンデックス，クサダウンAなどを使用する。

2) 発生している雑草を防除し，一時的に裸地化する

一年生を中心に発生している雑草を一時的に枯殺する，いわゆる刈取りの代替剤としては，ワイダック，ラウンドアップハイロード，三共の草枯し，タッチダウン，サンダーボルト，バスタ，ハヤブサ，ハービー，プリグロックスL

などを雑草茎葉処理する。多年生雑草が混在している場合には，ラウンドアップハイロード，タッチダウンなどを後の一覧表に示すように，一年生雑草を対象にする場合より薬量を多くして使用する。バスタ，ハービーも薬量を多くすれば，多年生雑草に効果があるが，ラウンドアップハイロードなどのグリホサート剤に比べて根部への移行が少なく，多年生の地下部が残り再生しやすい。

なお，発生雑草がイネ科優占であればナブ，ワンサイド，広葉雑草優占であれば2,4-D，ザイトロンも適用できる。

3) 発生している雑草を枯殺するとともに，長期間裸地化する

多年生雑草を含め，発生している雑草を枯殺し，その後裸地化するためには，茎葉処理剤と土壌処理剤の混合剤を中心とした茎葉兼土壌処理剤を用いる。クサノンV，クサブランカーMS，クロレートSなど一覧表に示したので，含有成分などを考慮して，最も適した除草剤を選択してほしい。

4) のり面などで張り芝を維持し，雑草を防除する

「11 芝生地」の雑草防除と基本的に同じである。なお，管理河川の堤防のり面では，一般に除草剤の使用は控えられている。

緑地管理用の除草剤は一般に強力な薬剤が多く，薬量も一般畑地よりも多量になるため，使用するにあたっては，周囲の状況に注意して，とくに，有用樹木などに薬液が飛散しないように留意する。さらに，環境におよぼす影響を最小限にするためにも，薬剤を過剰に使用したり，河川に流失しないように配慮する必要がある。

第3章 畑地編

緑地管理の除草剤と使い方（使用量については10a当たりで表記した）

薬剤名 有効成分含有率	適用草種 一年生 イネ科	適用草種 一年生 非イネ科	適用草種 多年生 イネ科	適用草種 多年生 非イネ科	処理方法	使用量（水量）	使用上の注意
〈土壌処理〉							
イソキシール粒剤4.0 イソウロン4%	○	○	○	○	土壌 雑草発生前～生育初期	6～25kg	○幅広い雑草に有効で茎葉処理効果もある
クサハンター粒剤 イソウロン1% MCPP3%	○	○			土壌 雑草生育初期（草丈20cm以下）	15～20kg	○20～30kgではギシギシ，ヨモギ，スギナにも有効
				○		20～30kg	
カペレン粒剤2.5 DBN2.5%	○	○			土壌 雑草発生前～発生始期	17～20kg	○茎葉処理効果もある。ギシギシ，タンポポ，スギナなどにも有効
				○スギナ		20～40kg	
ホクコウーカソロン粒剤2.5 DBN2.5%	○	○		○	土壌 雑草発生前～発生始期	20～25kg	
カソロン粒剤4.5 DBN4.5%	○	○		○スギナ	土壌 雑草発生前～発生始期	8～12kg	
カソロン粒剤6.7 DBN6.7%	○	○			土壌 雑草発生前～発生始期	6～9kg	
				○スギナ		10～15kg	
カッター粒剤 DBN3% DCMU2%	○	○		○スギナ	土壌 雑草発生前～発生始期	10～20kg	
グラスダン水和剤 DCBN50%				○スギナ	土壌 雑草生育初期～生育期	1～2kg (150～200ℓ)	
ベンボール粒剤 シバキープ粒剤 DCBN4%				○スギナ	土壌 雑草生育初期～生育期	10～20kg	
グリーンケア顆粒水和剤 ペンディメタリン53%	○	○～△			土壌 雑草発生前	300～600g (100～150ℓ)	○イネ科雑草に卓効を示す
トレファノサイド乳剤 トリフルラリン44.5%	○	○～△			土壌 雑草発生前	300～400mℓ (100ℓ)	
トレファノサイド粒剤 トリフルラリン2.5%					土壌 雑草発生前	4～6kg	

465

薬剤名 有効成分含有率	適用草種				処理方法	使用量 （水量）	使用上の注意
	一年生		多年生				
	イネ科	非イネ科	イネ科	非イネ科			
バックアップフロアブル剤 カルブチレート45%	○	○	○	○	土壌 雑草生育期(草丈30cm以下)	1～2*l* (200*l*)	○幅広い雑草に有効で茎葉処理効果もある。効果の持続性が長い
クサトルマン粒剤 カルブチレート4%	○	○			土壌 雑草生育初期	10～20kg	
			○	○		20～30kg	
オールキラー粒剤 カルブチレート2%	○	○		○	土壌 雑草生育初期	20～40kg	
			○			40～60kg	
シタガリンD カルブチレート3% DBN2%	○	○		○ スギナ	土壌 生育期(草丈30cm以下)	10～20kg	○DBNを混合し，スギナへの効果を高くした
バナフィン粒剤2.5 ベスロジン2.5%	○				土壌 雑草発生前	10～16kg	○イネ科雑草に有効
〈茎葉兼土壌処理〉							
アージラン液剤 アシュラム37%	○	○			茎葉兼土壌 雑草生育期	1000～2000m*l* (100～200*l*)	○適用草種の幅が広く，高薬量ではクズにも有効。残効性は比較的短い
				○		2000～3000m*l* (100～200*l*)	
			○			3000～5000m*l* (100～200*l*)	
				○ クズ		5000m*l*	
クロレートSL デゾレートA クサトールFP水溶剤 塩素酸塩60%	○	○	○	○	茎葉兼土壌 雑草生育期	10～25kg (200～300*l*)	○ネザサ，ススキ，チガヤや雑かん木にも有効。残効性が長い
クロレートS粉剤 デゾレートAZ粉剤 クサトールFP粉剤 塩素酸塩50%	○	○	○	○	茎葉兼土壌 生育初期～中期	15～25kg	
クロレートS デゾレートAZ粒剤 クサトールFP粒剤 塩素酸塩50%	○	○	○	○	茎葉兼土壌 雑草生育初期～中期	15～25kg	

第3章 畑地編

薬剤名 有効成分含有率	適用草種 一年生 イネ科	一年生 非イネ科	多年生 イネ科	多年生 非イネ科	処理方法	使用量 (水量)	使用上の注意
ジウロン水和剤 DCMU80%	○〜△	○			茎葉兼土壌 雑草発生前	60〜200g (100ℓ)	○広葉雑草に卓効を示す ○類似薬剤にダイロン水和剤,ダイロンゾルがある
					茎葉兼土壌 雑草生育期	200〜400g (100ℓ)	
デュポンカーメックスD DCMU78.5%	○〜△	○			茎葉兼土壌 雑草発生前〜生育初期	300〜600g (100〜200ℓ)	
				○	茎葉兼土壌 生育初期〜生育中期	1000〜2000g (100〜200ℓ)	
ダイロン微粒剤 家庭園芸用ダイロン微粒剤 DCMU3%	○〜△	○			茎葉兼土壌 雑草発生前〜発生始期	10〜15kg	
	ゼニゴケ				茎葉兼土壌 雑草生育期	5〜10kg	
ダラボン水溶剤 DPA15%	○		○		茎葉兼土壌 雑草生育期	完全除草 3〜6kg 生育抑制 2〜3.5kg 幼少雑草 0.5〜1.2kg (100ℓ)	○イネ科雑草に卓効を示す。ススキにはスポット処理も有効
			ススキ		ススキの萌芽期(3〜7月)	2〜4g/株 (20〜50mℓ/株)	
ハービック粒剤 テブチウロン5%	○	○	○	○	茎葉兼土壌 雑草発生前〜生育初期	10〜15kg	○幅広い雑草に有効で,効果の持続性も長い
					茎葉兼土壌 生育中期	15〜20kg	
ハイバーX ブロマシル80%	○	○			茎葉兼土壌 雑草発生前〜生育期	300〜600g (100〜200ℓ)	○幅広い雑草に有効で,効果の持続性も極めて長い。ヒユ類,イノコズチには効果が不安定 ○類似薬剤にクサダウンフォルテがある
			○	○	茎葉兼土壌 雑草生育初期〜生育中期	1000g (200〜300ℓ)	
ハイバーX粒剤 ブロマシル5%	○	○			茎葉兼土壌 雑草発生前〜生育期	5〜15kg	
			○	○	雑草発生前〜生育期(草丈30cm以下)	15kg	

薬剤名 有効成分含有率	適用草種				処理方法	使用量 (水量)	使用上の注意
	一年生		多年生				
	イネ科	非イネ科	イネ科	非イネ科			
ウィードコロン粒剤 ブロマシル3%	○	○			茎葉兼土壌 雑草生育期(草丈30cm以下)	5～10kg	〃
			○	○	茎葉兼土壌 雑草生育初期(草丈20cm以下)	15～25kg	
フレノック液剤30 テトラピオン30%			ヨシ		茎葉兼土壌 出芽前～生育期	3～5*l*	○イネ科多年生雑草とカヤツリグサ科雑草に有効
			ハマスゲ		茎葉兼土壌 生育期	1.5～3*l*	
			ススキ・ササ		茎葉兼土壌 秋冬期～生育期		
フレノック粒剤10 テトラピオン10%			チガヤ		茎葉兼土壌 生育期	10～20kg	
			ススキ・ササ		茎葉兼土壌 秋冬期～生育期	5～10kg	
モニュメント顆粒水和剤 トリフロキシスルフロンナトリウム72%	○	○		○	茎葉兼土壌 生育期または刈り取り後再生期(草丈30cm以下)	6～12g (100*l*)	○少ない薬量で一年生雑草に卓効を示すが，多年生広葉雑草にも有効
ザイトロンフレノック微粒剤 テトラピオン5% トリクロピル3%	○	○	○	○	雑草木の新葉展開後～生育盛期	8～10kg	○幅広い雑草に有効で残効も長い
			クズ，落葉雑かん木，ススキ，ササ類				
シタガリンT粒剤 カルブチレート3% テトラピオン2%	○	○	○	○ スギナ	茎葉兼土壌 生育初期(草丈20cm以下)	10～20kg	
ツインカムフロアブル剤 カルブチレート43% MDBA8.5%	○	○	○	○	茎葉兼土壌 雑草生育初期	1～2*l* (100*l*)	
ツインカム粒剤 カルブチレート4% MDBA1.5%	○	○	○	○	茎葉兼土壌 雑草生育初期	15～25kg	
デュポンゾーバー ターバシル40% DCMU39%	○	○			茎葉兼土壌 雑草発生前～生育期	200～300g (200～300*l*)	○一年生雑草全般に有効

薬剤名 有効成分含有率	適用草種				処理方法	使用量 (水量)	使用上の注意
	一年生		多年生				
	イネ科	非イネ科	イネ科	非イネ科			
ホドガヤクズノック微粒剤 テトラピオン2% DPA5%				クズ	茎葉兼土壌 生育期	10kg	
ロードキーパー粒剤 イソウロン3% テトラピオン4.5%	○	○	○	○ (スギナを除く)	茎葉兼土壌 雑草発生前～生育期(草丈30cm以下)	10～20kg	○幅広い雑草に有効
クサキラーA粒剤 DCBN2.5% DPA5% MDBA1.3%	○	○	○	○	茎葉兼土壌 雑草発生前～発生始期	20～40kg	○幅広い雑草に有効
クサノンV粒剤 クサブランカーMS粒剤 ゼストE粒剤 DCMU4% DPA10% MCPP4%	○	○			茎葉兼土壌 雑草発生前～生育初期	10～20kg	○DPAは生育期のイネ科雑草，MCPPは同じ広葉雑草に有効で，DCMUは土壌処理効果も示す ○類似薬剤にキンチョウカットM粒剤，クサダウンA粒剤，パランN粒剤がある
			○	○	雑草生育初期	20～30kg	
クサブランカー水和剤 ゼスト水和剤 DCMU20% DPA35% 2.4-PA10%	○	○	○	○	茎葉兼土壌 雑草発生始期	1.5～4.0kg (噴霧器250～300ℓ ジョロ400～500ℓ)	○DPAは生育期のイネ科雑草，2,4-PAは同じ広葉雑草に有効で，DCMUは土壌処理効果も示す
					茎葉兼土壌 雑草生育期	4.0～6.0kg (噴霧器250～300ℓ ジョロ400～500ℓ)	
シントークサトリ粒剤 DCMU4% DPA10% 2.4-PA5%	○	○	○	○	土壌 雑草発生始期	10～15kg	
					茎葉 雑草生育期	15～30kg	
トルーゾ粒剤 DCMU4% DPA10% MCPAナトリウム塩5%	○	○	○	○	茎葉兼土壌 雑草生育初期～生育期(草丈30cm以下)	20～30kg	○クサノンVと同じ

薬剤名 有効成分含有率	適用草種				処理方法	使用量 (水量)	使用上の注意
	一年生		多年生				
	イネ科	非イネ科	イネ科	非イネ科			
ネコソギエースA粒剤 イソウロン1% DBN3% DCMU6%	○	○			茎葉兼土壌 雑草発生前	10～20kg	○幅広い一年生雑草に有効
					茎葉兼土壌 生育初期(草丈20cm)	7.5～10kg	
				○ スギナ	茎葉兼土壌 雑草発生前～生育初期(草丈20cm以下)	10～20kg	
ネコソギエース粒剤 ワイドウェイ粒剤 イソウロン1% DCBN3% DCMU6%	○	○		○ スギナ	茎葉兼土壌 雑草発生前～生育初期	10～20kg	
ハービアウト水和剤 テブチウロン13% DCMU23% DPA44%	○	○	○	○	茎葉兼土壌 雑草生育中期	4～6kg (100～150l)	○幅広い雑草に有効で残効も長い
ハービアウト粒剤 テブチウロン3% DCMU5% DPA10%	○	○	○	○	茎葉兼土壌 雑草生育期(草丈30～50cm)	20～30kg	
ポミカルDM水和剤 DCMU15% DPA45% MCPAナトリウム塩15%	○	○		○ セリ科	茎葉兼土壌 雑草生育初期	2.0～3.0kg (100～200l)	○クサノンVと同じ
ロングヒッター粒剤 DCMU4% DPA10% 2.4-PA5%	○	○	○	○	茎葉兼土壌 雑草発生始期	10～15kg	○クサブランカーと同じ
					茎葉兼土壌 雑草生育期	15～30kg	
GF草退治粒剤 シアナジン1% DCBN1.5% DCMU3%	○	○			茎葉兼土壌	15～20kg	○幅広い一年生雑草とスギナに有効
				○ スギナ	雑草発生前～生育初期(草丈20cm以下)	20～40kg	
クサノンMP粒剤 ヨック粒剤 イソウロン1.5% テトラピオン1.5% DCMU5% DPA10%	○	○	○	○	茎葉兼土壌 雑草発生前～生育初期	7.5～15kg	○4成分の混合剤で幅広い雑草に有効

第3章 畑地編

薬剤名 有効成分含有率	適用草種				処理方法	使用量 (水量)	使用上の注意
	一年生		多年生				
	イネ科	非イネ科	イネ科	非イネ科			
〈茎葉処理〉							
アーセナル液剤 イマザピル25%	○	○			茎葉 雑草生育期	200～400ml (60～100l)	○幅広い雑草や雑かん木類まで有効で，土壌処理効果もある
			○	○		600～1000ml (60～100l)	
			クズ・ササ			1000～1400ml (60～100l)	
ケイピンエース イマザピル100g/10本			クズ		萌芽期～生育期	1株当たり1～3本	
一本締液剤 メコプロップPカリウム塩52%	○			○	茎葉 雑草生育期(草丈30cm以下)	350～700ml (100～200l)	○スギナ，チドメグサにも有効
キレダー水和剤 ACN25%		ゼニゴケ			茎葉 ゼニゴケ生育期	2kg (100～300l)噴霧器 (500～1000l)ジョロ	
クズコロン液剤 MDBA25%				クズ	茎葉 4～11月	0.25ml/株	○多年生を含む広葉雑草に有効である
バンベルD液剤 MDBA50%		○			茎葉 雑草生育初期	200～400ml (100l)	
バンベルD粒剤 MDBA2.5%		○		○スギナ	茎葉 雑草生育初期(草丈20cm以下)	15～20kg	
ザイトロンアミン液剤 トリクロピル44%		○		○	茎葉 雑草生育期	500～1000ml (200～250l)	○広葉雑草に有効でスギナにも卓効を示す ○類似薬剤に家庭園芸用ホドガヤザイトロンアミン液剤がある ○芝の使用基準も参照
				ニセアカシア	茎葉 3月～9月	20倍〈10～20ml/株径10cm〉 3倍〈3ml/樹径8～9cm〉	
ザイトロンアミンスプレー液剤 トリクロピル0.5%		○		○	茎葉 雑草生育期	50ml/m²	
ザイトロン微粒剤 トリクロピル3%		○		○クズ・雑かん木	雑草木の新葉展開後～生育盛期	10～12kg	

薬剤名 有効成分含有率	適用草種				処理方法	使用量 (水量)	使用上の注意
	一年生		多年生				
	イネ科	非イネ科	イネ科	非イネ科			
ナブ乳剤 セトキシジム20%	○				茎葉 雑草生育期(イネ科雑草3〜5葉期)	150〜400ml (100〜200l)	○スズメノカタビラを除く
ハービー液剤 ビアラホス18%	○	○			茎葉 雑草生育期 (草丈30cm以下)	500〜750ml (100〜150l)	○幅広い雑草に有効であるが，多年生雑草の地上部は枯れるが，移行性が大きくないので，地下部は残り，再生しやすい
			○	○		750〜1500ml (100〜150l)	
	ゼニゴケ				茎葉 発生期〜生育盛期		
クサノンスプレー剤 ビアラホス0.4%	○	○			雑草生育期 (草丈30cm以下)	50〜100ml/m² (原液散布)	
	ゼニゴケ				茎葉 発生期〜生育盛期	75〜100ml/m² (原液散布)	
バスタ液剤 グルホシネート18.5%	○	○			茎葉 雑草生育期	500〜1000ml (100〜200l)	○ハービーに同じ。類似薬事にハヤブサ液剤がある
			○	○		1000〜2000ml (100〜200l)	
ザッソージ液剤 グルホシネート0.17%	○	○	○	○	茎葉 雑草生育期	100ml/m² (原液散布)	○ハービーに同じ。類似薬剤にバスタ液剤0.2がある
ブラスコンM液剤 MCPAイソプロピルアミン40%		○		○	茎葉 雑草生育期(生育中期まで)	1〜2l (150〜200l)	○広葉雑草全般に有効
丸和サーベルDF メトスルフロンメチル60%	○	○		○	茎葉 雑草生育初期	5〜10g (100〜150l)	○少ない薬量で一年生雑草全般，セイタカアワダチソウ，クズにも有効
ラウンドアップハイロード液剤 グリホサートアンモニウム塩41%	○	○			茎葉 雑草生育期	500ml (通常散布50〜100l 少量散布25〜50l)	○薬剤の移行性が大きく，多年生雑草の地下部まで枯殺できる ○飛散防止には専用の器具を用いて塗布処理をする ○類似薬剤にブロンコ液剤がある ○少量散布には専用のノズルを使用する
			○	○		1000ml (通常散布50〜100l 少量散布25〜50l)	
	クズ等のつる性多年生雑草，ササ類，落葉雑かん木				茎葉 雑草生育盛期以降	1000〜2000ml (通常散布50〜100l 少量散布25〜50l)	

第3章 畑地編

薬剤名 有効成分含有率	適用草種				処理方法	使用量 (水量)	使用上の注意
	一年生		多年生				
	イネ科	非イネ科	イネ科	非イネ科			
〃				スギナ	茎葉 生育盛期	2000ml (少量散布25〜50l)	〃
	○	○	○	○	茎葉 雑草生育期	3倍 (3〜6l) 茎葉塗布処理	
三共草枯らし液剤 グリホサートイソプロアミン塩41%	○	○			茎葉 雑草生育期	500ml (通常散布100l 少量散布25l)	○同上で、類似薬剤にラウンドアップ，ラウンドアップ除草スプレー，ラウンドマスター，ランドマスタープロ，シオノギ・ポラリス液剤，ネコソギAL，グリホエキス液剤0.4，サンフーロン液剤，園芸用サンフーロン液剤，クサトローゼ，クサトローゼ除草スプレー，グリホキング，マルガリータ，クサクリーン液剤，ハイーフウノン液剤，エイトアップ液剤，グリホエキス液剤，フリーパス，コンパカレール液剤，ヤシマカルナクス，草ノコローズ，ターンアウト液剤がある。使用量は各薬剤のラベルを参照
			○	○		1000ml (通常散布100l 少量散布25l)	
				スギナ	茎葉 生育盛期	2000ml (少量散布25〜50l)	
タッチダウン グリホサートトリメシウム塩38%	○	○			茎葉 雑草生育期 (草丈50cm以下)	250〜500ml (通常散布50〜100l 少量散布25〜50l)	○ラウンドアップハイロードに同じ
			○	○		500〜1000ml (通常散布50〜100l 少量散布25〜50l)	
				スギナ		2000ml (少量散布25〜50l)	

薬剤名 有効成分含有率	適用草種				処理方法	使用量 (水量)	使用上の注意
	一年生		多年生				
	イネ科	非イネ科	イネ科	非イネ科			
理研ショートキープ液剤 グラスショート液剤 ビスピリバックナトリウム塩3%	○	○	○	○	茎葉 雑草生育期または刈取後 (草丈30cm以下)	500～1000mℓ (通常散布100～200ℓ 少量散布25～50ℓ)	○一年生広葉雑草やクズ, ギシギシなどを枯殺し, 多年生イネ科雑草やヨモギ, スギナなどは生育を長期間抑制する
				クズ	茎葉 生育期	500～1000mℓ (100～200ℓ)	
					茎葉 生育初期(5～6月)	つる径 使用量 (mℓ/株) 〈2.0cm以下 0.5, 2.1～3.0cm1.0, 3.1～4.0cm1.5, 4.1～5.0cm2.0, 5.1cm以上適宜倍量〉 原液〈つる注入処理〉	
2,4-Dソーダ塩 2.4-PA95%		○			雑草生育期 (草丈20cm以下)	100～200g (70～100ℓ)	○広葉雑草全般に有効
				○		200～300g (70～100ℓ)	
2,4-Dカリウム塩 2.4-PA95%		○		○	茎葉 雑草生育初期	400～800g (150～200ℓ)	
					茎葉 雑草生育期	800～1000g (150～200ℓ)	
MCPP液剤 MCPP50%				スギ	茎葉 雑草生育期	750～1000mℓ (100～200ℓ)	
シバキープAL MCPP0.25%				スギナ	茎葉 雑草生育期(草丈30cm以下)	150～200mℓ/m² (原液散布)	
グランドボーイWDG グルホシネート12% フルミオキサジン1.2%	○	○			茎葉 雑草生育期(草丈30cm以下)	500～1000g (100～200ℓ)	○グルホシネートで生育期の雑草を枯殺し, フルミオキサジン, イマザピル, フラザスルフロンは土壌処理効果を示す
			○			1000～2000g (100～200ℓ)	
ゼログラス液剤 イマザピル12.5% グルホシネート9%	○	○	○	○	茎葉 雑草生育期	800～1200mℓ (100～150ℓ)	

第 3 章 畑 地 編

薬剤名 有効成分含有率	適用草種				処理方法	使用量 (水量)	使用上の注意
	一年生		多年生				
	イネ科	非イネ科	イネ科	非イネ科			
ツバサ顆粒水和剤 グルホシネート20% フラザスルフロン1.3%	○	○	○(大型雑草を除く)	○	茎葉 雑草生育期(草丈30cm以下)	400〜600g (100〜150l)	〃
プリグロックスL液剤 ジクワット7% パラコート5%	○	○			茎葉 雑草生育期	800〜1000g (100〜150l)	○速やかに効果を発揮するが、移行性が小さいので、多年生雑草は地上部は枯れても地下部が残り、再生しやすい
			○	○		1500〜2000ml (100〜150l)	
				スギナ	茎葉 スギナ生育期	1000〜2000ml (100〜200l)	
ヤシマワイダックス乳剤 DCPA25% NAC5%	○	○			茎葉 雑草生育期	2〜3l (噴霧器200〜300l) (ジョロ400〜500l)	○高温時に効果が大きい
リプロ液剤 イマザピル8% グリホサートイソプロピルアミン塩21%	○	○	○	○	茎葉 雑草生育期(草丈30cm以下)	1〜2l (100l)	○グリホサートで生育期の雑草を枯殺し、イマザピルは土壌処理効果を示す
				スギナ		2l (100l)	

付　録

水田用除草剤の有効成分の特性

| 系　統 | 有効成分 | 単剤の商品名 | 作用特性 | | | 吸収部位 |
			ホルモン型	非ホルモン型	吸収移行型	接触型	
アミド系	DCPA	スタム乳剤35, DCPA乳剤35		○		○	茎葉部
	エドベンザニド	—		○	○		根部＞幼芽部＞茎葉部
	カフェンストロール	—		○	○		根部, 基部
	テニルクロール	—		○	○		根部, 幼芽部
	ブタクロール	マーシェット乳剤, マーシェット1キロ粒剤, マーシェットジャンボ		○	○		幼芽部＞根部
	プレチラクロール	ソルネット1キロ粒剤, エリジャン乳剤, エリジャンジャンボ		○	○		根部, 幼芽部
	メフェナセット			○	○		根部, 幼芽部
アリルオキシフェノキシプロピオン酸系	シハロホッププチル	クリンチャー1キロ粒剤, クリンチャージャンボ, クリンチャーEW		○	○		茎葉部
ベンゾフラン系	SAP	—		○	○		根部
	ベンフレセート	—		○	○		根部＞茎葉部
ベンゾチアジアゾール系	ベンタゾンナトリウム塩	バサグラン液剤, バサグラン粒剤		○	○		根部, 茎葉部
ビシクロオクタン系	ベンゾビシクロン	—		○	○		根部＞基部＞茎葉部
カーバメート系	エスプロカルブ	—		○	○		根部, 幼芽部
	ピリブチカルブ	—		○	○		根部＞基部＞茎葉部
	ベンチオカーブ	サターン乳剤		○	○		根部, 幼芽部
	モリネート	オードラム粒剤		○	○		根部, 茎葉部

付　録

殺草特性※				持続効果（残効性）	土壌中の移動性	毒性		作用機構および殺草作用
ノビエ	イヌホタルイ	広葉一年生	多年生			人畜毒性	魚毒性	
極大	大	大〜極大	小	—	—	普通物	A	光合成阻害－褐変
極大	小	小〜中	小	長	小	普通物	A	細胞分裂阻害－生育抑制
極大	中〜大	大	小〜中	長	極小	普通物	B	細胞分裂阻害－生育抑制
極大	大	大	小〜中	長	小	普通物	B	細胞分裂阻害－生育抑制
極大	大	大	小〜大	長	小	普通物	B	細胞分裂阻害－生育抑制
極大	大	大	小〜大	長	小	普通物	B	細胞分裂阻害－生育抑制
極大	中	大	小〜中	長	極小	普通物	B	細胞分裂阻害－生育抑制
極大	小	小	小〜中	短	小	普通物	B	脂肪酸生合成阻害－黄化褐変
極大	大	小	小〜大	長	小	普通物	B	脂質合成阻害－生育抑制
大	大	小	中〜大	長	小	普通物	A	脂質合成阻害－生育抑制
小	極大	極大	極大	—	中	普通物	A	光合成阻害－葉枯れ
大	極大	大〜極大	中〜極大	長	極小	普通物	A	カロチノイド合成阻害－白化
極大	大	中〜大	小〜中	長	小	普通物	B	脂質合成阻害－生育抑制
極大	大	中〜大	小〜中	長	小	普通物	A	脂質合成阻害－生育抑制
極大	大	中〜大	小〜大	長	小	普通物	B	脂質合成阻害－生育抑制
極大	大	中〜大	小〜大	長	中	普通物	B	脂質合成阻害－生育抑制

※雑草特性は各薬剤における草種による効果の差異を示したもので，薬剤間の比較をしたものではない。

479

系統	有効成分	単剤の商品名	作用特性 ホルモン型	作用特性 非ホルモン型	作用特性 吸収移行型	作用特性 接触型	吸収部位
シネオル系	ブロモブチド	—		○	○		根部, 幼芽部
ジフェニルエーテル系	ビフェノックス	—		○		○	幼芽部
オキサジアゾール系	オキサジアゾン	—		○		○	根部=基部>茎葉部
オキサジノン系	オキサジクロメホン	—		○	○		根部
オキサゾリジンジオン系	ペントキサゾン	ベクサー1キロ粒剤, ベクサーフロアブル		○		○	根部=基部≧茎葉部
オキシラン系	インダノファン	—		○	○		根部, 幼芽部
フェノキシ酸系	2,4PA	2,4-Dソーダ塩(水溶剤), 2,4-Dアミン塩(液剤), 粒状水中2,4-D	○		○		根部, 茎葉部
	MCPAエチル	粒状水中MCP	○		○		根部, 茎葉部
	MCPAチオエチル	—	○		○		根部, 茎葉部
	MCPAナトリウム塩	MCPソーダ塩	○		○		根部, 茎葉部
	MCPB	—	○		○		根部, 茎葉部
	クロメプロップ	—	○				基部>根部=茎葉部
有機リン系	アニロホス	—		○	○		根部, 幼芽部, 茎葉部
	ブタミホス	—		○	○		幼芽部
ピラゾール系	ピラゾキシフェン	—		○	○		根部, 幼芽部
	ピラゾレート	サンバード粒剤		○	○		根部, 幼芽部
	ベンゾフェナップ	—		○	○		根部>基部>茎葉部
ピリジン系	ジチオピル	—		○	○		根部, 基部, 茎葉部

付　録

殺草特性				持続効果（残効性）	土壌中の移動性	毒性		作用機構および殺草作用
ノビエ	イヌホタルイ	広葉一年生	多年生			人畜毒性	魚毒性	
大	極大	中～極大	中～大	長	小～中	普通物	A	細胞分裂阻害－生育抑制
極大	中～大	極大	小～中	短～長	小	普通物	B	Protox阻害※－褐変
極大	大	極大	中	長	小	普通物	B	Protox阻害※－褐変
極大	小	中	小	極長	小	普通物	A	生育抑制
極大	大	極大	小～大	長	極小	普通物	B	Protox阻害※－褐変
極大	大	大	中	長	小	普通物	B	生育抑制
小	大	極大	小	長	小	普通物	A	オーキシン作用－生育抑制
小	大	極大	大～極大	中	中	普通物	B	オーキシン作用－生育抑制
小	大	極大	大～極大	中	中	普通物	B	オーキシン作用－生育抑制
小	大	極大	大～極大	中	中	普通物	A	オーキシン作用－生育抑制
小	大	極大	大	長	中	普通物	B	オーキシン作用－生育抑制
小	極大	極大	小～大	長	中	普通物	A	オーキシン作用－生育抑制
極大	中	大	小	長	小	普通物	B	細胞分裂阻害－生育抑制
極大	中	大	小～中	長	小	普通物	B	細胞分裂阻害－生育抑制
大	中	極大	大	長	小	普通物	B	カロチノイド合成阻害－白化
大	中	極大	大	長	小～中	普通物	B	カロチノイド合成阻害－白化
大	中	極大	大	長	小	普通物	A	カロチノイド合成阻害－白化
極大	中	大～極大	小	長	長	普通物	B	細胞分裂阻害－生育抑制

※クロロフィル合成に係わる酵素の活性を阻害し，発生する活性酸素が膜脂質を酸化し枯死させる。

| 系 統 | 有効成分 | 単剤の商品名 | 作用特性 ||| 吸収部位 |
			ホルモン型	非ホルモン型	吸収移行型 / 接触型	
ピリミジルチオ安息香酸系	ビスピリバックナトリウム塩	ノミニー液剤		○	○	根部, 基部, 茎葉部
	ピリフタリド	—		○	○	根部＞基部
	ピリミノバックメチル	ヒエクリーン1キロ粒剤, ワンステージ1キロ粒剤		○	○	根部, 基部, 茎葉部
キノン系	ACN	モゲトン粒剤, モゲトンジャンボ		○	○	茎葉部, 根部
スルホニル尿素系	アジムスルフロン	—		○	○	根部, 基部, 茎葉部
	イマゾスルフロン	テイクオフ粒剤		○	○	根部, 基部, 茎葉部
	エトキシスルフロン	—		○	○	根部, 基部, 茎葉部
	シクロスルファムロン	—		○	○	根部, 基部, 茎葉部
	シノスルフロン	—		○	○	根部
	ハロスルフロンメチル	—		○	○	根部≧幼芽部＞茎葉部
	ピラゾスルフロンエチル	—		○	○	根部≧幼芽部＞茎葉部
	ベンスルフロンメチル	—		○	○	根部, 基部, 茎葉部
テトラゾリノン系	フェントラザミド	—		○	○	根部, 幼芽部
トリアジン系	ジメタメトリン	—		○	○	根部, 幼芽部
	シメトリン	—		○	○	根部, 茎葉部
	プロメトリン	—		○	○	根部, 茎葉部
尿素系	クミルロン	—		○	○	根部, 基部
	ダイムロン	—		○	○	根部

付　録

殺草特性				持続効果(残効性)	土壌中の移動性	毒性		作用機構および殺草作用
ノビエ	イヌホタルイ	広葉一年生	多年生			人畜毒性	魚毒性	
極大	—	大～極大	—	短	—	普通物	A	ALS阻害－生育抑制
極大	小	小～極大	—	長	極小	普通物	A	ALS※阻害－生育抑制
極大	小	小	小	長	中	普通物	A	ALS阻害－生育抑制
小	小	中～大	小～大	短	小	普通物	B-s	光合成阻害－褐変
中	極大	極大	極大	長	中	普通物	A	ALS阻害－生育抑制
中	極大	極大	極大	長	小	普通物	A	ALS阻害－生育抑制
小	極大	極大	大～極大	長	中	普通物	A	ALS阻害－生育抑制
中	極大	極大	極大	極長	小～中	普通物	A	ALS阻害－生育抑制
小	極大	極大	大～極大	長	中	普通物	A	ALS阻害－生育抑制
中～大	極大	極大	極大	長	中	普通物	A	ALS阻害－生育抑制
中～大	極大	極大	極大	長	中	普通物	A	ALS阻害－生育抑制
小	極大	極大	極大	長	中	普通物	A	ALS阻害－生育抑制
極大	中	大	中	長	極小	普通物	B	細胞分裂阻害－生育抑制
中	中	極大	中	長	小	普通物	B	光合成阻害－葉枯れ
中	中	極大	中	中～長	小	普通物	A	光合成阻害－葉枯れ
中	中	極大	中	長	小	普通物	A	光合成阻害－葉枯れ
中	極大	小	小～大	長	極小	普通物	A	細胞分裂阻害－生育抑制
小	極大	小	小～大	長	小	普通物	A	細胞分裂阻害－生育抑制

※ALS阻害：アセト乳酸合成酵素（ALS）の活性を阻害し、分岐鎖アミノ酸の生成を阻害する。

畑地用除草剤の有効成分の特性

系統	有効成分	商品名	適用草種			
			一年生雑草		多年生雑草	
			イネ科	非イネ科	イネ科	非イネ科
アミド系	イソキサベン	ターザイン水和剤		○		○
	ナプロパミド	クサレス水和剤	○	○~△		
	アラクロール	ラッソー乳剤	○	○~△		
	プロピザミド	カーブ水和剤、アグロマックス水和剤	○	○		
	メトラクロール	デュアール乳剤	○	○~△		
	ジメテナミド	フィールドスター乳剤	○	○~△		
	カフェンストロール	ハイメドウ水和剤	○			
	DCPA	スタム乳剤35、DCPA乳剤35、DCPA水和剤	○	○		
アリルオキシフェノキシプロピオン酸系	キザロホップエチル	タルガフロアブル、シンカット乳剤	○		○	
	フルアジホップブチル	ワンサイド乳剤	○			
	フルアジホップPブチル	ワンサイドP乳剤	○			
アジンジアミン系	トリアジフラム	イデトップフロアブル	○	○		
ベンゾフラン系	SAP	ロンパー乳剤、ジェイサン乳剤、ロンパー細粒剤F	○	△		
安息香酸系	MDBA	バンベル-D粒剤、バンベル-D液剤、クズコロン液剤、ロクイチM液剤		○		○
ベンゾチアジアゾール系	ベンタゾンナトリウム塩	バサグラン液剤(ナトリウム塩)		○		
ビピリジリウム系	パラコート	プリグロックスの成分	○	○		
	ジクワット	レグロックス(液剤)	○~△	○		
カーバメート系	オルソベンカーブ	ランレイ乳剤	○	○~△		
	ピリブチカルブ	エイゲン水和剤	○			
	フェンメディファム	ベタナール乳剤		○		
	ベンチオカーブ	サターン乳剤	○	○~△		
	IPC	クロロIPC乳剤	○	○~△		
	アシュラム	アージラン液剤、アージラン液剤10	○	○~△		○~△
	デスメディファム	ベタダイヤ乳剤の成分		○		
クロロカルボン酸系	DPA	ダラポン粒剤	○		○	

付　録

処理方法		効果の発現		土壌中の動態		毒性		作用機構
土壌	茎葉	速効性	持続性	移動性	残留性	人畜毒性	魚毒性	
○		－	極長	小	中	普通物	A	胚軸および根の細胞壁合成阻害
○		－	長	小	中	普通物	A	根の生育阻害
○		－	中	小	中	普通物	B	細胞分裂阻害
○		－	長～極長	小	小～中	普通物	A	幼根より吸収され，生育を停止させる
○		－	長	小	小～中	普通物	B	脂質の合成阻害
○		－	長			普通物	B	
○		－	極長	極小		普通物	B	
	○	速	極短	小	極小	普通物	A	光合成阻害，RNA合成阻害，原形質分離
	○	遅	短	中	中	普通物	B-s	茎葉から吸収され，生長点など分裂組織の脂肪酸の合成を阻害する
	○	遅	短	小	中	普通物	B	
	○	遅	短	小		普通物	B	
○		－	長	小		普通物	B	細胞壁合成阻害
○		－	長	小～中	中	普通物	B	根の伸長阻害
○	○	遅	長	大	小	普通物	A	内生ホルモン作用を攪乱し，異常伸長をもたらす。呼吸作用の異常増進
	○	遅	短	極大	小	普通物	A	光合成過程を阻害して，細胞攪乱を生じ枯死させる
	○	極速	短	極小	大	毒物	A	光合成の電子伝達系に関して生じた過酸化物による細胞の破壊
	○	極速	短	極小	大	劇物	A	
○			長	小	中	普通物	B	脂質の合成阻害
○		－	長	小	小	普通物	B	生長点の脂質生合成阻害
	○	遅	短	小	小	普通物	B	光合成阻害
○		－	長	小～中	小	普通物	B	生長点の脂質合成阻害
○		－	長	小～中	小～中	普通物	A	細胞の有糸分裂阻害
	○	遅	短	大	極小	普通物	A	細胞分裂の阻害
	○		短	小		普通物	A	光合成阻害
	○	遅	中	大	小	普通物	A	脂質合成阻害

系　統	有効成分	商品名	適用草種			
			一年生雑草		多年生雑草	
			イネ科	非イネ科	イネ科	非イネ科
シネオール系	シンメチリン	アゴールド乳剤	○	○〜△		
シクロヘキサジオン系	クレトジム	セレクト乳剤, セレクトTM乳剤	○		○	
	テプラロキシジム	ホーネスト乳剤	○			
	セトキシジム	ナブ乳剤	○		○〜△	
ジニトロアニリン系	トリフルラリン	トレファノサイド粒剤, トレファノサイド乳剤	○	○〜△		
	ベスロジン	バナフィン粒剤, バナフィン顆粒水和, バナフィン乳剤	○	○〜△		
	プロジアミン	クサブロック(水和剤)	○	○		
	ペンディメタリン	ウェイアップフロアブル, ゴーゴーサン細粒剤F, ゴーゴーサン乳剤30	○	○〜△		
ジフェニルエーテル系	ビフェノックス	ウィーラルフロアブル	○	○		
脂肪酸系	テトラピオン	フレノック液剤30, フレノック粒剤4, フレノック粒剤10			○	
グリシン系	グリホサート	草当番(水溶剤), ラウンドアップ(液剤), ラウンドアップドライ(水溶剤), ランドマスター(液剤), ラムロード液剤, ポラリス液剤, グリホエキス液剤, サンフーロン液剤, タッチダウン(液剤)等	○	○	○	○
イミダゾリノン系	イマザピル	アーセナル(液剤)	○	○	○	○
	イマザキンアンモニウム塩	トーンナップ液剤		○		
	イマザモックスアンモニウム塩	パワーガイザー		○		

付　録

処理方法		効果の発現		土壌中の動態		毒性		作用機構
土壌	茎葉	速効性	持続性	移動性	残留性	人畜毒性	魚毒性	
○		—	極長	小		普通物	B	根部および茎葉部の生長点の細胞分裂阻害
	○		短			普通物	A	脂肪酸の合成阻害
	○					普通物	B	
	○	遅	短	小	小	普通物	B	
○		—	長	小	中	普通物	B-s	細胞分裂阻害
○		—	小	小	小～中	普通物	B	
○		—	極長	小	中	普通物	A	
○		—	長	小	小～中	普通物	B	
○		—	長	小	極小	普通物	B	葉緑素生合成酵素阻害による細胞の死滅
○	○	遅	—	大		普通物	A	生長点の分裂組織の代謝阻害
	○	遅	無	小	小～中	普通物	A	アミノ酸の合成酵素の阻害
○	○	遅	極長	大	中	普通物	A	アセト乳酸合成酵素(ALS)の活性を阻害し，アミノ酸-脂質の合成を阻害する
○	○	遅	極長	中		普通物	A	
○			中			普通物	A	

系統	有効成分	商品名	適用草種			
			一年生雑草		多年生雑草	
			イネ科	非イネ科	イネ科	非イネ科
無機化合物	塩素酸塩	クロレートSL(水溶剤), デゾレートA(水溶剤), クサトールFP水溶剤, クロレートS粉剤, デゾレートAZ粉剤, クサトールFP粉剤, クロレートS(粒剤), デゾレートAZ粒剤, クサトールFP粒剤	○	○	○	○
	シアン酸塩	シアノン(水溶剤), シアン酸ソーダ(水溶剤)	○	○		
ニコチンアニリド系	ジフルフェニカン	ガリル水和剤の成分	○~△	○		
ニトリル系	アイオキシニル	アクチノール乳剤		○		
	DBN	カソロン水和剤, カペレン水和剤, カソロン粒剤1.0, カソロン粒剤2.5, カソロン粒剤	○	○		○
	DCBN	プレフィックス粒剤, ベンポール水和剤, グラスダン水和剤, ベンポール粒剤, シバキープ粒剤	○	○	ヒメクグ, スギナ	
オキサジノン系	オキサジクロメホン	フルハウスフロアブル	○			
オキシラン系	インダノファン	トレビエース水和剤	○	○~△		
フェノキシ酸系	2,4-PA	2,4-Dソーダ塩(水溶剤), 2,4-Dアミン塩(液剤)		○		○
	MCP	ヤマクリーンM乳剤, MCPソーダ塩(液剤)		○		
	MCPP	MCPP液剤		○		○
	メコプロップPカリウム塩	スコリテック液剤, 一本締液剤		○		
フェニルピラゾール系	ピラフルフェンエチル	エコパートフロアブル		○		
ホスフィン酸系	ビアラホス	ハービー液剤, クサノンスプレー, ねらいうち	○	○	○~△	○~△
	グルホシネート	バスタ液剤, バスタ液剤0.2, ハヤブサ(液剤)	○	○	○~△	○~△

処理方法		効果の発現		土壌中の動態		毒性		作用機構
土壌	茎葉	速効性	持続性	移動性	残留性	人畜毒性	魚毒性	
	○	速	長	大		劇物	A	細胞の破壊
	○	速	短	小		普通物	A	細胞の破壊
		速	中	小		普通物	A	カロチノイド合成阻害
	○	速	短	極小〜小	極小	普通物	C	光合成および呼吸阻害
○		—	中〜長	大	中	普通物	A	細胞壁合成阻害
○			長	大	小	普通物	A	
○			極長	小		普通物	A	植物内生ジベレリンの代謝阻害
○			長	小		普通物	B	脂質の合成阻害
	○	中	中	中〜大	極小	普通物	A〜B	茎葉や根から吸収され,体内を移行し,生長点などに作用して奇形を生じたり,ホルモンバランスを乱し,枯死させる
	○	速〜中	中〜長	中〜大	極小	普通物	A〜B	
	○	中	中〜長	大	極小	普通物	B	
	○		—	—		普通物	A	
	○		無	小		普通物	B	クロロフィル合成経路のプロトックスの活性阻害
	○	速	無	小		普通物	A	グルタミン合成酵素の作用を阻害し,アンモニアの過剰が起こり,細胞損傷,光合成などの生理代謝を阻害する
	○	速	無	—	極小	普通物	A	

系統	有効成分	商品名	適用草種			
			一年生雑草		多年生雑草	
			イネ科	非イネ科	イネ科	非イネ科
有機リン系	ブタミホス	タフラー乳剤, クレマート乳剤, タフラー水和剤, クレマートU粒剤, クレマート粒剤, クレマート粒剤5	○	○〜△		
フタルイミド系	クロルフタリム	ダイヤメート水和剤	○	○〜△		
	フルミオキサジン	グランドボーイWDGの成分		○		
フェノキシ酸系	トリクロピル	ザイトロン微粒剤 ザイトロンアミン液剤		○		○
ピリジン系	ジチオピル	ディクトラン(乳剤)	○	○		
ピリダジノン系	PAC	PAC水和剤		○		
ピリミジルチオ安息香酸系	ビスピリバックNa塩	グラスショート液剤, ショートキープ液剤	○	○	○	○
キノン系	ACN	キレダー(水和剤)		○		
スルホニル尿素系	ピラゾスルフロンエチル	アグリーン水和剤		○		○
	フラザスルフロン	シバゲン水和剤	○	○		○
	チフェンスルフロンメチル	ハーモニー75DF水和剤, ハーモニー細粒剤	○	○		
	イマゾスルフロンメチル	シバタイト(水和剤)		○		○
	メトスルフロンメチル	サーベルDF(水和剤)		○		○
	ニコスルフロン	ワンホープ乳剤	○	○	○〜△	
	リムスルフロン	ハーレイDF	○			
	ハロスルフロンメチル	インプール水和剤, シャドー水和剤		○		○
	シクロスルファムロン	ダブルアップ水和剤, ダブルアップDG		○		
	トリフロキシスルフロンナトリウム塩	モニュメント顆粒水和剤		○		
	エトキシスルフロン	グラッチェ顆粒水和剤		○		
	シノスルフロン	シバコップ顆粒水和剤		○		

付 録

処理方法		効果の発現		土壌中の動態		毒性		作用機構
土壌	茎葉	速効性	持続性	移動性	残留性	人畜毒性	魚毒性	
○		—	長	小	中	普通物	B	細胞分裂の阻害
○		—	長	小		普通物	A	幼芽から吸収され，光の存在下で幼少植物を枯死させる
○			中～長	小		普通物	B	クロロフィル合成経路のプロトックスの活性阻害
	○	遅	中～長	中	中	普通物	A	オーキシン作用により細胞分裂や伸長を阻害する
○		—	極長	小	小～中	普通物	B	生長点の細胞分裂阻害
○		—	長	中	小～中	普通物	A	光合成阻害
	○		無			普通物	A	アセト乳酸合成酵素(ALS)の活性を阻害し，アミノ酸-脂質の合成を阻害する
	○	遅	中	小		普通物	B-s	光合成阻害
○	○	遅	長	中	極小	普通物	A	アセト乳酸合成酵素(ALS)の活性を阻害し，アミノ酸-脂質の合成を阻害する
○	○	遅	長	小	極小	普通物	A	
○	○	遅	中	中	極小	普通物	A	
○	○	遅	長	小		普通物	A	
○	○	遅	極長	中	極小～小	普通物	A	
	○	遅	極短	大		普通物	A	
	○	遅				普通物	A	
	○	遅	長	小		普通物	A	
○		—	長	小～中		普通物	A	
○	○		長	中		普通物	A	
○	○			小		普通物	A	
○			長	中		普通物	A	

系統	有効成分	商品名	適用草種			
			一年生雑草		多年生雑草	
			イネ科	非イネ科	イネ科	非イネ科
チアジアゾール系	フルチアセットメチル	ペルベカット乳剤		○		
トリアジン系	CAT	シマジン粒剤1，シマジン粒剤2，シマジン（水和剤），シマジンフロアブル	○〜△	○		
	アトラジン	ゲザプリム50（水和剤），ゲザプリムフロアブル	○〜△	○		
	プロメトリン	ゲザガード50（水和剤）	○〜△	○		
	シアナジン	グラメックス水和剤	○〜△	○		
トリアジノン系	メトリブジン	センコル水和剤	○	○		○〜△
	メタミトロン	ハーブラック		○		
トリアゾロピリミジン系	フロラスラム	ターザインプロDFの成分		○		
ウラシル系	ターバシル	シンバー（水和剤）	○	○		
	ブロマシル	ハイバーX（水和剤），ハイバーX粒剤1.5，ボロシル（粒剤），ハイバーX粒剤	○	○〜△		○〜△
	レナシル	レンザー（水和剤）	○	○〜△		

付　録

処理方法		効果の発現		土壌中の動態		毒性		作用機構
土壌	茎葉	速効性	持続性	移動性	残留性	人畜毒性	魚毒性	
	○		無			普通物	B	クロロフィル合成経路のプロトックスの活性阻害
○		—	長	小	中	普通物	A	光合成の電子伝達系を阻害し，細胞攪乱を生じ枯死させる
○		—	長	中	中	普通物	A	
○		—	長	小〜中	小〜中	普通物	A	
○		—	長	小〜中	小	普通物	A	
○	○	—	極長	中	小〜中	普通物	A	光合成の電子伝達系を阻害し，細胞攪乱を生じ枯死させる
○			中	小		普通物	A	光合成阻害
○			小	中		普通物	A	アセト乳酸合成酵素(ALS)の活性を阻害し，アミノ酸-脂質の合成を阻害する
○	○	—	極長	大	中	普通物	A	光合成過程における電子伝達系の阻害
○	○	遅	長	中	中	普通物	A	葉緑体の伸長阻害と光合成阻害および根部の分裂組織の代謝阻害
○		—	長	小	中	普通物	A	光合成阻害

系　統	有効成分	商品名	適用草種			
			一年生雑草		多年生雑草	
			イネ科	非イネ科	イネ科	非イネ科
尿素系	DCMU	ジウロン微粒剤，ダイロン微粒剤，クサウロン微粒剤，カーメックスD（水和剤），ダイロン（水和剤），DCMU水和剤，クサウロン水和剤80，ジウロン水和剤，ダイロンゾル	○〜△	○		
	リニュロン	ロロックス粒剤，ロロックス水和剤	○〜△	○		
	シデュロン	テュパサン（水和剤）	○	○〜△		
	カルブチレート	タンデックス80水和剤，タンデックス粒剤	○	○	○	○
	イソウロン	イソキシール水和剤50，イソキシール粒剤1.0，イソキシール粒剤4	○	○	○	○
	テブチウロン	ハービック粒剤，ハービック水和剤	○	○	○	○
	クミルロン	マックワンフロアブル	○〜△	○〜△		
その他	エンドタール2-Na塩	エンドタール液剤	○			

注　効果の発現
　　速効性　処理当日：極速，2〜3日：速，4〜6日：中，7〜10日以上：遅
　　持続性　1日以内：極短，2〜10日：短，11〜20日：中，21〜30日：長，31日以上：極長
　　土壌中の動態
　　移動性　0〜1cm：極小，1〜2cm：小，2〜4cm：中，4〜6cm：大，6cm以上：極大
　　残留性（半減期）　14日以内：極小，15〜42日：小，43〜180日：中，180日以上：大

付　録

処理方法		効果の発現		土壌中の動態		毒性		作用機構
土壌	茎葉	速効性	持続性	移動性	残留性	人畜毒性	魚毒性	
○		—	長	小	極小〜中	普通物	A	光合成過程などを破壊して，細胞攪乱を生じ枯死させる
○		—	中	小	小〜中	普通物	A	
○		—	極長	小	中	普通物	A	
	○	遅	極長	大	小〜中	普通物	A	
○		—	長	小〜中	小	普通物	A	
○	○	遅	極長	大	中	普通物	A	
○		—	長	極小		普通物	A	根部の細胞分裂および細胞伸長阻害
	○	遅				普通物	A	水分の浸透移行機能の破壊

495

主なメーカー　一覧（五十音順）

メーカー名	郵便番号	住　所	電話番号
アグロ・カネショウ(株)	107-0052	東京都港区赤坂4-2-19赤坂シャスタ・イースト7階	03-5570-4711
旭化学工業(株)	636-0104	奈良県生駒郡斑鳩町高安500	07457-4-1131
アリスタライフサイエンス(株)	104-6591	東京都中央区明石町8-1聖路加タワー 38階　私書箱 NO.51	03-3547-4590
石原産業(株)	550-0002	大阪府大阪市西区江戸堀1-3-15	06-6444-7154
石原バイオサイエンス(株)	102-0072	東京都千代田区富士見2-10-30	03-3230-7656
出光興産(株)	130-0015	東京都墨田区横網1-6-1国際ファッションセンタービル9階	03-3829-1457
(株)エス・ディー・エスバイオテック	103-0004	東京都中央区東日本橋1-1-5日幸東日本橋ビル	03-5825-5516
エフエムシー・ケミカルズ(株)	107-0061	東京都港区北青山1-2-3青山ビル9階	03-3402-3728
(株)大川屋	370-0426	群馬県新田郡尾島町世良田1099	0276-52-1251
大塚化学(株)	772-8601	徳島県鳴門市里浦町里浦字花面615	088-684-0832
科研製薬(株)	113-8650	東京都文京区本駒込2-28-8文京グリーンコートセンターオフィス20階	03-5977-5033
協友アグリ(株)	213-0002	神奈川県川崎市高津区二子6-14-10YTTビル	044-813-4206
キング化学(株)	123-0853	東京都足立区本木2-4-23白元足立ビル4階	03-5845-5033
クミアイ化学工業(株)	110-8782	東京都台東区池之端1-4-26	03-3822-5173
(株)クレハ	103-8552	東京都中央区日本橋浜町3-3-2	03-3249-4632
(株)ケイ・アイ研究所	437-1213	静岡県磐田市塩新田408-1	0538-58-0141
(株)コハタ	079-8412	北海道旭川市永山2-3-2-16	0166-48-0136
三共アグロ(株)	113-0033	東京都文京区本郷4-23-14三共春日ビル6階	03-3814-7356
サンケイ化学(株)	110-0015	東京都台東区東上野6-2-1都信上野ビル7階	03-3845-7951
シンジェンタ ジャパン(株)	104-6021	東京都中央区晴海1-8-10オフィスタワー X21階	03-6221-3820
住化タケダ園芸(株)	103-0023	東京都中央区日本橋本町2-1-7タケダ本町ビル4階	03-3270-9664
住化武田農薬(株)	104-0033	東京都中央区新川1-16-3住友不動産茅場町ビル	03-3537-8641
住商アグロインターナショナル(株)	104-6223	東京都中央区晴海1-8-12晴海アイランド トリトンスクエアZ23階	03-6221-3012
住友化学(株)	104-0033	東京都中央区新川1-16-3住友不動産茅場町ビル	03-3537-8641
大日本除虫菊(株)	550-0001	大阪府大阪市西区土佐堀1-4-11	06-6441-1119
ダウ・ケミカル日本(株)	140-8617	東京都品川区東品川2-2-24天王洲セントラルタワー 12階	03-5460-2301
TAC普及会	105-0014	東京都港区芝1-11-14芝松宮ビル7階	03-3452-7012
デュポン(株)	100-6111	東京都千代田区永田町2-11-1山王パークタワー	03-5521-8433
デュポンファームソリューション(株)	100-6111	東京都千代田区永田町2-11-1山王パークタワー	03-5521-8440
東洋グリーン(株)	103-0013	東京都中央区日本橋人形町2-33-8泉人形町ビル7階	03-3249-7735

付　録

メーカー名	郵便番号	住所	電話番号
(株)トクヤマ	150-8383	東京都渋谷区渋谷3-3-1渋谷金王ビル	03-3597-5105
(株)ニチノー緑化	103-0001	東京都中央区日本橋小伝馬町14番4号岡谷ビルディング6階	03-3808-2281
日産化学工業(株)	101-0054	東京都千代田区神田錦町3-7-1興和一橋ビル	03-3296-8151
日本カーバイド工業(株)	108-8466	東京都港区港南2-11-19大滝ビル	03-5462-8201
日本カーリット(株)	377-0004	群馬県渋川市半田2470	0279-23-9461
日本化薬(株)	102-8172	東京都千代田区富士見1-11-2	03-3237-5221
(株)日本グリーンアンドガーデン	104-0033	東京都中央区新川1-16-3住友不動産茅場町ビル5F	03-6222-5861
日本曹達(株)	100-8165	東京都千代田区大手町2-2-1新大手町ビル	03-3245-6322
日本農薬(株)	103-8236	東京都中央区日本橋1-2-5栄太楼ビル	03-3274-3379
日本モンサント(株)	104-0061	東京都中央区銀座4-10-10銀座山王ビル8階	03-6226-6080
ニューファム(株)	100-0011	東京都千代田区内幸町2-2-2富国生命ビル21階	03-5511-7561
(株)ハート	150-0001	東京都渋谷区神宮前1-11-11グリーンファンタジアビル	03-5414-3577
バイエルクロップサイエンス(株)	100-8262	東京都千代田区丸の内1-6-5丸の内北口ビル24階	03-6266-7383
BASFアグロ(株)	106-0032	東京都港区六本木1-4-30六本木25森ビル23階	03-3586-9511
ファインアグロケミカルズリミテッド	105-0001	東京都港区虎ノ門2-2-1JTビル15階	03-5114-8286
北海三共(株)	061-1111	北海道北広島市北の里27-4	011-370-2108
北興化学工業(株)	103-8341	東京都中央区日本橋本石町4-4-20三井第2別館	03-3279-5361
保土谷化学工業(株)	212-8588	神奈川県川崎市幸区堀川町66-2興和川崎西口ビル	044-549-6622
丸紅アグロテック(株)	100-8088	東京都千代田区大手町1-4-2	03-3282-9584
丸和バイオケミカル(株)	101-0041	東京都千代田区神田須田町2-5-2須田町左志田ビル	03-5296-2313
三井化学クロップライフ(株)	103-0027	東京都中央区日本橋1-12-8第2柳屋ビル	03-3231-0664
三井物産(株)	100-0004	東京都千代田区大手町1-2-1	03-3285-5064
三菱商事(株)	100-8086	東京都千代田区丸の内2-6-3	03-3210-5451
明治製菓(株)	104-8002	東京都中央区京橋2-4-16	03-3273-3433
(株)理研グリーン	110-0005	東京都台東区上野2-12-20NDKロータスビル	03-3833-6321
ローム・アンド・ハース・ジャパン(株)	102-0075	千代田区三番町6-3三番町UFビル	03-6238-4153

著者略歴

野口　勝可（のぐち　かつよし）

　昭和41年千葉大学園芸学部卒。農林省農事試験場，東北農業試験場，熱帯農業研究センター，農業研究センター，中央農業総合研究センター耕地環境部長を経て，現在，（財）日本植物調節剤研究協会技術顧問。東京農業大学非常勤講師兼任。農学博士

　著書　『原色　雑草の診断』（共著　農文協，1986），『農学大事典』（共著　養賢堂，2004），『植物防疫講座』（共著　日本植物防疫協会，2005）ほか

森田　弘彦（もりた　ひろひこ）

　昭和45年北海道大学農学部卒。北海道農業試験場，熱帯農業研究センター，農業研究センター，九州農業試験場，中央農業総合研究センター，九州沖縄農業研究センター，中央農研北陸研究センター北陸水田利用部長を経て，現在，同北陸総合研究部長。農学博士

　著書　『Handbook of Arable Weeds in Japan』（クミアイ化学（株），1997），『雑草防除ハンドブック』（国際農林業協力協会，2004），『熱帯の雑草』（共著　国際農林業協力協会，1993），『日本帰化植物写真図鑑』（共著　全農教，2001），『稲の病害虫と雑草』（共著　全農教，2004），『畜産のための牧草・毒草・雑草図鑑』（共著　全農教，2005）ほか

竹下　孝史（たけした　たかふみ）

　昭和48年東京農工大学農学研究科修士課程終了。（財）日本植物調節剤研究協会に入会。ブラジル植調出向を経て，現在，日本植物調節剤研究協会理事・研究所長

　著書　『農薬散布技術』（共著　日植防，1998），『日本の農薬開発』（共著　日本農薬学会，2003），『環境保全型農業事典』（共著　丸善，2005）ほか

除草剤便覧 第2版
―選び方と使い方―

2006年3月31日 第1刷発行

著 者　野口　勝可
　　　　森田　弘彦
　　　　竹下　孝史

発 行 所　社団法人 農山漁村文化協会
郵便番号　107-8668　東京都港区赤坂7丁目6－1
電話　03(3585)1141(代表)　03(3585)1147(編集)
FAX　03(3589)1387　　振替　00120-3-144478
URL　http://www.ruralnet.or.jp/

ISBN4-540-05238-1　　DTP製作／(株)新制作社
〈検印廃止〉　　　　　　印刷／(株)光陽メディア
© 2006　　　　　　　　製本／根本製本(株)
Printed in Japan　　　　定価はカバーに表示

乱丁・落丁本はお取り替えいたします。

―― 農文協の図書案内 ――

こうして減らす 畑の除草剤
耕うんからカルチ利用まで

高橋義雄・菅原敏治著
1,650円

畑の難敵雑草に対して,除草剤ゼロ・手取り除草ゼロで退治する農家の知恵をまとめた。とくにカルチによる除草については,圃場条件や作業する人に合わせた最新機種とその操作技術を詳しく紹介。

新版 ピシャッと効かせる農薬選び便利帳

岩崎力夫著
1,940円

抵抗性・耐性の出現で錯綜する農薬を特性別に区分けし,病害虫の生態に合わせて組み合わせ,ムリ・ムダ・ムラなく効かせる減農薬防除法。農薬別(約200種)・病害虫別(約100種)に解説。

米ヌカを使いこなす
雑草防除・食味向上のしくみと実際

農文協
1,700円

農家の自給資材で除草,食味向上を実現。ボカシ肥,秋・春施用,緑肥,半不耕起栽培で土着菌を強化すればさらに効果が高まる。効果のしくみ,安定的で省力的な施用法・時期・量など,田畑での米ヌカ活用のすべて。

農学基礎セミナー 病害虫・雑草防除の基礎

大串龍一著
1,500円

病害虫・雑草の種類や分布,生態や形態と見分け方,被害と防除の基礎。農薬の性質や使い方。市販の天敵資材,農薬の天敵に対する影響の一覧表。天気図や気象の調べ方,気象の変化,気象災害についても紹介。農高教科書を再編した入門書。

自然と科学技術シリーズ アレロパシー
他感物質の作用と利用

藤井義晴著
1,800円

アレロパシーは植物が放出する化学物質が他の生物に及ぼす阻害的あるいは促進的作用。自然界や耕地生態系でのアレロパシーから,雑草や病害虫防除への利用の可能性まで解明する。アレロパシー物質の検定法も紹介。

(価格は税込み。改定の場合もございます)